최신 반도체 공정개론

SEMICONDUCTOR FABRICATION

Fundamentals and Trends

김극태 · 김남일 · 김운중 · 박정규 · 하성호 지음

자유아카데미

서문

우리는 1900년대 이후 125년여 만에 찾아온 새로운 산업혁명 시대를 맞이하고 있다. AI(인공지능)를 필두로 ESS(에너지저장시스템), 로보틱스, 블록체인, 유전자 생명공학 등이 융합된 이 기술혁명은 전 세계적으로 정치, 경제, 사회 전반의 패러다임을 근본적으로 뒤흔들고 있다. 이 거대한 물결의 중심에는 AI가 자리하고 있다.

AI 시대는 인간과 기계의 협업을 통해 업무 자동화와 생산성 혁신을 실현하며, 지식 노동의 영역까지 그 범위를 확장하고 있다. 이러한 변화는 우리 사회와 경제 전반에 혁신적인 영향을 미치며, 인간은 AI와 협력하여 새로운 가치를 창출하게 된다. 특히 최근에는 AI가 로봇의 두뇌 역할에 응용되는 피지컬 AI가 주목받고 있다. AI는 이제 스스로 학습을 통해 합성 데이터를 생성하고, 실시간으로 현장의 안전을 관리하며, 산업 현장 속 위험에 빠르게 대응한다.

이러한 AI 혁명을 가능하게 하는 것은 반도체 기술이다. 현재 글로벌 반도체 시장은 국가 간의 전략적 지원과 기업 간의 치열한 기술 경쟁이 벌어지는 격전지이다. 미국의 엔비디아나 브로드컴과 같은 설계 강자부터 대만의 TSMC와 같은 파운드리 전문 기업, 메모리 반도체 분야에서 세계 시장을 선도하는 우리나라의 삼성전자와 SK하이닉스까지, 반도체 산업은 AI 인프라 구축 수요에 힘입어 기록적인 성장을 거듭하고 있다.

우리나라 정부도 이러한 산업 흐름에 발맞추어 10년간 15만 명의 반도체 전문 인재 양성을 목표로 하는 등 다양한 정책을 마련하고 있다. 이러한 시대적 요구에 부응하여, 화학공학 전공자뿐 아니라 반도체 산업에 입문하려는 비전공자들에게도 산업 현장에서 실제로 필요한 지식과 정보를 체계적으로 전달하고자 본 교재를 집필하게 되었다.

본서는 학부생과 대학원생은 물론, 반도체공학의 개념을 이해하고 실무에 응용하고자 하는 모든 이들이 쉽게 접근할 수 있도록 구성하였다. 특히, 최신 반도체 기술의 동향과 전망을 소개하기 위해 한국전자통신연구원(ETRI), 한국반도체산업협회, LG경영연구원 등 전문 기관의 최신 자료와 기업들의 기술 리포트를 폭넓게 참고하며 인용하였다. 또한 가능한 가장 최신의 통계와 지표를 반영하여 이론과 현실의 간극을 줄이고자 노력하였다. 그럼에도 막상 본서를 세상에 내놓자니 부족한 부분이 있음을 느낀다. 출간 후 나올 수 있는 수정사항 등은 자유아카데미 홈페이지 자료실(www.freeaca.com)을 통해 제공할 예정이니 참고하기를 바라며, 이 책이 미래 반도체 산업을 이끌어갈 인재들에게 좋은 길잡이가 되기를 기원한다.

마지막으로 이 책을 출간하게 된 것에 대하여 유일하신 참 하나님과 그의 보내신 자 하나님의 아들 예수, 보혜사 성령님께 모든 영광을 드립니다. 이 책의 편집에서 출판까지 많은 도움을 주신 자유아카데미 출판사에도 감사의 마음을 전합니다.

2026년 2월 대전 전민동 한남대학교 대덕밸리캠퍼스
김극태, 김남일, 김운중, 박정규, 하성호 (가나다 순)

차례

Chapter 4
리소그래피 공정

Chapter 5
식각 공정

Chapter 6

확산 공정

Chapter 7

박막 공정

Chapter 8

세정 기술

Chapter

1

인공지능 시대

1.1 인공지능(AI) 시대의 도래

인공지능 시대에서 우리가 살아가야 하는 사고방식은 "변화와 혁신은 항상 위기와 기회를 동시에 수반하고, 준비된 자만이 기회를 잡을 수 있다"라는 적극적이고 창조적이고 생산적인 자세이다. 교육과 연구 역시 기본적으로 이러한 중요한 원리에 입각해야 한다. 이를 위해서, 우리는 인공지능 시대의 변화 흐름을 공부하는 것이 필요하다.

인공지능(artificial intelligence, AI)은 인간의 사고와 행동을 모방하도록 설계된 컴퓨터 시스템이다. 기계 학습, 자연어처리, 컴퓨터비전 등 다양한 기술을 사용하여 학습하고 추론하며 문제를 해결한다. AI에 관한 연구는 1950년대부터 시작되었으나, 스스로 판단하고 추론할 수 있어야 한다는 점에서 기술적 한계가 노출되어 몇 차례의 암흑기를 겪었다. 그런데도, 사실 인공지능은 이미 제조, 의료, 금융 등 우리 사회 각 분야에서 다양하게 활용되고 있었다. 예컨대, 제조업에서는 인공지능에 기초하여 작동하는 로봇이 자동차 조립부터 상자 포장까지 노동자가 수행했던 작업을 대신하며, 의료 부문에서는 인공지능이 복잡한 의료 이미지를 분석하고 질병 진행을 예측하고 심지어 수술을 보조하고 있다. 금융업에서는 인공지능(AI)이 고속 거래, 사기 탐지, 고객 응대 등에 사용되고 있다.

인공지능이 사람들의 관심을 크게 끌게 된 계기는 2016년 이세돌을 이긴 알파고 사건일 것이다. 물론 바둑에 국한된 인공지능과 인간의 대결이었지만, 인공지능이 세계 최고의 바둑 고수를 4승 1패로 승리함으로써 세상을 충격에 빠뜨렸고, 일부는 두려움마저 가지게 되었다. 이세돌은 알파고와의 대결에서 패배한 후, "인간이 진 것이 아니다, 이세돌이 진 것이다."라고 말했지만, 이 사건은 인공지능이 복잡한 전략 게임에서 인간을 능가할 수 있음을 보여준 중요한 순간으로 기록되고 있다. 이후 2022년 11월 미국 OpenAI사가 출시한 ChatGPT는 다시 한번 인공지능에 대한 세간의 관심을 높였다. 바야흐로 인간과 소통이 가능한 인공지능의 시대를 연 것이다. 미국 OpenAI사가 내놓은 ChatGPT, DALL-E 등의 인공지능은, 글쓰기, 추론에 근거한 대화, 그림 그리기 등에서 인간만의 고유 영역으로 간주하였던 인문, 예술 부문에서도 인공지능이 인간과 유사한 수준의 역량을 가질 수 있음을 보여주고 있다. 게다가 이 순간에도 계속 개량되어 인간 수준을 결국 뛰어넘을 것으로 예상된다. 이에 따라 긍정적인 기대도 일부 있지만, 인간이 대체되는 것 등에 대한 두려움으로 사회 전반의 혼란이 초래할 것을 예상하기도 한다.

수많은 SF 영화나 소설이 예견한 것처럼 인공지능에 의해 인간이 지배받는 디스토피아가 올까? 과연 컴퓨터가 자의식을 갖게 될까? 소위 강(strong) 인공지능이 출현하는 그날을 우리는 두려워한다. 이러한 인공지능의 마지막 비밀을 파헤치기 위해 지금도 빅테크 기업들은 서로 경쟁하고 있다. 그러한 기술을 거머쥐는 기업이 곧 세상의 경제 지배력을 갖게 될 것이기 때문이다. 빅테크 기업들은 IT 기술로 무장한 상태에서 거대 자본을 축적하고, 그 자본을 기반으로 다시 초인공지능 기술을 개발하고, 다시 그 기술을 자본으로 전 세계 경제 지도를 바꾸어 나가는 선순환에 이미 돌입했다. 그리고 그 영향력은 단순 엔터테인먼트를 넘어 교육, 방송, 법률, 의학, 문화, 과학 등 사회 전 분야에 미칠 것이다.

인공지능의 발전은 우리 사회에 새로운 도전이자 기회이다. 혹자는 인공지능이 발전하면 할수록 인류의 일자리가 사라지고, 경제적 불평등이 심화될 수 있다는 우려를 한다. 실제로 인공지능은 많은 일자리를 대체할 것으로 예상된다. 특히 반복적이고 자동화가 가능한 일자리는 인공지능으로 대체될 가능성이 높다. 하지만 이러한 우려에도 불구하고, 새로운 기회를 맞이할 수도 있다. 인공지능은 새로운 일자리도 창출할 것이다. 인공지능 기술을 개발하고, 활용하고, 관리하는 새로운 일자리가 등장할 것이다. 실제로 과거를 돌이켜보면, 18~19세기의 산업 혁명 시기에 수작업을 수행하던 다수의 노동자가 화석연료를 동력으로 사용하는 기계로 대체되거나 기계를 보조하는 수단으로 전락하면서 실직 또는 임금 하락의 고통을 겪었으며, 이에 따라 기계 파괴 운동(Luddite)까지 출현하면서 사회적 문제가 되었던 바가 있다. 그러나 이후 시간이 흘러 기계화가 계속 진행됨에 따라 이전에는 존재하지 않았던 기계 제조 및 관련 신산업이 출현했다. 이에 따라 엔지니어, 기계 조작자, 조립공정 작업자, 안전 검사관 등 많은 일자리가 새로 생겼으며 인류는 더욱 풍요로운 생활을 누릴 수 있게 되었다.

인공지능으로 대체할 수 있는 분야는 다음과 같다.

① 단순 반복 업무

데이터 입력, 수치, 계산, 문서 정리 등 반복적이고 규칙적인 업무는 AI 기술 발전으로 대부분 자동화될 가능성이 높다.

- 대표적인 직업: 콜센터 상담원, 사무원, 데이터 입력 담당자, 생산라인 작업자, 회계 사무원

② 규칙 기반 판단 업무

의료 진단, 법률 자문, 금융 투자 등 전문 지식을 바탕으로 규칙 기반 판단을 내리는 업무도 AI 기술 발전으로 대체될 가능성이 있다.

- 대표적인 직업: 의사, 변호사, 회계사, 금융 분석가, 신용 평가 담당자 등

③ 자동화할 수 있는 서비스 업무

운전, 음식 배달, 숙박 서비스 등 인간의 노동력에 의존하는 서비스 업무도 자동화 기술 발전으로 대체될 가능성이 있다.

• 대표적인 직업: 택시 기사, 배달 기사, 호텔 직원, 여행사 직원, 가정부 등

④ 인공지능 기술에 취약한 창작 업무

작곡, 번역, 디자인, 콘텐츠 제작자 등 창의적인 업무도 AI 기술 발전으로 일부 기능이 대체될 가능성이 있다.

• 대표적인 직업: 작곡가, 번역가, 그래픽 디자이너, 콘텐츠 기획자, 작가 등

⑤ 인간 상호작용이 중요한 서비스 업무

교사, 간호사, 사회복지사 등 인간 상호작용과 공감 능력이 중요한 서비스 업무는 단기간 내 대체될 가능성이 작지만, AI 기술을 활용하여 업무 효율성을 높일 수 있다.

• 대표적인 직업 : 교사, 간호사, 사회복지사, 상담사, 고객 서비스 담당자 등

곧 우리에게 다가올 인공지능 시대는 의심할 여지 없이 우리 일상생활에 긍정적 측면과 부정적 측면을 모두 제시한다. 최근 대한민국 서울시에서는 우리는 이 인공지능 시대를 어떻게 헤쳐나가야 하는지에 대한 좋은 자료를 제공하고 있어서, 여기에서 인용하여 소개한다.[1)]

자료에 따르면, 다음과 같은 내용이 적용된다. 인공지능 시대에서 성공적으로 살아남는 데 필요한 태도와 역량에 대해 다양한 분야 전문가들의 관점을 정리한 것이다.

① 변화하는 세상의 흐름을 정확히 인식하고 수용하는 적극적인 자세가 필수적이다. 특히 조선 후기 유학자들이 소위 서구 문명을 배척하여 결국 도태되고 몰락했던 사례를 떠올려 볼 때 더욱 그렇다.

② 변화하는 환경에 적응하고 새로운 지식과 기술을 습득하는 사고방식을 갖는 것이 중요하다. 이를 위해서는 지식과 기술을 끊임없이 발전시키기 위한 재교육과 평생학습에 전념해야 한다.

③ 인간만이 가진 강점인 창의성, 공감 능력, 그리고 융합적 사고를 키우는 데 집중해

1) 서울시50플러스 포털

야 한다. 미국 카네기 멜론 대학교 로봇공학자이자 교수인 한스 모라벡은 "인간에게 쉬운 것은 로봇에게 어렵고, 인간에게 어려운 것은 로봇에게 쉽다."라고 언급하였다. 이 말처럼, 인간은 인간의 감정을 이해하고 공감하며 소통하고, 다양한 분야의 지식을 통합하여 새로운 아이디어를 창출하고 문제를 해결하는 능력에서 AI보다 뛰어나다.

④ 인공지능은 인간의 노동을 대체하는 것이 아니라, 인간의 역량을 증폭시키는 편리한 도구로 활용되어야 한다. 자동차가 인간보다 빠르다는 이유로 두려워하지 않고, 빠른 이동을 위한 도구로 활용하듯이, 우리는 인공지능을 같은 방식으로 받아들여야 한다.

⑤ 인공지능을 윤리적으로 사용하는 것이 중요하다. 인공지능에 대한 편견이나 오용을 경계해야 하며, 인공지능 개발 및 활용 과정에서 인간의 가치를 존중해야 한다. 따라서 인공지능은 우리 삶과 사회에 심오한 변화를 불러올 것이다. 이러한 변화에 적응하고 새로운 인공지능 시대에서 성공하려면 인공지능에 대한 이해를 심화하고, 새로운 기술을 습득하며, 윤리적인 사용을 위해 노력해야 한다. 더 나아가 인공지능과 인간이 공존할 수 있는 새로운 사회 시스템을 구축해야 한다.

결국 인공지능은 우리 삶과 사회에 엄청난 큰 변화를 불러올 것이다. 이러한 변화에 적응하고 새로운 인공지능 시대를 살아가기 위해서는 인공지능에 대한 이해를 높이고 새로운 기술을 습득하며 윤리적 사용을 위해 노력해야 한다. 또한, 인공지능과 인간이 공존할 수 있는 새로운 사회 시스템을 구축해야 한다.

250년 전 산업 혁명을 촉발한 증기 기관의 발명이 세상을 뒤흔들었듯이, 2025년을 살아가는 우리 역시 공상과학 영화의 한 장면을 떠올리게 하는 생생한 인공지능 시대로 접어들고 있다. 석유가 우리 일상생활에 널리 쓰이기 시작한 것은 1859년 드레이크가 최초의 유정을 뚫어 대량의 원유를 추출하면서부터이다. 그 이전에는 유정에서 나오는 샘물처럼 피부 질환이나 기타 질병을 치료하는 용도 외에는 실질적인 용도가 거의 없었다. 석유가 없던 시절, 고래기름은 주로 조명의 광원으로 사용되었다. 석유가 도입되기 직전인 1855년, 고래기름은 오늘날 화폐 가치로 배럴당 2,000달러가 넘는 가치를 지닐 정도로 귀했다. 고래는 식량과 조명 모두에서 큰 인기를 누렸으며, 포경은 국가 주요 산업이었다. 그러나 석유의 발전과 조명으로의 사용으로 고래기름 가격이 폭락하면서 포경 산업은 쇠퇴했다. 현재 지구온난화의 주범으로 여겨지는 석유는 150년 전 처음 개발되었을 당시 고래 보존에 가장 크게 이바지했다. 정유 기술의 발달로 석유는 조명에 이어 운송수단으로도 점차 널리 사용되었다. 석유에서 정제된 가솔린과 경유가 내연기관의 연료로 사용되면서 자동차, 선박, 항공기를 포함한 운송 산업이 급속도로 발전했다. 특히 제2차 세계대전 중 석유 확보는 연합군의 승리에 결정적인 역할을 했다. 석유화학 산업의 발전으로 석유는 우리 일상생활에 깊이 자리 잡았고, 나일론과 같은 플라스틱의 개발로 이어졌다. 석유는 150년 넘게 산업의 생명선이었다.[2)]

이제는 고도화 선진화 산업에 진입하는 글로벌 경제에서는 AI의 기술 중요성이 국가 성패를 좌우한다고 본다. 즉, 반도체의 중요성이 디지털화 가속/글로벌 공급 라인 이슈로 더욱 부각되고 있고, 생산을 포함한 AI 산업의 경쟁력을 갖추는 것은 경제/안보에 절대적으로 필요하며, 향후 AI 산업의 주도권 확보 및 강화하여 기술 패권 전쟁에서 최후의 승리자가 되는 것이다. 2015년 중국 정부의 '중국제조 2025' 공표 이후 미·중 기술 패권 갈등의 핵심은 AI 부문과 직접적으로 연관되어 있다. 따라서, 과거 50년간 석유 매장지가 지정학적 패권을 가졌다면, 이제는 AI 연관한 데이터 센터 시설이다. 그림 1.1에서 보는 바와 같이, 미국은 Nvida와 OpenAI 회사 중심으로 AI 산업 생태계를 만들고 있다.[3)]

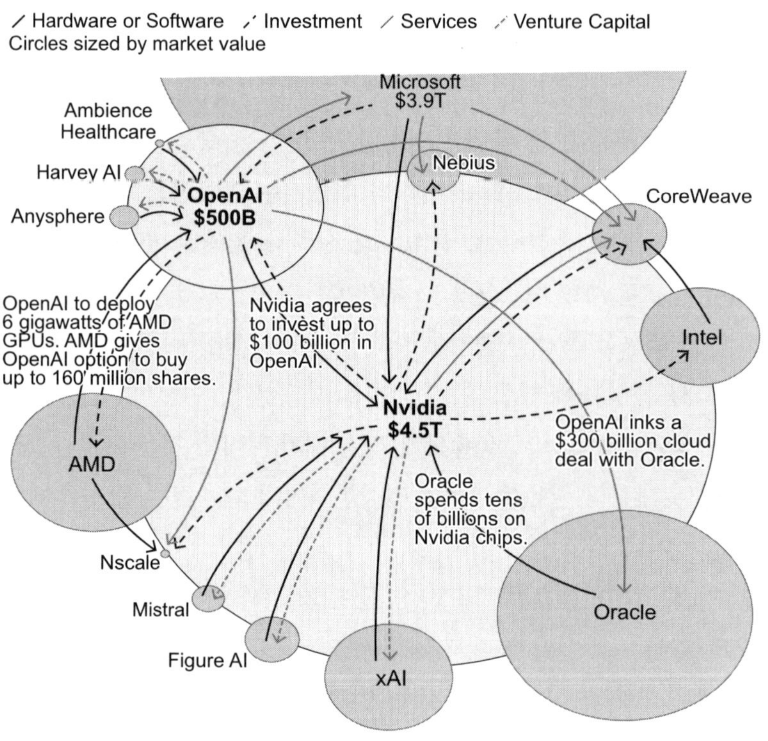

그림 1.1 Nvida와 OpenAI 생태계 조성 개략도

2) "석유시대 끝나나", 생글생글 146호, 한국경제신문, 2008. 05. 17.

3) OpenAI, Nvidia Fuel $1 Trillion AI Market With Web of Circular Deals (Bloomberg), 자료원: Citi Research, FT research, FT graphic Eva Xiao, Financial Times

1.2 인공지능의 응용[4)]

AI는 예측, 추천 또는 의사결정을 수행할 수 있는 기계 기반 시스템을 포함하는 광범위하고 새롭게 부상하는 기술 분야이다. AI 시스템은 데이터 패턴을 식별하도록 훈련된 후, 이를 일반화하여 새로운 질문에 답하고, 텍스트 또는 기타 미디어를 생성하고, 자율적인 의사결정을 내릴 수 있다. 기계 학습은 데이터 기반 작업의 성능을 향상하기 위해 AI 알고리즘을 훈련하는 데 사용할 수 있는 일련의 기술이다.

미국 에너지부(DOE)는 1960년대부터 AI의 기반을 마련한 응용 수학과 컴퓨터 과학 분야의 기초 연구를 지원해 왔다. 수십 년 동안 DOE는 하드웨어 설계, 혁신적인 AI 기술을 위한 기초 연구, 그리고 애플리케이션 개발에 대한 다각적인 투자를 통해 이 분야를 발전시켜 왔다.

DOE는 AI를 포함한 고급 컴퓨팅 자원의 하드웨어 설계를 지원해 온 풍부한 경험을 보유하고 있다. 엑사스케일 컴퓨팅 프로젝트를 통해 DOE는 업계와 협력하여 고성능 컴퓨팅의 에너지 효율을 200배 향상하는 데 성공했다. 오늘날 AI 모델 학습에 사용되는 특수 칩인 그래픽 처리 장치의 핵심 구성 요소는 DOE의 고성능 컴퓨팅에 대한 초기 투자를 통해 개발되었다. 데이터는 AI를 구동하는 원동력이며, DOE의 실험 시설은 고에너지, 핵 및 플라스마 물리학, X선 및 중성자를 이용한 물질 특성 분석, 생명공학을 위한 유전체 분석을 포함한 방대한 데이터 세트를 생성한다. 또한, 데이터의 영향력을 극대화하기 위해 AI 알고리즘과 방법의 신뢰성, 견고성, 엄격성을 높여 과학 연구에 활용할 수 있도록 새로운 방법 및 알고리즘 개발을 지원한다. 각 연구 프로그램은 해당 분야의 데이터 분석을 강화하여 데이터의 과학적 영향력을 극대화하는 데 중점을 둔다. DOE의 과학, 보안, 기술을 위한 AI 프런티어(FASST) 이니셔티브는 DOE와 미국의 이 핵심 기술과 과학 연구 활용 분야에서의 리더십을 가속화하고 발전시킬 수 있는 심오한 새로운 역량을 개발하는 것을 목표로 한다.

1.2.1 과학 분야에서의 AI[5)]

DOE의 기초 및 응용 과학 임무는 물질의 기본 구성 요소를 이해하는 것부터 새로운 에너지 기술을 발견하는 것까지 인류가 직면한 가장 시급한 과제들을 해결하는 것을 포

4) https://www.energy.gov/topics/artificial-intelligence
5) Ibid.

함한다. 이러한 노력은 기존의 방법으로는 완벽하게 분석하기 어려운 방대하고 복잡한 데이터 세트를 생성한다. AI는 이러한 데이터에서 전례 없는 통찰력을 추출하고, 과학적 발견을 가속하며, 우주와 우리 주변 세계에 대한 이해를 높이는 혁신적인 도구를 제공한다. DOE의 세계 최고 수준의 슈퍼컴퓨터와 전문 인력은 대규모 과학 연구에 AI의 힘을 활용할 수 있는 독보적인 입지를 갖추고 있다.

AI는 이미 DOE 과학 연구의 핵심 분야 몇 가지를 다음과 같이 강화하고 있다.

- 다중 규모 시뮬레이션: AI 기반 대리 모델은 복잡한 시뮬레이션을 획기적으로 가속하여 과학자들이 훨씬 더 넓은 매개변수 공간을 탐색하고 이전에는 상상할 수 없었던 높은 충실도를 달성할 수 있도록 지원한다. 이는 재료 과학, 핵융합 에너지, 고에너지 물리학 및 기타 과학 분야에서 획기적인 발전을 가져오고 있다.
- 실험 제어 및 설계: AI는 실험을 최적화하고, 데이터 수집을 자동화하며, 심지어 거의 실시간으로 후속 실험을 제안하기도 한다. 이를 통해 첨단 광 자원(Advanced Photon Source) 및 희귀 동위원소 빔 시설(Facility for Rare Isotope Beams)과 같은 DOE 시설의 과학적 프로세스가 간소화되고 비용이 절감되며 발견 속도가 빨라지고 있다.
- 지식 발견 및 가설 생성: 첨단 AI 모델은 과학자들이 방대한 데이터 세트에서 패턴, 이상 현상, 그리고 이전에는 숨겨져 있던 관계를 식별하고 새로운 가설을 생성하며 과학적 방법론을 가속하는 데 도움을 준다.
- 로봇 공학 및 자율 시스템: AI 기반 로봇 공학은 복잡한 실험실 작업을 자동화하여 연구자들이 고차원적인 분석 및 해석에 집중할 수 있도록 지원한다. 이는 특히 위험하거나 반복적인 작업에 매우 유용하다.

1.2.2 에너지 분야에서의 AI[6)]

미국 에너지부는 국가의 풍부하고 안전하며 회복력 있는 에너지 미래를 구축하기 위해 최선을 다하고 있다. 이를 위해서는 에너지 생산 및 저장 방식부터 소비자에게 에너지를 전달하는 방식까지 에너지 시스템의 업그레이드가 필요하다. AI는 이러한 전환의 복잡성을 헤쳐 나가고 혁신을 가속하며 효율성과 신뢰성을 향상하는 필수적인 도구이다. 에너지부는 에너지 부문 전반의 주요 과제 해결을 위해 AI를 적용하는 데 앞장서고 있다.

---

6) Ibid.

- 전력망 현대화: 미국의 에너지 공급망은 노후화되고 점점 더 복잡해지고 있으며, 재생 에너지의 통합으로 안정성과 신뢰성에 대한 새로운 과제가 발생하고 있다. AI 기반 예측 도구는 극심한 기상 조건이나 사이버 공격으로 인한 전력망 중단을 예측하고 완화하여 회복력을 향상하게 시키고 안정적인 전력 공급을 보장한다. 또한 AI는 비용 효율성을 위해 전력망 운영을 최적화하고 재생 에너지 발전량의 변동성으로 인한 영향을 최소화한다. 여기에는 데이터가 제한적이거나 빠진 경우에도 AI를 사용하여 부하 예측 및 상태 추정을 개선하는 것이 포함된다.
- 에너지 혁신 가속화: 첨단 태양광 발전, 차세대 배터리, 지속 가능한 바이오 연료와 같은 새로운 에너지 기술의 개발은 에너지 목표 달성에 매우 중요하다. AI는 혁신적인 소재 및 설계의 발견과 개발을 가속화하고, 제조 공정을 최적화하며, 신기술 출시에 걸리는 시간과 비용을 절감한다. 여기에는 그리드 통합 및 수명 주기 성능에 대한 시스템 수준의 요구 사항을 고려한 소재 및 부품의 공동 설계가 포함된다.
- 에너지 효율 향상: AI 기반 솔루션은 건물, 운송 및 산업 공정의 에너지 효율을 향상시키고 있다. 여기에는 에너지 소비를 최적화하는 건물용 AI 기반 제어 시스템과 더욱 효율적인 차량이나 엔진을 위한 AI 기반 설계 최적화가 포함된다.

미국 에너지부(DOE)는 또한 연방, 주 및 지방 차원에서 에너지 프로젝트의 입지 선정 및 허가 방식을 개선하기 위한 AI 도구를 개발하고 있다. DOE의 voltAIc 이니셔티브는 퍼시픽 노스웨스트 국립 연구소(Pacific Northwest National aboratory)의 PolicyAI 프로젝트를 포함하여 연방, 주 및 지방 정부의 허가 절차를 개선하기 위한 AI 도구를 개발하고 있다. PolicyAI는 연방 환경영향평가서에 대한 포괄적인 데이터 세트를 공개하고 환경 검토 AI 개발을 위한 생성형 AI 테스트베드를 구축했다. 이 이니셔티브는 인력이 부족한 지역 허가 부서에 AI 기반 도구를 제공하여 에너지 인프라 구축 속도를 높이는 것을 목표로 한다.

1.2.3 국가 보안 분야에서의 AI[7]

미국 에너지부 산하 국가핵안보청(NNSA)은 핵무기 및 핵물질의 확산을 방지하는 동시에 핵 비축량의 안전, 보안, 신뢰성을 유지함으로써 미국의 국가 안보를 수호하는 중요한 임무를 수행하고 있다. 이처럼 복잡하고 중대한 임무는 혁신적인 해결책을 요구하며,

7) Ibid.

AI는 우리의 역량을 크게 향상시키는 강력한 도구임이 입증되고 있다. AI는 NNSA 임무의 핵심 측면을 다음과 같이 강화하고 있다.

- 핵비축량 관리 가속화: 핵 비축량의 안전, 보안, 신뢰성을 유지하려면 광범위한 모델링과 시뮬레이션이 필요하다. AI 기반 대리 모델은 이러한 시뮬레이션 속도를 획기적으로 높여 더욱 포괄적인 분석 및 설계 최적화를 가능하게 한다. 여기에는 기존 무기 시스템의 가상 모형을 생성하여 노후화 및 잠재적 성능 문제를 예측하는 것도 포함된다.
- 핵비축량 관리 가속화: 핵 비축량의 안전, 보안, 신뢰성을 유지하려면 광범위한 모델링과 시뮬레이션이 필요하다. AI 기반 대리 모델은 이러한 시뮬레이션 속도를 획기적으로 높여 더욱 포괄적인 분석 및 설계 최적화를 가능하게 한다. 여기에는 기존 무기 시스템의 가상 모형을 생성하여 노후화 및 잠재적 성능 문제를 예측하는 것도 포함된다.
- 핵확산 방지 노력 강화: 전 세계적으로 불법 핵 활동을 탐지하고 분석하려면 다양한 출처의 방대한 데이터를 분석해야 한다. AI 도구는 패턴 인식, 이상 탐지 및 신호 처리를 향상하게 시켜 잠재적 핵확산 활동을 조기에 안정적으로 탐지하고 위치를 파악할 수 있도록 지원한다.

AI의 최전선에서의 발전이 국가 안보에 중대한 영향을 미칠 것임을 인지하고, DOE와 NNSA는 AI 시스템과 관련된 위험을 이해하고 완화하며, AI 시스템의 성능과 효율성을 개선하고, 미국의 AI 생태계를 강화하기 위한 노력을 주도하고 있다. DOE는 NNSA를 통해 미국 정부를 대신하여 핵 및 방사선 위험을 평가하기 위해 최전선 AI 모델의 안전성 시험 및 체계적인 평가를 주도한다. 또한 DOE는 화학, 생물학 및 기타 위협 평가에 대해 미국 정부 전반의 협력을 강화하고 있다.

1.3 슈퍼컴퓨터의 응용[8)]

슈퍼컴퓨팅(고성능 컴퓨팅이라고도 함)은 여러 컴퓨터 시스템이 병렬로 작동하는 강력한 자원(즉, 슈퍼컴퓨터)을 사용하여 성능이 낮은 컴퓨터에서는 불가능한 연구나 기

8) https://www.energy.gov/topics/supercomputing

타 작업을 수행하는 것이다. 미국 에너지부(DOE)는 국립 연구소에 세계 최초의 엑사스케일 컴퓨터를 포함하여 여러 슈퍼컴퓨팅 사용자 시설을 보유하고 있다. 과학자들은 기후 변화 모델링부터 국가 안보 보호, 새로운 종류의 재료 설계에 이르기까지 세계가 직면한 가장 큰 과제들을 해결하기 위해 DOE 슈퍼컴퓨터를 활용하고 있다.

슈퍼컴퓨터는 과학자들이 다른 방법으로는 불가능한 연구를 수행할 수 있도록 하는 도구이다. 특히 시뮬레이션을 통해 과학자들은 실험이나 관찰을 통해 연구하기에는 너무 크거나, 너무 복잡하거나, 너무 위험하거나, 너무 작거나, 너무 덧없는 현상을 연구할 수 있다. 미국의 경우, DOE 산하 국립 연구소는 산학연 연구자들이 이용할 수 있는 슈퍼컴퓨팅 시설을 보유하고 있으며, 이러한 자원에 대한 폭넓은 접근성을 통해 최첨단 기술에 대한 공공 투자가 미국 국민에게 최대한의 혜택을 제공하고 있다. 특히, 미국 에너지부는 현재 오크리지 리더십 컴퓨팅 시설(OLCF)의 프론티어(Frontier), 아르곤 리더십 컴퓨팅 시설(ALCF)의 오로라(Aurora), 그리고 로렌스 리버모어 국립연구소(LLNL)의 엘캐피탄(El Capitan) 등 세 대의 엑사스케일 컴퓨터를 운영하고 있다. 미국 에너지부 과학국(Office of Science)은 프론티어와 오로라를 운영하는 사용자 시설을 관리한다. 프론티어는 2022년에, 오로라는 2025년에 가동을 개시했다. 미국 국가핵안보청(NNSA)의 엘 캐피탄(El Capitan)은 공식적으로 세계에서 가장 강력한 슈퍼컴퓨터이자 국가 안보를 위한 최초의 엑사스케일 머신이다. 고성능 컴퓨팅 분야의 이러한 획기적인 발전은 미국 국가핵안보청(NNSA)이 폭발적인 핵실험으로 회귀하지 않고도 미국 핵무기의 안전성, 보안성, 신뢰성을 확보할 수 있는 역량을 더욱 강화하고 있다.

1.4 2023년 이후 인공지능 산업의 붐[9)]

2000년대 초, 인터넷이라는 신기술이 세상을 바꿀 것이라는 기대감이 높았다. 이러한 기대에 부응하여 수많은 벤처 기업들이 막대한 투자를 바탕으로 인터넷 사업에 뛰어들었지만, 대부분의 기업은 실질적인 사업 모델을 개발하지 못하고 도산하여 투자 자산의 절반 이상의 손실을 줬다. 소위 '닷컴버블'이다.

반대로, 2010년대 스마트폰과 모바일 앱 생태계의 폭발적인 성장은 닷컴버블과는 극

9) https://weekly.donga.com/economy/article/all/11/5872486/1, 'AI 버블론'은 기우(杞憂)에 가깝다, 주간 동아, 2025. 10.02.

명한 대조를 이루었다. 모바일 붐은 단순한 유행이 아니라 산업 전체의 지형을 변화시키고 실질적인 수익 창출 시스템을 구축했다. 인공지능 시장은 닷컴버블처럼 과열된 환상으로 끝날까, 아니면 오늘날 시장의 주요 플레이어로 부상한 스마트폰 및 모바일 앱 시장처럼 새로운 패러다임으로 자리 잡을까?

2023년 이후 인공지능 산업의 붐은 2008년 이후 '모바일 붐'에 가까운 AI 산업의 붐이다. 오픈AI 챗GPT는 현재 전 세계에서 7억 명 이상(주간 활성 사용자 수 기준)이 사용하는 서비스로 자리 잡았다. 챗GPT를 유료로 사용하는 기업 수만 500만 곳이 넘는다. 로이터통신에 따르면 오픈AI는 2025년 7월까지 120억 달러(약 16조 7천억 원) 매출을 올렸다.

이처럼 챗GPT의 사용자 기반이 넓고 오픈AI가 빠르게 수익화에 성공했다는 사실은 닷컴버블 때와는 다른 모습이다. 물론, 2025년 8월 챗GPT 최신 모델 'GPT-5'가 공개된 후 사용자들 사이에서 "기대에 못 미친다"라는 혹평과 "이전 모델로 되돌려달라"는 원성이 터져 나온 것도 사실이다. 오픈AI는 GPT-5 출시 하루 만에 '이전 모델 복귀 옵션'을 제공했는데, 이는 AI 기술이 아직 안정된 단계에 도달하지 못했음을 보여주는 것은 물론, AI 기술에 대한 세간의 기대가 환상에 불과한 것 아니냐는 의문을 품게 했다.

기술 발전과 시장 기대의 괴리는 AI 관련 사업 및 시장이 과대 평가됐다는 'AI 버블론'을 자극한다. 실제로 투자시장 흐름을 보면 버블론을 뒷받침하는 지표가 적잖다. 대표적으로 AI 인프라 기업 '코어위브(CoreWeave)'는 올해 2분기 12억 달러(약 1조 6,700억 원) 매출을 기록했지만, 기업공개(IPO) 후 주식 물량이 풀리면서 주가가 크게 출렁였다. 또한 높은 부채 구조로 장기 성장에 대한 불확실성이 제기되기도 했다.

엔비디아 같은 반도체 기업의 급격한 주가 상승은 1999년 닷컴버블 당시 시스코와 퀄컴 주가가 단기간 급등했던 흐름과 겹쳐 보이기도 한다. 이러한 점들을 근거로 일부 전문가는 현 AI 열풍이 과거 닷컴버블의 재연이며, 실질적인 비즈니스 모델이 검증되지 않으면 AI 시장이 빠른 속도로 붕괴할 수 있다고 경고하고 있다.

하지만 버블론을 반박하는 목소리도 강하다. 모바일 생태계가 등장한 지 10년 만에 전 세계 국내총생산(GDP)에서 5% 이상을 차지할 만큼 성장한 것처럼, AI 산업도 생산성 혁신과 산업 구조 변화를 통해 빠르게 성장할 가능성이 크다고 보는 것이다. 글로벌 컨설팅업체 맥킨지에 따르면 AI 시장은 2030년까지 전 세계 GDP를 연 4조 4천억 달러(약 6,133조 1,600억 원)까지 끌어올릴 잠재력이 있다. 또한 미국 자문업체 딜로이트 조사에 따르면 미국 기업의 63%가 이미 AI 에이전트를 주요 업무에 도입했고, 특히 금융·물류·에너지·헬스케어 등 핵심 산업에서는 AI 서비스에 따른 생산성 증대 효과가 가시적으로 나타나고 있다. 단순히 기술을 과시하는 데 그쳤던 닷컴버블 당시와는 달리, AI 서비스는 이미 기업 활동 현장에서 실질적인 효율 개선 결과를 보여주고 있다.

AI 시장은 2000년대 닷컴버블보다 2010년대 모바일 붐에 더 가깝다고 본다. 닷컴버블은 기술 발전보다 투자가 더 앞섰지만, 현재 AI는 산업 현장에서 실질적으로 가치를 창출하고 있기 때문이다. AI 서비스의 사용자 기반이 넓고 기업 도입률이 높은 것은 산업 구조가 AI 중심으로 변하고 있다는 증거다. 물론 AI 관련 기업 주가가 크게 오르내리는 등 AI 투자가 과열된 듯한 징후가 보이기는 하지만, 이는 신기술이 성숙해 갈 때 나타나는 필연적인 조정 과정에 가깝다.

AI는 모바일 붐을 뛰어넘는 파괴적인 혁신을 만들어낼 가능성이 크다. 따라서 기업과 투자자는 AI 기업의 단기적 주가 변동에 휘둘릴 것이 아니라, AI가 산업 전반에 스며들어 창출할 구조적 가치에 집중해야 한다. AI 기술의 성장 가능성을 정확히 보고 지원할 때 AI 생태계는 21세기 경제와 사회를 재편하는 거대한 기반이 될 것이다.

1.5 물리적 인공지능[10)]

1.5.1 물리적 인공지능의 중요성

물리적 인공지능(physical AI)은 다양한 센서와 액추에이터에서 데이터를 직접 처리하여 기계가 물리적 세계를 인지하고 이해하고 상호 작용할 수 있도록 하는 인공지능의 한 분야이다. 인간이 제공하는 입력에 의존하고 주로 디지털 영역에서 작동하는 생성적 AI와 달리, 물리적 AI 시스템은 카메라, 마이크, 온도 센서, 관성 측정 장치, 레이더, 라이더와 같은 도구를 통해 실제 세계에서 입력을 수집한다. 이러한 시스템은 이러한 감각 데이터를 활용하여 실시간 인지, 추론 및 의사 결정을 수행하여 환경에 신속하고 역동적으로 대응할 수 있도록 한다.[11)] 그림 1.2는 물리적 AI를 활용하여 화성에서 탐사를 진행하는 로봇을 보여 준다.

10) https://www.nvidia.com/en-us/glossary/generative-physical-ai/

11) https://www.hpe.com/emea_europe/en/what-is/physical-ai.html#:~:text=Physical%20AI%20refers%20to%20a,units%2C%20radar%2C%20and%20lidar.

그림 1.2 화성에서의 로봇과 물리적 AI의 융합

그림 1.3은 물리적 AI의 특징을 간략히 도식화한 것으로, 그 내용은 다음과 같다.

- 자율성(Autonomy): 물리적 AI 시스템은 스스로 생각하고 행동하며, 인간의 지속적인 지도 없이도 주변 환경을 기반으로 결정
- 실시간 인식(Real-Time Perception): 센서 데이터를 빠르게 수집하고 분석하여 끊임없이 변화하는 환경에서 빠르고 대응적인 동작을 구현
- 적응성(Adaptability): 주변 환경과 상호 작용하여 이러한 시스템은 지속적으로 학습하고 개선하며 새로운 작업과 조건에 쉽게 적응
- 감각 데이터 통합(Sensory Data Integration): 시각, 촉각, 환경 센서 등 여러 센서의 입력을 결합하여 환경에 대한 전체적인 그림을 구축하고 지능적으로 대응
- 물리적 상호작용(Physical Interaction): 실제 세계에서 작동하도록 설계된 물리적 AI 시스템은 물체를 다루고, 공간을 이동하며, 정밀하게 실제 작업을 수행

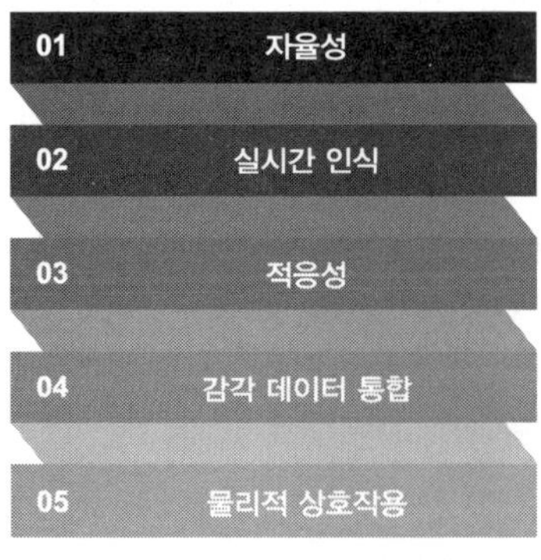

그림 1.3 Physical AI의 특징

물리적 AI는 기계에 인지적 추론과 공간 인식 기능을 제공함으로써 기존의 사전 프로그래밍한 자동화에서 크게 도약했다. 이를 통해 기계는 복잡하고 예측 불가능한 상황에 적응하고, 인간의 행동을 모방하는 방식으로 상호작용을 통해 학습할 수 있다. 통찰과 행동을 모두 생성할 수 있다는 점에서 "생성적 물리적 AI"라고도 불리는 물리적 AI는 디지털 세계와 물리적 세계 간의 틈새를 메워 기계가 정보를 처리할 뿐만 아니라 실제 환경에서 의미 있는 행동을 할 수 있도록 한다. 주요 응용 분야로는 산업 자동화, 공급망 관리, 물류, 농업, 소매업 등이 있으며, 재고 관리, 수확, 물류 등의 작업에 도움을 준다.

이전에는 자율주행 기계가 주변 세계를 인지하고 감지할 수 없었다. 하지만 물리적 AI를 통해 로봇을 현실 세계의 주변 환경과 원활하게 상호작용을 하고 적응하도록 제작하고 훈련할 수 있다. 물리적 AI를 구축하려면 자율주행 기계를 훈련할 수 있는 안전하고 통제된 환경을 제공하는 강력한 물리 기반 시뮬레이션이 필요하다. 이는 로봇이 복잡한 작업을 수행하는 데 있어 효율성과 정확성을 향상하게 시킬 뿐만 아니라, 인간과 기계 간의 더욱 자연스러운 상호작용을 촉진하여 현실 세계 애플리케이션의 접근성과 기능성을 향상시킨다.

물리적 AI는 모든 산업을 혁신할 새로운 역량을 열어준다. 예를 들면 다음과 같다.

- 로봇: 물리적 AI는 로봇을 경직된 자동화에서 진정한 자율성으로 끌어올린다. 로봇이 실시간으로 감지, 추론, 행동할 수 있도록 지원함으로써 어떤 환경에서든 더욱 안전하고 정밀하며 적응력 있게 작업할 수 있도록 지원한다. 창고의 자율주행 모바일 로봇(AMR)은 내장 센서의 직접적인 피드백을 활용하여 복잡한 환경을 탐색하고 인간을 포함한 장애물을 피할 수 있다. 매니퓰레이터 또는 로봇 팔은 컨베이어 벨트 위의 물체 자세에 따라 파지 강도와 위치를 조절하여 물체 유형에 맞는 미세 운동 기술과 대근육 운동 기술을 모두 발휘한다. 수술 로봇은 바늘에 실을 꿰거나 바느질하는 것과 같은 복잡한 작업을 학습함으로써, 이 기술의 이점을 활용한다. 이는 특수 작업을 위한 로봇 훈련에서 물리적 AI의 정밀성과 적응성을 강조한다. 인간형 로봇(또는 범용 로봇)은 대근육 운동 기술과 대근육 운동 기술뿐만 아니라 주어진 작업과 관계없이 물리적 세계를 인지하고, 이해하고, 추론하고, 서로 작용할 수 있는 능력이 필요하다.
- 자율주행차(AV): 물리적 AI는 AV가 센서 데이터를 실시간으로 처리하여 주변 환경을 인지하고 이해할 수 있도록 한다. 추론 시각-언어-행동(VLA) 모델은 이 데이터를 사용하여 개방형 고속도로부터 도시 경관까지 다양한 환경에서 정보에 기반한

의사결정을 내린다. 확장 가능하고 물리적으로 정확한 시뮬레이션 환경에서 자율주행 차량을 훈련하면 보행자를 더욱 정확하게 감지하고, 교통 상황 또는 기상 조건에 대응하며, 차선 변경 시 자율주행을 수행하고, 다양한 예상치 못한 상황에 효과적으로 적응할 수 있다.

- 스마트 공간: 물리적 AI는 공장이나 창고와 같이 사람, 차량, 로봇이 끊임없이 이동하는 대규모 실내외 공간의 기능성과 안전성을 향상하게 시킨다. 고정 카메라와 고급 컴퓨터비전 모델을 활용하여 팀은 이러한 공간 내에서 여러 개체와 활동을 추적하여 동적 경로 계획을 개선하고 운영 효율성을 최적화할 수 있다. 비디오 분석 AI 에이전트는 이상 징후를 자동으로 감지하고 실시간 알림을 제공하여 안전성과 운영 효율성을 더욱 향상하게 시킨다.

1.5.2 물리적 AI의 작동 원리

GPT나 Llama와 같은 생성형 AI 모델은 대부분 인터넷에서 수집된 엄청난 양의 텍스트 및 이미지 데이터를 기반으로 학습된다. 이러한 AI 모델은 인간의 언어, 시각 자료, 그리고 추상적인 개념을 생성하는 놀라운 능력을 갖추고 있지만, 물리적 세계와 그 규칙에 대한 이해에는 한계가 있다. 물리적 AI는 우리가 살고 있는 3차원 세계의 공간적 관계와 물리적 행동에 대한 이해를 통해 현재의 생성형 AI를 확장한다. 이미지, 비디오, 텍스트, 음성 또는 실제 센서 데이터와 같은 다중 모드 입력을 받아 자율 기계가 실행할 수 있는 통찰력이나 행동으로 변환한다.

1.5.3 물리적 AI 개발에서 합성 데이터의 역할

물리적 AI 모델을 학습하려면 현실 세계의 공간적 관계와 물리적 규칙에 대한 방대하고 다양하며 물리적으로 정확한 데이터가 필요하다. 현실 세계에서 이러한 데이터를 수집하는 것은 지루하고, 오류가 발생하기 쉬우며, 위험하고, 비용이 많이 들 수 있다. 시뮬레이션과 세계 기반 모델(WFM)을 함께 사용하면 물리적 AI 모델 학습을 위한 합성 데이터 생성을 가속할 수 있다.

데이터 생성은 공장과 같은 공간의 디지털 트윈을 생성하는 것으로 시작된다. 3D 가우시안 기반 재구성을 사용하여 현실 세계의 센서 데이터를 대화형 시뮬레이션에 직접 가져올 수도 있다. 이 가상 공간에는 센서와 로봇과 같은 자율 기계가 추가된다. 현실 세계 시나리오를 모방하는 시뮬레이션이 수행되고, 센서는 강체 동역학(예: 움직임 및 충돌)이나 환경에서 빛이 서로 작용하는 방식과 같은 다양한 상호작용을 포착한다. 생성된 데이터는 WFM을 사용하여 증강, 큐레이션 및 주석을 추가할 수 있다.

1.5.4 물리적 AI에서 강화 학습의 역할

강화 학습은 자율 기계가 시뮬레이션 환경에서 실제 환경에서 수행할 수 있는 기술을 학습하도록 한다. 자율 기계는 수천, 심지어 수백만 번의 시행착오를 통해 안전하고 빠르게 학습할 수 있다. 이 학습 기법은 시뮬레이션에서 원하는 동작을 성공적으로 완료한 물리 AI 모델에 보상을 제공하여 모델이 지속적으로 적응하고 개선되도록 한다. 반복적인 강화 학습을 통해 자율 기계는 결국 새로운 상황과 예상치 못한 도전에 적응하여 실제 현장에서 작동할 수 있도록 준비한다. 시간이 지남에 따라 자율 기계는 상자 포장, 차량 제작, 그리고 도움 없이 환경 탐색과 같은 실제 응용 분야에 필요한 정교한 소근육 운동 기술을 개발할 수 있다.

- 센서 및 액추에이터: 물리적 AI 시스템은 카메라, 라이더, 마이크와 같은 센서로부터 데이터를 수집하여 주변 환경을 '인지'한다. 그런 다음 액추에이터(예: 로봇 팔) 를 사용하여 주변 환경에 '작용'한다.
- AI 알고리즘: 정교한 AI 알고리즘은 센서 데이터를 처리하여 실시간으로 결정을 내리고 센서와의 상호작용을 통해 학습한다.
- 시뮬레이션 학습: NVIDIA Omniverse와 같은 플랫폼을 통해 로봇은 시뮬레이션 환경에서 기술을 훈련하고 개선하여 '시뮬레이션 환경과 실제 환경 간의 격차'를 최소화하고 학습된 행동을 물리적 환경을 최대한 효과적으로 전달할 수 있다.

1.5.5 물리적 AI의 응용 분야

Universal Scene Description(OpenUSD)은 여러 산업 분야에 걸쳐 범용 데이터 표준을 제공함으로써 물리 AI에서 핵심적인 역할을 한다. 이를 통해 상호 운용성, 실시간 협업, 원활한 통합 및 복잡한 3D 환경의 효율적인 관리가 가능하다. 또한, OpenUSD의 SimReady 자산은 물리적 속성과 의미적 속성을 모두 포함하고 있어, 현실적인 AI 상호작용 및 고충실도 학습을 위해 즉시 시뮬레이션에 활용할 수 있다. 물리적 AI를 활용하여 차세대 자율 시스템을 구축하려면 여러 대의 특수 컴퓨터에서 이루어지는 조율된 프로세스가 필요하다.

1.5.5.1 학습용 컴퓨터(Training Computer): NVIDIA DGX

NVIDIA DGX™는 물리적 AI 기반 모델을 학습하는 데 필요한 엄청난 연산 능력을 제공하는 완벽하게 통합된 하드웨어와 소프트웨어 AI 플랫폼이다. 개발자는 실제 또는 합성적으로 생성된 데이터를 사용하여 TensorFlow, PyTorch, Cosmos Curator 또는 NVIDIA TAO와 같은 체계와 NVIDIA NGC에서 제공되는 사전 학습된 컴퓨터비전 모델을 통해 기반 모델을 학습하거나 사후 학습할 수 있다. DGX 시스템은 로봇이 집중적인 모델 학습을 통해 자연어를 이해하고, 객체를 인식하고, 복잡한 동작을 동시에 계획할 수 있도록 지원한다.

1.5.5.2 시뮬레이션 및 합성 데이터 생성 컴퓨터: NVIDIA RTX PRO 서버 기반 NVIDIA Omniverse와 Cosmos

가상 3D 환경 구축

실제 환경을 표현하고 물리 AI 학습에 필요한 합성 데이터를 생성하려면 충실도 높은 물리 기반 가상 환경이 필요하다. NVIDIA Omniverse™는 개발자가 OpenUSD 및 NVIDIA RTX™ 렌더링 기술을 기존 소프트웨어 도구 및 시뮬레이션 워크플로에 통합하여 이러한 3D 환경을 구축할 수 있도록 지원하는 API, SDK 및 서비스 플랫폼이다. 이러한 디지털 트윈을 생성하기 위해 NVIDIA Omniverse NuRec 신경 재구성 라이브러리를 사용하여 실제 센서 데이터를 시뮬레이션에 직접 가져올 수 있다. NuRec을 통해 개발자는 장면을 재구성하고, 대화형 시뮬레이션을 렌더링하고, 생성적 AI를 사용하여 재구성 품질을 향상하게 시켜 실제 세계와 시뮬레이션 간의 격차를 해소할 수 있다.

합성 데이터 생성

물리적 AI를 위한 시뮬레이션 환경은 실제 세계의 물리 법칙과 동작을 정확하게 반영할 뿐만 아니라, 일상적인 상호작용 및 시나리오의 다양성과도 일치해야 한다. 환경 및 객체 영역 무작위화에는 Omniverse Replicator를 사용할 수 있다. 무작위화된 장면을 이미지나 비디오로 렌더링한 다음, NVIDIA Cosmos™ 모델을 사용하여 생성된 데이터를 증강, 큐레이션 및 주석 처리하여 단일 시나리오를 수백 개로 확장할 수 있다.

시뮬레이션에서 로봇 정책 학습 및 검증

시뮬레이션은 로봇에게 물체 조작이나 공간 이동과 같은 다양한 기술을 훈련하는 방법을 제공한다. 이러한 기술은 강화 또는 모방 학습을 통해 모듈식 로봇 학습 체계인

NVIDIA Isaac Lab에서 개선될 수 있다. 훈련이 완료되면 NVIDIA Isaac Sim™ 또는 오픈소스 CARLA AV 시뮬레이터와 같은 참조 오픈소스 로봇 시뮬레이션 체계를 사용하여 시뮬레이션에서 모델과 소프트웨어 스택을 검증할 수 있다. NVIDIA Omniverse Blueprint인 'Mega'를 사용하여 대규모 로봇을 시뮬레이션하고 테스트할 수 있다.

1.5.5.3 실행시간 컴퓨터(Runtime Computer) NVIDIA Jetson Thor

마지막으로, 최적화된 스택과 정책 모델을 NVIDIA Jetson™ 또는 NVIDIA DRIVE AGX™에 구축하여 자율 로봇, 차량 또는 스마트 공간에 내장하여 실행할 수 있다. Jetson Thor의 간결한 디자인은 실시간 자율 로봇 작동을 위해 센서 데이터 처리, 추론, 계획 및 밀리초 단위의 동작 실행에 필요한 연산 능력을 제공한다. Metropolis AI Blueprint를 활용하여 비디오 검색 및 요약 기능을 갖춘 비디오 분석 AI 에이전트를 구축하여 공장 성능 및 안전 관리 감독 기능을 제공할 수 있다.

1.5.5.4 다양한 응용 분야

물리적 AI는 다양하며, 산업 자동화, 자율 시스템, 물류 및 공급망, 농업, 헬스케어 등 수많은 분야에 응용할 수 있다. 먼저 산업 자동화 측면에서는 조립, 재고 관리, 재고 보충 등의 작업을 위해 더욱 스마트하고 민첩한 로봇을 지원할 수 있게 된다. 자율 시스템에서는 자율주행 자동차 및 기타 자율주행 차량이 복잡한 환경을 인식하고, 추론하고, 탐색할 수 있도록 지원할 수 있다. 물류 및 공급망 측면에서 로봇은 품목을 회수, 분류, 포장하는 데 사용되어 효율성과 처리 능력을 향상한다. 농업에서는 자율 트랙터를 이용하여 농작물을 경작할 수 있으며, AI 시스템은 영상 데이터를 사용하여 최적의 수확 시기를 결정한다. 헬스케어 분야에서, 외골격 슈트를 활용하여 이동에 어려움이 있는 환자를 지원하며, 자동화 시스템으로 약물 투여의 정확성을 제고할 수 있다.

1.6 지능형 로봇 시대[12)]

물리적 AI는 제조업을 변화시키고 있다. 이를 통해 예상되는 지능형 로봇 시대는 어떤

12) https://www.weforum.org/stories/2025/09/what-is-physical-ai-changing-manufacturing/#:~:text=Andrea%20Willige,creation%20of%20new%20skilled%20jobs.

모습일까? 물리적 AI는 산업 자동화의 새로운 국면을 주도하며 비용 상승, 인력 부족, 변화하는 고객 요구와 같은 제조 분야의 과제에 강력한 해결책을 제시한다. 세계경제포럼의 새로운 백서(A new World Economic Forum white paper)에서는 AI, 센서, 하드웨어 분야의 획기적인 발전이 어떻게 더욱 스마트하고 민첩한 새로운 산업용 로봇을 탄생시키고 있는지 연구하였으며, 아마존(Amazon)이나 폭스콘(Foxconn)과 같은 조기 도입자들은 이미 효율성 향상, 배송 시간 단축, 새로운 숙련 일자리 창출 등 상당한 이점을 누리고 있다.

자동화는 1차 산업혁명의 토대가 되었으며, 오늘날의 4차 산업혁명에서도 계속해서 발전하고 있다. 자동화는 오랫동안 제조 환경의 일부였지만, 최근 인공지능, 비전 시스템, 로봇 하드웨어의 발전은 더 지능적이고 적응력이 뛰어난 차세대 기계를 가능하게 하고 있다.

세계경제포럼의 새로운 백서 "물리적 AI: 새로운 산업 운영 시대의 동력(Physical AL: Powering the New Age of Industrial Operations)"[13]에서는 이러한 발전이 로봇의 역할을 어떻게 확장하고 있는지 발표하였는데, 효율성 향상뿐만 아니라 공장 현장의 유연성과 복원력 향상에도 기여하고 있다. 최근까지 대부분의 산업용 로봇은 통제된 환경에서 고정적이고 반복적인 작업을 수행하도록 설계되었다. 하지만 이러한 상황은 변화하기 시작했다. 물리적 AI를 통해 로봇은 더욱 복잡한 환경을 인식하고, 학습하고, 대응할 수 있는 능력을 갖추게 되면서 더욱 다양한 작업과 사용 사례를 지원하고 있다.

이러한 변화는 매우 중요한 시기에 일어나고 있다. 오늘날 제조업체들은 비용 상승, 인력 부족, 그리고 변화하는 고객 기대치로 인해 어려운 환경을 헤쳐나가고 있다. 하지만 인류는 어떻게 여기까지 왔을까? 산업용 로봇의 진화를 이해하는 것은 앞으로 다가올 미래에 대한 중요한 맥락을 제공한다.

1.6.1 산업용 로봇의 진화

물리적 AI의 적용은 오랜 진화의 다음 단계이다. 로봇은 미래적인 개념으로 여겨지지만, 최초의 산업용 로봇은 1960년대로 거슬러 올라간다. 이 용어는 체코어 '로보타(robota)'에서 유래되었는데, 이는 강제 노동 또는 작업을 의미한다.

과거의 산업용 로봇은 규칙 기반이었다. 즉, 높은 정밀도와 빠른 속도가 요구되는 반

13) World Economic Forum, White Paper, "Physical AL: Powering the New Age of Industrial Operations)"September 2025.

복적인 작업을 수행하도록 명시적으로 프로그래밍 되었지만, 유연성은 부족했다. 이러한 시스템은 자동차나 전자 산업과 같은 분야에서 필수적인 요소가 되었으며, 로봇이 생산 현장에 가져온 생산성 향상의 혜택을 누렸다.

변동성이 낮고 처리량이 많은 작업의 경우, 이러한 시스템은 앞으로도 그 역할과 기능이 계속 발전하면서 중요한 역할을 할 것이다. 현재 우리는 AI와 기계 학습을 활용하여 시뮬레이션 또는 실제 환경에서 학습하는 훈련 기반 로봇을 통해 물리적 AI의 등장을 목격하고 있다. 이전 로봇과는 달리, 물리적 AI는 특정 프로그램을 엄격하게 따르는 것이 아니라 어느 정도 변동성이 있는 작업도 수행할 수 있다. 이를 통해 이러한 로봇은 중간 규모 및 비반복적인 생산 작업에도 더욱 적응력이 뛰어나다. 중요한 것은 로봇의 훈련을 가상화하여 배포 시간을 획기적으로 단축하고 자동화할 수 있는 작업 범위를 확대할 수 있다는 것이다.

공장 현장에서 로봇 기술은 어떻게 발전해 왔을까? 제조업은 인력 부족, 비용 압박, 그리고 유연성에 대한 수요 증가로 인해 재편되고 있다. AI와 첨단 하드웨어로 구동되는 로봇 기술은 이러한 요구를 충족하기 위해 진화하고 있다.

규칙 기반 로봇

1960년대에 규칙 기반 로봇(rule-based robot)은 자동 용접과 같은 구조화된 작업 하나를 놀라운 속도와 정밀도로 수행하도록 명시적으로 프로그래밍이 되었다. 하지만 높은 비용, 복잡성, 그리고 유연성 부족으로 인해 널리 사용되는 데 제약이 있었다.

훈련 기반 로봇

AI와 첨단 하드웨어를 통해 훈련 기반 로봇(training-based robotics)이 등장했다. 이 로봇은 가상 환경에서 테스트하고 실수를 통해 학습한다. 따라서 목표(예: 화물 하역)가 주어지면 시스템은 일련의 동작(지게차 하역, 밴더롤 절단, 소포 개봉 등)을 순차적으로 수행하고 실시간으로 적응할 수 있다.

상황 기반 로봇

가장 새로운 영역은 상황 기반 로봇(Context-based robotics) 공학이다. 시스템이 낯선 상황에서도 자율적으로 인식하고, 추론하고, 행동한다. 이를 통해 물류, 의료, 정밀 제조 등에서 새로운 활용 사례가 창출된다.

상황 기반 로봇은 지능형 자동화의 차세대 진화를 선도한다. 훈련 기반 로봇과 마찬가지로, 상황 기반 로봇은 고해상도 카메라부터 촉각 센서에 이르기까지 다양한 인지

도구를 갖추고 있어 실시간으로 주변 환경을 '보고' 해석할 수 있다. 상황 기반 로봇의 차별점은 인지 방식이 아니라 낯선 작업을 처리하고 대응하는 방식이다. 이러한 역량의 핵심은 강력한 AI 기반 모델이다. 이 모델은 자연어 프롬프트에서 시각, 언어, 동작을 통합하여 주변 환경을 이해하도록 출력을 생성한다. 로봇은 자신이 작업하는 상황을 이해하고, '사고'하고, 자율적으로 결정을 내리고, 심지어 계획을 세울 수도 있다. 백서는 이러한 기술의 범위를 "인간 수준의 작업 직관 및 계획"에 비유한다. 이러한 로봇들은 여전히 영화에서 볼 수 있는 인간형 로봇과는 거리가 멀지만, 외형 또한 변화하고 있다. 네 발로 걷는 로봇, 인간형 로봇, 모바일 로봇 등 다양한 형태로 등장하며 로봇 활용 범위를 확대하고 있다.

규칙 기반, 훈련 기반, 그리고 상황 기반이라는 세 가지 유형의 로봇 기술은 모두 제조업에서 계속 사용될 것이다. 다양한 자동화 전략의 일환으로, 로봇 기술은 다양한 생산 설비와 유형의 요구에 맞춰 배치될 것이다.

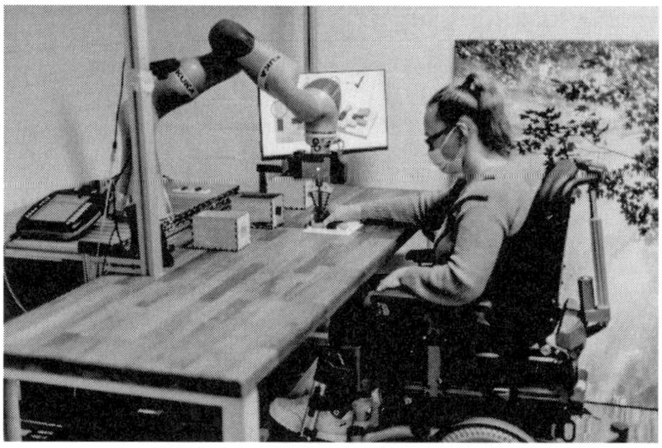

그림 1.4 상황을 인식하여 장애인 활동에 도움을 제공할 수 있는 로봇의 예[14)]

1.6.2 제조업에서 물리적 AI와 지능형 로봇의 중요성

제조업체에 로봇의 도움은 더할 나위 없이 필요한 시점이다. 공급망은 지정학적 긴장, 원자재 부족, 운송 병목 현상으로 인해 여전히 취약한 상태이다. 시장 불확실성은 이러한 문제를 더욱 심화시켜 생산성, 수익, 회복탄력성을 위협하고 있다. 원자재 가격, 에너지 가격, 임금 상승, 인력 부족, 그리고 심화하는 기술 격차는 이 부문의 과제를 더욱 가

14) Drolshagen, S., Pfingsthorn, M., & Hein, A. (2023). Context-Aware Robotic Assistive System: Robotic Pointing Gesture-Based Assistance for People with Disabilities in Sheltered Workshops. *Robotics*, 12(5), 132.

중하고 있다. 한편, 고객의 기대는 더욱 맞춤화된 서비스, 더욱 빠른 배송, 그리고 지속가능성을 요구하고 있다. 지능형 로봇 기술은 디지털 세계와 물리적 세계를 연결하여 운영 유연성을 향상하게 시키고 이를 달성해야 하지만, 제조업체는 단기적인 이익뿐 아니라 장기적인 전략에도 로봇 기술을 접목해야 한다.

1.6.3 로봇 자동화를 관리할 수 있는 인력 확보

숙련된 인력은 이러한 전환을 실현하는 데 필수적이다. 포럼의 "2025년 일자리의 미래" 보고서에 따르면, 로봇과 자율 시스템은 일자리 대체의 주요 원인이 될 것이다. 하지만 최신 물리적 AI 백서에서 제시하는 것처럼, 이러한 대체는 단순한 소멸이 아니라 전환이다. AI 및 기타 디지털화와 함께, 이러한 변화는 새롭고 숙련된 직무의 창출을 촉진할 것이다 예를 들어, 기계 조작자는 로봇 기술자가 되고, 물류 팀은 모바일 로봇을 조정하며, 유지보수팀은 예측 유지보수로 전환하고, 제조 엔지니어는 AI 및 로봇 시스템 교육 및 최적화에 집중하게 될 것이다. 또한, 이전에는 수동 작업이었던 작업을 자동화함으로써 사람들이 더욱 의미 있는 작업에 집중할 수 있게 된다는 이점도 있다.

지능형 로봇을 워크플로에 성공적으로 통합하려면 인력 개발과 지속적인 학습에 집중해야 한다. 지능형 로봇이 기업뿐만 아니라 사회적 측면에서도 그 약속을 실현하기 위해서는 재교육 및 기술 향상, 그리고 장기적인 인력 계획이 필수적이다. 표 1.1은 물리적 AI 자동화로 인해 인간이 어떻게 더 높은 수준의 작업 집중할 수 있을지 요약한 것이다.

표 1.1 물리적 AI 자동화가 인간의 작업에 미치는 영향[15)]

구분	Direct manufacturing	Indirect manufacturing	Indirect manufacturing	Indirect manufacturing	Indirect manufacturing
세부 분야	Material processing, assembly and packaging	Manufacturing engineering	Logistics	Quality control	Maintenance
현재	작업자가 부품을 수동으로 가공하고 조립함. 정밀도, 수동 기계 조작 및 집중력이 요구됨. 전환(Changeover) 및 포장은 전적으로 수동이며 노동집약적임.	제조 엔지니어가 주로 경험에 기반하여 생산 시스템을 설계, 구현 및 최적화함. 유연하지 못한 자동화 시스템을 업데이트하는 데 많은 수동 노력이 필요함.	작업자가 지게차나 카트를 사용하여 자재를 수동으로 이동함. 인간의 조정이 필요하며, 이는 비효율성, 사고 및 오배치로 이어짐.	작업자가 제품을 육안으로 검사함. 속도가 느리고 주관적이며 피로에 취약함. 무작위 샘플링으로 인해 결함을 놓칠 수 있음.	사후 대응형 또는 예방적 유지보수 일정을 따름(기계 상태와 무관). 엔지니어는 육안 점검과 로그에 의존하므로 문제를 예측하기 어려움.
미래 시니리오	AI 지원 로봇이 실시간 시스템 피드백을 사용하여 용접, 조립 및 포장을 수행함. 시스템이 제품 및 작업 변화에 자동으로 적응함.	생산 시스템은 소프트웨어 중심적이며 지능적이고 적응력이 뛰어남. 엔지니어는 공장을 계획하고 지능형 로봇과 시각 기반 품질 관리 시스템을 통합함.	AI 기반 자율 이동 로봇(AMR)이 자재를 종단 간(end-to-end) 처리하여 적절한 부품이 제시간에 인도되도록 보장함.	비전 가이드 로봇 팔이 모든 단위를 실시간으로 스캔하고 자동화된 검사 테스트를 수행함.	AI 기반 시스템이 자급자족형으로 변모하며, 로봇과 드론이 데이터를 지속적으로 생성하는 동시에 일부 유지보수 및 점검 작업을 처리함.
주요 과업	• 로봇 워크플로 감독 • 새로운 작업을 위한 로봇 교육 • 예외 케이스 해결	• 적응형 시스템 최적화 • 디지털 프로세스 설계 감독 • 다학제적 통합	• 로봇 플릿(fleet) 모니터링 • 로봇 경로 재구성 • 시스템 알림 관리	• 전략적 감독 • 플래그가 지정된 결함 감사 • 품질 관리 최적화	• 복잡한 수리 수행 • 데이터 해석 • 시스템 개선
필요 기술	• 시스템 사고(Systems thinking) • 디지털 리터러시 • 로봇 프로그래밍/교육	• 고급 디지털 및 AI 기술 • 시스템 사고 • 창의성	• 시스템 사고 • 디지털 리터러시 • 워크플로 설계 및 안전	• 분석적 사고 • AI 및 빅데이터 • 창의성	• 기술적 숙련도 • 분석적 사고 • AI 및 빅데이터

15) BCG, World Economic Forum, September, 2025

연습문제

1 1900년대 이후 거의 125년 만에 오는 새로운 산업 혁명(AI, ESS, 로보틱스, 블록체인, 생명유전자공학 등의 융복합)에 대하여 설명하시오.

2 생성형 AI와 물리적 AI의 차이점을 설명하시오. 그리고 그 응용 분야에 대하여 설명하시오.

3 인공지능 시대 도래로 인한 직업군의 변화에 대하여 설명하시오.

4 인공지능 시대의 도래에 발맞추어 우리는 무엇을 준비해야 하는가?

Chapter

2

반도체 산업의 이해

2.1 산업의 쌀, 반도체

1859년 드레이크가 처음으로 유정을 뚫어 원유를 대량으로 추출하면서 석유가 생활에 본격적으로 사용되기 시작했다. 그 전에는 유정에서 샘물처럼 흘러나온 석유를 피부병 치료 약 등으로 이용했을 뿐 별로 이용 가치가 없었다. 석유가 없을 때는 고래기름을 등불의 원료로 사용했으며, 고래기름은 석유가 사용되기 직전인 1855년 당시 지금 화폐 가치로 배럴당 2,000달러를 넘을 만큼 고가의 기름이었다. 포경업은 국가 주요 산업의 하나일 정도였다. 석유가 개발돼 등화용으로 사용되자 고래기름 가격은 급락했고 포경업도 쇠퇴의 길로 접어들었다. 정유의 발전으로 석유는 운송용으로도 본격적으로 사용되었고, 자동차, 선박, 항공기 등 운송 산업은 급속도로 발전했다. 석유화학산업의 발전으로 플라스틱, 나일론 등이 개발되면서 일상생활에 깊숙이 스며들었다.

철강 산업은 자동차, 조선, 기계, 건설, 방위산업 등 대부분 산업에 기초 소재를 공급하는 핵심 산업으로, 대다수 산업의 경쟁력을 좌우하고 있어 철강을 '산업의 쌀'로도 부른다. 이에 따라 전 세계 국가들은 산업화 시대 경쟁적으로 철강 사업을 육성해 온 역사도 있다. 특히 한국에서는 과거 개발 시대 산업화의 주역으로 역사의 한 축을 담당했다. 현재에도, 석유와 철강은 산업에서 중요한 부문의 중심의 축을 이루고 있지만, 이제는 고도화 선진화 산업에 진입하는 세계 경제에서는 반도체 기술이 국가의 성패를 좌우할 것이다. 반도체의 중요성은 가속화되는 디지털 환경, 확대되는 글로벌 공급망으로 인해 더욱 부각되고 있다. 반도체 산업의 경쟁력을 갖추는 것은 경제 및 안보에 필수적으로 자리매김하고 있으며, 반도체 산업의 주도권을 확보하고 강화하는 것만이 기술 패권 전쟁에서 살아남을 수 있을 것이다.

따라서, 이제는 반도체 생산시설이 지정학적 패권을 가질 것이다. 향후 10년간 글로벌 반도체 수요는 현재의 2배까지 확대될 것으로 예상되지만, 현재 대부분의 반도체 생산시설은 대만, 일본, 한국 등 아시아 지역에 집중되어 있기 때문에, 지금은 반도체 산업 그 부문 자체가 산업의 supply chain(장비/소재) 측면에서 기술 패권의 전쟁터이다. 오늘날 일상생활은 반도체 없이는 생각할 수 없다. 반도체가 없으면, 필수적인 전자기기, 예를 들면 스마트폰, 자동차, 컴퓨터, TV 등이 일상생활에서 없어질 것이다. 대부분 중요 부품으로 사용되기 때문에, 반도체 '산업의 쌀'이라 할 만하다.

반도체(semiconductor)는 말 그대로 반(semi)만 도체(conductor)인 물질이다. 원래는 거의 전기가 통하지 않지만 열, 또는 불순물을 주입하면 전기가 통하게 된다. 즉, 전기의 전도를 조절할 수 있는 물질이다. 정보를 저장할 수 있는 메모리 반도체와 정보 저장 없이 연산 혹은 제어기능을 담당하는 시스템 반도체(비메모리 반도체)로 구분된다.

1947년 12월 23일 미국 벨 연구소에서 개발한 트랜지스터가 반도체의 시초이다. 벨 연구소의 윌리엄 쇼클리 연구진에 의하여, 빛을 쪼이거나 전자를 주입하면 전도도가 달라지는 소자인 트랜지스터가 개발되었다. 개발된 트랜지스터는 전류나 전압 흐름을 조절하는 스위치 역할을 한다. 그 이전에는 전자신호를 증폭하는 소자로 진공관을 사용했는데, 진공관은 전력 소모가 크고 전력 유지가 어렵다. 따라서 트랜지스터의 발명은 전자공학의 역사에서 완전히 흐름을 바꾸어 놓는 매우 중요한 사건이며, 오늘날 산업 발전의 시초가 된 셈이다.

이후 반도체 산업은 엄청난 속도로 발전하게 되었다. 1965년 4월, 인텔의 공동 창업자인 고든 무어는 『일렉트로닉스』 잡지에 실린 인터뷰에서, “반도체의 칩에 들어갈 수 있는 트랜지스터의 수는 2년마다 2배씩 늘어날 것이다.”라고 하였다. 이후 이 말은 ‘무어의 법칙’으로 불리게 되었으며, 인텔뿐 아니라 전 세계 반도체업체는 이 무어의 법칙에 따라 반도체를 개발해 왔다. 그 결과 컴퓨터, 스마트폰 등 최첨단 기기의 발전 속도 또한 향상되었다. 이러한 무어의 법칙이 약 50년간 지켜질 수 있었던 이유는 기존 반도체업체가 이를 지키기 위해서 부단하게 노력했기 때문이다. 다만 최근에는 이러한 노력에도 불구하고 제조 비용의 증가, 추가 기술 발전의 어려움 등으로 인해 개발 속도가 점점 늦어지고 있으며, 그로 인해 무어의 법칙이 한계에 다다랐다는 평가도 있다. 반도체 시장이 발전하면서 산업 또한 분화되기 시작했다. 그림 2.1은 반도체 시장의 주요한 응용 산업을 나타내고 있다.

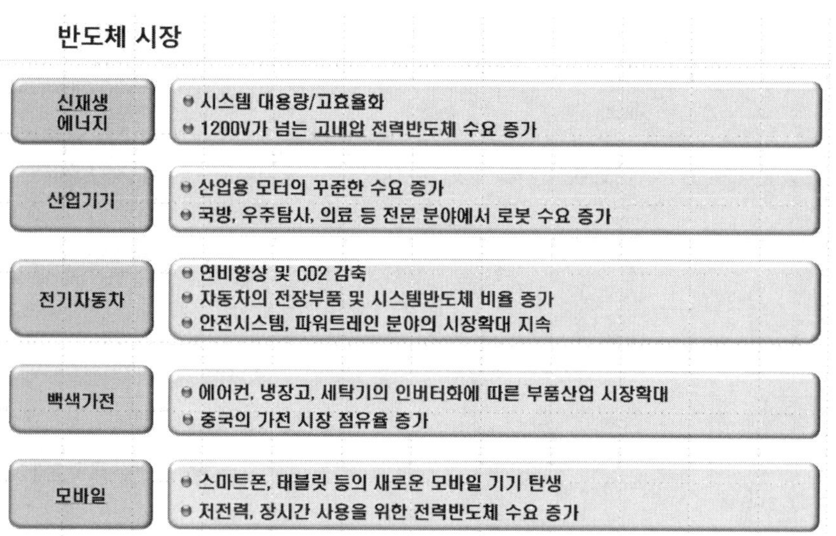

그림 2.1 반도체 시장의 주요한 응용 산업

2.1.1 반도체의 분류와 현황

오늘날 전자기기에 널리 사용되는 반도체는 열, 빛, 자장, 전압, 전류 등의 영향으로 그 성질이 크게 바뀌는데, 이 특징에 의해 매우 다양한 용도로 활용되고 있다. 반도체 제품은 보통 메모리와 비메모리로 구분된다.

메모리 반도체는 memory(기억) semiconductor로, 정보를 저장하고 기록하는 능력을 전자 수단에 실현하는 전자기기 장치이다. 메모리 반도체는 저전력으로 쉽게 전기를 통하고 차단할 수 있는 동작이 가능하며, 또한 적은 양의 정보를 빠르게 처리할 수 있는 능력을 갖추는 반도체이다. 대표적인 것이 바로 D램과 낸드플래시이다. D램은 전원이 꺼지면 데이터가 사라지며, 낸드플래시는 전원이 꺼지더라도 데이터가 보존은 되지만 속도가 느리다. 표 2.1은 반도체의 분류에 대하여 설명하고 있다.

표 2.1 반도체의 분류

<table>
<tr><th>구분</th><th>중분류</th><th>세분류</th><th>내용</th></tr>
<tr><td rowspan="7">메모리</td><td rowspan="3">휘발성
(DRAM)</td><td>D램</td><td>주로 PC용 주기억장치에 이용되며 정보처리속도 및 그래픽 처리 능력에 따라 SD램, 램벗 D램, DDR, DDR2 등으로 구분</td></tr>
<tr><td>S램</td><td>컴퓨터의 캐시(cache), 게임기 등에 사용</td></tr>
<tr><td>V램</td><td>화상정보를 기억하기 위한 전용 메모리</td></tr>
<tr><td rowspan="4">비휘발성
(DROM)</td><td>Mask롬</td><td>제조 공정 시 고객이 원하는 정보를 저장하며, 전자게임기의 S/W 저장용, 전자악기, 전자사전 등에 사용</td></tr>
<tr><td>EP롬</td><td>자외선을 이용하여 정보를 지우거나 저장</td></tr>
<tr><td>EEP롬</td><td>ROM의 특징과 입출력할 수 있는 RAM의 특징을 겸비</td></tr>
<tr><td>FLASH
메모리</td><td>전력소모가 적고 고속프로그래밍 및 대용량 저장이 가능하여 컴퓨터의 HDD를 대체할 수 있는 제품으로 NOR(코드저장)형과 NAND(데이터저장)형으로 구분</td></tr>
<tr><td rowspan="6">비메모리</td><td rowspan="4">시스템 IC</td><td>마이크로
컴포넌트</td><td>컴퓨터를 제어하기 위한 핵심부품으로 Micro Processor Unit, Micro Controller Unit, Digital Signal Processor 등이 있음</td></tr>
<tr><td>Logic
(ASIC)</td><td>사용자의 요구에 의해 설계된 특정화된 반도체이며, 주문형 IC로서 다품종 소량생산에 적합</td></tr>
<tr><td>Analog
IC</td><td>제반 신호의 표현처리를 연속적인 신호 변환에 의해 인식하는 IC로서 Audio/Video, 통신용, 신호변환용으로 사용</td></tr>
<tr><td>LDI</td><td>LCD Drive IC로서 구동 또는 제어에 필수적인 IC</td></tr>
<tr><td colspan="2">개별소자(discrete)</td><td>다이오드, 트랜지스터처럼 IC와는 달리 개별 품목으로서 단일기능을 갖는 제품</td></tr>
<tr><td colspan="2">기타</td><td>Opto(광반도체), 반도체 센서 등</td></tr>
</table>

메모리 반도체에는 D램과 V램, S램, 롬 등이 있다. D램은 휘발성 메모리로 전원이 공급되는 동안에만 정보가 저장되는 휘발성 메모리로 주로 컴퓨터의 메인 메모리, 동영상 및 3D 게임 구현을 위한 그래픽 메모리로 가동된다. 스마트 TV, 스마트 냉장고, 프린터 등에도 사용이 확대되고 있으며, 스마트폰과 태블릿 PC 등에도 모바일용 D램이 사용된다. S램은 컴퓨터의 캐시, 게임기 등에 사용된다. V램은 화상정보를 기억하기 위한 전용 메모리이다. 그림 2.2는 반도체의 분류를 도식화한 것이다.

비휘발성 메모리로는, Mask롬, EP 롬, EEP롬, 플래시 메모리로 구분된다. 플래시 메모리는 전원이 공급되지 않아도 저장된 데이터가 지워지지 않는 비휘발성 메모리로, NOR(코드 저장)형과 NAND(데이터 저장)형으로 구분된다. 낸드플래시는 순차적 정보 접근이 가능하여, 디지털 비디오와 디지털사진과 같은 대용량 정보를 저장할 수 있어 디지털카메라, USB 드라이브, MP3플레이어, 차량용 내비게이션, SSD(Solid State Drive), 플래시 어레이, 스마트폰, 태블릿 PC 등에 사용된다. 메모리 반도체 시장에서는 국내 기

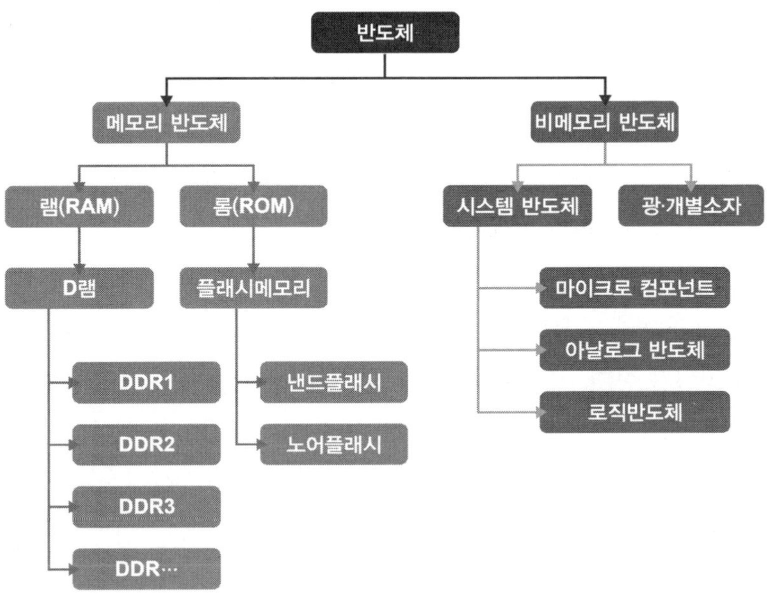

메모리 반도체		비메모리 반도체 (시스템 반도체)
정보 저장	용도	정보 처리
D램·낸드플래시 등	제품	CPU·AP·센서류 등
소품종 대량생산	생산 방식	다품종 소량생산
대규모 설비투자 필요	산업 특징	설계 인력 중심 기술집약
수요 변화에 민감	가격 변동성	수요 변화에도 안정적

그림 2.2 반도체의 분류 도식화

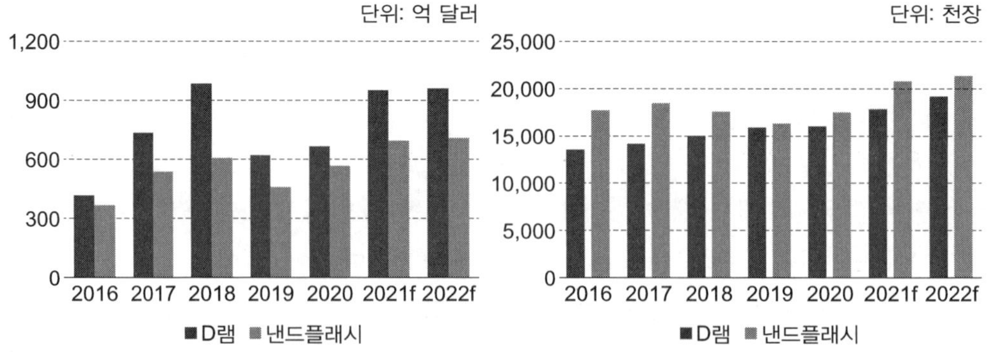

그림 2.3 메모리 반도체 시장 규모(왼쪽)와 생산능력(오른쪽)(자료: 옴디아)

업인 삼성전자와 SK하이닉스가 세계 1, 2위이다.[1] 그림 2.3은 메모리 반도체 시장 규모와 생산능력을 나타내고 있다.

비메모리 반도체는 메모리 반도체가 아닌 그 외 모든 제품을 말한다. 정보 처리 목적에 따라, 아날로그, 로직, 마이크로, discrete, 센서로 분리된다. 메모리 반도체는 대부분 종합반도체기업(삼성전자, 인텔 등)이 설계부터 제조까지 전 과정을 설계하나, 비메모리 반도체는 비즈니스 방식에 따라 반도체를 설계만 하는 팹리스(fabless), 설계된 반도체를 위탁생산만 하는 파운드리(foundry)로 구분된다. 제품으로 나눠보면 시스템 반도체, 광·개별소자 반도체로 구분된다. 시스템 반도체는 소품종 대량생산하는 메모리 반도체와 달리 다품종 소량생산하는 제품이다.

시스템 반도체는 컴퓨터의 중앙처리장치(CPU), 스마트폰에서 CPU 역할을 하는 애플리케이션 프로세서(AP), 자동차에서 차량용 반도체, 첨단 의료기기 등 데이터 연산·제어 등 정보 처리 역할을 한다. 자율주행, 사물 인터넷(IoT), 인공지능(AI), 클라우드, 빅데이터 등 4차 산업 생산품의 핵심부품을 시스템 반도체가 차지하고 있다. 대표적인 시스템 반도체의 종류는 다음과 같다.

- 프로세서 반도체: 전기 전자 시스템의 신호, 정보 에너지 프로세서 기능수행. 모바일 기기용 multi core CPU SoC, 무선통신 서버용 고성능 Digital Signal Processor SoC 등
- 자동차 SoC: 자동차 주행 관련 정보를 바탕으로 엔진, 트랜스미션, 전자 장치 동작 제어용 SoC. Information, power train/shashi, body, reliability/performance eval-

1) 2022 ISSUE REPORT 이슈보고서, 2022년 반도체 산업 수출전망, VOL. 2022-이슈(2022.1) 한국 수출 은행, 해외경제연구소, 이미혜 (2022.1)

uation technology 등

- 통신/방송 SoC: 모바일 이동 통신기기에 필요한 유무선 데이터 통신을 포함하는 동영상, 멀티미디어 콘텐츠 등의 다양한 데이터서비스를 지원. 5G 모뎀, UHDTV 등
- 전력/에너지 반도체: 전력 변환이나 필요한 전력을 안정적으로 공급하도록 제어하는 기능 등

그림 2.4는 시스템 반도체 시장의 규모를 전망한 것이다.

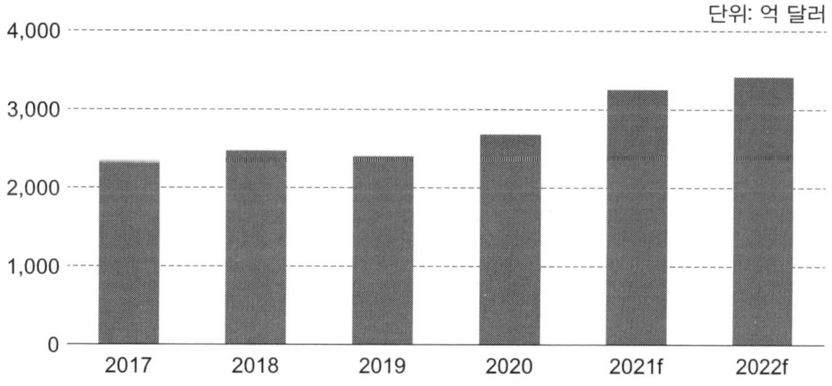

그림 2.4 시스템 반도체 시장 규모 전망(자료: 옴디아)

인텔, 퀄컴 등 글로벌 상위 10개 기업이 시스템 반도체 시장의 60%를 차지하고 있다. 2022년 기준 전 세계 반도체 산업 규모는 약 6,000억 달러이며, 메모리 반도체 시장은 약 1,700억 달러, 시스템 반도체 시장은 약 3,300억 달러로 예상된다. 일반적으로, 메모리 반도체의 성장세보다는 시스템 반도체의 성장이 더 탄탄하다. 이는 시스템 반도체가 4차 산업 생산품의 핵심부품이기 때문이다. 시스템 반도체 시장은 글로벌 반도체 시장의 50~60%를 차지하는 거대 시장이며(메모리 반도체보다 약 2배 정도 크다), 수요자의 요구에 맞춰 제품이 생산되는 주문형 방식으로, 수요와 공급 불일치에 따른 급격한 시황 변화가 없으므로 특정 산업의 호·불황에 크게 영향을 받지 않는 안정적인 시장구조이다. 반면 메모리 반도체는 생산 후 판매 방식으로 수요와 공급 불일치 시 급격한 가격 변동이 발생할 수 있다. 그림 2.5는 파운드리 시장 전망 및 성장률(%)을 나타낸 것이다.

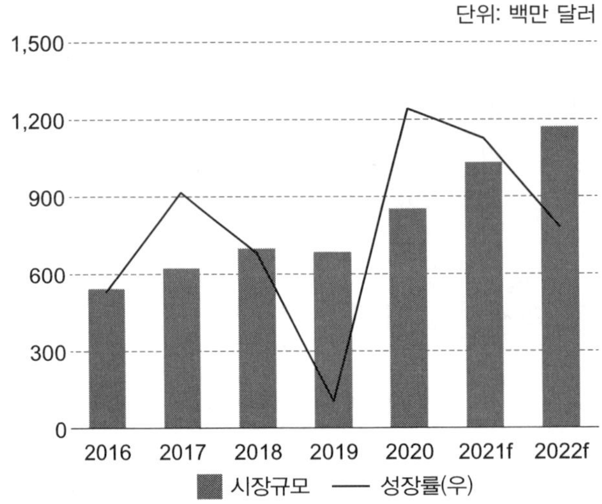

그림 2.5 파운드리 시장 전망 및 성장률(%)(자료: 트렌드포스)

시스템 반도체 중 팹리스 시장은 미국 기업이 시장을 주도하고 있으며, 중국이 내수를 기반으로 추격 중인 양상이다. 2022년 약 1,200억 달러의 시장 규모로, 퀄컴, 엔비디아, AMD 등 미국 기업이 압도적인 점유율을 가지고 있다. 미디어텍, 하이실리콘 등 중국계 기업은 중국 내 거대 내수시장과 정부의 강력한 지원을 기반으로 시장 진출을 본격화하고 있다. 파운드리 시장은 대만 TSMC가 독보적 1위이며 삼성전자가 2위로 추격하고 있다. 약 710억 달러(2018년 기준, IC Insights)의 시장 규모로 TSMC가 약 50%를 점유하고 있다. 파운드리 시장은 품종·소량생산 확대 등 다양한 칩에 대한 수요 증가로 인하여 성장형이다. 현재 세계 주요국은 시스템 반도체 산업을 선도하기 위해 많은 연구와 투자를 하고 있다.

2.1.2 국내외 반도체 산업 정책

우리나라는 삼성전자와 SK하이닉스가 정부와 발맞추어 주도적으로 반도체 산업 발전에 힘쓰고 있다. 정부의 반도체 산업 경쟁력 강화 국회특별위원회는 'K-CHIPS ACT 반도체 산업 경쟁력 강화법'을 입법했는데 이는 (1) 반도체 산업 관련 규제개혁, (2) 세액공제, (3) 인재 양성 3가지에 관한 것이다. 또 반도체 산업을 경제, 외교, 안보의 관점으로 접근하고 있다. 미·중의 패권 경쟁을 관리하는 가장 효율적 외교 수단으로 자리매김하고 있으며, 한미 안보 동맹의 핵심 또한 일명 반도체 방패로 바뀌고 있다. 부민 강국, 백성이 잘살아야 나라가 강해진다는 그 원천이 바로 반도체인 셈이다. 대한민국을 반도체 초강대국으로 만들겠다는 것이 정부의 강력한 의지이다. 현 정부는 사실상 '반도체 정부'이다.

기업이 5년 동안 340조 원 이상 투자하도록 규제도 풀고 있다. 반도체 설비와 연구 개발(R&D) 투자에 세액공제 혜택을 늘렸으며, 산업부는 2022년 삼성전자와 SK하이닉스가 각각 크게 투자하고 있는 경기 평택·용인 반도체 산업단지에서 전력·용수 기반 시설을 구축하는 비용을 국비로 지원하는 방안을 검토하기도 했으나, 기재부의 거부로 무산되기도 했다.

노동·환경 규제도 풀어 반도체 기업의 투자를 촉진하고 있다. 일본이 수출을 규제한 품목 R&D에만 허용하던 특별연장 근로제를 반도체 R&D 전체로 확대하여 일주일에 52시간 일하던 것을 64시간까지 허용하였다(2025년 3월부터 시행).

교육부는 10년 동안 반도체 인력을 15만 명 이상 양성하는 목표를 세우고 대학과 대학원, 고교 반도체 관련 학과 정원을 늘렸다. 반도체 특성화대학원을 새로 지정해 교수 인건비와 기자재를 지원하고 있으며, 경기 성남시 판교 제2 테크노밸리에 반도체 아카데미를 세우기도 했다.

삼성전자는 '반도체 비전 2030'을 선포하고 2030년까지 메모리 반도체뿐 아니라 시스템 반도체 분야에서도 1위를 하겠다는 목표를 표방하고 있다. 이에 따라 향후 시스템 반도체 분야 연구 개발 및 생산시설 확충에 133조 원을 투자하고, 전문 인력 1만 5천 명을 채용할 예정이다. 133조 원 중 R&D 분야에 73조 원, 최첨단 생산 기반 시설에 60조 원을 투자한다.

미국은 기초연구, 기술 보호 등으로 민간 기업을 지원하고 있으며, 2018년 기준 시스템 반도체 세계 10대 기업 중 6개 기업을 보유하며 세계 시장의 70%를 점유하고 있다. 미국의 반도체 산업 점유율 회복을 위한 투자로 2021년 NDAA에서 CHIPS for America Act를 제정하였는데 그 내용은 다음과 같다.

- 향후 칩 기술 분야에서 미국의 글로벌 리더십 강화를 위해 반도체 제조 장비나 시설 투자, 연구에 자금 지원 및 투자 세액 공제한다.
- 중국 등 미국의 경제/안보에 위협을 초래하는 국가로부터의 생산시설 이전 비용 지원한다.
- 신규 제조 시설에 대한 보조금을 지급한다.

대만은 TSMC라는 파운드리 분야 독보적 1위 업체를 보유하고 있으며, 팹리스-파운드리의 유기적 협력을 바탕으로 글로벌 팹리스 업체도 육성 중이다.

최근 반도체 시장에서 또 하나 주목해 봐야 할 포인트는 중국이다. 중국은 정부의 강력한 산업 육성 지원책으로 메모리 반도체와 시스템 반도체 시장의 동시 육성 전략을 추진하고 있다. 거대 내수시장과 수요 창출 등 강력한 정부 지원을 바탕으로 팹리스 시장에서 점유율 3위로 급부상하는 등 앞으로도 빠른 성장이 예상된다. 중국의 반도체 산업 규모는 2008년 이후 연평균 약 11.8%의 성장률을 보이며 전 세계 시장 성장 속도인 약 5.6%보다 두 배 가까이 빠르게 성장하고 있다. 중국의 반도체 시장이 전 세계 시장에서 차지하는 비율도 꾸준히 상승 추세를 기록하여, 2018년에는 32.2%에 달했다. 그러나 이러한 시장 규모 확대에 비해 반도체의 중국 국산화는 더디게 진행 중이다. 애초 중국 정부의 목표는 2020년까지 중국이 소비하는 반도체의 40%를 자국에서 생산하고, 2025년까지는 70%를 국산화할 예정이었으나, 2018년 기준으로 반도체 생산 국산화율은 15.4%에 불과하다. 이는 앞으로도 중국 정부가 강력한 반도체 산업 육성 정책을 지속할 요인으로 작용할 것으로 보인다.

중국 정부가 이처럼 자국의 반도체 산업을 육성하는 가장 큰 이유는 중국 산업 중 자립도가 가장 낮은 영역 중 하나가 바로 반도체 산업이기 때문이다. 중국의 연간 반도체 수입액은 약 3천억 달러로 원유 수입액보다 많다. 특히 시스템 반도체 칩 설계 분야인 팹리스 시장에서 미국 기업의 점유율이 70%라는 점은 미·중 무역전쟁 상황을 고려할 때 부담으로 작용할 수밖에 없다. 이에 중국 정부는 반도체 산업의 해외 의존도를 낮추기 위해서 적극적으로 정책 지원을 지속하고 있다. 2014년 국가 집적회로 산업 발전 추진 요강을 기점으로, 본격적으로 반도체 산업을 육성하기 시작하였으며, 2018년 4월 시진핑 중국 주석도 우한 YMTC 시찰 중에 반도체 신장론(반도체는 사람의 심장과 같다)을 주창하며 중국 기업 육성을 위해 자국산 반도체 구매를 확대할 것을 지시하기도 했다.

중국은 이미 글로벌 브랜드를 가진 다수의 IT 하드웨어 기업을 보유하고 있기 때문에 중국 정부의 이런 노력이 열매를 맺을 가능성은 있다. 중국은 과거 IT 디바이스 하도급 공장 수준에 불과하였으나, 지난 10년간 다양한 글로벌 IT 브랜드를 키워내는 데 성공했다. 스마트폰에는 화웨이, 샤오미, 오포, 비보 등이, PC와 서버에는 레노버, 인스퍼, 가전에는 하이얼, 메이디, 거리 등이 그 예이다. 이러한 기업들이 자국산 반도체업체를 활용한다면 그만큼 반도체 생산 국산화율은 올라갈 수 있다. 또한 중국은 유능한 엔지니어 인력 풀을 확보하고 있다. 고등교육의 확산으로 중간급 엔지니어 인력 풀이 상당히 풍부해진 것이다. 중국의 STEP(Science, technology, Engineering, Math) 전공 졸업자 수는 이미 인도와 미국을 훨씬 뛰어넘는 등 반도체 강국이 되기 위한 인력 흡수가 계속 진행 중이다.[2)]

EU는 공급 보안/기술적 리더십 확보를 위한 조치로, 2022년 2월 8일 발표된 European Chip Acts 제정했다. 유럽은 전 세계 반도체 수요의 약 20%를 차지하지만 공급 능력은

2) 미래에셋, ETF 투자, 11대 테마에 주목하라!

그 절반 수준인 10%이다. 자동차 반도체, 반도체 연구/기술/EUV와 같은 일부 장비 부분에서는 강점이 있으나 생산 역량 측면에서는 외부 생산 의존도가 높다. 2030까지 유럽의 칩 생산 세계 시장 점유율 20% 달성 목표로 하고 있다.[3)]

2.2 반도체 기술[4)]

2.2.1 반도체 기술의 범위

반도체 기술은 메모리 반도체, 시스템 반도체, 그리고 반도체를 생산하기 위한 반도체 소자, 재료나 부품, 공정, 장비 기술을 포함한다. 마이크로 전자공학, 마이크로기계, 마이크로 센서, 측정 기술, 광전자공학, 레이저 기술과 깊이 연관되어 있으며, 관련 구성 부품 및 소재를 생산하는 방법은 화학적, 물리적 및 전기적 기술과 관련된다. 표 2.2는 반도체 기술의 범위를 설명하고 있다.

표 2.2 반도체 기술의 범위

구분	범위
반도체 소자	모바일 기기, 디지털 가전, 컴퓨터, 자동차 등에서 연산, 제어, 전송, 변환 기능을 수행하는 전자소자 모두 포함
반도체 재료 및 부품	웨이퍼, 화학 증착 공정(CVD) 전구체, 화학적 기계적 연마(CMP) 슬러리, CMP 패드, 인쇄 회로 기판(PCB), 도포막, 본딩 와이어, 스퍼터링 타겟, 도금액, 포토마스크, 포토레지스트, 화학 약품, TSV용 패키징 소재 등을 포함
반도체 공정 및 측정장비	미세공정을 다룰 수 있는 공정 장비, 제조 및 가공된 웨이퍼의 패키징, 검사까지의 공정 장비를 포함하며, 반도체 공정에 따라 전공정, 후공정, 텍스트장비로 구성

2.2.2 반도체 산업의 주요 공정

반도체 제조는 정확한 정밀도로 여러 단계를 거쳐야 하는 매우 정교한 공정이다. 형상 또는 칩 회로의 폭으로 인해 각 프로세스는 상상할 수 없는 세부 사항으로 수행된다.[5)] 그림 2.6은 반도체 산업의 흐름, 그림 2.7은 반도체 제조 공정의 흐름을 개략적으로 나타낸 것이다.

---

3) 글로벌 반도체 투자 확대, 류영호, 2022. 3. 25.

4) https://www.shiphub.co/worlds-top-semiconductors-producers/

5) http://www.laits.utexas.edu/~anorman/long.extra/Projects.F97/DAVID/paper.html

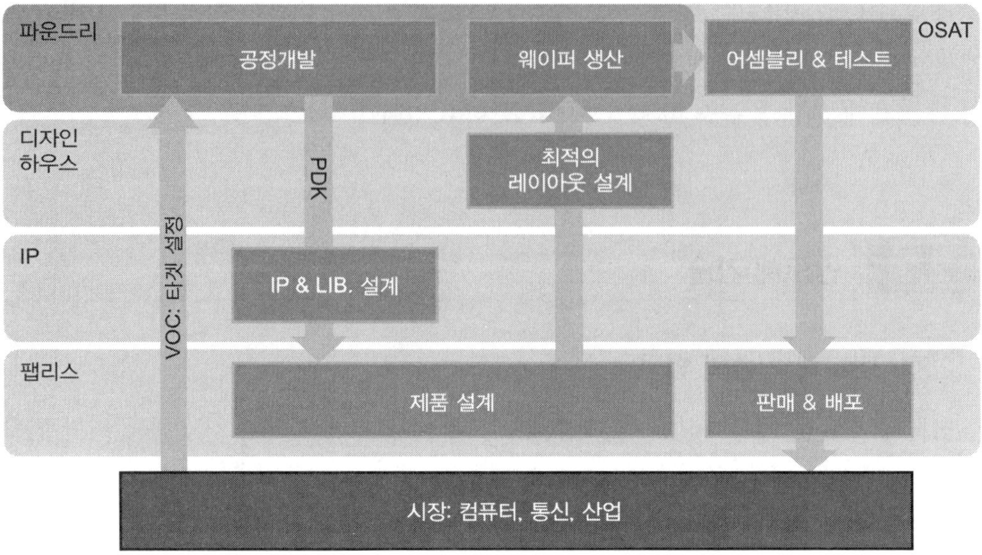

그림 2.6 반도체 산업의 흐름도

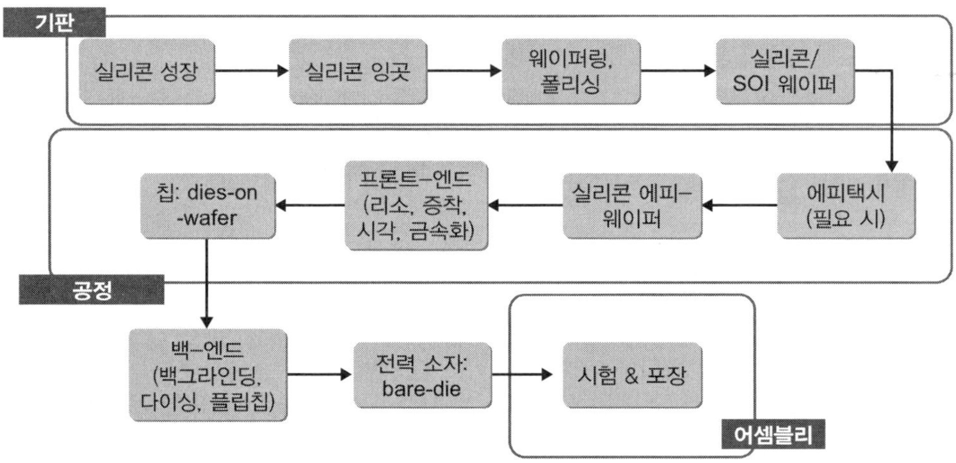

그림 2.7 반도체 생산공정 흐름도

표 2.3은 반도체 주요 공정 중 제조 단계를 설명한 것이다. 이들을 포함하여 반도체 산업에서는 반도체 8대 공정이라고 불리는 것이 있다. 즉, ① 웨이퍼 제조 → ② 산화 공정 → ③ 포토 공정 → ④ 식각 공정 → ⑤ 증착/이온주입 공정 → ⑥ 금속 배선(금속화) 공정 → ⑦ EDS(Electrical Die Sorting) 공정 → ⑧패키징 공정이다.

표 2.3 반도체 주요 공정 순서

공정	설명
결정 성장(Crystal growth)	반도체 집적회로를 만드는 주 재료
산화 공정(Oxidation & Deposition)	표면에 산화막 및 박막(thin film)을 형성하는 공정
포토리소그래피(Photolithography)	포토마스크를 사용하여 회로를 그려 넣는 과정
식각(Etching)	반도체의 구조를 형성하는 패턴을 만들고 불필요한 부분을 제거
이온 주입(Ion-implantation)	불순물을 주입하여 요구하는 전기적인 특성을 갖도록 만든느 공정
화학적-기계적 평탄화(Chemical & Mechanical Planarization)	소자의 집적화를 위한 평탄화 공정
금속화(Metallization)	전기적 특성 확보를 위한 소자 간 배선을 연결하는 과정

2.2.2.1 결정 성장

마이크로칩 제조를 시작하려면 먼저 기초를 구축해야 한다. 이 파운데이션(foundation)은 실리콘 형태이다. 실리콘 또는 유리는 매우 순수하다. 디바이스 제조가 시작되기 전에 실리콘의 불순물 농도는 일반적으로 10억분의 1 미만이다. 사실상 모든 반도체 장치 기술의 출발점은 웨이퍼(wafer)라고 불리는 편평한 원형 기판의 형태인 실리콘이다.

이러한 웨이퍼 내의 실리콘 원자는 장거리 기반으로, 반복적으로 배치되며, 결과적인 재료는 결정으로 기술된다. 무작위로 배열된 재료를 장거리 질서를 갖는 실리콘 웨이퍼로 변환하는 데 필요한 절차는 매우 복잡하고 정밀한 공정을 거치게 된다. 실리콘은 지구상에서 가장 풍부한 공급원 중 하나이며 지구 지각의 약 25%를 차지한다. 그러나 실리콘은 산소 및 기타 물질과 쉽게 결합하여 화합물을 형성한다. 실리콘은 반도체 소자의 제조에 사용되는 단결정 웨이퍼로 전환하기 전에 화합물로부터 분리되어 광범위하게 정제되어야 한다.

실리콘 웨이퍼 제조의 출발점으로 모래가 사용된다. 모래가 다결정 실리콘으로 정제되면 큰 결정이 형성되고 웨이퍼로 슬라이스된다. 웨이퍼 제조에 사용되는 실리콘을 준비하는 데는 세 가지 기본 단계가 있다. 다결정 실리콘 제조, 결정 성장, 웨이퍼의 실제 제조. 열과 트라이클로로실레인(trichlorosilane), 붕소(boron), 염화물(chlorides), 포스핀(phosphine)과 같은 화학 물질을 첨가하면 순수한 실리콘(pure silicon)이 생성되고 실리콘 결정으로 제조될 준비가 된다.

현재 반도체용 단결정 실리콘의 성장에는 초크랄스키(Czochralski, CZ) 방법과 플로트 존 결정 성장 방법(float-zone crystal growth techniques)의 두 가지 방법이 사용된다. CZ법은 반도체용 결정 육성의 약 80~90%에 사용되고 있다. CZ법은 순수한 다결정 실리콘(polycrystalline silicon)을 융점까지 가열하는 방법이다. 이 시점부터 정확하게 원하는 결정 구조를 가진 최종 결정이 용융 실리콘에 담겨 신중하게 제어된 속도로 끌어 당겨진다. 이 과정을 통해 용융 실리콘이 시드(seed crystal)와 함께 배향된다. 시드가 인출되면 용융 실리콘은 시드 구조의 정확한 복제본으로 동결된다. 순수한 실리콘 결정은 시간당 2~4인치 속도로 성장할 수 있으며, 완성 시간은 약 3피트이다. 결정의 성장을 감시하는 데 사용되는 몇 가지 프로세스가 있다. 결정의 회전(crystal rotation), 폭(width), 챔버(chamber), 환경(atmosphere), 온도(temperature), 결정의 길이(crystal length)는 모두 실리콘 결정을 성공적으로 성장시키는 중요한 영역이다.

결정의 성장에 성공하면, 다음은 웨이퍼로 진행된다. 첫 번째 과정은 결정을 완전히 둥글게 연마하고 회전 방향을 결정하는 것이다. 시드 결정(seed crystal)은 어느 결정 표면이 웨이퍼 표면에 존재하는지를 결정하지만, 막대의 회전 위치는 결정의 다른 축을 결정한다. 실리콘 잉곳(ingot)은 하나의 결정이기 때문에 우선 브레이크면(break planes)이 있다. 크리스탈의 브레이크면을 이해하는 것은 나중에 프로세스의 장치 분리 단계(device separation phase of the process)에서 매우 중요하다. 분리 중에 칩을 파괴하지 않도록 회로가 브레이크 면과 같은 방향으로 실행 중인지 확인해야 한다. 크리스탈이 깎여져 있기 때문에 플랫이라는 부분이 크리스탈 파단 방향을 결정한다.

결정이 깎이면 평면을 기준으로 사용하여 얇은 웨이퍼로 얇게 썬다. 톱날(blade of the saw)은 다이아몬드 파우더(diamond powder)로 코팅되어 딱딱한 실리콘을 자른다. 소잉 공정(sawing process) 중에 극복해야 할 몇 가지 과제는 칩(chips), 에지 플레이크(edge flakes), 출구 손상(exit damage) 및 웨이퍼 휨(wafer bowing)이다. 에천트(etchant)를 사용하여 웨이퍼 양면에서 소마크와 수반되는 손상을 제거한다. 일반적으로 웨이퍼는 웨이퍼 표면에 균일한 마감재를 만드는 데 사용되는 비연마 가공공정(non-abrasive machining process)인 래핑 공정(lapping process)으로 보내진다. 래핑 프로세스가 완료되면 다른 식각 공정(etchant process)이 적용되고 나머지 표면 침착물이 제거된다. 웨이퍼는 마이크로칩에 제조되는 공정을 시작할 준비에 필요하다.

이와 같이 제조된 웨이퍼 위에 특정 소자의 성능을 극대화하기 위해 에피택시 층을 추가하기도 한다. 특히 실리콘 다이오드 및 트랜지스터의 제조 시, 스위칭 속도, 항복 전압, 전류 처리 능력을 향상시키기 위해 에피택시(epitaxy) 증착 기술을 사용한다.

일반적으로 다이오드 제조의 출발 물질인 고농도 실리콘 기판은 저항이 낮아 전류 흐름에는 유리하다. 그러나 도핑 농도가 높으면 역방향 접합 항복 전압이 낮아지는 단점이 있다. 이를 해결하기 위해 기판 위에 기판과 동일한 전도성을 가지면서도 농도가 낮은(약하게 도핑된) 실리콘 에피택셜 층을 증착하여 접합을 형성한다.

트랜지스터 역시 약하게 도핑된 에피택셜 층을 컬렉터(collector) 영역에 사용하고, 그 위에 베이스 또는 이미터를 확산시키는 방식으로 제조된다. 경우에 따라 에피택셜 층은 반대 전도성 유형일 수도 있으며, 이때는 에피택셜 층 자체가 트랜지스터의 베이스 역할을 하고 후속 고온 확산 공정을 통해 이미터가 추가된다.

이러한 에피택셜 층은 회로가 작동 시 인접한 소자들 사이를 전기적 절연하는 데 도움을 준다. 또한 기판의 결정 구조를 유지하면서도 기판 내부로 깊이 들어가지 않고 새로운 회로 층을 형성할 수 있는 기반을 제공한다.

2.2.2.2 산화 공정

산화 공정(oxidation)의 첫 번째 프로세스는 실리콘의 산화이다. 실리콘이 가장 널리 사용되는 반도체 기판이 된 이유가 바로 웨이퍼상에 화학적으로 안정한 실리콘 이산화물의 보호층을 성장시키는 능력 때문이다. 실리콘 이산화물 층은 실리콘 표면상의 절연층인 동시에, 제조 시퀀스(fabrication sequence) 동안 선호되는 마스킹 층(masking layer)이기도 하다. 실리콘 이산화물 층은 산소 또는 수증기를 포함하는 분위기에서 900~1300℃ 온도 범위에서 성장한다. 산화는 수증기의 산소가 실리콘과 반응할 때 발생한다. 산화 공정은 온도가 조심스럽게 제어되는 가열로(furnace)라고 불리는 도구로 수행된다. 가열로 스택 또는 뱅크에는 일반적으로 3개에서 4개의 개별 가열로가 포함되어 있으며 각각에는 자체 컨트롤 세트와 쿼츠웨어가 있다. 가열로 요소 또는 코일은 전류에 의해 가열된다. 필요한 일정한 온도를 제공하기 위해 전류의 양이 제어되고 조정된다. 석영관(quartz tube)이 코일 안쪽에 있으며 웨이퍼 주위에 분위기를 제어할 수 있는 인클로저를 제공한다. 실리콘의 열 산화 전에 모든 오염을 제거하도록 설계된 세척 순서가 수행된다. 이 단계에서는 웨이퍼가 오염원과 접촉하지 않도록 특별한 주의를 기울여야 한다. 특히 사람은 많은 양의 오염 물질을 배출한다. 세척된 웨이퍼는 건조되고 보트라고 불리는 석영 웨이퍼 홀더에 로딩된다. 보트가 로딩되면, 웨이퍼는 산화 공정의 준비가 된다. 건조 산소를 이용한 열 산화는 석영관으로의 산소 흐름을 제어하여 실리콘에 과도한 산소를 사용할 수 있도록 한다. 고순도의 산소 원은 산화물층이 성장할 때 불필요한 불순물이 산화물층에 흡수되지 않도록 한다. 산소 또는 산소와 질소의 혼합물을 사용하여 산화물층을 성장시킨다. 산소보다 저렴한 질소를 사용하여 산화 공정을 수행하는 총비용을 줄이기도 한다.

SiO_2층(silicon dioxide layer)의 두 가지 중요한 특성은 두께와 유전체의 품질이다. 두께는 산화 시퀀스로부터 정확하게 예측할 수 있지만, 종종 결과를 검증해야 한다. 산화 때문에 만들어진 얇고 균일 한 층은 백색광으로 관찰할 때 색상을 가지고 보인다. 산화물의 두께가 베어 웨이퍼 상에 산화물이 없는 상태에서 매우 두꺼운 층까지 증가하면 이러한 두께에서 관찰되는 색이 반복된다. 색상에서 산화물층의 두께를 결정하려면 컬러 차트에서 그 앞에 있는 모든 색상을 알아야 한다. 이러한 요건은 층을 플루오린화수소산에 침지시키고 천천히 끌어올려 산화물층에 테이퍼를 식각(etching)함으로써 쉽게 충족된다. 두께는 알려진 영역의 두 전도성 도금 사이에 생성되는 커패시턴스를 측정하거나 광학 간섭 또는 물리적 기술을 사용하여 전기적으로 결정할 수 있다. 가장 일반적으로 사용되는 장비는 표면 프로파일 미터이다. 전자적으로 증폭된 출력을 갖춘 스타일러스를 표면에 그려 측정한다. 결과 프로파일의 잉크 추적은 표면의 단차 높이를 나타낸다.

2.2.2.3 포토리소그래피

이제 실리콘 표면에 완전히 균일한 산화물층이 성장했으므로 다음 공정은 포토리소그래피(photolithography)이다. 포토리소그래피는 원하는 전기적 거동을 생성하는 기하학적 패턴이 웨이퍼 표면으로 변형되는 공정 단계이다. 포토리소그래피라는 단어는 단순히 이 프로세스가 수반하는 빛으로 인쇄하는 것을 의미한다. 반도체 장치 및 집적회로의 제조는 흔히 포토리소그래피 또는 마스킹이라고 하는 다중 패스로 구성된다. 포토리소그래피 사이에는 불순물 감소, 산화 또는 금속화와 같은 단계가 각 마스킹 단계를 따른다. 마스킹 단계는 미래의 공정이 웨이퍼에 영향을 미칠 영역을 정의한다. 웨이퍼에서 이러한 모든 프로세스는 특정 작동 동작을 갖는 장치 또는 회로를 생성한다.

포토리소그래피 공정은 포토레지스트라고 하는 감광성 재료를 사용하여 포토마스크에서 웨이퍼로 이미지를 전사하는 것이다. 포토레지스트는 감광성 물질을 용매에 현탁시킨 화학 물질이다. 감광 재료는 어두운 방이나 포토레지스트 영역에서 일반적으로 사용되는 강렬한 청자색 빛에 반응하도록 선택된다. 이 과정에서 포지티브 또는 네거티브 레지스트를 사용할 수 있다. 두 가지 유형의 레지스트를 사용하여 반도체 제조에 사용되는 필름 또는 재료를 식각(etching)할 수 있다. 네거티브 포토레지스트는 선폭이 넓을수록 더 많이 사용되었다. 선폭과 간격이 작아짐에 따라 더 작은 패턴을 전사하는 포지티브 레지스트의 능력이 더 대중화되었다. 5마이크로미터는 일반적으로 포지티브 포토레지스트와 네거티브 포토레지스트 사용 사이의 교차 치수로 생각된다. 포토리소그래피 공정은 적용되는 층에 사용되는 특정 포토레지스트에 관계없이 순차적으로 수행되는 여러 단계로 구성된다.

다음은 포토 프로세스 시퀀스의 일반적인 정의이다. 먼저 산화 공정이나 다른 유형의 증착 공정을 통해 웨이퍼 표면을 준비한다. 포토레지스트는 웨이퍼를 용매에 담그거나 웨이퍼를 분사하거나 웨이퍼 표면에 레지스트를 회전시켜 웨이퍼에 적용된다. 그런 다음 웨이퍼가 부드럽게 구워진다. 과량의 용매를 제거한다. 소프트 베이킹은 일반적으로 대류 가열에서 수행된다. 뜨거운 여과된 공기 또는 건조한 질소의 기류가 일정한 온도로 설정된 오븐을 순환하여 용매를 증발시키는 과정이다.

웨이퍼가 냉각되어 정렬되면 노출될 준비가 된다. 마스크 또는 회로 패턴과 웨이퍼는 서로에 대해 정확한 방식으로 위치 설정된다. 정렬 프로세스는 웨이퍼와 마스크를 모두 배치하기 위해 고도로 정교한 광학 장치와 컨트롤을 사용하여 수행된다. 마스크와 웨이퍼가 제자리에 있으면 마스크 패턴이 웨이퍼 표면에 노출된다. 노출이 완료되면 마스크는 웨이퍼의 다음 부분으로 이동하여 이 패턴을 필요로 하는 전체 웨이퍼 영역이 완료될 때까지 회로 패턴을 계속해서 노출한다. 웨이퍼를 만들 때 지름 6인치의 웨이퍼에 약 150개의 칩이 있다고 가정한다. 각 칩은 새끼손가락 정도의 크기이다. 포토리소그래피 공정 동안 회로 패턴의 레이어당 하나의 노출이 아니다. 실제로 각 레이어의 각 칩에 대해 노출된다. 따라서 레이어당 최대 150번까지 노출되는 특정 마스크가 있다. 개별 칩에는 최대 18개의 회로 레이어가 있을 수 있다. 각 회로층은 마스크를 노광 및 현상하여 웨이퍼 위에 배치된다. 노광 공정 후에 가장 높은 용해도를 갖는 포토레지스트 영역이 용해되어 마스크 패턴이 발생한다. 현상은 현상액에 웨이퍼를 담그거나 웨이퍼 표면에 현상액을 분사하여 수행할 수 있다. 그런 다음 웨이퍼를 검사하여 첫 번째 이미지 전송 프로세스의 정확도를 결정한다. 검사는 수동 또는 자동으로 완료할 수 있다. 검사를 통과하지 못한 모든 웨이퍼는 로트에서 제거되어 재작업을 위해 반송된다.

2.2.2.4 식각

하드 베이크는 포토리소그래피의 다음 단계이다. 하드 베이크의 목적은 현상 후 레지스트 층에 남아 있는 용매를 증발시키고 포토레지스트 패턴의 가장자리에서 접착력을 높이는 것이다. 하드 베이크는 소프트 베이크와 동일하지만 온도가 더 높다. 식각(etching)은 포토레지스트로 보호되지 않지만 포토레지스트를 공격하지 않는 영역에서 재료를 제거하는 프로세스이다. 단순하게 영어를 음독하여 에칭 공정이라고도 많이 표현하므로, 이 용어에 대해서도 익숙해지는 게 좋다. 식각제(etchant)는 수직 및 수평으로 물질을 제거하는 능력이 있다. 등방성 식각은 모든 방향에서 동일하게, 이방성 식각은 다른 방향보다 한 방향으로 더 빠르게 식각하는 것이다. 이러한 다양한 식각제는 웨이퍼에 다양한 특성을 제공하는 데 사용된다. 액체 식각(또는 습식 식각)은 웨이퍼를 특정 온도의 식각 용액에 담가서 수행된다. 습식 식각에 사용되는 일부 화학 물질은 인산, 질산 또는 완충 산화물이다. 보호되지 않은 영역이 식각되면 웨이퍼는 레지스트를 제거할 준비가 된다. 식각 공정이 성공적으로 완료되었다고 판단되면 웨이퍼를 탈이온수에 침지하여 추가 식각 반응을 중단한다.

건식 식각은 더 작은 선폭과 공간으로 인해 더 대중적인 식각 공정이 되었다. 건식 식각을 사용하면 공정 엔지니어가 웨이퍼에서 식각되는 재료의 양을 훨씬 더 잘 제어할 수 있다. 건식 식각의 세 가지 주요 유형은 플라즈마 식각, 반응성 식각 및 물리적 식각이다. 플라즈마 식각은 포토레지스트로 마스킹된 웨이퍼가 진공 상태인 챔버에 배치될 때 사용된다. 소량의 반응성 가스가 공정 챔버로 유입된다. 그 지점에서 전자기장이 적용되고 포토레지스트에 의해 보호되지 않은 층이 식각제 가스에 의해 식각된다. 반응성 식각은 물리적 식각과 화학적 식각이 결합된 기술이다. 제어된 에너지 이온 충격과 화학적 반응성 상호 작용을 결합한다. 물리적 식각은 물질을 물리적으로 제거하기 위해 에너지 입자를 사용하는 것이다. 하전 입자 빔은 이온 밀링이라는 기술에 사용된다. 이온 밀링은 재료를 식각하기 위해 이온의 운동 에너지만을 사용한다는 점을 제외하고 반응성 이온 식각과 유사하다. 식각 공정이 완료되면 스트립 레지스트 공정 단계로 넘어간다. 스트립(벗김) 레지스트 공정은 손상 없이 웨이퍼에서 포토레지스트 층을 제거한다. 식각과 마찬가지로 습식 또는 건식 공정을 사용할 수 있다. 과산화수소, 황산 또는 과황산 암모늄과 같은 습식 공정의 화학 물질은 남아 있는 레지스트를 제거하는 데 사용된다.

2.2.2.5 이온 주입

이온 주입(ion-implantation)은 가속된 불순물 이온을 물리적인 힘으로 웨이퍼 내부에 박아 넣어 전기적 특성(p형 또는 n형)을 부여하는 공정이다. 고온의 확산(diffusion) 공정에 비해 불순물의 농도와 주입 깊이를 매우 정밀하게 제어할 수 있어 현대 미세공정에서 핵심적인 역할을 한다.

이 공정에서는 붕소(B), 인(P), 비소(As) 등의 이온화된 불순물을 전기장으로 가속하여 웨이퍼 표면에 직접 주입한다. 다만, 고에너지 이온이 물리적으로 충돌하기 때문에 실리콘 격자 구조에 손상이 발생한다. 따라서 공정 후에는 반드시 열처리(annealing) 과정을 거쳐 격자 구조를 복구하고 주입된 이온을 활성화해야 한다. 이온 주입은 주로 트랜지스터의 소스(source)와 드레인(drain) 영역을 형성하거나 문턱 전압(threshold voltage)을 조절하는 데 사용된다.

2.2.2.6 금속화

다이오드, 트랜지스터, 접합과 같은 모든 소자가 칩에서 제조되었으므로 회로 기능을 수행하려면 함께 연결되어야 한다. 이러한 연결 프로세스를 금속화(metallization)라고 하며 여러 방법 중 하나를 사용하여 수행된다. 우수한 인터커넥트 역할을 하려면 금속이 다음 요구 사항을 충족해야 한다.

1. 실리콘과 낮은 저항의 전기 접촉을 만들어야 한다.
2. 금속은 안정적인 접촉을 생성하기 위해 실리콘과 제한된 반응성을 가져야 한다.
3. 전압 강하 없이 고전류가 쉽게 흐르도록 높은 전기 전도성을 가져야 한다.
4. 기본 실리콘, 이산화 규소 또는 사용된 기타 유전체에 잘 접착되어야 한다.
5. 표면 지형의 다양한 수준을 커버해야 한다.
6. 정상적인 조건에서는 부식되지 않는다.
7. 외부 연결을 허용하기 위해 금속화에 쉽게 결합되어야 한다.
8. 금속은 경제적으로 경쟁력이 있어야 한다.

이러한 요구 사항을 모두 충족하는 단일 금속은 없지만, 알루미늄이 가장 근접한 금속이다. 이 적용을 위한 알루미늄의 능력을 증가시키기 위해, 증착 단계 동안 소량의 실리콘과 같은 불순물을 첨가하여 실리콘에 대한 반응을 감소시킨다. 유사하게, 전도성 기능을 향상시키기 위해 구리가 추가되기도 한다.

웨이퍼상의 금속층은 진공 증착 기술을 사용하여 가장 흔히 얻을 수 있다. 이는 증착이 일어나기에 충분한 진공을 제공하기 위해 공정 챔버를 비워야 함을 의미한다. 진공 펌프는 챔버의 가스 압력을 허용 가능한 수준으로 줄여야 한다. 기기는 진공 수준 및 기타 시스템 매개변수를 모니터링해야 하며 이 금속층을 배치할 때 원하는 결과를 얻으려면 원하는 재료 층을 증착하는 방법을 모두 달성해야 한다.

금속층을 놓는 데 사용되는 네 가지 기술이 있다.

• 필라멘트 증발: 전류가 필라멘트를 통해 흐르면 먼저 응용된 후 재료 필라멘트가 증

발한다.

• 전자빔 증발: 강한 전자빔은 접촉 시 물질을 증발시키는 데 사용된다.
• 플래시 증발: 펠릿 와이어가 뜨거운 세라믹 기판에 공급되어 접촉 시 재료를 증발시킨다.
• 스퍼터링: 아르곤과 같은 저압의 가스는 증착될 재료의 타겟에서 원자를 공격하고 제거한다.

필라멘트 증발은 가장 간단하고 경제적인 공정이다. 증발은 필라멘트를 통해 흐르는 전류를 점진적으로 증가시켜 필라멘트의 재료 루프를 먼저 녹여 필라멘트를 적심으로써 수행된다. 필라멘트가 젖으면 이를 통과하는 전류가 증가하여 증발을 달성한다.

전자빔 증발은 집중된 전자빔을 사용하여 재료를 가열한다. 텔레비전 영상에서 사용되는 것과 유사한 방식으로 고강도 전자빔이 생성된다. 집중된 전자빔은 증발원을 고정하기 위한 큰 함몰부가 있는 수냉식 블록인 난로에 포함된 재료를 녹인다. 전자만이 증발할 물질과 접촉하므로 오염이 적은 공정이 될 수 있다.

플래시 증발은 열 저항 가열에 의해 재료가 증발한다는 점에서는 필라멘트 증발과 유사하다. 다만, 플래시 증발은 증착을 위해 가열된 세라믹 바에 입사되는 연속적으로 공급되는 와이어 스풀을 사용한다.

2.2.2.7 포장

웨이퍼는 이제 준비가 완료되었으며 포장(packaging) 단계로 이동해야 한다. 포장은 다른 모든 공정만큼 중요하다. 먼저 웨이퍼는 후면 랩핑(back-side lapping)을 거친다. 이것은 웨이퍼의 전기적 특성을 방해할 수 있는 확산층을 제거하여 다이(die)를 분리하거나 다른 금속 증착 공정을 위한 후면을 준비하기 쉽게 만드는 공정이다. 후면 금속 증착(Back-side metal deposition)은 이후 작업에서 패키지에 분리된 다이(칩)를 더 쉽게 부착(attachment)할 수 있도록 웨이퍼 후면에 금을 증착하는 단계이다.

웨이퍼 정렬(wafer sort)은 웨이퍼를 웨이퍼 검사장비에 놓고 각 웨이퍼의 개별 다이를 테스트하는 것이다. 뾰족한 금속 프로브(probe)는 각 접합 패드(bonding pad)에 접촉하고 필요한 전류와 전압을 장치에 공급한다. 제대로 작동하는 장치는 그대로 두고 실패한 장치에는 잉크 한 방울이 표시된다. 이제 웨이퍼에서 장치를 분리하는 프로세스가 진행된다. 먼저 웨이퍼는 레이저 스크라이브 또는 다이아몬드 스크라이브 중 하나로 스크라이브 된다. 그런 다음 웨이퍼가 구부러지고 이러한 스크라이브에서 파손된다. 더욱 최근의 개발은 다이아몬드 톱을 사용하여 웨이퍼를 절단하여 장치를 분리하는 것이다.

취급의 편의를 위해 좋은 다이를 패키지나 리드프레임(leadframe)에 부착한다. 4가지 유형의 다이 부착이 발생한다. 공융 다이 부착(eutectic die attach)은 웨이퍼 후면에 금과 같은 금속층을 사전에 증착하는 것을 포함한다. 패키지를 특정 온도로 가열하고 그 위에 다이를 놓으면 다이와 패키지 사이에 결합이 형성된다. 프리폼 다이 부착은 다이와 패키지 모두에 부착될 특별한 구성의 작은 재료 조각을 사용하는 것이다. 패키지의 다이 부착 영역에 프리폼을 놓고 녹인다. 그런 다음 다이가 부착될 때까지 해당 영역을 스크러빙(scrubbed)한 다음 패키지를 냉각한다. 소프트 솔더 다이 부착(Soft solder die-attach)은 접합을 형성하기 위해 웨이퍼 뒷면에 증착된 은과 같은 금속을 사용한다. 납-주석 프리폼(lead-tin preform)은 다이 부착 온도에서 녹아서 패키지를 다이에 접합한다. 에폭시 다이 부착(epoxy die-attach)은 다이를 패키지에 부착하기 위해 에폭시 접착제(epoxy glue)를 사용하는 것과 관련된다. 패키지 위에 한 방울의 에폭시가 분배되고 다이가 그 위에 놓인다. 패키지는 에폭시를 적절하게 경화시키기 위해 고온에서 구워야 할 수도 있다.

와이어 접합(wire bonding)은 와이어를 사용하여 장치의 접합(bonding) 패드를 패키지에 전자적으로 연결하는 경우이다. 이 과정에서 금이나 알루미늄이 사용된다. 소자 패드와 패키지 사이에 와이어를 부착하는 세 가지 방법은 열압착 접합(thermo-compression bonding), 초음파 접합(ultrasonic bonding), 열음속 접합(thermosonic bonding)이다. 열압착 접합은 금 와이어(gold wire)와 함께 사용되며 패키지를 가열하고 열과 압력을 모두 사용하여 전선과 패드 사이에 접합을 형성하는 것을 포함한다. 초음파 접합은 초음파 에너지 펄스를 사용하여 사용된 알루미늄 와이어(aluminum wire)와 패드 사이에 접합을 형성하는 스크러빙 작용을 제공한다. 열음속 접합은 금선과 열 및 초음파 에너지 펄스의 조합을 사용한다.

장치가 패키징되면 최종 테스트를 위한 준비가 완료된 것이다. 이 테스트는 웨이퍼 정렬에서 다이가 거친 테스트와 동일한다. 패키징하는 동안 다이에 약간의 손상이 발생할 수 있으므로 기능을 보장하기 위해 웨이퍼 프로브(wafer probe)를 다시 한번 통과해야 한다.

2.2.2.8 포스트 실리콘으로서 안티모니의 가능성

수십 년을 이어온 반도체 기술 산업이 직면한 가장 큰 과제 중 하나는, 무어의 법칙의 불가피한 종말을 극복하는 데 도움이 될 수 있는, 더 작은 컴퓨터 칩을 제조하기 위한 실리콘을 대체할 새로운 재료를 발견하는 것이다.

1965년 Intel의 설립자 Gordon Moore는 컴퓨터 칩에 들어갈 수 있는 트랜지스터의 수가 2년마다 두 배로 증가하고 컴퓨터 비용은 절반으로 줄어들 것이라고 예측했다. 거의 25년이 지난 후에도 무어의 법칙은 계속해서 놀라울 정도로 정확하다. 하나의 결함을 제외하고, 실리콘은 광범위한 가용성과 이상적인 반도체 특성으로 인해 대부분의 전자 장치에 사용되었다. 그러나 칩이 너무 줄어들어서 실리콘은 더 이상 트랜지스터를 운반할 수 없다. 따라서 엔지니어들은 최소한 실리콘에 대해서는 무어의 법칙의 시대가 끝날 것이라고 예상한다. 기존 칩에는 트랜지스터 수를 두 배로 늘릴 공간이 충분하지 않다.

미국 UT, Austin, Cockrell School of Engineering의 연구원들은 대체 칩의 기초를 형성할 수 있는 반도체 특성을 가진 다른 재료를 찾고 있다. UT 텍사스, Austin 재료 연구소의 일원인 Yuanyue Liu 교수는 『Journal of the American Chemical Society』에 발표된 논문에서 Liu와 그의 팀, Long Cheng과 Chenmu Zhang은 2D 형태에서 화학 원소인 안티모니가 실리콘의 적절한 대안으로 작용할 수 있음을 보였다.

여러 방향으로 산란하는 전자를 가진 다른 물질과 달리 2D 안티모니의 전자는 질서 있는 방식으로 함께 이동하여 높은 전하 이동성을 제공하고 물질을 효율적인 반도체로 만들 수 있다. 안티모니는 적외선 감지기와 같은 일부 반도체 장치의 전자 제품에 이미 사용되는 반금속이다. 재료로서, 그것은 단지 몇 개의 원자층 두께이고 높은 전하 이동도를 가지고 있다. 즉, 전하가 전기장에 의해 당겨질 때 재료를 통해 이동하는 속도이다. 안티모니의 전하 이동도는 실리콘을 비롯한 비슷한 크기의 다른 반도체보다 훨씬 높다. 이 속성은 실리콘을 포스트 실리콘 전자 장치의 빌딩 블록으로 유망하게 만든다. Liu는 이론적 계산 방법을 통해서만 그 잠재력을 입증했지만, 팀의 다음 단계인 물리적 안티모니 시료로 테스트했을 때 동일한 특성을 나타낼 수 있다고 확신한다. 이번 발견은 미래에 무어의 법칙을 유지하기 위한 경쟁에서 단순히 실리콘의 잠재적인 대체품을 식별하는 것보다 훨씬 더 광범위한 의미를 갖는다. "더 중요한 것은 안티모니가 높은 이동성을 갖는 이유의 물리적 기원을 밝혀냈다는 것이다."라고 Liu가 말했다. "이 발견은 잠재적으로 더 나은 재료를 발견하는 데 사용될 수 있다."

2.2.3 반도체 소자

반도체 장치는 기능을 위해 반도체 재료(주로 실리콘, 저마늄, 갈륨비소 및 유기 반도체)의 전자적 특성에 의존하는 전자부품으로, 단일 개별 장치와 집적회로(IC) 칩으로 제조되며, 수백에서 수십억에 이르는 장치로 구성되어 단일 반도체 웨이퍼(기판이라고도 함)에서 제조되고 상호 연결된다. 반도체 재료는 도핑으로 알려진 불순물을 의도적으로 추가하여 거동을 쉽게 조작할 수 있기 때문에 유용하다. 반도체 전도성은 전기장 또는 자기장의 도입, 빛 또는 열에 대한 노출 또는 도핑된 단결정 실리콘 그리드의 기계적 변형에 의해 제어될 수 있다. 따라서 반도체는 우수한 센서를 만들 수 있다. 그림 2.8은 주요 반도체 소자를 기능별로 분류한 것이다. 표 2.4는 반도체 소자의 분류를 나타내고 있다.

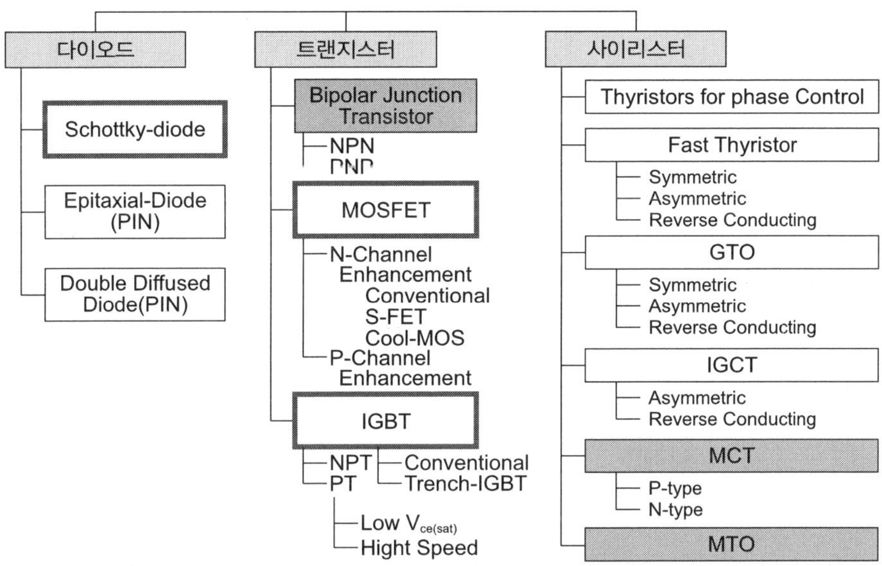

그림 2.8 반도체 소자의 기능별 분류

표 2.4 반도체 소자의 분류

반도체 소자		
반도체 소자	IC(Integrated Circuit)	
	메모리 IC	시스템 IC
다이오드, 발광다이오드(LED), 트랜지스터, Photo diode 등	DRAM(Dynamic Randon Access Memory) SRAM(Static Randon Access Memory) ROM(Read only memory) Flash Memory	MPU(Micorprocessor Unit) DSP(disgital signal Processor) AP(Application Processor) DAC(digital to Analog converter) ADC(Analog to digital converter) MP3 코덱(codec) MPEG 코덱

순수한 반도체는 진성 반도체(intrinsic semiconductor)라고 하며, 불순물 또는 도핑된 반도체는 외인성 반도체(extrinsic semiconductor)라고 한다. 반도체의 전류 전도는 총체적으로 전하 캐리어로 알려진 이동성 또는 자유 전자나 전자 정공으로 인해 발생한다. 인이나 붕소와 같은 소량의 원자 불순물로 반도체를 도핑하면 반도체 내의 자유 전자 또는 정공의 수가 많이 증가한다. 도핑 후 반도체 구조의 자유 전자 수가 증가하면 p형 반도체(p는 양전하를 나타냄)라고 하며, 정공이 많아지면 n형 반도체(n은 음전하를 나타냄)라고 한다. 반도체 제조는 p형 및 n형 도펀트의 위치와 농도를 정밀하게 제어하며, n형과 p형 반도체의 연결은 p-n 접합을 형성한다. 이 p-n 접합을 이용하여 세계에서 가장 일반적인 반도체 장치인 MOSFET(금속-산화물-반도체 전계 효과 트랜지스터)이 만들어지며, MOS 트랜지스터라고도 한다.

반도체 재료는 단일 원소로는, 실리콘, 저마늄(Ge, 게르마늄), 셀레늄(selenium)이 있고 화합물 반도체로는 갈륨비소(GaAS), 갈륨비소인, 질화갈륨(GaN), 탄화규소(SiC), 황화아연(ZnS) 등이 있다. 오늘날 반도체의 대부분은 실리콘을 주원료로 사용되고, 실리콘 결정에 불순물을 넣어서 제조한다. 보통 전자산업에서의 반도체는 그 물질 그 자체보다는 반도체 소자, 예를 들면 다이오드, 발광다이오드(LED), 트랜지스터, 전계 효과 트랜지스터(FET), 사이리스터(SCR), 집적회로 등을 말한다. 장치의 물리적 구조에 따라 2단지 장치와 3단지 장치로 분류된다. Optocoupler(Photo coupler) 및 홀 효과 센서와 같은 몇 가지 4 단자 반도체도 있다.

2단자 반도체 장치	3단자 반도체 장치
다이오드	바이폴러 트랜지스터
쇼트키 다이오드	전계 효과 트랜지스터
발광다이오드(LED)	절연 게이트 바이폴러 트랜지스터(IGBT)
다이악	달링턴 트랜지스터
제너다이오드	실리콘 제어 정류기(SCR)
포토다이오드(포토트랜지스터)	트라이액
PIN 다이오드	사이리스터
레이저 다이오드	단접합 트랜지스터
터널 다이오드	
포토셀	
태양 전지	
건 다이오드	
IMPATT 다이오드	
TVS 다이오드(과도 전압 억제 다이오드)	
VCSEL(수직 공동 표면 방출 레이저)	

2.2.3.1 다이오드

반도체 다이오드는 일반적으로 단일 p-n 접합으로 만들어진 장치이다. p형 반도체와 n형 반도체의 접합부에는 전하 이동 캐리어가 부족하여 전류 전도가 금지되는 궁핍 영역이 형성된다. 장치가 순방향 바이어스되면(n측보다 더 높은 전위에서 p측에 연결됨) 이 공핍 영역이 줄어들어 상당한 전도가 허용되고, 반면에 다이오드가 역방향 바이어스되면 공핍 영역이 확장된다. 반도체를 빛에 드러내면 전자-정공 쌍이 생성될 수 있으며, 이는 자유 캐리어의 수를 증가시켜 전도성을 증가시킨다. 이러한 현상을 이용하도록 최적화된 다이오드를 포토다이오드라고 한다. 화합물 반도체 다이오드는 발광다이오드 및 레이저 다이오드와 같이 빛을 생성할 수도 있다.

2.2.3.2 트랜지스터

현재 집적회로에 사용되는 트랜지스터는 크게 두 가지로, BJT(bipolar junction transistor, 양극성 접합 트랜지스터)와 MOSFET(metal-oxide-semiconductor field-effect-transistor, 금속 산화막 반도체 전계 효과 트랜지스터)로 분류된다.

트랜지스터는 1948년 벨 통신연구소에서 처음 발명되었으며, 이를 발명한 W. 쇼크레, J. 버딘, W. 브래틴은 그 공로로 노벨상을 받았다. 초기에는 저마늄을 사용하였으며, 실리콘을 거쳐 최근에는 다이아몬드나 다른 화합물로도 반도체를 설계하고 있다.

트랜지스터의 역할은 증폭과 스위칭으로, 디지털 신호 0과 1을 전환하는 스위치 역할을 한다. 저항과 트랜지스터가 1개 혹은 여러 개가 연결되어 하나의 칩으로 제작된다. 트

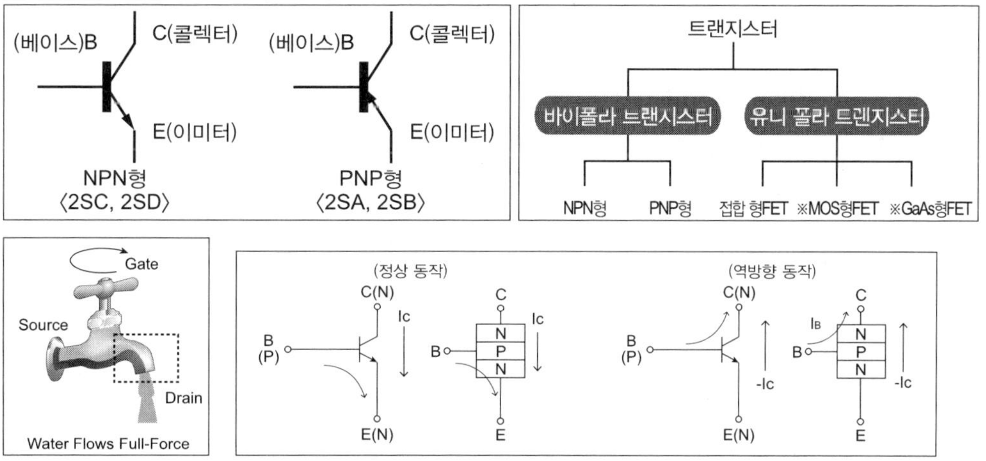

그림 2.9 트랜지스터의 개요

랜지스터는 이미터(소스), 콜렉터(드레인), 베이스(수도꼭지)로 구성된다. 그림 2.9는 트랜지스터의 개요를 나타내고 있다.

바이폴라 접합 트랜지스터[6)]

바이폴라 접합 트랜지스터(BJT)는 도핑 상태에 따라 n-p-n 또는 p-n-p 구성의 두 p-n 접합으로 구성된다. 주로 이미터와 베이스 사이에 순방향 전압, 베이스와 컬렉터 사이에는 역방향 전압이 가해지는 PNP형의 트랜지스터를 고려한다. 이미터와 베이스 사이의 순방향 전압에 의해 이미터에서 베이스로 양공이 주입되고, 베이스로 주입된 양공은 일부 전자와 재결합하여 사라진다. 하지만 베이스의 두께가 매우 얇고 베이스와 컬렉터 사이에 역방향 전압이 가해졌기 때문에 대부분의 양공은 컬렉터로 이동하게 된다. 즉, 대부분의 양공이 이미터에서 방출되어 베이스를 지나 컬렉터로 흐르게 되고, 소수의 양공만 베이스로 빠진다. 따라서 베이스 쪽으로는 매우 작은 전류가 흐르고 컬렉터 쪽으로 큰 전류가 흐르게 된다. 이처럼 작은 세기의 베이스 전류로 큰 세기의 컬렉터 전류를 제어하는 것을 증폭 작용이라고 한다. 미세한 전류 변화가 큰 폭의 전류 변화로 증폭되는 것이다.

상당수의 전자기기들(컴퓨터, 스마트폰 등)은 디지털 회로로 구성되어 있는데, 디지털 회로는 증폭 작용이 아니라 스위칭 작용을 이용한다. BJT를 스위치로 사용할 때는 낮은 에너지 효율과 많은 에너지 전력 손실 등의 단점이 발생한다. 스위칭 작용은 필요에 따라 회로상의 한 점의 전압을 Low, High 두 가지 상태로 전환하는 것이다. 이러한 두 가지 전압 상태는 논리회로에서 각각 0과 1의 전기신호로 사용된다. BJT의 이미터, 베이스, 컬렉터 사이의 전압 조건을 조절하여 베이스 전류의 세기를 0에 가깝게 만들면, 컬렉터 전류의 세기도 0에 가까워지면서 스위치의 OFF 상태와 같이 동작하게 된다. 반대로 전류가 흐르게 되면 ON 상태로 동작하게 된다. BT의 단점은 OFF 상태일 때 베이스 전류를 완전히 차단하지 못하고 미세한 전류가 흐르는 것이다. 이는 수도 밸브를 닫았음에도 불구하고 물이 조금씩 새는 것과 같은 현상이다. 따라서 BT 회로를 사용 때는 스위치가 작동하지 않는 대기 상태에서 많은 전력 손실이 발생하고, 에너지 효율이 낮아진다. 이와 같은 문제로 난항을 겪는 와중에 이런 문제점들을 극복할 수 있는 MOSFET이라는 새로운 트랜지스터가 등장했다.

---

6) http://beengineers.snu-eng.kr/html/2206/s0202.html

전계효과 트랜지스터

또 다른 유형의 트랜지스터인 전계 효과 트랜지스터(FET)는 전기장의 존재에 의해 반도체 전도도가 증가하거나 감소할 수 있다는 원리로 작동한다. 전기장은 반도체의 자유 전자와 정공의 수를 증가시켜 전도성을 변화시킬 수 있다. 전계는 역방향 바이어스 p-n 접합 때문에 인가되어 접합 전계 효과 트랜지스터(JFET)를 형성하거나 산화물층에 의해 벌크 물질로부터 절연된 전극에 의해 인가되어 금속-산화물-반도체 전계효과 트랜지스터를 형성할 수 있다.

금속 산화물 반도체(MOS)

MOS란 금속 산화물 반도체(Metal-Oxide-Semiconductor)로 금속-산화막-반도체 구조이다. 즉, 반도체 표면에 산화막(SiO_2층)을 형성하고 부도체 절연물로 금속을 부착한 구소를 가진나. 금속과 반도체 사이에 부도체가 들어있는 적층 구조로 되어 있다. 금속 산화막이란 이름이 붙은 것은 초기에 게이트로 금속을 이용하였기 때문이나, 현재는 폴리실리콘 게이트를 사용하여 금속이란 이름은 그저 관습적으로 사용된다. 범용 반도체는 실리콘이지만 IBM 같은 칩 제조사에서는 최근 MOSFET 채널에 실리콘과 저마늄의 혼합(SiGe)을 사용하기도 한다.

1950년대에 Mohamed Atalla는 벨 연구소에서 실리콘 반도체의 표면 특성을 조사하여 실리콘 웨이퍼를 실리콘 산화물 절연층으로 코팅하여 전도성 실리콘에 전기가 안정적으로 침투할 수 있도록 하는 새로운 반도체 장치 제조 방법을 제안했다. 이 방법으로 전기가 반도체층에 도달하는 것을 막는 표면 상태를 극복한다. 이것은 실리콘 집적회로(IC)의 대량 생산을 가능하게 함으로써 반도체 산업에 중요한 방법이 된 표면 보호막으로 알려져 있다. 그는 표면 패시베이션 방법을 기반으로 금속 산화물 반도체(MOS) 프로세스를 개발했으며, 이 프로세스를 사용하여 실리콘 전계 효과 트랜지스터(FET)를 구축할 수 있다고 최초로 제안했다. 1959년 Mohamed Atalla와 Dawon Kahng에 의해 MOSFET(MOS 전계 효과 트랜지스터)가 발명되었다. 고체 소자인 금속 산화물 반도체 FET(MOSFET 또는 MOS 트랜지스터)는 오늘날 가장 널리 사용되는 반도체 소자이다. 모든 트랜지스터의 99.9% 이상을 차지하며 1960년에서 2018년 사이에 제조된 약 13,000 종류의 MOSFET가 있다. 게이트 전극은 소스와 드레인이라고 하는 두 단자 사이의 '채널' 전도도를 제어하는 전기장을 생성하기 위해 충전된다. 채널의 캐리어 유형에 따라 장치는 n-채널(전자용) 또는 p-채널(정공용) MOSFET이다. MOSFET의 이름은 부분적으로 '금속' 게이트에서 따왔지만, 현대 장치에서는 일반적으로 폴리실리콘이 대신 사용된다. 미국 특허청은 MOSFET을 “전 세계의 삶과 문화를 변화시킨 획기적인 발명품”이라고 언급했다.

MOSFET는 ‘MOS-금속 산화막’과 ‘FET-전계효과 트랜지스터’를 합친 말이다. 전류로 전류를 제어하는 BJT와 달리 FET는 전압으로 전류를 제어한다. BJT는 전자와 양공 두 종류의 캐리어를 이용해서 전류가 형성되는 양극성 트랜지스터지만, FET는 한 종류의 캐리어만으로 전류가 형성되는 단극성 트랜지스터이다. 여기서 전자의 이동으로 전류가 흐르면 NMOSFET, 양공의 이동으로 전류가 흐르면 PMOSFET으로 분류한다. BJT에서 이미터, 베이스, 컬렉터에 대응하는 역할을 하는 단자를 FET에서는 소스, 게이트, 드레인이라고 부르며, 게이트는 BJT의 베이스처럼 전압을 조절하여 소스와 드레인으로 흐르는 전류의 양을 결정한다. MOSFET은 바로 이 게이트와 실리콘 사이에 SiO_2층을 추가하여, 전압을 걸 때 생기는 전기장에 의해서 전자나 양공의 흐름을 조절하는 원리로 작동된다. 그림 2.10은 MOSFET의 구조로 showing gate(G), body(B), source(S), drain(D)을 나타내고 있다.

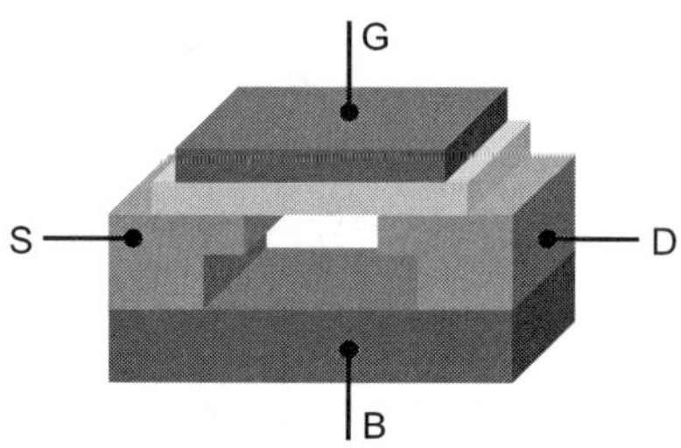

그림 2.10 MOSFET 구조. showing gate(G), body(B), source(S), drain(D)

게이트 전극에 전압을 가하여 p형 반도체 기판 내부에서 산화막 근처로 전자들이 모이면, 산화막 근처 p형 반도체의 특성이 변화하여 얇은 n형 채널로 바뀐다. 또한 드레인과 소스 사이에 전압을 걸어주면 얇은 n형 채널을 통해서 드레인과 소스 사이에 전류가 흐르게 된다. 이렇게 게이트에 가하는 전압의 크기를 조절하면서 채널의 전류를 제어한다. 여기서 중요한 것은 게이트와 반도체 기판 사이에 절연막이 있어 게이트를 통해 전류가 흐르지 않는다는 것이다. 따라서 전류가 완전히 흐르지 않는 스위치의 OFF 상태를 구현하여 더 적은 전력을 소모하는 디지털 회로로서, BJT에 비해 구조적으로 단순하고 공정이 쉬운 장점으로 집적도를 높일 수 있는 것이 MOSFET이다.

CMOS(complementary MOS)는 1963년 Fairchild Semiconductor의 Chih-Tang Sah와 Frank Wanlass에 의해 발명되었다. 부동 게이트 MOSFET에 대한 최초의 보고는

1967년 Dawon Kahng과 Simon Sze에 의해 이루어졌다. FinFET(Fin Field-Effect Transistor)는 3차원 다중 게이트 MOSFET의 일종으로 1989년 Hitachi Central Research Laboratory의 Digh Hisamoto와 그의 연구팀에 의해 개발되었다.

2.2.4 무어의 법칙

2.2.4.1 무어의 법칙의 정의와 역사

무어의 법칙은 밀도가 높은 집적회로(IC)의 트랜지스터 수가 약 2년마다 두 배가 된다는 이론으로, 주로 정보 처리 기술의 급속한 변화를 강조하는 데 사용한다. 무어의 법칙에 따르면, 컴퓨터 비용은 1/2씩 줄어든다. 무어의 법칙과 또 다른 원칙은 마이크로프로세서의 성장은 기하급수적(exponential)이라는 것이다. 따라서, 무어의 법칙은 주로 정보 처리 기술의 급속한 변화를 강조하는 데 사용된다. 칩 복잡성의 증가와 제조 비용의 빠른 감소는 기술 발전이 경제, 조직 및 사회적 변화의 중요한 요소가 되었음을 의미한다.

무어의 법칙은 물리 법칙이라기보다는 생산 경험에서 얻는 이득과 연결된 경험적 관계이다. 1965년에 집적회로당 구성 요소 수가 매년 두 배로 증가한다고 가정하고 이 속도를 예측한 페어차일드 반도체(Fairchild Semiconductor)와 인텔의 공동 설립자(및 전 CEO)인 고든 무어(Gordon Moore)의 이름을 따서 명명되었다. 당시에 적어도 앞으로 10년 동안, 즉 1975년까지 한 분기에 65,000개의 구성 요소를 포함하는 것이 가능할 것이라고 추측했다. 최소 구성 요소 비용의 복잡성은 매년 약 2배의 비율로 증가했다. 1975년에 그는 다음 10년을 내다보며 예측을 2년마다 두 배로, 연평균 성장률(CAGR) 41%로 수정했다. 무어는 역사적 추세가 계속되리라 예측하는 데 경험적 증거를 사용하지는 않았지만, 그의 예측은 1975년 이후로 유지되었으며 이후 '법칙'으로 알려지게 되었다. 그림 2.11은 무어의 법칙을 그래프로 나타낸 것으로, 2년마다 마이크로칩이 2배로 되는 추세를 보여주고 있다.

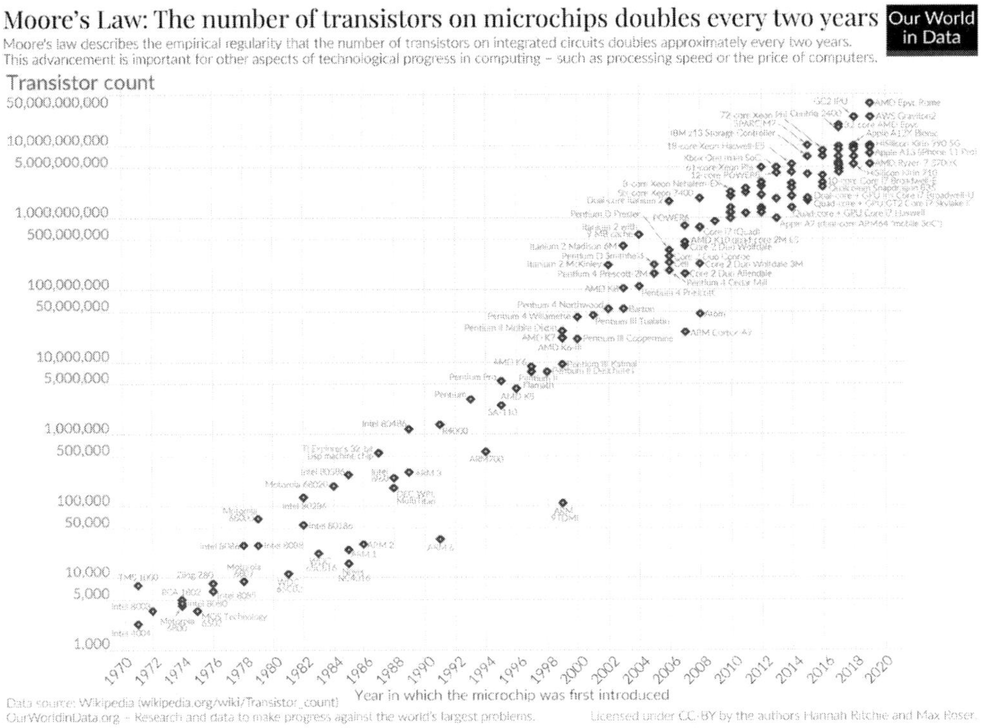

그림 2.11 무어의 법칙[7]

2.2.4.2 데나드 스케일링과 전력 효율

무어는 장치 복잡성(저렴한 비용으로 더 높은 회로 밀도)과 시간 사이에 로그 선형 관계를 가정했다. 1974년 IBM의 로버트 데나드(Robert H. Dennard)는 빠른 MOSFET 스케일링 기술을 인식하고 데나드 스케일링으로 알려지게 된 기술을 공식화했다. 이 기술은 MOS 트랜지스터가 작아질수록 전력 밀도가 일정하게 유지되어 전력 사용량이 면적에 비례하여 유지된다는 것을 설명한다. 1975년 직후, 캘리포니아공과대학(Caltech)의 교수인 카버 미드(Carver Mead)는 '무어의 법칙'이라는 용어를 대중화했다. 무어의 법칙은 결국 반도체 산업의 목표로 널리 받아들여지게 되었고, 경쟁 반도체 제조업체들이 처리 능력을 높이려고 노력하면서 지속적으로 인용되었다. 1975년에 데이비드 하우스(David House)는 2년마다 트랜지스터 수를 두 배로 늘리는 무어의 수정된 법칙이 컴퓨터 칩 성능이 18개월마다 대략 두 배가 된다는 것을 의미한다고 언급했다(전력 소비는 증가하지 않음). 수학적으로 무어의 법칙은 트랜지스터 크기 축소 및 기타 개선으로 인해 트랜지스터 수가 2년마다 두 배가 되리라 예측한 것이다. 치수 축소의 결과로 데나드 스케일링은

7) Max Roser, Hannah Ritchie, CC BY 4.0, Wikimedia Commons

단위 면적당 전력 소비가 일정하게 유지되리라 예측했다. 이러한 효과를 결합하여 하우스는 컴퓨터 칩 성능이 18개월마다 대략 두 배가 될 것이라고 추론했다. 또한 데나드 스케일링으로 인해 이러한 향상된 성능은 전력 증가를 수반하지 않았다. 즉, 실리콘 기반 컴퓨터 칩의 에너지 효율성은 18개월마다 대략 두 배가 된다. 데나드 스케일링은 2000년대에 끝났다. 조나단 쿠미(Jonathan Koomey)는 진공관과 같은 기술에 대해 실리콘 칩과 무어의 법칙 이전에 유사한 효율성 개선 비율이 있음을 나중에 보여주었다.

반도체 산업의 증거에 따르면 전력 밀도와 면적 밀도 간의 역관계는 2000년대 중반에 무너졌다. 마이크로프로세서 설계자들은 2010년경부터 반도체 발전이 무어가 예측한 속도보다 업계 전반에 걸쳐 둔화되었다고 한다. 무어의 예측은 반도체 산업에서 장기 계획을 세우고 연구 개발 목표를 설정하는 데 사용되어 어느 정도 자기 충족적 예언으로 기능했다. 품질 조정 마이크로프로세서 가격 인하, 메모리 용량(RAM 및 플래시) 증가, 센서 개선, 디지털카메라의 픽셀 수 및 크기와 같은 디지털 전자 제품의 발전은 무어의 법칙과 밀접하게 연결되어 있다. 이러한 디지털 전자 제품의 지속적인 변화는 기술 및 사회적 변화, 생산성 및 경제 성장의 원동력이었다. 반도체 업계 전문가들은 정확히 언제 무어의 법칙이 적용되지 않을지에 대한 합의에는 도달하지 못했다. 마이크로프로세서 설계자들은 반도체 발전이 2010년경부터 업계 전반에 걸쳐 둔화하여 무어의 법칙에 따라 예측된 속도보다 약간 낮아지고 있다고 한다. 선도적인 반도체 제조업체인 TSMC와 삼성전자는 대량 생산에서 10 nm 및 7 nm 노드로 무어의 법칙을 따라야 한다고 주장했다. 2020년에는 5 nm 노드를 생산하고, 2022~2023년에는 3 nm 노드 생산을 목표로 하고 있다.

2.2.4.3 경제적 영향과 무어의 제2법칙

소비자의 컴퓨터 성능 비용이 하락함에 따라 반도체 제조업체가 무어의 법칙을 이행하는 데 드는 비용은 반대 추세를 따르게 된다. R&D, 제조 및 테스트 비용은 새로운 세대의 칩이 나올 때마다 꾸준히 증가한다. 제조 비용의 상승은 무어의 법칙을 유지하기 위한 중요한 고려 사항이다. 이에 따라 반도체 제조 공장의 자본 비용도 시간이 지남에 따라 기하급수적으로 증가한다는 무어의 두 번째 법칙(Rock's law이라고도 함)이 공식화된다. 무어는 최소한의 비용으로 "트랜지스터, 저항, 다이오드 또는 커패시터가 되는 구성 요소"라는, 구성 요소의 밀도에 대해서만 고려했다. 2017년 현재 가장 많은 수의 트랜지스터를 보유한 상용 프로세서는 180억 개 이상의 트랜지스터가 있는 48코어 Centriq 이다.

무어의 1965년 논문에서 제시된 핵심 지표는 트랜지스터당 최소 비용의 밀도이다. 이는 달성할 수 있는 트랜지스터의 밀도에 관한 것이 아니라 트랜지스터당 비용이 가장 낮은 트랜지스터의 밀도에 관한 것이다. 하나의 칩에 더 많은 트랜지스터를 탑재할수록 트랜지스터 하나를 만드는 비용은 줄어들지만 결함으로 인해 칩이 작동하지 않을 확률 역시 높아진다. 1965년에 무어는 비용이 최소화된 트랜지스터의 밀도를 조사하고 포토리소그래피의 발전을 통해 트랜지스터가 더 작아짐에 따라 이 수가 '연간 대략 2배의 비율'로 증가할 것이라 예측한 셈이다.

데나드 스케일링은 전력 사용량이 트랜지스터의 면적(전압과 전류 모두 길이에 비례함)에 비례하여 감소할 것이라고 가정한다. 무어의 법칙과 결합하면 와트당 성능은 대략 트랜지스터 밀도와 같은 속도로 증가하여 1~2년마다 두 배가 된다. 데나드 스케일링에 따르면 트랜지스터 크기는 기술 세대마다 30%(0.7x)씩 스케일링되어 면적이 50% 감소한다. 이렇게 하면 지연이 30%(0.7x) 감소하므로 작동 주파수가 약 40%(1.4x) 증가한다. 마지막으로 전기장을 일정하게 유지하기 위해 전압은 30% 감소하여 에너지는 65%, 전력(1.4x 주파수에서) 은 50% 감소한다. 따라서 모든 기술 세대에서 트랜지스터 밀도는 두 배가 되고 회로는 40이 된다. 전력 소비(트랜지스터 수의 두 배)는 그대로 유지하면서 더 빨라진다. 데나드 스케일링은 누설 전류로 인해 2005~2010년에 종료되었다. 무어가 예측한 기하급수적인 프로세서 트랜지스터 성장이 항상 기하급수적으로 향상된 실용적인 CPU 성능으로 해석되는 것은 아니다. 2005~2007년경부터 데나드 스케일링이 종료되었으므로 무어의 법칙이 그 후 몇 년 동안 계속되었지만, 성능 향상에 대한 배당금을 얻지 못했다. 고장에 대해 언급된 주된 이유는 작은 크기에서 전류 누설이 더 큰 문제를 초래하고 또한 칩을 가열하여 열폭주 위협을 생성하여 에너지 비용을 더욱 증가시키기 때문이다.

데나드 스케일링의 붕괴로 인해 멀티코어 프로세서에 더 집중하게 되었지만, 더 많은 코어로 전환하여 얻을 수 있는 이점은 데나드 스케일링을 계속했을 때 얻을 수 있는 이점보다 낮다. 데나드 스케일링에서 또 다른 출발점으로 인텔 마이크로프로세서는 2012년에 22 nm에서 기존의 평면 트랜지스터보다 더 빠르고 더 적은 전력을 소비하는 비평면 3중 게이트 FinFET를 채택했다. 단일 코어 마이크로프로세서의 성능 향상 속도는 상당히 느려졌다. 단일 코어 성능은 1986~2003년에 연간 52%, 2003~2011년에 연간 23% 향상되었지만 2011~2018년에는 연간 7% 향상으로 둔화되었다.

품질과 인플레이션을 조정한 정보 기술(IT), 컴퓨터나 주변 장비의 가격은 1959년부터 2009년까지 50년 동안 연평균 16% 하락했다. 그러나 그 속도는 더 빨라진 IT 혁신으로 인해 1995~1999년에 연간 23%로 가속화되었고, 이후 2010~2013년에는 연간 2%로 둔화하였다. 품질 조정된 마이크로프로세서 가격 개선이 계속되는 동안 개선 속도도 다양하며 로그 스케일에서 선형적이지 않다. 마이크로프로세서 가격 개선은 1990년대 후반에 가속화되어 연간 60%(9개월마다 반감)에 도달했으며 이전 및 이후에는 일반적인 30% 개선율(2년마다 반감)에 도달했다. 특히 노트북 마이크로프로세서는 2004~2010년에 매년 25~35% 향상되었고 2010~2013년에는 매년 15~25%로 느려졌다.

2.2.4.4 공정 혁신의 역사와 기술적 사례

IC 시대 이후, 수많은 혁신으로 무어의 법칙이 유지되었다. 주요 혁신 중 일부는 집적회로 및 반도체 장치 제조 기술을 발전시켜 트랜지스터 수가 50년 이내에 7배 이상 증가할 수 있는 획기적인 기술적 사례는 다음과 같다.

① 집적회로(IC)의 발명

텍사트 인스트루먼트의 잭 킬비(Jack Kilby)가 1958년에 저마늄 하이브리드 IC를 발명하면서 IC의 역사가 시작되었다. 이후 1959년 페어차일드 반도체(Fairchild Semiconductor)의 로버트 노이스(Robert Noyce)가 실리콘 모놀리식 IC 칩을 발명했으며, 1963년에는 페어차일드 반도체의 치-탕 사(Chih-Tang Sah)와 프랭크 완라스(Frank Wanlass)가 CMOS(Complementary Metal-Oxide-Semiconductor) 공정을 발명하였다. 이후 IBM의 데나드가 1967년에 DRAM(Dynamic Random-Access Memory)을 개발하였다.

② 화학적으로 증폭된 포토레지스트

1980년경 IBM의 히로시 이토(Hiroshi Ito), 그랜트 윌슨(C. Grant Willson) 및 장 프레셋(J. M. J. Fréchet)에 의해 화학적으로 증폭된 포토레지스트가 발명되었다. 이는 자외선에 5~10배 더 민감한 소재였으며, IBM은 1980년대 중반에 DRAM 생산을 위해 화학적으로 증폭된 감광제를 도입하였다.

③ Deep UV 엑시머 레이저 포토리소그래피

IBM의 칸티 제인(Kanti Jain)이 1980년경에 이를 발명하였다. 엑시머 레이저는 1970년대에 개발된 이후 그 전까지는 주로 연구용 장비로 사용되었다. 더 넓은 과학적 관점에서 엑시머 레이저 석판인쇄의 발명은 레이저의 50년 역사에서 주요 이정표 중 하나이다.

④ 인터커넥트 혁신

화학적-기계적 연마 또는 화학적 기계적 평탄화(CMP), 트렌치 절연 및 구리 인터커넥트를 포함한 1990년대 후반의 인터커넥트 혁신은 더 작은 트랜지스터를 만드는 직접적인 요인은 아니지만 웨이퍼 수율 향상, 금속층 추가를 가능하게 했다. 와이어는 장치 간격을 좁히고 전기 저항을 낮췄다.

2.2.4.5 나노스케일 소자의 진화: FinFET와 GAA

게이트 전압이 변화함에 따라 전자 밀도와 전류를 보여주는 애니메이션 플롯 게이트 전압(Vg)으로서의 전자 밀도 시뮬레이션은 나노와이어 MOSFET에서 다양하다. 임계 전압은 약 0.45V이다. 나노와이어 MOSFET은 게이트 길이가 10 nm 미만인 장치를 스케일링하기 위한 ITRS 로드맵의 끝을 향하고 있다. 미래의 나노스케일 트랜지스터 엔지니어링의 핵심 과제 중 하나는 게이트 설계이다. 장치 크기가 줄어들면 얇은 채널의 전류 흐름을 제어하기가 더 어려워진다. 최신 나노 크기의 트랜지스터는 일반적으로 다중 게이트 MOSFET의 형태를 취하며 FinFET는 가장 일반적인 나노 크기의 트랜지스터이다. FinFET는 채널의 3면에 게이트 유전체를 가지고 있다. 이에 비해 GAAFET(gate-all-around MOSFET) 구조는 훨씬 더 나은 게이트 제어를 제공한다.

GAAFET(gate-all-around MOSFET)는 1988년 후지오 마수오카(Fujio Masuoka)가 이끄는 도시바 연구팀에 의해 처음 시연되었다. 플래시 메모리 발명가로 가장 잘 알려진 마수오카는 이후 도시바를 떠나 2004년 토호쿠 대학과 함께 서라운드 게이트 기술을 연구하기 위해 유니산티스 일렉트로닉스를 설립하였다.

2006년 한국과학기술원(KAIST)과 국립나노팹센터의 국내 연구진은 FinFET 기술을 기반으로 당시 세계에서 가장 작은 나노전자 소자인 3 nm 트랜지스터를 개발하였다.

2010년 아일랜드 코크에 있는 틴달 국립연구소(Tyndall national institute)의 연구원들은 무접합 트랜지스터를 발표했다. 실리콘 나노와이어를 둘러싼 제어 게이트는 접합이나 도핑을 사용하지 않고 전자의 통과를 제어할 수 있다. 이들은 기존 제조 기술을 사용하여 10 nm 규모로 생산이 가능하다.

2011년 피츠버그 대학의 연구원들은 산화물 기반 물질로 만들어진 지름 1.5 nm의 단일 전자 트랜지스터 개발을 발표했다. 3개의 '와이어'는 하나 또는 두 개의 전자를 수용할 수 있는 중앙 '섬'에 모인다. 전자는 섬을 통해 한 와이어에서 다른 와이어로 터널링된다. 세 번째 와이어의 조건은 고체 메모리로 작동하는 트랜지스터의 기능을 포함하여 뚜렷한 전도성 특성을 나타낸다. 나노와이어 트랜지스터는 미세한 컴퓨터의 생성에 박차를 가했다.

2012년에 뉴사우스웨일스 대학의 한 연구팀은 실리콘 결정에 정확하게 배치된 단일 원자로 구성된 최초의 작동 트랜지스터를 개발했다. 이 성과는 무어의 법칙이 2020년까지 연구실 수준에서 도달할 것으로 예측한 이정표였다.

2015년 IBM은 EUVL을 사용하여 생산된 실리콘-저마늄 트랜지스터가 있는 7 nm 노드 칩을 시연했다. 이 회사는 이 트랜지스터 밀도가 현재 14 nm 칩의 4배가 될 것이라고 발표하였다.

2020년에 삼성전자는 FinFET 및 EUV 기술을 사용하여 5 nm 노드의 생산을 시작하였고, 2021년 5월 IBM은 부품이 인간 DNA보다 작은 것으로 추정되는 최초의 2 nm 컴퓨터 칩의 생성을 발표하였다.

2021~2022년 삼성과 TSMC는 3 nm GAAFET 노드를 제조할 계획을 밝혔으며, 실제로 2022년 상반기에 삼성은 1세대 3 nm 3GAE 기술(3 nm 게이트 올라운드 조기)을 출시하였다. Samsung Electronics(OTC:SSNLF) 3 nm 공정은 MBCFET(Multi-Bridge-Channel FET)와 함께 GAA 설계를 사용하여 5 nm EUV 공정에 비해 패키지 면적이 최대 35% 감소하고 성능이 30% 향상되거나 전력 소비가 50% 감소하는 성과를 얻었다.

2.2.4.6 3차원 적층 및 고집적 메모리 기술

평면적인 미세화 외에도 소자를 수직으로 쌓는 방식이 개발되었다. 도시바 연구팀은 2001년 3차원 집적회로(3D IC) 패키지 제조를 위한 '시스템 블록 모듈' 웨이퍼 접합 프로세스를 개발했으며, 2007년 4월에는 8층 3D IC인 16GB THGAM 내장형 NAND 플래시 메모리 칩을 출시하였다. 이 칩은 8개의 적층된 2GB NAND 플래시 칩으로 제조한다.

2007년 9월, 하이닉스는 웨이퍼 접합 공정을 사용하여 24단 NAND 플래시 칩으로 제조된 16GB 플래시 메모리 칩인 24단 3D IC를 출시하였다. 3D NAND라고도 하는 V-NAND는 1967년 존 셰돈(John Szedon)이 최초로 제시한 전하 트랩 플래시 기술을 사용하여 플래시 메모리 셀을 수직으로 적층하여 플래시 메모리 칩의 트랜지스터 수를 크게 늘렸다. V-NAND는 2013년에 삼성전자에서 처음으로 상용화되었다.

2008년에 HP Labs의 연구원들은 이전에 존재가 이론화되었을 뿐인 네 번째 기본 수동 회로 요소인 작동하는 멤리스터를 발표하였다. 멤리스터의 고유한 특성으로 인해 더 작고 더 나은 성능의 전자 장치를 제작할 수 있다고 밝혔다.

2014년 스탠퍼드 대학의 생명공학자들은 인간의 뇌를 모델로 한 회로를 개발하였다. 16개의 'Neurocore' 칩은 100만 개의 뉴런과 수십억 개의 시냅스 연결을 시뮬레이션하며 일반 PC보다 9,000배 빠르고 에너지 효율이 더 높다고 주장하였다.

2015년 인텔과 마이크론은 NAND와 비교하여 유사한 밀도로 훨씬 더 빠르다고 주장하는 비휘발성 메모리인 3D XPoint를 발표하였다. 2016년에 시작될 예정이었던 생산이 2017년 하반기로 연기되어 출시되었다.

삼성은 2017년에 V-NAND 기술을 eUFS 3D IC 적층과 결합하여 8개의 적층된 64층 V-NAND 다이가 있는 512GB 플래시 메모리 칩을 생산하는 데 성공하였다. 이후 2019년에도 2조 개의 트랜지스터에 해당하는 쿼드 레벨 셀(QLC) 기술(트랜지스터당 4비트)과 함께 8개의 96층 V-NAND 다이가 적층된 1 TB 플래시 칩을 생산하였다.

2.2.4.7 물리적 한계와 미래 전망

2010년경부터 반도체 발전이 무어의 법칙에 의해 예측된 속도보다 산업 전반에 걸쳐 느려졌다. 인텔의 전 CEO인 브라이언 크르자니크(Brian Krzanich)는 "오늘 우리의 케이던스는 2년보다 2년 반에 가깝다."라고 발표하기도 했다. 인텔은 2015년에 약 22 nm 피쳐 폭에서 시작하여 MOSFET 장치의 개선이 느려졌다고 밝혔다. 소스-드레인 누설, 제한된 게이트 금속 및 제한된 채널 재료 옵션으로 인해 트랜지스터 스케일링의 물리적 한계에 도달했다. 이제는 물리적 스케일링에 의존하지 않는 다른 접근 방식을 연구 중이다. 여기에는 전자 스핀트로닉스의 스핀 상태, 터널 접합 및 나노와이어 기하학을 통한 채널 물질의 고급 구속이 포함되며, 스핀 기반 논리 및 메모리 옵션은 연구실에서 활발히 개발되고 있다. 그림 2.12는 미세화 진행, 반도체 제조 공정 노드의 크기를 일부 미세한 물체 및 가시광선 파장과 비교한 것이다.

	2020		2021		2022		2023		2024		2025	
TSMC	N5		N5P			N3		N3E		N2nm		
삼성		5nm			4nm		3nm			2nm		
인텔	i10			i7		i4		i3	20A	18A		

그림 2.12 파운드리 프로세스 로드맵[8] (자료: The Information Network)

MOSFET의 스케일링(프로세스 노드)의 크기와 그 달성 연도는 다음과 같다.

8) https://seekingalpha.com/article/4502181-tsmc-top-foundry-computing-automotive-chip-demand-rises

스케일링	연도	스케일링	연도
2nm	2nm	180nm	1999
3nm	3nm	250nm	1996
5nm	5nm	350nm	1993
7nm	7nm	600nm	1990
14nm	14nm	800nm	1987
22nm	22nm	1㎛	1984
32nm	32nm	1.5㎛	1981
45nm	45nm	3㎛	1977
65nm	65nm	6㎛	1974
90nm	90nm	10㎛	1971
130nm	130nm		

IC의 현재 트랜지스터 대부분은 주로 도핑된 실리콘과 그 합금으로 구성된다. 실리콘이 단일 나노미터 트랜지스터로 제조됨에 따라 단채널 효과는 기능성 트랜지스터로서 실리콘의 재료 특성과 배치된다. 따라서 작은 나노미터 트랜지스터 제조에는 몇 가지 비실리콘 대체물이 제안되고 있다. 제안된 재료 중 하나는 인듐갈륨비소(InGaAs)이다. 실리콘 및 저마늄에 비해 InGaAs 트랜지스터는 미래의 고속, 저전력 로직 애플리케이션에 더 유망하다. III-V 화합물 반도체의 본질적인 특성으로 인해 InGaAs를 기반으로 하는 양자 우물 및 터널 효과 트랜지스터가 보다 전통적인 MOSFET 설계의 대안으로 제안되었다.

2000년대 초, 마이크론의 Gurtej Singh Sandhu가 원자층 증착 high-κ 필름 및 피치 이중 패터닝 프로세스를 발명하여 평면 CMOS 기술에 대한 무어의 법칙을 30 nm 클래스 이하로 확장했다.

2009년 인텔은 80 nm InGaAs 양자 우물 트랜지스터의 개발을 발표했다. 양자 우물 장치에는 더 넓은 밴드 갭을 가진 두 개의 재료 층 사이에 샌드위치된 재료가 포함되어 있다. 당시 주요 순수 실리콘 트랜지스터 크기의 두 배였음에도 불구하고 회사는 동일한 성능을 제공하면서 더 적은 전력을 소비한다고 한다.

2.3 화합물 반도체

2.3.1 화합물 반도체의 종류

지금까지 실리콘(Si)은 반도체 장치에서 가장 널리 사용되는 재료이다. 낮은 원자재 비용, 상대적으로 간단한 가공, 유용한 온도 범위의 조합은 현재 다양한 경쟁 재료 중에서 최고의 절충안이다. 반도체 장치 제조에 사용되는 실리콘은 현재 300 mm(12인치) 웨이퍼를 생산할 수 있을 만큼 지름이 충분히 큰 부울(Boule)로 제조된다.

화합물 반도체는 원소 주기율표에서 두 개 이상의 서로 다른 그룹에 속한 화학 원소로 구성된다(예: III-V 반도체). 화합물 반도체는 실리콘 반도체에 비해 직접적 에너지 밴드 갭, 높은 파괴 전계와 빠른 전자 이동도 등 독특한 재료 특성을 보여, 광자, 고속 및 고출력 소자 기술 구현을 가능하게 한다. 화합물 반도체 내부의 전자는 실리콘 반도체 내부의 전자보다 훨씬 빠르게 이동하기 때문에 처리 속도가 100배 이상 빨라질 수 있다.

오늘날의 전자 산업을 가능하게 한 것은 실리콘 반도체이지만, 5G, 로봇 공학, 신재생에너지 및 자율주행 차량 등으로 이어지는 차세대 혁신은 화합물 반도체가 견인할 것이다. 화합물 반도체는 낮은 전압에서 작동하고, 빛을 방출하고 감지할 수 있으며, 마이크로파를 생성할 뿐만 아니라 자기적으로 민감하며 열에 강하다. 화합물 반도체는 기존 재료가 데이터의 저장 및 라우팅, 전달, 탐지에 소비하는 에너지의 극히 일부만을 사용한다.

화합물 반도체는 탁월한 전력 효율성(배터리 구동 장치용)과 광학적 특성(커넥티드카, 의료 및 산업 응용 분야에 구현된 새로운 영상 기술 센서용)을 기반으로 사물 인터넷을 지원할 것이다. 저마늄(Ge)은 널리 사용되는 초기 반도체 재료였지만 열에 민감하여 실리콘보다 덜 유용하다. 오늘날 저마늄은 종종 초고속 SiGe 장치에 사용하기 위해 실리콘과 합금된다. IBM은 이러한 장치의 주요 생산업체이다. 갈륨비소(GaAs)도 고속 장치에 널리 사용되지만, 지금까지는 이 물질의 대구경 boule을 형성하는 것이 어렵고 웨이퍼 지름이 실리콘 웨이퍼보다 훨씬 작은 크기로 제한되어 있다. 따라서 GaAs 장치를 대량 생산하려면 실리콘보다 매우 높은 비용이 필요하다. 실리콘 카바이드(SiC)는 청색 발광다이오드(LED)의 원료로 일부 응용 분에서 사용되며, 상당한 수준의 이온화 방사선(ionizing radiation)이 존재하는 매우 높은 작업 온도(operating temperature)와 환경을 견딜 수 있는 반도체 장치에 사용하기 위해 연구 개발 중이다. IMP ATT 다이오드도 SiC로 제작되었다. 다양한 인듐(indiun) 화합물(인듐 비화물, 인듐 안티몬 화물 및 인듐

인화물)도 LED 및 고체 레이저 다이오드에 사용되고 있다. 셀레늄 황화물(selenium sulfide)은 광전지 태양 전지(photovoltaic solar cells)의 제조에서 연구되고 있다. 유기 반도체(organic semiconductors)의 가장 일반적인 용도는 유기 발광 다이오드(organic light-emitting diodes)이다.

2.3.2 전력반도체

전 세계적으로 시행되는 탄소 제로 정책으로 인해 전력반도체의 중요성이 증대되고 있다. 특히 COVID-19 이후 전력반도체의 supply chain shortage로 인한 자동차 생산업체의 어려움으로 이제는 중요한 논쟁거리가 되었다. 전력반도체란 전력을 사용하는 제품에 알맞게 전력을 제어하는 반도체로서, 전기를 변환하는 부분에서 전압, 전류, 주파수, 직류(DC)/교류(AC) 등 전기 형태를 변환하는 스위치 역할을 한다.

SiC 전력반도체는 탄소와 규소를 1:1로 결합한 화합물로 만들어진다. 다이아몬드 다음으로 단단하며, 실제 다이아몬드처럼 투명하다. SiC 전력반도체는 같은 두께의 실리콘에 비하여 약 10배의 전압을 견뎌낼 수 있다. 즉, SiC는 10분의 1 두께만으로도 실리콘 반도체의 성능을 발휘한다. 또, 섭씨 수백도 고온에서도 동작하며 전력 소모도 작아 에너지 효율을 높일 수 있다. SiC 전력반도체로 전기차 인버터를 만들면 지금까지의 실리콘(Si) 반도체 인버터를 사용했을 때보다 에너지 효율이 최대 10% 높아지고 인버터의 부피와 무게를 줄일 수 있다. 무거운 냉각장치도 줄이거나 아예 없앨 수 있게 된다. 전력 손실도 줄이고 차제 중량도 줄어드니 이중으로 에너지 효율을 높일 수 있다. e-모빌리티용으로 최적인 까닭에 최근 공급이 부족해진 SiC 반도체 소재는 미국 기업의 대중국 금수 품목에 포함되는 등 미·중 기술 전쟁의 대상이기도 하다.

전력반도체는 일반적으로 반도체라고 부르는 메모리 반도체와는 다르다. 반도체 소자가 감당하는 전압이 높고 전류 용량이 크기 때문이다. 전압의 경우 600~ 10,000 V, 전류는 수 A~수백 A 수준이다. 대표적으로 전기차 배터리의 직류 전기를 교류 전기로 바꾸어 모터(전동기)에 공급하는 인버터가 있는데, 이 인버터의 핵심부품이 바로 전력반도체이다. 현재 대부분의 전력반도체는 실리콘 웨이퍼를 기초 소재로 사용하는데, 최근에는 SiC(Silicon carbide, 탄화규소)를 소재로 한 전력반도체의 수요가 급증하고 있다. 주요 전력반도체 소자로는 다이오드, 트랜지스터, IGBT(Insulated-gate bipolar transistor), 모스펫(MOSFET), 트리스터(T3STER) 등이 있다. 이들은 현재 스마트폰, 소형충전기, 스마트기기, 신재생 에너지 생산 등 다양한 분야에서 활용되고 있다. 관련 통계에 따르면 전력 소자의 에너지 손실을 5%만 감소시켜도 미국의 전력수요 1/3에 가까운 에너지를 절약할 수 있다고 한다. 미래 산업의 경쟁력은 전력반도체가 전력 제어 과정에서 일어나는 손실을 얼마나 최소화할 수 있는가에 달린 셈이다.

특히 최근에는 글로벌 완성차 기업들이 앞다퉈 전기차 개발에 매진하면서 차량용 전력반도체 분야가 주목받고 있다. 기존의 내연기관 차(완성차) 한 대에 약 200~300개의 반도체가 사용되었다면, 미래 차에는 최소 2천 개 이상의 반도체가 사용될 것으로 보인다. 차량용 반도체 소재 역시 전통적으로 실리콘(Si)이 사용됐다. 우선 실리콘은 자원이 풍부해 가격이 저렴하고, 산소와 반응할 때 산화막을 형성하는 장점이 있다. 무엇보다 도핑(doping)을 통해 전기전도나 전도 형태를 인위적으로 제어할 수 있는 반도체의 특성이 있다.[9] 하지만 실리콘은 스위칭 속도나 효율 등에서 한계를 보인다. 150도 이상이 되면 반도체 성질을 잃어버린다는 단점도 있다. 특히 전기자동차 시장 성장에 따라 차량 성능과 발열량 역시 커지고 있어, 주요 소재로 실리콘만을 고집하긴 어려운 상황이다. 이에 최근 실리콘의 한계를 보완하는 동시에 전력 효율과 내구성 모두 뛰어난 와이드 밴드 갭(WBG) 반도체 소재에 세간의 관심이 집중되고 있다. 이들은 200 ℃ 이상의 고온에서도 고전력 밀도가 필요한 전력 소자에 활용된다. 주요 소재로는 탄화규소(SiC), 질화갈륨(GaN), 산화갈륨(Ga_2O_3) 등이 있다. 그림 2.13은 전력반도체 소재의 응용을, 그림 2.14는 와이드 밴드 갭 반도체 시장(GaN 및 SiC) (GaN and SiC)의 전망을 나타내고 있다.

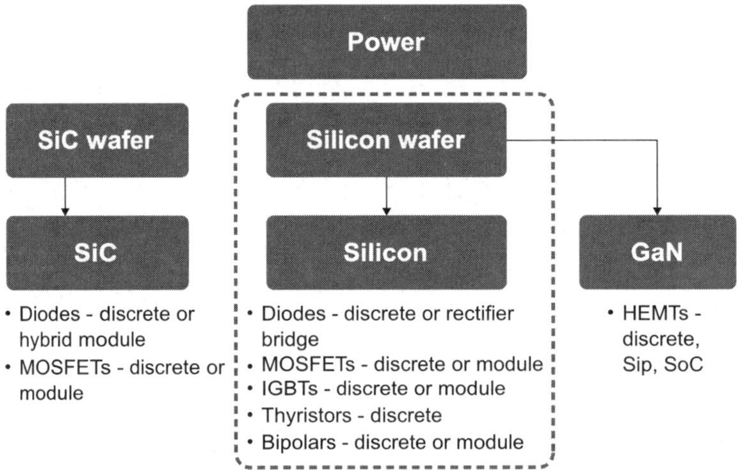

그림 2.13 전력반도체의 소재 응용

9) https://www.materialssquare.com/blog/power-semiconductor-device

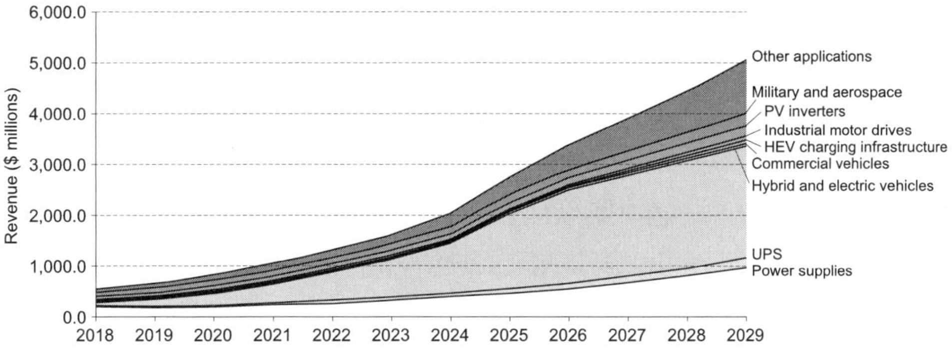

그림 2.14 와이드 밴드 갭 반도체 시장(GaN and SiC)

2.3.2.1 SiC(탄화규소)

SiC는 실리콘보다 밴드 갭이 3배 넓다(3.26 eV). 실리콘이 높은 온도에서 반도체 성질을 잃어버리지만, SiC는 온도에 상관없이 반도체 성질을 유지할 수 있다. 고온, 고주파, 고전압 환경에서의 성능 역시 실리콘보다 우수하다. 항복 전압의 특성 때문에 동일한 전압에서 실리콘 대비 10배 작은 소자를 만들 수도 있다(소형화).

미래 자동차 분야에서 SiC는 열전도가 높아 전열 면적이 적어도 냉각이 간편한 장점으로 더욱 주목받는다. SiC를 사용하면 자동차에서 사용되는 인버터(직류 성분을 교류 성분으로 변환하는 장치)의 전력 손실을 줄일 수 있다. 테슬라의 경우 2018년 테슬라 모델3에 세계 최초로 SiC 반도체를 적용했다. 도요타는 지난해 12월 2세대 연료전지 전기차 '미라이'에 SiC 전력반도체를 탑재하는 데 성공했다. 차량용 SiC 반도체 시장이 주요 반도체 제조업체와 완성차 업체의 적극적인 투자로 가파르게 성장할 전망이다. 시장조사업체 트렌드포스에 따르면 차량용 SiC 전력 소자(부품) 시장은 2022년 기준 10억 달러(한화 1조 3,000억 원)였으며, 2026년 40억 달러(약 5조 2,900억 원)에 근접할 것으로 전망된다. 그림 2.15는 SiC IGBT와 SiC 소자 특성을 비교한 것이다.

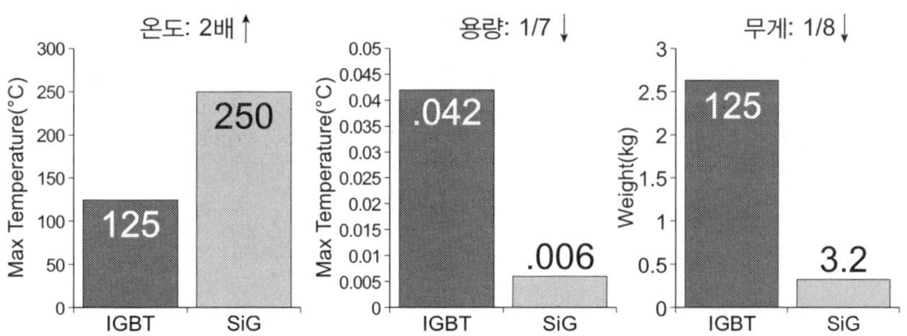

그림 2.15 SiC IGBT와 SiC 소자의 특성 비교

SiC는 기존 전력 소자의 소재로 활용되던 Si(실리콘) 대비 전압 내구성이 10배, 열 내구성이 3배가량 높다. 전력 에너지 손실 또한 70% 절감할 수 있다. 덕분에 SiC 전력 소자는 자동차, 에너지, 산업 시스템, 통신 기반 등 다양한 분야에서 활용도가 점차 증가하고 있다. 특히 전기차(EV)용 메인 인버터(트랙션 인버터) 등 자동차 산업에서의 수요가 급증하는 추세다. 현재 SiC 전력 소자 시장은 유럽, 미국의 IDM(종합반도체업체)이 대부분의 점유율을 차지하고 있다. 주요 업체로는 ST마이크로일렉트로닉스, 온세미컨덕터, 울프스피드, 인피니언, 로옴 등이 있다.

이들 업체는 전 세계 주요 자동차 제조업체와의 긴밀한 협력을 통해 SiC 전력 소자를 개발해 왔으며, 공급망 안정화를 위해 수직계열화에도 적극적으로 나서고 있다. 일례로 온세미컨덕터는 지난해 말 SiC 잉곳(주괴)을 생산하는 GT 어드밴스드 테크놀로지스사를 4억 달러 규모로 인수했다. 주요 완성차 제조업체들 역시 SiC 공급망 구축에 적극 뛰어들고 있다. 현대자동차는 SiC 기반의 차량용 전력반도체를 자체 개발해, 국내 파운드리 업체와의 협력으로 양산에 나설 계획이다. 중국의 주요 전기차 제조업체 BYD도 자회사를 통해 SiC 전력반도체를 내재화하는 데 성공했다.

트렌드포스는 "주요 반도체업체를 중심으로 새로운 결정 성장 방식, 고효율 웨이퍼 가공 기술 등 비용 절감을 위한 다양한 기술이 개발되고 있다"라며 "기술 성숙도의 증가로 프리미엄에서부터 중저가까지 SiC 전력 소자의 보급률이 가속화될 것"이라고 밝혔다.[10] 그림 2.16은 SiC 파워소자 시장의 성장률을 나타낸 것이다.

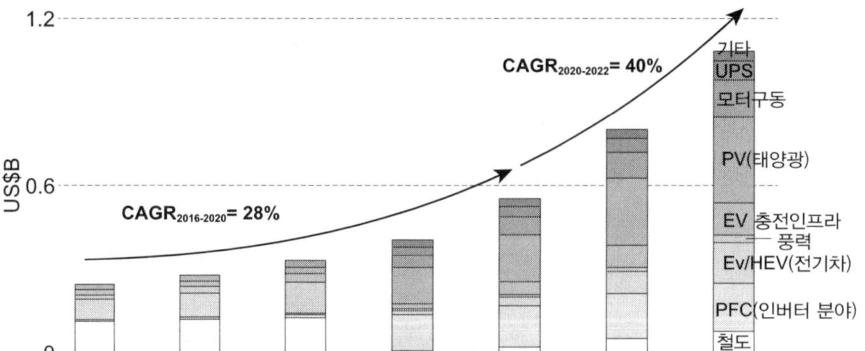

그림 2.16 SiC 파워소자 시장

10) 전자부품 전문 미디어 디일렉(http://www.thelec.kr)

2.3.2.2 GaN(질화갈륨)

GaN은 스위칭 속도가 수십 MHz로 매우 빨라 저장 공간이 필요하지 않다. 실리콘의 1/3 크기까지 소형화가 가능하며, 밴드 갭이 넓어 고전압에도 유리하다. 최근에는 LiDAR(Light Detection and Ranging) 및 레이더를 비롯해 5G 통신 및 군용 애플리케이션과 민간 선박, 발광다이오드(LED) 소자 등 다양한 분야에서 주목받고 있다. GaN 반도체는 실리콘 제품보다 향상된 성능을 제공하면서도 실리콘 카바이드보다 더 저렴한 비용을 기반으로 한다. 다만 지금까지는 실리콘 반도체 장비를 그대로 활용할 수 있는 SiC 반도체를 더 선호하고 있다. GaN의 성능은 SiC 반도체보다 더 높은 것으로 알려져서 지금보다 가격경쟁력 측면을 강화한다면 SiC 시장 규모보다 더욱 성장할 수 있을 것이다. GaN 전력반도체 시장에서도 자동차 분야는 가장 높은 성장률을 기록하고 있다. 향후 5년간 연평균 185%씩 성장해 2026년 예상 시장 규모는 1억 5,500만 달러(약 1,735억 원)로 추정된다. 관계자들은 당장 내년부터 글로벌 완성차 업체들이나 부품사 등이 GaN을 본격적으로 채택할 것으로 예상하고 있다.

다만 WBG 반도체를 당장 상용화하는 데에는 많은 어려움이 따른다. 현재 SiC, GaN 반도체의 웨이퍼 크기는 Si 반도체의 절반 수준인 6인치에 머물러 있다. 보통 웨이퍼는 지름이 클수록 한 번에 생산할 수 있는 반도체 칩 수가 증가한다. 웨이퍼 크기가 곧 반도체 생산성이라는 점을 고려하면 여전히 Si 반도체의 경쟁력이 높은 편이다. WBG 소재의 반도체의 상용화를 위해서는 가격경쟁력과 기술면 모두에서 적절한 후속 연구가 지속되어야 한다.

2.4 전 세계 반도체 시장의 현황

2.4.1 전 세계 반도체 시장 규모

반도체는 전자 장치의 필수 구성 요소 중 하나인 집적회로(integrated circuit, IC, 마이크로칩)로, 인공지능, 운송, 의료, 군사 시스템, 통신 등의 발전을 가능하게 하는 혁신의 원동력이다. 간단히 말해서 반도체는 현대 전자 제품의 두뇌로서, 21세기의 새로운 석유라고 부를 정도로 매우 중요하다.

반도체(IC, 마이크로칩)는 순수한 실리콘이나 저마늄 또는 갈륨비소와 같은 화합물로 만들어진다. 이러한 원소에 소량의 불순물이 첨가되어 재료의 전도성에 영향을 미친다. 또한 제조 과정에서 네온과 같은 희귀가스가 사용되며 대부분이 우크라이나와 러시

아에서 수입된다.

반도체 생산과 관련하여 몇 가지 주요 단계가 있다.

- 디자인 – 반도체를 설계하는 회사를 팹리스 회사라고 한다.
- 제조 – 반도체를 생산하는 회사를 파운드리라고 한다.
- 조립 – 타사 IC 패키징 및 테스트 서비스를 제공하는 회사를 OSAT라고 한다.

팹리스와 파운드리를 IDM(통합 장치 제조업체)이라고 한다. 반도체 기술의 발전으로 전자 장치는 더 빠르고, 더 작고, 더 안정적으로 만들어졌다.

2021년 글로벌 반도체 매출은 2020년보다 26.2% 증가한 5,560억 달러에 이르렀다. 미국 지역에서는 27.4%, 유럽에서 27.3%, APAC에서 26.5% 성장하였으며, 일본에서만 평균 이하인 19.8%의 성장률을 보였다.

전 세계 반도체 산업은 2030년까지 1조 달러 규모의 산업이 될 것이다. 이 산업이 2021년 4,500억 달러에서 2028년까지 8,000억 달러 이상으로 성장할 것으로 예상되는 것은 놀라운 일이 아니다. 2020년에는 반도체 제조 산업에 약 277,000개의 일자리가 있었다.[11] 그림 2.17은 2021년 기준 세계 반도체 시장 규모를 나타낸 것이다.

집적회로 무역은 세계 총 무역의 4%를 차지하지만 세계에서 가장 많이 거래되는 제품이다. 반도체의 최대 수출국은 대만(중국 타이베이), 중국, 한국, 말레이시아, 싱가포르 및 미국이다. 집적회로의 가장 큰 수입국은 홍콩, 중국, 싱가포르, 대만 및 한국이다.

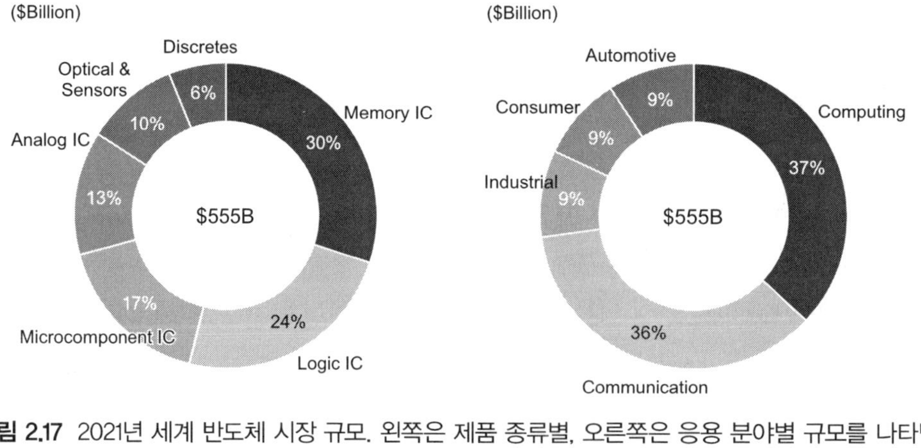

그림 2.17 2021년 세계 반도체 시장 규모. 왼쪽은 제품 종류별, 오른쪽은 응용 분야별 규모를 나타낸 것이다. (자료: 옴디아)

---

11) https://www.stemconnector.com/download-resource/connecting-the-world-is-stem-intel/

2.4.2 세계 최고의 반도체 생산업체

그림 2.18은 반도체 기업의 종류와 역할을 상세히 설명하고 한 것이고, 표 2.5는 2025년 11월을 기준으로 세계 주요 상위 25 반도체 기업 시가총액 순위를 나타낸 것이다. 미국 14개, 타이완 2개, 한국 2개, 네덜란드 2개, 영국 1개, 독일 1개, 중국 2개, 일본 1개이다.

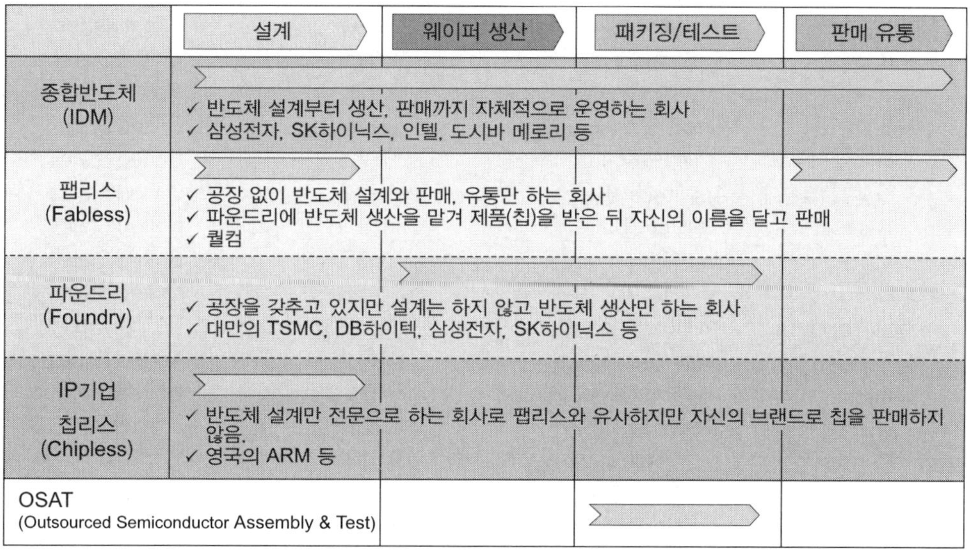

그림 2.18 반도체 기업의 종류와 역할

국가별 반도체 시장의 1위는 대만으로, 세계 최고의 반도체 제조 국가라고 할 수 있다. 대만 기업은 세계 반도체 시장의 50%를 점유하고 있으며, 대만 최대 반도체 회사는 TSMC(파운드리)이다. TSMC는 인텔, 애플, AMD, NVIDIA 및 Qualcomm용 마이크로칩을 만든다. 다른 주요 대만 반도체 회사는 UMC, SMIC, PSMC, VIS이다.

2위는 한국이다. 반도체는 우리나라의 대표적인 수출품이며, 20,000개 이상의 반도체 관련 회사가 있다. 최근 몇 년 동안 삼성은 매출 기준 최대 반도체 생산업체이며, 세계 파운드리 시장의 17%를 차지한다. 향후 몇 년 동안 한국은 특히 서울 남쪽의 "K-반도체 벨트"에 파운드리 시설을 확장하는 데 집중하고 있다.

반도체 제조에서 일본은 대만과 한국에 이어 3위이다. 전 세계적으로 반도체 소재 생산 시장의 50% 이상, 장비 생산 시장의 약 30%를 점유하고 있다. 일본의 글로벌 칩 생산 점유율은 감소했지만, 여전히 공급망에서 핵심적인 역할을 하고 있다. 일본 정부의 전략 중 하나는 일본 반도체 산업을 활성화하여 국가의 경제 안보를 강화하는 것이다.

4위 중국은 주요 전자 부품의 주요 제조 센터이다. 최근 5년 만에 중국의 반도체 디바

표 2.5 세계 주요 반도체 기업 시가총액 순위(2025년 11월19일 기준)[12)]

Rank	Name	market-cap $billion)	country
1	NVIDIA	4,422	United States
2	Broadcom	1,607	United States
3	TSMC	1,441	Taiwan
4	Samsung	444.9	South Korea
5	ASML	389.7	Netherlands
6	AMD	374.9	United States
7	SK Hynix	267.1	South Korea
8	Micron Technology	256.4	United States
9	Lam Research	180.6	United States
10	Applied Materials	179.3	United States
11	QUALCOMM	178.0	United States
12	Intel	163.7	United States
13	KLA	147.8	United States
14	Arm Holdings(ARM)	144.3	England
15	Texas Instruments	143.0	United States
16	Analog Devices	113.2	United States
17	Tokyo Electron	92.9	Japan
18	SMIC	91.3	China
19	Advantest	89.9	Japan
20	Cambricon Technologies	79.7	China
21	Synopsys	71.2	United States
22	Marvell Technology Group	67.8	United States
23	MediaTek	60.3	Taiwan
24	Infineon(IFX.DE)	49.6	Germany
25	NXP Semiconductors	47.5	Netherlands

이스 매출은 글로벌 칩 매출의 3.8%에서 9%로 급증했다. 제조의 경우, 2000년 중국은 IC의 1%를 생산했으며, 2030년에는 중국이 세계 반도체의 거의 4분의 1을 생산할 것으로 예상된다. 최근 몇 년 동안 중국 반도체 공급망의 4개 하위 부문 모두 매출이 급격히 증가했으며 성장 추세는 계속될 것이다. 예측에 따르면 중국의 반도체 산업은 향후 몇 년 동안 일본, 한국, 대만의 반도체 산업을 추월할 것이다.

5위는 미국으로, 마이크로칩은 미국에서 발명됐지만, 충분한 투자가 이루어지지 않았기 때문에 글로벌 반도체 제조 능력에서 미국의 몫은 37%(1990년)에서 12%로 감소했다. 그로 인해 현재 전 세계 칩 제조 능력의 4분의 1이 아시아에 집중되어 있다. 그런데도

12) https://companiesmarketcap.com/semiconductors/largest-semiconductor-companies-by-market-cap/

미국은 반도체 산업의 연간 세계 시장 점유율에서 선두를 달리고 있다. 또한 국가별 매출 대비 반도체 R&D 지출 비율이 가장 높다(18.6%, 일본 12.9%).

간단히 말해서 대만, 중국, 한국, 일본 등 아시아 국가들은 세계 최대 반도체 생산국이다. 최근의 마이크로칩 부족은 반도체가 얼마나 필수적인지를 상기시켜 준다.

2.4.3 전 세계 반도체 장비 기업[13)]

표 2.6은 전 세계 주요 장비 기업 순위를 나타내고 있다. 2025년 중국 시장조사업체 '시노 리서치(CINNO Research)'에 따르면 2025년 상반기 글로벌 반도체 장비사 상위 10곳의 매출 합계는 약 640억 달러로, 전년 동기 대비 약 24% 늘었다. 상위 5개 사의 매출 합계는 540억 달러로 전체의 85%를 차지했다. 2024년과 비교해 순위 변동은 크지 않았다. 부동의 1위는 네덜란드 ASML이다. ASML은 상반기 매출 170억 달러를 기록하며 전년 대비 38% 성장했다. 첨단 파운드리(반도체 위탁생산)와 메모리 투자 확대 속에서 7나노미터(nm) 이하 공정용 극자외선(EUV) 노광기 독점 공급이 매출 증가를 견인했다. 미국 어플라이드 머티어리얼즈(AMAT)는 매출 137억 달러로 2위를 기록했다. 그 외 램리서치 3위, 일본 도쿄일렉트론(TEL) 4위, 미국 KLA 5위 등이다. 톱5 업체 중 ASML을 제외하고 올 상반기 매출 증가율이 가장 두드러진 기업은 램리서치로, 2024년 같은 기간과 비교해 29% 증가했다. 6위인 일본 어드반테스트(Advantest)는 후공정 테스트 장비와 소터를 중심으로 매출이 124% 급증하며 '상위 10위' 기업 중 가장 높은 성장률을 기록했다. 중국 '나우라 테크놀로지(NAURA Technology, 이하 나우라)'는 올 상반기 매출 22억 달러, 전년

표 2.6 전 세계 주요 장비 기업 순위

Rank	Name	country
1	ASML	Netherlands
2	Applied Materials	United States
3	Lam Research	United States
4	Tokyo Electron	Japan
5	KLA	United States
6	Advntest	Japan
7	Naura	China
8	ASM International	Netherlands
9	Screen	Japan
10	Disco	Japan

13) https://www.theguru.co.kr/news/article.html?no=92043

대비 31% 성장하며 7위에 올랐다. 나우라는 상위 10개 기업에 포함된 유일한 중국 기업으로, 현지 장비 수요 확대와 일부 첨단 장비 개발이 매출 성장을 뒷받침한 것으로 보인다. 뒤를 이어 네덜란드 ASM인터내셔널(ASMI), 일본 스크린(Screen), 일본 디스코(Disco가 8~10위를 차지했다. 이들은 각각 매출 증가세 28%, 2%, 13%를 기록했다. 증착·식각·세정·웨이퍼 절단 등 특정 장비 분야에서 안정적인 수요를 유지했다.

2.4.4 국내 반도체 기업 및 기관 현황

반도체와 관련된 국내 거주 국외 기업(표 2.7)과 관련 기관(표 2.8), 국내 반도체 기업 및 연구기관(표 2.9)은 다음 표들을 참고하라.

표 2.7 국내 거주 국외 반도체 기업

기업명	주된 제품	위치	위치
Synosys Korea	EDA Tool	www.synopsys.com	경기도 성남
Lam Research Manufacturing Korea	플라스마 식각	www.lamresearch.com	경기도 성남
Applied Materials Korea	증착, 검사, 식각, 평면화, 임플란트	www.appliedmaterials.com	경기도 성남
Infineon Technoligies Korea	자동차 칩	www.infineon.com	서울특별시 강남
ASML Korea	리소그래피 시스템	www.asml.com	경기도 화성
AIXTRON Korea	MOCVD, CVD, ALD	www.aixtron.com	경기도 성남
KLA-Tencor Korea	웨이퍼 검사 시스템	www.kla-tencor.com	경기도 화성

표 2.8 국내 반도체 관련 기관

기관명	웹사이트	주 역할
한국반도체산업협회	www.ksia.or.kr	반도체 산업 연합
한국반도체연구조합	www.cosar.or.kr	공공-민간 공동 연구 개발
한국전자통신연구원	www.etri.re.kr	반도체 R&D
한국전자정보통신산업진흥회	www.gokea.org	전자기 산업 단체
한국정보통신진흥협회	www.kait.or.kr	통신산업협회
한국전자기술연구원	www.keti.re.kr	전기 소자 연구 및 개발
한국디스플레이산업협회	www.kdia.org	디스플레이 산업 단체

표 2.9 국내 반도체 기업 및 연구기관

반도체 공정 분야	업체 명
테스트/패키징 업체	㈜두산테스나 ㈜미래컴퍼니 대덕전자 앰코테크놀로지코리아㈜ 주식회사 에이티세미콘 큐알티 주식회사 하나마이크론㈜
설계업체	AP위성㈜ LG전자㈜ ㈜LX세미콘 ㈜가온칩스 ㈜골드퍼시픽 ㈜글로벌브릿지 ㈜글로벌트로닉스 ㈜네오와인 ㈜넥스트칩 ㈜노블디자인 ㈜노블테크 ㈜다빈칩스 ㈜동운아나텍 ㈜라닉스 ㈜라온텍 ㈜레오엘에스아이 ㈜맵스 ㈜메타씨앤아이 ㈜사피엔반도체 ㈜세미솔루션 ㈜실리콘마이터스 ㈜실리콘마이터스 ㈜실리콘아츠 ㈜실리콘핸즈 ㈜싸이닉솔루션 ㈜씨자인 ㈜아이씨티케이홀딩스 ㈜아이앤씨테크놀로지 ㈜아이언디바이스 ㈜아이에이㈜아이칩스 ㈜알파홀딩스 ㈜에스앤에스테크놀로지 ㈜에이디칩스 ㈜에이디테크놀로지

설계업체	㈜에이직랜드 ㈜엘디티 ㈜옵토레인 ㈜우노실리콘 ㈜웰랑 ㈜위즈네트 ㈜윙코 ㈜이더블유비엠 ㈜인포웍스 ㈜자람테크놀로지 ㈜제주반도체 ㈜칩스앤미디어 ㈜코아리버 ㈜텔레칩스 ㈜티엘아이 ㈜파두 ㈜파인스 ㈜피델릭스 ㈜픽셀플러스 네메시스 주식회사 넷솔 주식회사 뉴라텍 다믈멀티미디어 레이디오펄스㈜ 빌리브마이크론㈜ 셀로코㈜ 시스템베이스㈜ 쓰리에이로직스㈜ 어보브반도체 ㈜ 엔시트론㈜ 엠텍비젼주식회사 오픈엣지테크놀로지 유니퀘화이 이미지스테크놀로지 주식회사 사피온코리아 주식회사 하나텍 지니틱스 캔버스바이오㈜ 코아시아세미코리아 피앤피네트워크㈜ 한국아이비엠 현대오토에버 주식회사

<table>
<tr><td>장비업체</td><td>AP시스템㈜
㈜글로벌스탠다드테크놀로지
㈜기가레인
㈜나인벨
㈜네온테크
㈜넥스틴
㈜디아이
㈜디엠에스
㈜라온테크
㈜러셀
㈜로봇앤드디자인
㈜루켄테크놀러지스
㈜뮤텍코리아
㈜서플러스글로벌
㈜선익시스템
㈜세츠㈜싸이맥스
㈜쎄믹스
㈜아바코
㈜아이씨디
㈜알파플러스
㈜에디슨이브이
㈜에스에프에이
㈜에스티아이
㈜에이치앤세온
㈜에이치앤이루자
㈜엑시콘
㈜엘아이에스
㈜엘오티베큠
㈜오로스테크놀로지
㈜울텍
㈜유니테스트
㈜유진테크
㈜이오테크닉스
㈜자비스
㈜제우스
㈜제이티
㈜케이씨
㈜케이씨텍
㈜코세스
㈜큐빅셀
㈜탑엔지니어링
㈜테스</td></tr>
</table>

장비업체	㈜테크윙 ㈜티에스이 ㈜피티씨 ㈜한국에바라정밀기계 ㈜한영 ㈜한화 국제엘렉트릭코리아(주) 누리플랜 다이헨한국(주) 동성에이앤티㈜ 디아이티 주식회사 디앤에이㈜ 디에스티㈜ 로체시스템즈㈜ 멜콘㈜ 버슘머트리얼즈 한양기공㈜ 부쉬코리아 세메스㈜ 신 비앤텍㈜ 싸이머코리아 씨앤에스엔지니어링㈜ 씨에스케이㈜ 아드반테스트코리아㈜ 아트라스콥코 코리아 에이씨엠리서치코리아 에이에스엠케이㈜ 에이피티씨㈜ 엑셀시오 엔비스아나㈜ 엘에스이 주식회사 엠에이티플러스㈜ 영우디에스피 윈텔코퍼레이션 유니셈㈜ 이솔 제너셈㈜ 주성엔지니어링㈜ 주식회사 베셀 주식회사 원익아이피에스 주식회사 이큐셀 주식회사 저스템 주식회사 젠

장비업체	주식회사 찬우테크놀러지 주식회사 프로텍 참엔지니어링㈜ 청진테크㈜코 리아테크노㈜ 코스텍시스템㈜ 파크시스템스㈜ 피에스케이㈜ 피에스케이홀딩스㈜ 한국알박㈜ 한미반도체
부분품업체	㈜금강쿼츠 ㈜네프코 ㈜뉴파워프라즈마 ㈜디에스테크노 ㈜로보스타 ㈜메카로 ㈜미코 ㈜쎄미콤 ㈜씰테크 ㈜아이에스시 ㈜아진엑스텍 ㈜앤비젼 ㈜에어포인트 ㈜에이에스엔지니어링 ㈜엠아이 ㈜원익큐엔씨 ㈜윌비에스엔티 ㈜유시스템 ㈜케이에스엠 ㈜케이에스티이 ㈜코리아인스트루먼트 ㈜티씨케이 ㈜파웰 코퍼레이션 ㈜핫앤쿨리노공업 ㈜리얼센아이원스 ㈜에드워드 코리아 에스케이씨솔믹스 주식회사 엠케이피 주식회사 영신쿼츠㈜ 이화다이아몬드공업㈜

부분품업체	인아오리엔탈모터㈜ 주식회사 미코세라믹스 주식회사 재원 주식회사 콤델코리아 주식회사 티에프이케이 케이테크㈜ 코리아스펙트랄프로덕츠㈜ 코미코
외국업체	(유)시놉시스코리아 ㈜실바코코리아 ㈜엑시트론 니콘프레시전코리아 ㈜도쿄일렉트론코리아 ㈜램리서치코리아 유한회사 롬엔드하스전자재료코리아㈜(듀폰코리아)매슨인 터내셔널코리아㈜ 버커트코리아㈜ 어플라이드머티어리얼즈코리아㈜ 에이에스엠엘코리아(유) 엑셀리스코리아㈜ 인피니언테크놀로지스코리아(유)주식회사 한국유큐우 지멘스 EDA 케이던스 디자인 시스템즈 케이엘에이텐코코리아㈜ 타워재즈 반도체 타이코에이엠피 주식회사 파이퍼베큠세미코리아 하팅코리아 주식회사 한국마이크로소프트 (유) 호리바에스텍코리아 히타치하이테크코리아㈜
설비업체	㈜미라콤아이앤씨
설비업체	㈜미래로시스템 ㈜성도이엔지 ㈜신성이엔지㈜에이앤아이 ㈜퓨리텍 ㈜힘스 진성이엔지 한국보싸드주식회사 한양이엔지㈜

상사	㈜피엔에스 ㈜에스에이엠티 ㈜우원테크놀러지 신성반도체㈜ 주식회사 한국에이티아이
연구기관	한국전자통신연구원

2.5 AI 추론 시대 낸드 플래시 메모리의 중요성[14)]

AI 혁신이 전 세계로 가속화됨에 따라 반도체 시장의 초점은 고성능 컴퓨팅으로 전환되고 있다. 이는 GPU 및 HBM(고대역폭 메모리) 시장의 폭발적인 성장을 이끌고 있다. AI 인프라의 중장기적인 확장성과 비용 효과는 NAND 플래시 메모리 기반 스토리지 솔루션, 특히 엔터프라이즈 솔리드 스테이트 드라이브(eSSD)의 발전과 보급에 달려 있다. GPU와 HBM은 AI 워크로드에서 대역폭과 계산 병목 현상을 해결하는 '성능 가속기' 역할을 하며, NAND 기반 eSSD는 AI 모델 학습 및 추론에 필요한 엄청난 데이터 세트에 대한 스토리지 및 초고속 액세스를 가능하게 함으로써 AI 인프라의 확장성과 총 소유비용(TCO)을 결정하는 구조적인 핵심 요소이다. 대규모 언어 모델(LLM)의 파라미터 수가 지수적으로 증가함에 따라 계산 속도뿐만 아니라 데이터 저장 및 액세스를 위한 메모리 용량의 한계인 '데이터 용량 벽' 문제도 심각해지고 있다. NAND 메모리는 이 문제에 대한 해결책으로 부상하고 있다. 고대역폭 메모리(HBM)의 공급 부족에 이어 NAND 플래시 메모리(NAND)도 2025년 공급 부족 현상이 나타나고 있으며, 이는 슈퍼 사이클에 대한 기대로 나타난다. NAND 시장은 2025년 상반기까지 어려운 상황이 이어졌으나, 2025년 하반기부터 시작된 공급업체의 전략적 생산 조정이 성과를 올리기 시작했다. 2025년에는 NAND 플래시 메이커가 더욱 대폭적인 감산을 실시해, 연간 생산량을 줄이고, 비트 공급량의 성장을 억제하고 있다. 이런 조치들의 결실로 2025년 2분기부터는 재고가 점차 감소하고 PC 및 스마트폰 등 주요 제조업체들의 수요가 급증하면서 D램과 낸드 가격이 각각 전 분기 대비 5~10%, 3~8% 상승하는 등 가격 반등과 업황 회복이 뚜렷하게 나타나고 있다. 특히 AI 기술이 학습에서 추론 단계로 전환되면서 전 세계 낸드플래시 메모리 시장이 폭발적 성장세를 나타내고 있다.

---

14) 중소기업신문(http://www.smedaily.co.kr, 2025년 9월15일, 오아름기자

AI 추론의 특성상 체크포인트 유지가 중요해지면서 고성능이고 내구성이 높은 저장장치 수요가 늘고 증가하고 있다. 다중 모달 AI 모델의 확산으로 고성능 저장장치 필요성이 더욱 커지는 상황이다. AI 데이터센터의 전력 비용 제한으로 저장장치 서버당 고용량 메모리가 필요해지면서 이런 흐름이 빨라지고 있다.

2025년 9월 15일 트렌드포스에 따르면 전 세계 낸드플래시 시장은 2025년부터 2034년까지 연평균 5.6% 성장하며 2034년에는 1117억 달러(약 155조원)에 이를 것으로 예상된다. 특히 AI 서버용 SSD 시장의 성장이 두드러진다. 2024년 AI 관련 SSD 조달은 45 EB(엑사바이트)를 넘어설 전망이다. AI 서버의 SSD 수요는 앞으로 몇 년간 연간 60% 이상 늘어날 것으로 예측된다. 낸드플래시 시장 내 AI SSD의 비중은 2024년 5%에서 2025년 9%로 증가할 것으로 보인다. 이에 트렌드포스는 북미 주요 클라우드 서비스 제공업체들의 지속적인 AI 투자로 2025년 3분기 기업용 SSD 수요가 크게 늘어날 것으로 예상하고 있으며, 기업용 SSD 시장이 공급 부족으로 바뀔 가능성이 높다고 분석했다. 완제품 재고 수준이 낮게 유지되면서 분기 대비 최대 10%의 가격 상승이 가능할 것으로 내다봤다. 아울러 올해 2분기 기준 eSSD 시장 상위 5개 브랜드의 총매출은 51억 860만 달러(약 7조 원)로 전 분기 대비 12.7% 증가했다.

삼성전자는 매출이 18억 9900만 달러를 유지하며 1위 자리를 지켰다. 북미지역에서 광범위한 eSSD 채택과 DDR4 부족으로 시장 지배적인 점유율을 확보했다. 시장 점유율은 올해 2분기 기준 34.6%를 차지했다. 이어 SK하이닉스(솔리다임 포함)는 14억 6100만 달러로 2위였다. SK하이닉스는 매출 증가세가 뚜렷했는데, 전 분기 대비 47.1% 증가했다. 시장 점유율 역시 전 분기(20.8%) 대비 5.9%포인트 늘어난 26.7%를 기록했다. 트렌드포스는 “2분기 엔비디아의 블랙웰 플랫폼 출하량이 증가하고 북미 클라우드 서비스 기업(CSP)의 일반 서버 수요가 확장하며 eSSD 수요가 크게 증가한 것으로 나타났다”라고 분석했다.

연습 문제

1 반도체의 특성에 대하여 간략히 설명하시오.

2 반도체의 특성에 대하여 간략히 설명하시오.

3 화합물 반도체는 무엇인가? 화합물 반도체의 종류와 제조 공정 및 특성에 대하여 논하시오.

4 전력반도체는 무엇인가?

5 인텔의 비전으로서 선포되었던 무어(Moore)의 법칙은 수십년 간 반도체업계를 지배해온 생존 법칙으로서 군림하게 되었다. 무어의 법칙을 설명하시오.

6 반도체 8대 공정에 대하여 설명하시오.

7 MOSEFT(Metal Oxide Field Effect Tansistor)에 대하여 설명하시오.

8 트랜지스터(Tansistor)의 개요에 대하여 간략히 설명하시오.

Chapter

3

반도체의 물리적 특성과 결정 성장

3.1 결정 격자와 단위 셀

결정질 고체에서 구성 입자는 3차원으로 명확한 배열을 가지고 있다. 서로에 대한 결정 내 이러한 입자의 위치는 일반적으로 점으로 표시된다. 이러한 견딜 수 없는 점 집합을 공간 격자라고 한다. 결정 격자에서 원자, 이온 또는 분자가 차지하는 위치는 칼라 격자 점 또는 격자 사이트이다. 본 절에서는 공간 격자, 2차원 격자, 그리고 3차원 격자에 대한 기본적인 이해를 다룰 것이다.

3.1.1 2차원 격자

2차원 격자(two dimensional lattices)는 평면에서 구성 입자(원자, 이온 또는 분자)의 고정 분포이다. 2차원 격자에는 5가지 유형이 있다. 정사각형, 직사각형, 평행사변형, 마름모꼴, 육각 격자이다. 이 격자들은 포인트 배열의 대칭이 다르다. 육각형 격자는 점의 대칭 배열이 가장 크고 평행사변형 격자는 점의 대칭 배열이 가장 적다.

2차원 격자에서 규칙적으로 반복되는 점의 배열 때문에 격자를 완전히 지정하려면 격자의 작은 부분을 설명해야 한다. 예를 들어, 2차원 격자에서 4개의 점을 선택하고 결합하여 평행사변형을 형성한다. 이 가장 작은 부분을 단위 셀(unit cell)이라고 한다. 셀의 가장자리와 동일한 거리만큼 단위 셀을 가장자리 방향으로 반복적으로 회전시켜 이상적인 격자를 생성할 수 있다. 단위 셀은 전체 격자의 모양을 제공한다. 그러나 주어진 격자에 대해 여러 가지 방법으로 단위 셀을 선택할 수 있음을 알 수 있다. 격자에는 매우 많은 수의 원자가 포함되어 있고 많은 동일한 점이 발견될 수 있기 때문이다.

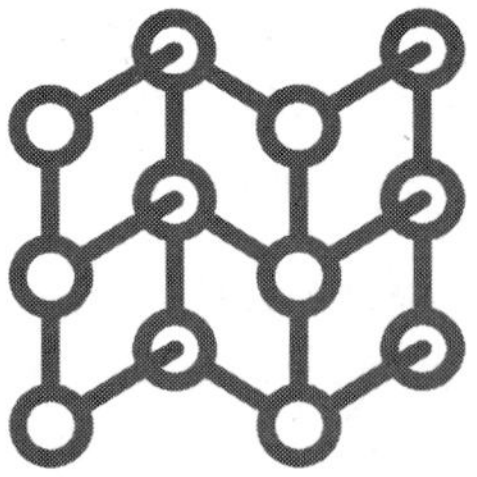

그림 3.1 2차원 격자

내부 점이 있는 셀을 집중된 단위 셀이라고 한다. 내부 점이 없는 단위 셀을 기본 단위 셀이라고 한다. 따라서 2차원 격자는 가장자리의 길이와 가장자리 사이의 각도로 단위 셀을 지정하는 것으로 설명할 수 있다.

3.1.2 3차원 격자

결정질 고체의 구성 입자(원자, 이온 또는 분자)는 명확한 3차원 배열을 가지면 3차원 격자(three dimensional lattice)이다. 결정을 구성하는 입자의 3차원 배열을 각 입자를 점으로 도식화하면 그 배열을 결정 격자 또는 공간 격자라고 한다. 결정 격자는 3차원 공간에서 결정질 고체의 구성 입자가 잘 정렬된 배열이다.

3차원 결정 격자는 2차원 격자와 다르지 않다. 결정 격자에서 반복되는 격자점 집합은 결정 격자를 주의 깊게 분석하여 찾을 수 있다. 이 반복되는 패턴을 단위 셀이라고 한다. 단위 셀은 서로 다른 방향으로 반복될 때 완전한 결정 격자를 생성하는 공간 격자의 가장 작은 3차원 반복 부분으로 정의할 수 있다.

이 가장 작은 반복 패턴은 전체 결정의 크기를 나타낸다. 셀의 가장자리와 동일한 거리에서 단위 셀을 가장자리 방향으로 반복적으로 회전시켜 완전한 격자를 생성할 수 있다. 결정은 무한한 수의 단위 셀로 구성되어 있다고 생각할 수 있다.

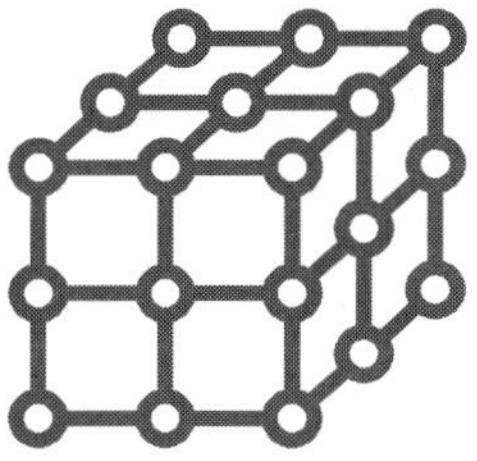

그림 3.2 3차원 격자

3.1.3 결정 격자

공간에서 점(이온, 원자 등)의 규칙적인 3차원 배열을 결정 격자(crystal lattice)라고 한다. 14개의 가능한 3차원 격자가 있다. 이를 Bravais 격자라고 한다.

결정 격자의 특성은 다음과 같다.

- 결정 격자의 각 점을 격자점 또는 격자 사이트라고 한다.
- 결정 격자의 각 점은 원자, 분자(원자 그룹) 또는 이온이 될 수 있는 구성 입자를 나타낸다.
- 결정 격자를 나타내는 격자점의 3차원 분포이다.
- 격자 점은 직선으로 연결되어 격자의 형상을 나타낸다.

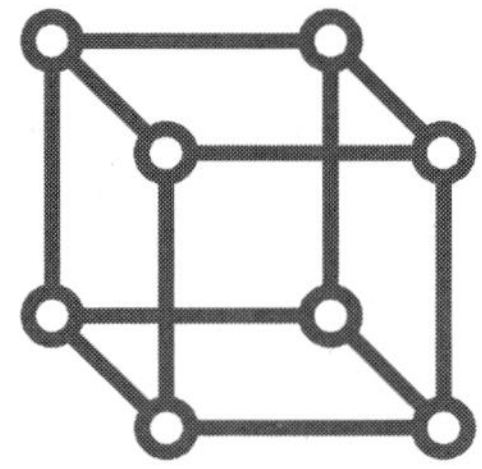

그림 3.3 단위 셀

3.1.4 단위 셀

단위 셀은 결정 격자의 가장 작은 부분으로, 다른 방향으로 반복될 때 전체 격자를 생성한다. 단위 셀은 크게 기본 단위셀(Primitive unit cells) 과 집중 단위셀(concentrated unit cells)의 두 가지 범주로 나눌 수 있다.

기본 단위 셀에서 구성 입자는 단위 셀의 모서리 위치에만 존재한다. 반면에 집중 단위 셀에서는 하나 이상의 구성 입자가 모서리 이외의 위치에 존재한다. 집중 단위 셀은 체심 단위 셀(body-centered unit cell), 면심 단위 셀(face-centered unit cell), 그리고 End centered 단위 셀(ECC)로 다시 분류할 수 있다.

결정 격자와 단위 셀의 특징을 비교하여 표 3.1에 나타내었다.

표 3.1 결정 격자와 단위 셀의 비교

결정 격자	단위 셀
3차원 공간에서 결정질 고체의 구성 입자가 규칙적으로 배열	모든 3차원 공간에서 반복될 때 결정 격자를 생성하는 가장 작은 반복 구조 단위
많은 수의 단위 셀로 구성	결정의 모든 성질을 갖는 결정 격자의 기본 단위
결정 격자는 단위 셀의 특성으로 정의	단위 셀은 결정질 고체의 모든 기본 특성을 정의
결정 격자는 분할되거나 수많은 개별 단위 셀로 분해	단위 셀은 속성을 변경하지 않고서는 더 작은 단위로 분할하거나 나눌 수 없음
거시적 시스템(macroscopic system)	미시적 시스템(microscopic system)
결정 격자는 분리(isolated)되거나 분석용 사용	단위 셀은 분석을 위해 분리할 수 없으며 가상의 개체(hypothetical entity)

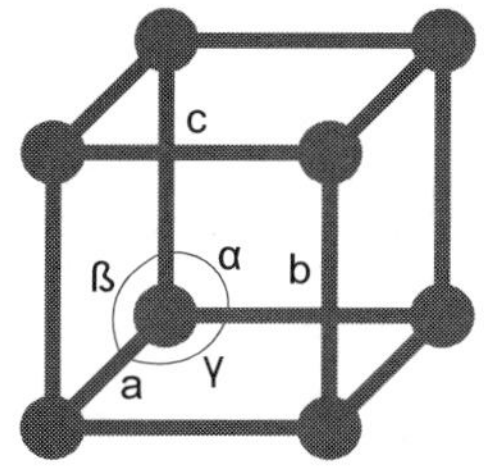

그림 3.4 단위 셀의 파라미터

3.2 결정 구조

결정 구조는 한 물질을 파악하는 중요한 요소 중의 하나이다. 물질의 성질은 결정 구조에 따라 결정된다. 결정 구조의 주요한 특징은 규칙성과 반복성이다. 즉, 결정 구조는 고체에서 입자의 반복 배열을 나타난다. 이러한 반복성은 원자 결정 배열의 전형적인 모형을 통해서 관찰하면 확실히 증명된다. 반복성을 정량화하기 위하여 어떤 구조로 반복되는지를 아는 것이 중요하다. 결정 구조를 설명하기 위하여 원자를 하나의 구로 가정하며, 원자의 배열을 3차원 구조로 표시한다. 결정 구조에는 4가지 기본 유형이 있으며, 이는 다시 14개의 Bravais 격자를 포함하는 총 7가지 결정 시스템으로 분류된다. 반복되는 형태의 결정 구조의 단위로 사용할 수 있는 가장 간단한 구조의 단위가 곧 단위 셀이다.

3.2.1 결정 구조의 유형

결정 구조에는 다음과 같은 네 가지 유형이 있다. 단순 입방 구조(simple cubic structure, SC), 체심 입방 구조(body-centered cubic structure, BCC), 면심 입방 구조(face-centered cubic structure, FCC), 조밀 육방 구조(hexagonal close packed structure, HCP)이다. 결정 구조의 유형은 입방 결정계로 설명할 수 있다.

3.2.1.1 단순 입방 구조

가장 단순한 유형의 결정 구조는 입방체의 각 모서리에 원자가 존재하는 것이다(그림 3.5). 이 패턴은 격자에 대해 반복된다. 정육면체는 모서리가 8개이므로 하나의 단위 셀에 표시할 수 있는 원자는 8개이다. 그러나 입방체의 각 모서리는 3차원 격자에서 다른 8개의 입방체가 공유하므로 기준 단위 셀에 대한 결합된 8개의 원자의 총 기여도는 8(원자) × 1/8(각 원자의 기여도)이다. 따라서 단순한 입방 구조의 단위 셀에 있는 평균 원자

수는 1이다. BCC 및 FCC(아래 설명)와 달리 단순 입방체 구조는 입방체의 중심 또는 입방체의 각 면의 중심에 원자가 존재하지 않는다. 이것은 가장 단순한 유형의 결정 구조이며 엔지니어링 목적으로 사용되는 재료와 관련이 없다.

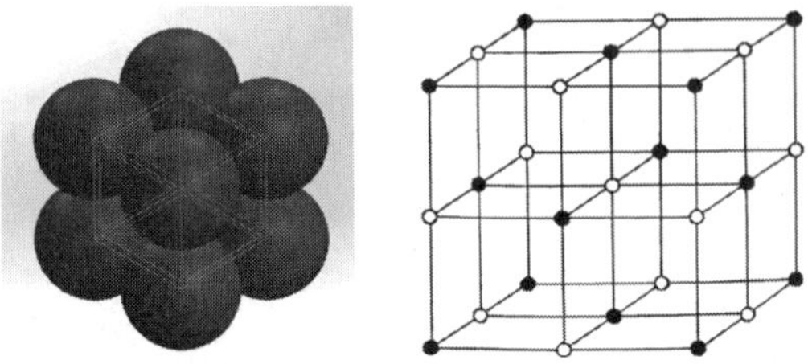

그림 3.5 단순 입방 구조(SC)

3.2.1.2 체심 입방 구조

체심 입방 구조에는 입방체의 각 모서리에 하나씩 8개의 원자가 있다. 또한 정육면체의 중심에 원자가 존재하므로 체심(신체 중심)이라는 이름이 붙는다(그림 3.6). 이 기능은 BCC를 SC 구조보다 조금 더 복잡하게 만든다. 기준 단위 셀/큐브(unit cell/cube)의 중심에 고정된 원자는 다른 큐브와 공유되지 않으므로 이 셀에만 속한다. 따라서 단위 셀에 대한 이 원자의 기여도는 1이다. 셀의 모서리에 있는 8개의 원자(SC에서와 같이)가 제공하는 하나 이상의 기여도에 이 수치를 추가하면 BCC 단위 셀당 평균 2개의 원자를 얻는다. 이 결정 구조를 가정하는 금속은 리튬(lithium), 포타슘(potassium), 소듐(sodium), 바나듐(vanadium) 등이다.

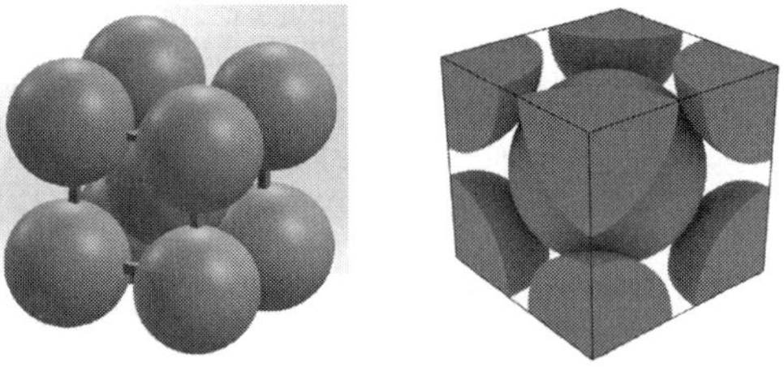

그림 3.6 체심 입방 구조(BCC)

3.2.1.3 면심 입방 구조(FCC)

면심 입방 구조(FCC)는 입방체의 6면 각각의 중심을 차지하는 원자를 포함한다. 그러나 큐브의 각 면은 다른 큐브와 공유된다. 따라서 단위 셀에 대한 이 6개 원자의 기여도는 평균 6(원자) × 1/2(기여도) = 3개 원자로 제공된다. 또한 총 8개의 원자가 SC와 유사하게 각 모서리에 하나씩 있다. 이 단위 셀에 대한 8개 원자의 기여도는 앞서 살펴본 것처럼 1이다. 따라서 FCC 구조에서 각 단위 셀은 평균적으로 총 4개의 원자를 만든다(그림 3.7). BCC에서처럼 정육면체의 중심에 원자가 존재하지는 않는다. 이러한 유형의 배열을 갖는 몇 가지 금속은 칼슘(calcium), 구리(copper), 은(silver), 알루미늄(aluminum), 백금(platinum)이다.

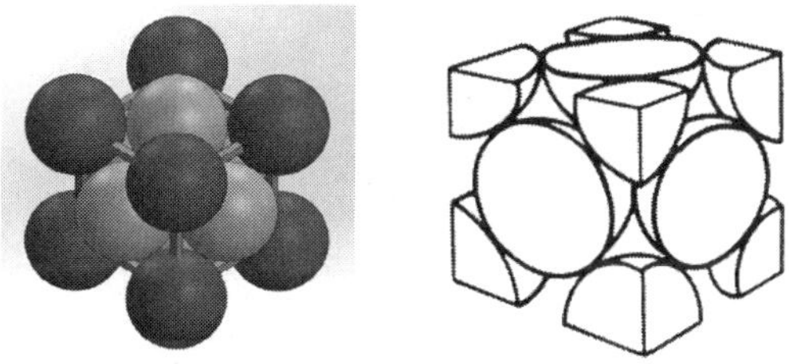

그림 3.7 면심 입방 구조(FCC)

3.2.1.4 조밀 육방 구조(HCP)

HCP는 그 이름에서 알 수 있듯이 육각 기둥 모양이다. 육각 기둥의 12개 꼭짓점에 각각 하나씩 12개의 원자가 배열된다. 육각형의 각 모서리가 6개의 다른 유사한 도형과 공유되면서 분할이 발생한다. 따라서 단위 셀에 대한 이들 12개의 원자의 기여도는 1/6이므로, 이 꼭짓점 원자들 전체의 기여도는 12(원자) × 1/6(기여도) = 2원자이다. 또한, 육각형 도형의 위쪽과 아래쪽에 각각 두 면의 중심에 원자가 존재한다. 이 두 면은 각각 다른 육각 기둥과 공유된다. 따라서 단위 셀에 대한 이 2개의 원자의 기여도는 2(원자) × 1/2(기여도) = 1원자이다. 또한, 삼각형의 평면 모양으로 육각형의 중앙 공동에 존재하는 세 개의 비공유 원자가 있다. 3개의 원자는 공유되지 않기 때문에 이 단위 셀에 3개의 원자가 기여한다. 이러한 모든 기여의 합은 HCP 단위 셀당 평균 총 6개의 원자를 제공한다. 베릴륨(beryllium), 마그네슘(magnesium), 아연(zinc), 구리(copper), 카드뮴(cadmium)이 고체 상태에서 이러한 결정 구조를 갖는 금속의 일부 예시이다.

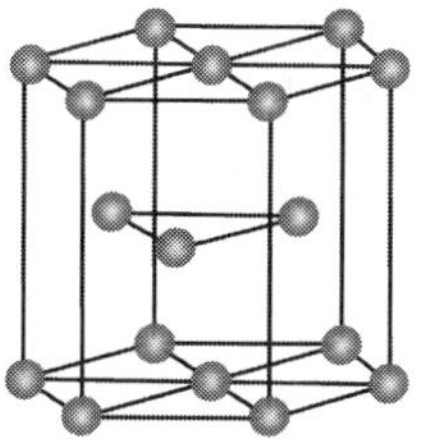

그림 3.8 조밀 육방 구조(HCP)

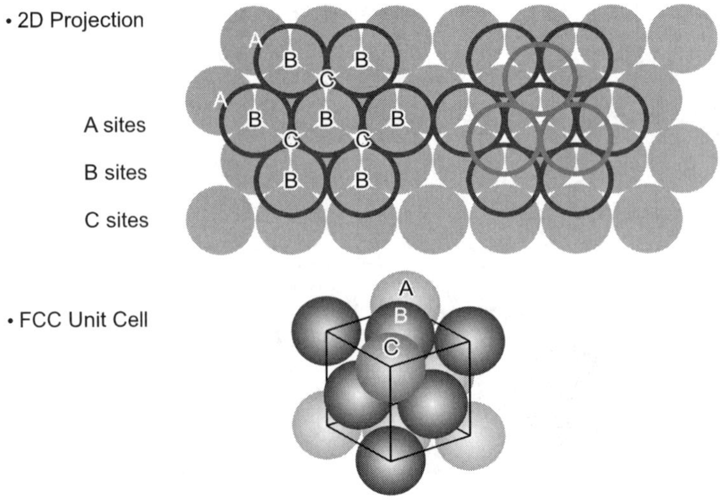

그림 3.9 FCC의 Stacking Sequence

결정질 암석(crystalline rock)에는 광물과 미세한 결정이 포함되어 있다. 그러나 바위(rock) 자체는 광물이나 미세한 결정이 아니다. 결정 광물과 바위의 차이점은 다음과 같다. 즉, 광물(mineral)은 자연적으로 발생하는 명확한 화학 조성을 가진 고체로, 고도로 정렬된 원자 배열을 가지고 있다. 반면에 결정화된 암석은 여러 개의 결정화된 광물로 만들어질 수 있다. 이와는 반대로 결정은 구성 원자가 일정한 패턴으로 배열된 고체 물질을 말한다. 모든 광물은 결정의 요구 사항인 명확한 화학 조성과 질서 있는 원자 배열을 가지고 있다.

미세구조(microstructure)는 큰 규모(nm보다)의 물질 내 원자 배열을 설명하며, 결정 구조는 일반적으로 나노미터(nm) 단위의 배열을 나타낸다. 강철(steel)은 철(iron)과 탄소(carbon)의 합금이다. 또한 순철(pure iron)의 결정 구조는 체심 입방체 형태로 배열된 페라이트(ferrite)로 존재한다.

3.2.2 7개 결정계

결정학(crystallography)에는 입방정(cubic), 능면체정(삼방정)(rhombohedral(trigonal)), 정방정(tetragonal), 육방정(hexagonal), 사방정(orthorhombic), 단사정(monoclinic), 삼사정(triclinic)의 총 7가지 결정계가 있다. 7개의 원시 결정계(seven primitive crystal systems)는 기본 단위 셀(basic unit cell)이며, 어느 물질이든 입자가 배열되어 있다.

14종류의 Bravais 격자는 7개의 결정계에서 비롯되므로, 함께 살펴보면 다음과 같다. 가장 대칭적인 결정계인 입방정계부터 살펴보자. 이 결정계에서는 각 변/축의 길이가 동일하다. 즉, $a = b = c$이다. 또한 변은 서로 수직이다($\alpha = \beta = \gamma = 90^\circ$). (이 파라미터들은 그림 3.4에 나와 있다.) 입방정계에 포함되는 결정 구조의 종류는 단순형, 면심형, 체심형이 있다. 다음으로, 능면체정(삼방정계)도 입방정계처럼 모든 변의 길이가 같지만, 측면이 정확히 수직이 아니다. 단순 구조만 존재한다. 정방정계에서는 세 변 중 두 변의 길이가 같다. 즉 $a = c$이다. 그러나 세 번째 변의 길이는 다르며, 세 변은 서로 수직이다. 정방정계에는 단순 결정 구조와 체심 결정 구조가 포함된다. 육방정계는 세 변의 길이가 같고 세 변 사이의 각도가 120°이다. 그러나 길이가 다른 네 번째 면이 있으며, 다른 세 면과 수직인 면이 있다. 사방정계는 모든 변의 길이가 다르며, 각 변 사이의 각도는 90°이다. 사방정계에는 단순 결정, 기본 중심(저심), 면심, 체심 구조가 포함된다. 다섯 번째로 단사정계에서는 모든 변의 길이가 다르며, 세 변 중 두 변만 서로 수직이다. 단사정계의 결정 구조 유형은 단순 결정과 기본 중심이다. 마지막으로, 삼사정계는 단사정계와 같이 세 변의 길이가 모두 다르며, 세 변 사이의 각도도 모두 다르고 서로 수직인 변도 없다. 삼사정계에는 단순 결정 구조만 포함된다. 7개 결정계를 요약하여 표 3.2에 나타내었다.

표 3.2 7개 결정계

단위 셀	Relative A.L	각도	예시
입방정계	$a = b = c$	$\alpha = \beta = \gamma = 90^\circ$	Na^+Cl^-, Cs^+Cl^-, $Ca^{2+}(F^-)_2$, $Ca^{2+}O^{2-}$
삼방정계	$a = b = c$	$\alpha = \beta = \gamma \neq 90^\circ$	$Ca^{2+}CO_3^{2-}$, $Na^+NO_3^-$
정방정계	$a = b \neq c$	$\alpha = \beta = \gamma = 90^\circ$	$(K^+)_2PtCl_6^{2-}$, $Pb^{2+}WO_4^{2+}$, $NH_4^+Br^-$
육방정계	$a = b \neq c$	$\alpha = \beta = 90^\circ, \gamma = 120^\circ$	AgI, SiC, HgS
사방정계	$a \neq b \neq c$	$\alpha = \beta = \gamma = 90^\circ$	$(K^+)_2SO_4^{2-}$, $K^+NO_3^-$, $Ba^{2+}SO_4^{2-}$, $Ca^{2+}CO_3^{2-}$
단사정계	$a \neq b \neq c$	$\alpha = \beta = 90^\circ, \gamma \neq 90^\circ$	$Ca^{2+}SO_4^{2-}$, $2H_2O$, $K^+ClO_3^-$, $(K^+)_4Fe(CN)_6^{4-}$
삼사정계	$a \neq b \neq c$	$\alpha \neq \beta \neq \gamma \neq 90^\circ$	$Cu^{2+}SO_4^{2-}$, $5H_2O$, $(K^+)_2Cr2O_7^{2-}$

3.2.3 반도체 소자의 결정 구조

반도체는 실리콘 웨이퍼 위에 수많은 단위 공정을 거쳐 제조되고 있으며, 또한 단위 공정이 진행되는 과정에서 다양한 결정 구조의 Si 및 많은 재료들이 사용되기 때문에, 반도체 재료의 결정 구조에 대한 이해가 매우 중요하다. 결정 구조는 결정 안의 원자들의 배열을 의미하며, 결정 구조에 따라 고유한 특성을 가진다. 결정은 단위 셀의 규칙적이고 반복적인 특성으로 이루어져 있으며, 결정은 물리적, 화학적인 방법으로 그 구조를 원하는 방향으로 변경할 수 있다. 바꾸어 말하면, 결정 구조를 파악함으로써 원하는 성질을 갖도록 결정 구조를 변형 또는 조작할 수 있다.

결정 구조의 규칙성에 따라 고체를 단결정(single crystal), 다결정(poly-crystal), 비정질(amorphous)로 구분한다. 단결정은 원자의 배열이 모든 영역에서 규칙성을 띠는 고체이며, 다결정은 비정질과 단결정의 중간 형태, 즉 부분적으로 규칙성을 띄는 고체, 비정질은 원자의 배열에 일관된 규칙성이 없는 고체이다. 반도체 제조 공정에서는 비정질, 단결정, 다결정 Si이 모두 나타날 수 있다.

단결정이란 주기적으로 배열된 원자 구조를 갖는 고체를 말한다. 단결정이 아닌 물질도 주기적 원자 배열을 부분적으로 가질 수 있지만 이 주기적 배열을 갖는 영역이 무척 작다. 일반 물질을 녹는점 이상의 온도로 가열하여 녹인 다음 자연 냉각을 할 경우 원자들은 수백 nm 이상의 주기적 배열을 갖기 어렵다. 물질 내 주기적 배열을 갖는 영역을 grain이라고 하고 grain boundary는 결정 구조 내 결함으로 간주된다. 이 grain boundary는 물질의 전기전도도, 열전도도를 떨어뜨릴 뿐만 아니라 강도에도 영향을 주고 부식을 가속시키는 등 물성에 악영향을 미친다.

표 3.3 결정 구조에 따른 반도체 소자 및 집적회로에 사용되는 고체

구분	종류	전기전도성	응용 예
단결정	실리콘(Si)	반도체	고성능 전자 소자와 집적회로, 수광/광검출 소자, 이미지 센서 등
	게르마늄(Ge)	반도체	고성능 전자 소자와 집적회로, 수광/광검출 소자, 이미지 센서 등
	갈륨비소(GaAs), 알루미늄비소(AlAs), 인듐인(InP), 인듐비소(InAs), 갈륨인(GaP), 질화갈륨(GaN), 질화알루미늄(AlN)	반도체	초고속/초고주파 전자 소자, 발광/수광 소자
	알루미늄갈륨비소(AlGaAs), 인듐갈륨비소(InGaAs), 인듐갈륨비소인(InGaAsP), 알루미늄질화갈륨(AlGaN)	반도체	이종 접합을 이용한 초고주파 전자 소자, 발광/수광 소자
다결정	Poly-Si	반도체	태양전지, 디스플레이용 트랜지스터, MOSFET의 게이트 등
비정질	a-Si	반도체	태양전지, 대면적 디스플레이용 트랜지스터
	비정질 산화물 반도체 (AOS; Amorphous Oxide Semiconductor)	반도체	대면적 투명 디스플레이용 트랜지스터
	산화규소(SiO2)	부도체	반도체 소자와 집적회로의 절연막
	질화규소(Si3N4)	부도체	반도체 소자와 집적회로의 절연막
	알루미나(Al2O3)	부도체	반도체 소자와 집적회로의 절연막

3.3 반도체의 물리적 특성

반도체는 도체와 부도체의 중간 정도 되는 전기 전도도(전기가 흐르는 정도)를 갖는 물질이다. 금·은·동·철과 같이 전기가 잘 통하는 금속을 도체(conductor)라 하고, 유리·고무·플라스틱처럼 전기가 통하지 않는 물질은 부도체라고 하며, 절연체(insulator)라고도 한다. 반도체의 주원료는 실리콘(규소)이며, 실리콘은 보통 모래에서 추출한다. 실리콘은 원래 전기가 통하지 않는 부도체이나, 여기에 열이나 빛을 가하거나 인(P), 비소(As), 붕소(B), 갈륨(Ga) 같은 특정 불순물을 주입하면 도체처럼 전기가 흐르게 된다. 반도체는 원소 주기율표(그림 3.10)의 4족에 위치한 원소 반도체(Si, Ge)와 두 개 이상의 서로 다른 그룹에 속한 화학 원소로 구성된 화합물 반도체로 분류된다(표 3.4). 반도체, 도체, 부도체의 전기 전도도를 비교하면 표 3.5와 같다.

표 3.4 반도체의 분류

<table>
<tr><th colspan="8">반도체</th></tr>
<tr><th colspan="4">화합물 반도체</th><th colspan="4">원소 반도체
3족: B, Al, Ga, In
4족: Si, Ge
5족: P, As, Sb</th></tr>
<tr><th>3-5족</th><th>2-6족</th><th>4-4족</th><th>합금 반도체</th><th>진성반도체</th><th colspan="3">외인성 반도체</th></tr>
<tr><td>GaN
GaP
GaAs
GaSb
InP
InAs
InSb
AlN
AlP
AlAs
AlSb
$Ga_{1-x}Al_x$
As</td><td>ZnO
ZnS
ZnSe
ZnTe
CdS
CdSe
CdTe
$Hg_{1-x}Cd_x$
Te</td><td>SiC
SiGe</td><td>GaAsP
$AlxGa_{1-x}As$
$AlxGa_{1-x}As_ySb_{1-y}$
InGaAsP</td><td></td><td colspan="2">n형</td><td>p형</td></tr>
</table>

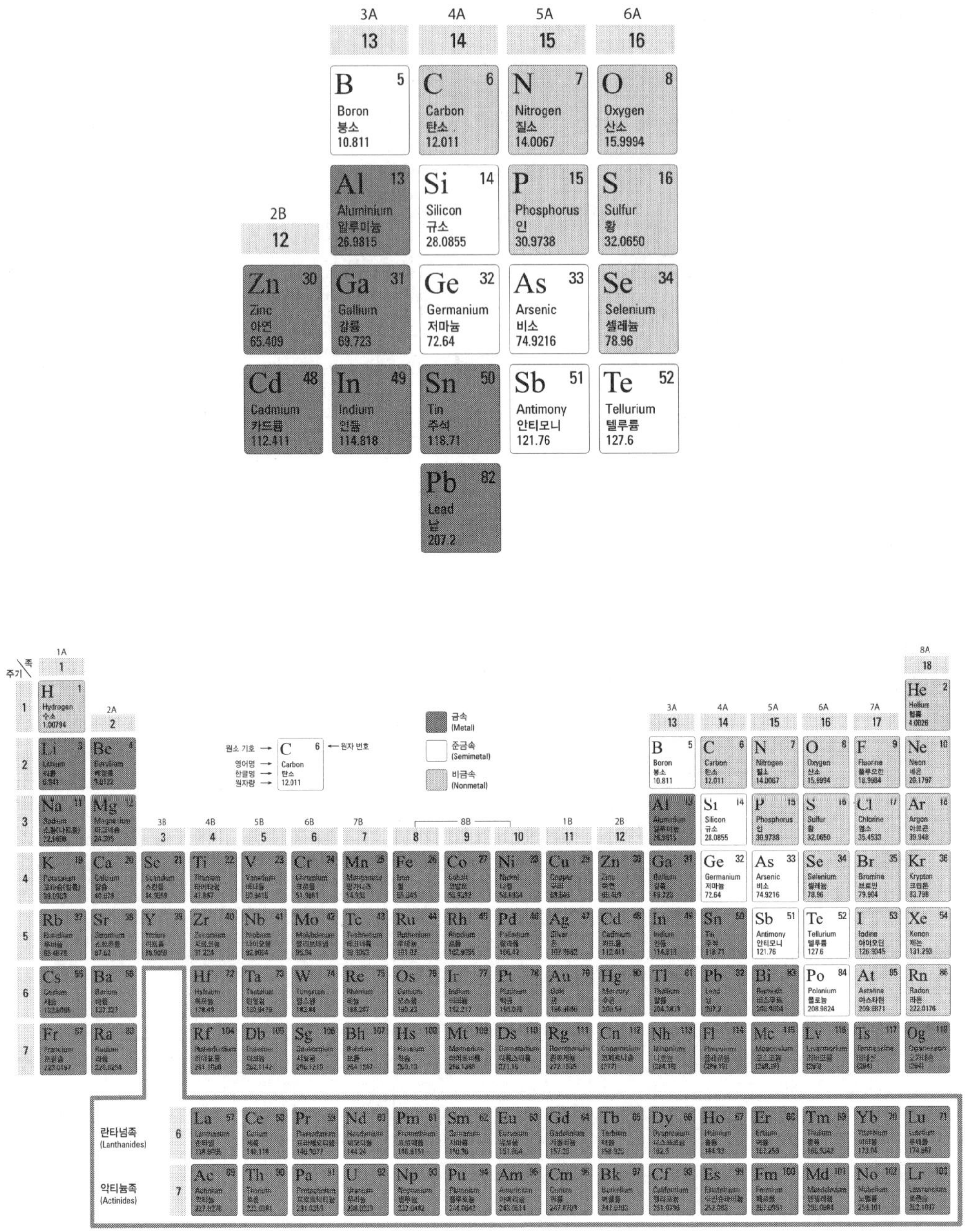

그림 3.10 원소 주기율표의 반도체

표 3.5 대표적인 도체, 반도체, 부도체의 전기 전도도

	물질	전도도(S/m)
도체(금속)	은	6.8×10^{7}
	반도체	6.0×10^{7}
	부도체(세라믹)	1.0×10^{7}
반도체	규소	4×10^{-4}
	저마늄	2×10^{0}
	GaAs	10^{-6}
부도체(세라믹)	소다-라임 유리	10^{-10}
	콘크리트	10^{-9}
	산화 알루미늄	10^{-13}
부도체(고분자)	폴리스타이렌	$< 10^{-14}$
	폴리에틸렌	$10^{-15} \sim 10^{-17}$

에너지 밴드 구조는 고체 물질의 전기적 성질을 결정하는 핵심적인 물리적 설명이다. 금속과 같은 도체는 원자가띠(valence band)와 전도띠(conduction band)가 서로 겹쳐 있거나 전도띠가 부분적으로 채워져 있어, 미세한 열적 요동만으로도 전자가 더 높은 에너지 상태로 자유롭게 이동할 수 있다. 이와 달리 부도체와 반도체는 전자가 존재할 수 없는 영역인 밴드 갭(band gap)에 의해 두 밴드가 서로 격리되어 있다. 부도체는 이 밴드 갭이 매우 넓어 상온에서 전자가 전도대로 전이되기 어려우나, 반도체는 상대적으로 좁은 밴드 갭을 가지고 있어 열이나 빛 등의 에너지를 통해 전도성을 조절할 수 있는 특징을 지닌다.

순수한 실리콘(Si)과 같은 고유 반도체의 경우, 온도가 상승함에 따라 전도도(σ)가 지수함수적으로 증가하는 특성을 보이는데 이는 온도 상승 시 저항이 증가하는 금속과는 상반되는 현상이다. 반도체 물질의 특성은 고유의 에너지 갭에 따라 달라지며, 300 K 기준 실리콘은 약 1.11 eV, 저마늄(Ge)은 0.67 eV, 인듐인(InP)은 1.35 eV 정도의 밴드 갭 에너지를 갖는다. 또한 갈륨비소(GaAs)나 질화갈륨(GaN)과 같은 화합물 반도체는 격자 상수(lattice constant)와 에너지 갭의 상관관계에 따라 직접 천이형(direct gap) 혹은 간접 천이형(indirect gap) 구조를 가지며, 이는 소자의 광학적 효율과 동작 속도에 결정적인 영향을 미친다.

반도체의 전기적 특성을 인위적으로 제어하기 위해서는 순수한 결정 격자에 특정 불

순물을 첨가하는 도핑 공정이 필수적이다. n형 반도체는 4족 원소인 실리콘에 인(P), 비소(As), 안티모니(Sb)와 같은 5족 원소를 주입하여 형성한다. 이때 5족 원소는 전도띠에 여분의 전자를 제공하므로 도너(donor) 이온이라 불리며, 전자가 주요 전하 운반자가 된다. 반면 p형 반도체는 붕소(B)나 인듐(In) 등 3족 원소인 어셉터(acceptor) 이온을 주입하여 전자 대신 정공(hole)이 주요 전하 운반자가 되도록 만든 구조이다. 전하 운반자의 이동 방향과 관련하여 전자의 흐름은 전류의 방향과 반대이나, 정공의 흐름은 전류의 방향과 일치하는 물리적 특성을 나타낸다.

이러한 p형 반도체와 n형 반도체의 물리적 경계면인 pn 접합(pn Junction)은 현대 전자 공학의 기초가 되는 정류 작용을 수행한다. pn 접합은 외부 전압의 방향에 따라 전류를 선택적으로 흐르게 하거나 차단할 수 있는 특성을 가지며, 이는 다이오드의 핵심 원리가 된다. 더 나아가 트랜지스터나 사이리스터와 같은 고차원적인 반도체 소자들은 이러한 pn 접합을 복합적으로 조합하여 설계되며, 이를 통해 신호 증폭 및 스위칭과 같은 정밀한 논리 연산이 가능해진다.

3.4 결정 성장

결정 시료를 확보한다는 것은 물리학자로서는 그 물질의 순수한 원천적 성질을 조사할 수 있다는 것이다. 결정에 따라 투명한 결정의 경우는 탁월한 광학적 특성을 이용하여 광학적 특성을 연구하는 데 사용될 것이고 물질에 따라 반도체, 자성체, 금속, 초전도체 등 다양한 형태의 단결정으로 성장될 수 있다. 단결정은 전체가 하나의 결정립으로 이루어진 재료이다. 실리콘 단결정을 성장시키는 방법으로는 용융상 성장법(melt growth method)이 가장 많이 사용되며, 그 외로는 용액 성장법(solution growth method), 기상 성장법(vapor growth method), 고상 성장법(solid growth method) 등이 사용된다. 용융상 성장법은 쵸크랄스키법(Czochralski method, CZ법), 브리지만법(Bridgman method), 부유대 용융법(floating zone method) 등으로 분류한다.

CZ법은 종자(seed, 시드)를 실리콘 용융상(용융된 실리콘)에 담근 후 천천히 회전시키면서 끌어당겨 실리콘 단결정을 성장시키는 방법이다. CZ법은 고액 계면 근처에 자유표면이 존재하고 있어서 유동이 발생하며, 응고가 진행되는 중앙 상단부가 온도가 가장 낮아서 자연 대류도 생겨나기 때문에 실리콘 용융상 내에서 유동이 크게 나타난다.

3.4.1 쵸크랄스키 결정 성장법

CZ법은 반도체(실리콘, 저마늄, 질화갈륨 등), 금속(팔라듐, 백금, 은, 금 등), 소금, 합성 보석 등의 단결정을 얻는 데 사용되는 결정 성장 방법이다. CZ 반도체 단결정 제조 방법은, 도가니에 수용된 반도체 원료 물질과 도펀트 물질의 용융액에 종자 결정(seed crystal)을 담근 후 종자 결정을 회전시키면서 상부로 서서히 인상시켜 반도체 단결정을 성장시키는 방법이다.

CZ법은 1915년 장 초크랄스키(Jan Czochralski)가 납(Pb)의 표면 장력을 측정하기 위해 고안한 장치에서 시작되었으므로, 그 이름을 붙였다. 그는 실수로 펜을 용융 주석에 담갔는데, 이를 통해 얻어진 주석 필라멘트가 단결정이 됨을 우연히 발견하게 되었다. 이후 약 150년 뒤에 이르러 산화물 결정, 그리고 반도체 Si 단결정의 성장, 제조 가능한 기술로 발전하였다. CZ법의 장점은 첫째, 육성 결정이 도가니에 직접 접하지 않기 때문에 도가니에 의한 반응, 수축 응력 등의 제약이 적고, 둘째, 임의 결정 방위로 단결정을 육성할 수 있으며, 셋째, 대형 단결정이 재현성 있게 얻어지며, 넷째, 육성 중에 상태 관측이 가능하므로, 금속이나 산화물 결정을 얻는 데 최적의 방법 중 하나이다.

쵸크랄스키 결정 성장의 약점은 사용하는 도가니의 녹는점에 따라 그 이상 온도의 녹는점을 갖는 물질은 결정 성장이 불가하다는 것이다. 또한 결정 전체의 균질성을 확보하기 위해서는 congruent 방법에 의해 결정 성장을 하여야 하는 부분도 이 방법에 의한 결정 성장의 어려움 중의 하나이다. 단결정 성장 시 중요한 요소로는 결정 인상 속도와 결정 회전 속도의 두 가지가 있지만, 이것들은 독립변수가 아니고 결정 성장로 내의 온도 분포와 밀접하게 연관되어 있다. 그리고 이들 세 가지 요소에 더하여 육성 결정의 크기, 도가니의 형상 및 지름, 도가니 내 용융액의 깊이, 결정의 융점, 용융액의 점성, 인상 결정의 방위, 결정 육성 시의 온도 제어 등 여러 요소가 서로 복잡하게 작용하기 때문에 단결정 육성은 전문가의 경험적 기술에 크게 의존한다.

CZ법의 가장 중요한 용도는 전자 산업에서 집적회로와 같은 반도체 장치를 제조하는 데 사용되는 단결정 실리콘의 큰 원통형 잉곳(ingot) 및 부울(boule)의 성장이다. 갈륨비소(gallium arsenide)와 같은 다른 반도체도 CZ법으로 성장할 수 있지만, 이 경우 브리지만-스톡버거(Bridgman-Stockbarger) 방법의 변형을 사용하여 더 낮은 결함 밀도(defect density)를 얻는다.

CZ법으로 성장시킨 단결정 실리콘(mono-Si)을 종종 단결정 초크랄스키 실리콘(Cz-Si)이라고 한다. 이것은 컴퓨터, 텔레비전, 휴대 전화 및 모든 종류의 전자 및 반도체 장치에서 사용되는 집적회로 제조의 기본 재료이다. 단결정 실리콘은 기존의 모노 실리콘 태양

전지 제조를 위해, 태양광 발전 산업에서도 대량으로 사용되고 있다. 거의 완벽한 결정 구조는 실리콘의 빛에서 전기로의 변환 효율을 가장 높인다.

고순도 반도체 등급 실리콘(불순물은 불과 수 ppm)은 일반적으로 석영 도가니에서 1,425℃(2,597°F; 1,698 K)에서 용해된다. 붕소 및 인과 같은 도펀트 불순물 원자를 정확한 양으로 용융 실리콘에 첨가하여 실리콘을 도핑하여, 전자 특성이 다른 p형 또는 n형 실리콘으로 변환한다. 정확하게 배향된 막대에 부착된 종자 결정이 용융 실리콘(molten silicon)에 침지(dip)된다. 종자 결정의 막대를 천천히 끌어올리고 동시에 회전시키며, 온도구배(temperature gradient), 인상 속도(rate of pulling) 및 회전 속도(speed of rotation)를 정확하게 제어하여 용융물에서 큰 단결정 원통형 잉곳을 꺼낼 수 있다. 결정 성장 과정에서 온도 분포(temperature field)와 속도 분포(velocity field)를 조사하고 시각화함으로써 용융물의 원치 않는 불안정성의 발생을 피한다. 일반적으로, 석영(quartz)과 같은 불활성 챔버 내의 아르곤과 같은 불활성 환경에서 결정 성장 공정이 이루어진다.

규모의 효율성을 위해 반도체 산업에서는 표준화된 치수 또는 공통 사양의 웨이퍼를 사용하는 경우가 많다. 초기 부울은 작았고 폭은 몇 센티미터였지만, 첨단 기술로 인해 하이엔드 디바이스 제조업체들은 200 mm 및 300 mm 지름의 웨이퍼를 사용한다. 폭은 온도, 회전 속도 및 시드 홀더가 인출되는 속도를 정확하게 제어한다. 웨이퍼를 잘라내는 결정의 잉곳은 길이 2 m, 무게 수백 kg이다. 웨이퍼가 커지면 각 웨이퍼에서 더 많은 칩을 더 낮은 상대 손실로 생산할 수 있으므로 제조 효율이 향상된다. 보고서[1]에 의하면, 450 mm는 2018년에 도입 예상했다. 실리콘 웨이퍼는 일반적으로 두께가 약 0.2~ 0.75 mm이며 집적회로를 만들기 위해 매우 평평해질 때까지 연마하거나 태양전지를 만들기 위해 텍스처(texture)한다.

CZ 공정은 챔버가 약 1500℃로 가열되고 실리콘이 녹을 때 시작된다. 실리콘이 완전히 용융되면 회전 샤프트의 가장자리에 부착된 작은 종자 결정이 용융 실리콘의 표면 바로 아래로 가라앉을 때까지 천천히 내려간다. 샤프트(shaft)는 반시계 방향으로 회전하고 도가니는 시계 방향으로 회전한다. 그런 다음 회전하는 막대를 매우 천천히 당긴다. 루비 결정을 만들 때는 약 25 mm/hr의 속도이다. 이것은 거의 원통형 부울을 형성한다. 부울은 도가니 내의 실리콘의 양에 따라 1~2 m이다. 실리콘의 전기적 특성은 실리콘을 녹이기 전에 인(P)과 붕소(B)와 같은 물질을 실리콘에 첨가함으로써 제어한다. 추가된 재료를 도펀트(dopant)라고 하고, 그 공정을 도핑(doping)이라고 한다. 이것은 갈륨비소(gallium ar-

1) Electronics-weekly.com. December 30, 2013. Retrieved on 2014-01-09.

senide), 실리콘(silicon) 이외의 반도체 재료에도 사용된다.

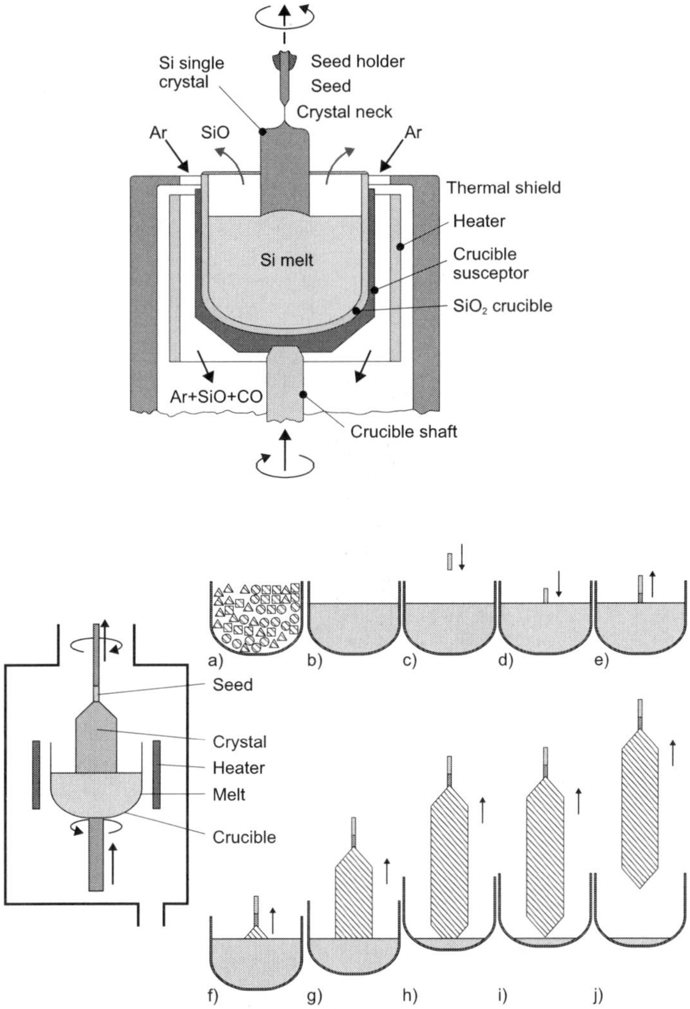

그림 3.11 초크랄스키(Czochralski)법에 의한 실리콘 결정 성장의 원리 개략도(왼쪽)와 Si 결정 성장을 위한 Cz 공정의 여러 단계(a–j) 그림. 다결정 공급 원료(a)가 도가니에서 녹는다(b). (c, d) 파종 절차: 종 결정을 용융물에 담근 후 Dash Necking(e), Shouldering(f), 원통형 성장(g), End Cone 성장(h), Lift Off(i), 냉각 및 결정 제거(j).[2)]

CZ 법은 광범위한 전자 및 광학 재료의 벌크 단결정 생산에 가장 중요한 방법이다(그림 3.12). 공정 초기에 원료를 원통 모양의 도가니에 넣고 저항 또는 고주파 히터로 녹인다. 공급 재료가 완전히 용융된 후 지름이 일반적으로 수 mm인 종자 결정이 위에서 자

2) Czochralski silicon crystal growth is a photograph by Science Photo Library which was uploaded on March 4th, 2014. https://www.sciencedirect.com/topics/chemistry/czochralski-process

유 용융 표면으로 침지되고 침지된 종자의 작은 부분이 용융된다. 용융 메니스커스는 시드와 용융 사이의 접촉 계면에 형성된다. 그런 다음 시드가 용융물에서 천천히 제거되고(종종 회전 중) 용융물은 새로운 결정 부분을 형성하여 경계면에서 결정화된다. 추가 성장 과정에서 결정의 모양, 특히 지름은 가열력, 인상 속도 및 결정의 회전 속도를 신중하게 조정하여 제어된다. 일반적으로 자동 지름 제어가 적용된다. 이 지름 제어는 메니스커스 모양(예: 실리콘)의 제어 또는 결정(예: GaAs, InP) 또는 용융물(예: 산화물)의 계량을 기반한다.

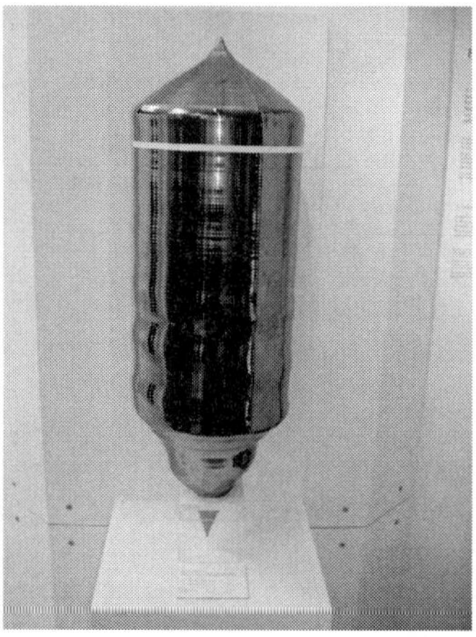

그림 3.12 CZ 방법으로 성장한 실리콘 결정(Massimiliano Lincetto, CC BY-SA 4.0, Wikimedia Commons)

결정 품질 측면에서 가장 지배적인 역할 중 하나인 고체-액체 계면의 모양을 포함하여 용융물에서 대류 열 및 종 이동을 제어하기 위해 결정과 도가니 회전의 적절한 조합이 공정 중에 사용된다. CZ 방법의 가장 중요한 기술 적용은 산업 생산에서 지름이 최대 300 mm이고 무게가 최대 300 kg인 자유 실리콘 결정인 전위의 성장이다. 지름이 450 mm이고 무게가 300 kg을 초과하는 실리콘 결정의 생산도 이미 시연되었다. 또한 석류석(garnet), 니오브산염(niobate), 탄탈럼산염(tantalate), 규산염(silicate), 바나산염(vanadate), 알루미네이트(aluminate), 저마네이트(germanate)와 같이 기술적으로 중요한 몇 가지 산화물 및 플루오린 결정체 역시 CZ 방법으로 성장된다.

용융물에서 열전달과 물질 전달은 (1) 결정 특성, (2) 고체-액체 계면의 모양, (3) 미시적 및 거시적 규모에서 도펀트의 균일성, (4) Crystal에서 생성된 열응력에 매우 강한 영향을 미친다. 결정이 성장하는 동안에, 고정 또는 시간 종속 전자기장(electromagnetic field)을 사용하면 전기 전도성 용융물(예: 반도체)의 흐름을 제어할 수 있다. 로렌츠 힘

(Lorentz force)은 자기장 구성(magnetic field configuration)에 따라 용융물에서 생성되며 흐름의 감쇠 또는 특정 흐름 패턴의 자극으로 이어진다. 오늘날 자기장은 지름이 300 mm인 실리콘 결정의 산업 생산에서 매우 일반적이다(MCz, 그림 3.13).

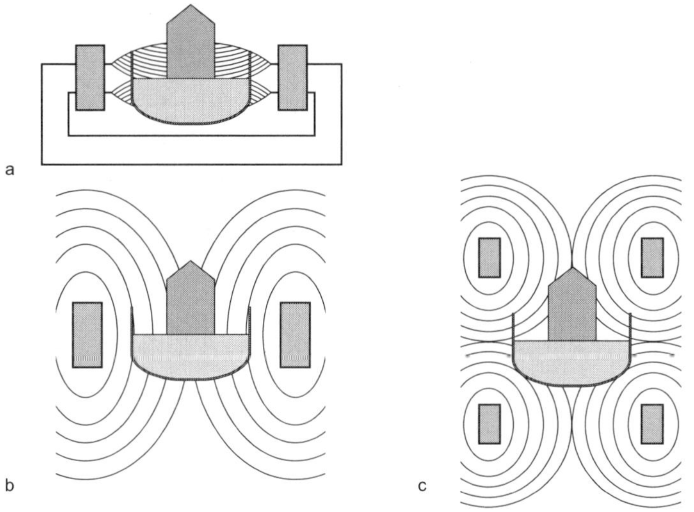

그림 3.13 MCz 방법에서 자기장에 대한 일반적인 구성의 예. (a) 횡단; (b) 축 방향; (c) 교두. 회색 영역은 자기 코일 섹션이고 곡선은 자기장 선을 나타낸다.

성장된 결정에서 도펀트 분포의 축 방향 균일성을 향상하기 위해, 소스로부터 응고된 부분을 공급함으로써 용융 부피가 일정하게 유지되는 방식으로 결정을 성장시킬 수 있다. 이러한 공급원은 용융물에 피드를 지속적으로 공급하거나(연속 초크랄스키 방법(CCZ)) 더 큰 외부 도가니에 구멍이 있는 내부 도가니를 배치하여(이중 도가니 초크랄스키 기술) 실현할 수 있다. 이러한 방법의 실현 가능성이 입증되었지만, 전자 실리콘 생산에 사용하는 것은 높은 수율을 방해하는 기술적 및 물질적 문제로 인해 제한적이다. 그러나 태양광 실리콘의 성장과 소위 '다중 풀링(multiple pulling)'기술에 관심이 있다(그림 3.14). 다중 풀링 CZ 방법에서 도가니는 성장 공정 후 용융 온도로 유지되고 성장된 결정을 제거한 후 다시 실리콘으로 채워진다. 이 방법의 장점은 도가니를 여러 번 사용하여 비용을 절감하고 냉각 및 가열 시간을 절약하는 것이다.

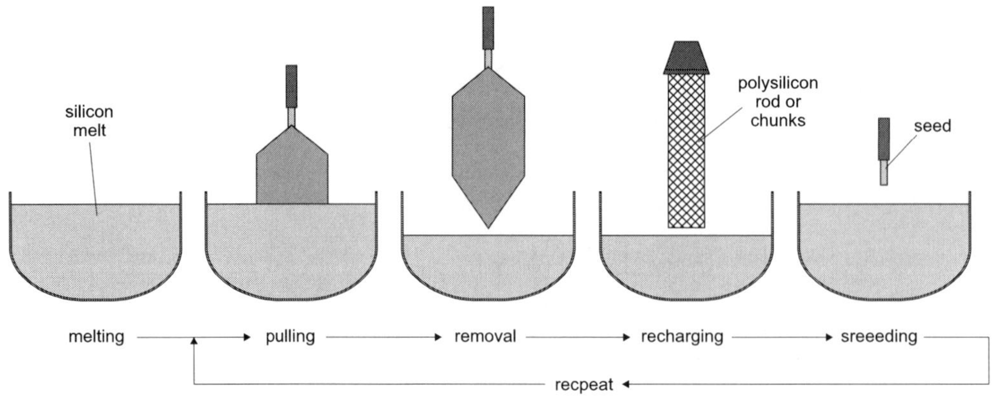

그림 3.14 성장 실행 사이에 도가니를 냉각하지 않고 재충전하여 도가니를 반복적으로 사용하는 CZ 공정의 스케치

먼저 다결정 실리콘은 도펀트와 함께 용융되어 올바른 전자 특성을 가진 반도체 재료를 생성한다. 여기에 막대의 종자 결정이 추가되어 결정 성장을 유발한다. 이후 로드는 회전하고 천천히 인출되어 큰 단결정 잉곳을 형성한다. 마이크로칩에 사용되는 실리콘은 구조와 순도를 위해 정밀하게 설계되어야 한다. 이 잉곳에서 원형 웨이퍼가 가공된다.

오늘날의 마이크로일렉트로닉스에서 가장 중요한 결정 성장 과정이며 산업, 과학 및 사회의 급속한 디지털 변혁의 기반이 되었다. 현대 마이크로일렉트로닉스의 점점 더 엄격한 요구 사항은 이전보다 높은 집적 밀도와 구조 폭의 지속적인 축소라고 특징지을 수 있지만, 비용 압력은 동일하게 유지된다. 결정 결함의 종류와 분포를 구체적으로 조정함으로써, 결과적인 생산성 향상과 재료 품질 향상을 동시에 실현할 필요가 있다. 이러한 조건은 공정 전반에 걸쳐 정확하게 조정 및 제어되어야 하며, 풀러, 제어 및 피드백 제어 시스템에 가장 높은 요구가 부과된다. 용융액의 대류, 공정 챔버의 가스 흐름, 응고 전선 및 냉각 결정의 온도구배에 영향을 미칠 가능성은 시스템 제조업체에 어려움을 겪는다. 최근 미국 PVA Crystal Growing Systems GmbH 회사는 (1) 정밀도, (2) 견고성, (3) 안전, (4) 고객별 요구 사항, (5) 지원 및 서비스 등을 이루기 위하여, PVA Crystal Growing Systems 전문가와 직접 연락하여 시스템 적응 및 최적화하고 있다. 또한 자체 개발 실험실을 운영하면서 연구 기관과 긴밀하게 협력하여 시스템 및 프로세스 개발에 대한 최신 주제에 착수 및 적용하고 테스트하여 초크랄스키 기술 개발에 적용하고 있다.

성장할 재료가 융점에서 하나 이상의 구성 요소의 높은 분압을 갖는 경우 액체 캡슐화 Czochralski 방법(liquid encapsulated Czochralski method, LEC)이라고 하는 수정된 CZ 설정을 사용할 수 있다(그림 3.15). LEC 설정에서 액체, 일반적으로 산화붕소는 용융물을 캡슐화하기 위해 용융물 표면의 상단에 배치된다. 이 액체층은 성장 챔버의 압력이 구성 요소의 분압을 초과하는 경우 용융물에서 증발하여 휘발성 구성 요소가 손실되는 것을 방지한다. 이 경우 성장 챔버의 관성 가스 압력은 휘발성 성분의 분압을 초과해야 한다. 오늘날 LEC 기술은 화합물 반도체인 GaAs, GaP, InP 및 PbSe, PbTe에 가장 널리 사용되는 성장 방법이다. 예를 들어, GaAs 결정은 지름 150 mm로 산업적으로 생산되며 지름 200 mm의 GaAs 결정의 LEC 성장은 이미 입증되었다.

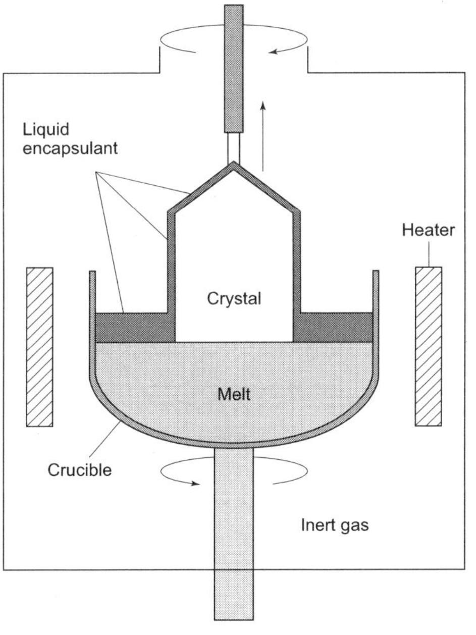

그림 3.15 LEC 방법 원리의 개략도

액체 캡슐화제의 낮은 열전도율은 성장하는 결정에서 큰 온도 구배와 큰 온도 비선형성을 유발한다. 이는 다른 성장 기술에 비해 상대적으로 많은 수의 구조적 결함(많은 전위)이 결정에 생성되기 때문에 결정 품질면에서 불리하다. Cz/LEC 방법의 고온 구배는 뜨거운 벽이 있는 추가 내부 성장 챔버를 설치하여 줄일 수 있다. 이 내부 성장 챔버에서는 결정의 분해를 방지하기 위해 추가 공급원에 의해 증기압이 생성된다(소위 증기 제어 초크랄스키 기법(VCz)). VCz 방법은 다소 복잡한 기술이지만 결함 밀도가 감소된 GaAs, InP 및 BGO 결정을 R&D뿐만 아니라 산업 생산에서도 성공적으로 성장시키는 데 성공적으로 사용된다(그림 3.16). 오늘날 자기장은 LEC 및 VCz 방법으로 InP 결정을 성장시키는 것뿐만 아니라 지름 300 mm의 실리콘 결정을 산업적으로 생산하는 데 사용된다.

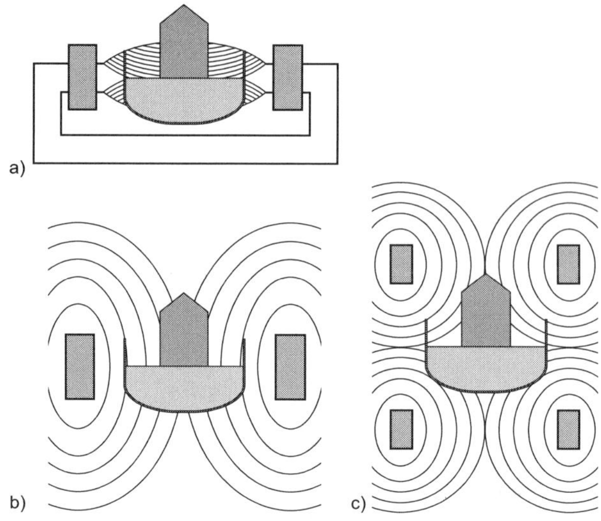

그림 3.16 VCz 방법에서 자기장에 대한 일반적인 구성의 예. (a) 횡단; (b) 축 방향; 및 (c) 교두. 회색 영역은 자기 코일 섹션이고 곡선은 자기장 선을 나타낸다.

3.4.2 키로풀러스법

키로풀러스(Kyropulous) 방법은 Cz 방법과 그 설정이 유사하다. 그러나 씨앗을 용융물에 담근 후 용융물에서 결정을 끌어당기는 것이 아니라, 가열력의 지속적인 감소에 의해 용융물로 성장한다. 이 방법은 광학 부품용 알칼리 할로젠화물 결정(NaCl, KBr)과 섬광체용 알칼리 아이오딘화물(NaI, CsI)을 생산하는 데 널리 사용된다. 치수가 500 mm를 초과하는 결정의 성장도 달성되었다. 다만 한 가지, 종자 파손 문제가 실제 현장에서 주요하게 언급된다. 이러한 이유로 시드 및 도가니의 회전은 일반적으로 사용되지 않는다.

3.4.3 브리지만법

브리지만(Bridgman) 방법(Bridgman-Stockbarger 방법이라고도 함)은 결정 성장에 사용되는 가장 오래된 기술 중 하나이다. Bridgman-Stockbarger 기술은 하버드대학의 물리학자 퍼시 윌리암스 브리지만(Percy Williams Bridgman)과 MIT의 물리학자 도날드 C. 스톡크바이거(Donald C. Stockbarger)의 이름을 따서 명명되었다. CZ 법과 유사하게 브리지만법 역시 용융물의 결정 성장을 이용한다. 브리지만법은 CZ 공정으로 얻기가 어려운 비소화갈륨과 같은 특정 반도체 결정을 생산하는 일반적인 방법이다. 이 공정은 단결정 잉곳을 안정적으로 생산할 수 있지만, 반드시 균일한 특성의 결정을 얻을 수 있는 것은 아니다.

애초에 초기 브리지만법과 스톡크바이거법은 약간의 차이점이 있다. 초기 브리지만법에서는 용융된 재료를 포함하는 도가니가 용광로의 온도 구배 축을 따라 이동하는 반면 스톡크바이거법에서는 고온 영역, 단열 손실 영역 및 저온 영역이 있다. 두 방법 모두 온도 구배와 이동 도가니를 활용하지만, 브리지만법은 용광로 출구에서 생성된 상대적으로 제어되지 않는 구배를 활용하며, 스톡크바이거법은 온도가 어는점보다 높거나 낮은 두 개의 결합된 용광로를 분리하는 배플 또는 선반을 도입한다. 따라서 스톡크바이거법에 기반하여 초기 브리지만법을 개량함으로써 용융물/결정 계면에서 온도 구배를 더 제어할 수 있게 되었다. 이것이 브리지만-스톡크바이거법(이하 브리지만법)이다.

브리지만법은 용기에 들어 있는 다결정 물질을 녹는점 이상으로 가열하고 종자 결정이 있는 한쪽 끝에서 천천히 냉각시키는 과정을 포함한다. 단결정 재료는 용기의 길이를 따라 점진적으로 형성되며, 공정은 수평 또는 수직 기하학에서 수행한다. 이에 따라서 수직형 브리지만법과 수평형 브리지만법으로 나눌 수 있다.

수평형 브리지만법은 휘발 재료의 조성 조절이 용이한 상부가 개방된 도가니 또는 보트에서 조업이 이루어지며 상부 자유표면이 상대적으로 크게 형성되어 있어 자유 표면에서의 열모세관 현상에 의한 유동이 크게 발달하여 결정 성장에 큰 변수로 작용한다.

수직형 브리지만법의 원리는 용광로의 고온 영역에서 저온 영역으로 용융물을 변환할 때의 방향성 응고(directional solidification)이다. 브리지만 용광로(Bridgeman furnace)는 세 가지 온도 영역에서 작동한다. 온도가 실리콘의 녹는점보다 높은 상부 구역, 융점 이하의 온도가 있는 하부 구역과 둘 사이의 단열 구역으로 나뉜다. 먼저 도가니의 다결정 재료는 hot-zone에서 완전히 녹고 도가니 바닥에서 종자(seed)와 접촉한다. 종자의 일부는 용융물과 접촉한 후 다시 녹는다. 이는 결정 성장을 위한 새로운 계면(interface)을 제공한다. 그런 다음 도가니는 용광로의 더 차가운 부분으로 천천히 이동된다. 도가니 바닥의 온도는 응고 온도 아래로 떨어지고 용융-시드 계면의 종자에 의해 결정 성장이 시작된다. 전체 도가니가 저온 구역을 통과한 후 전체 용융물은 고체 단결정 잉곳으로 변환된다. cast의 냉각 공정을 거쳐 정렬된 결정 격자 영역이 생성된다. 일반적으로, 다결정 실리콘(polycrystal silicon)의 60%만이 광전지용 웨이퍼로 처리된다. 나머지는 톱질 및 절단 과정에서 손실된다.

수직형 브리지만 단결정 성장 장치는 단결정의 품질에 큰 영향을 미치는 성장 과정에서 결정의 고체/액체 계면 형상을 조절하기 위해 도가니와 원통형 발열체 사이에 복사 반사경을 구비한다. 반도체 소자를 제조할 때 갈륨비소(GaAs) 웨이퍼를 사용하는데 상기 웨이퍼는 갈륨비소 단결정으로 성장된 잉곳을 얇은 두께로 절단한다. 잉곳은 단결정 시드를 하단부에 구비하고, 갈륨비소 액상을 서서히 냉각시켜서 단결정체가 되도록 제조한다. 수직형 브리지만법은 수평형 브리지만법에 비해 상부 자유 표면이 적고 일반적으로 결정이 도가니 하부에 위치하여 전체적으로 온도 분포가 내부 유동을 억제하는 형태를 띠어 비교적 안정된 결정 성장이 이루어진다. 이러한 안정된 형태의 수직형 브리지만법은 계의 밀폐가 용이하고 온도 분포 조절이 용이하다는 장점 때문에 주로 성분 원소의 증기압이 큰 Ⅲ-Ⅴ족, Ⅱ-Ⅵ족 반도체 단결정 성장에 이용되고 있다. 수직형 브리지만 결정 성장 장치는 상측 발열체(2)와 하측 발열체(4)로 구성된 2영역으로 구분되며, 상측 발열체(2)는 용융점 이상의 고온을 유지하고 하측 발열체(4)는 용융점 이하의 저온을 유지함으로써 수직 방향으로 상부 고온, 하부 저온의 온도 분포를 형성한다. 결정의 성장은 도가니의 이동에 따라 진행되며 결정의 성장 속도는 1~30 mm/hr이다. 상측과 하측 발열체 사이는 균일한 온도 구배의 형성을 목적으로 절연체를 사용한 단열대가 위치하며 결정이 액상에서 결정으로 바뀌는 고체/액체 계면은 주로 이 영역에서 형성된다. 정밀한 온도 조절을 위해서 각각의 발열체는 여러 개의 발열체로 구성되기도 한다. 도가니는 지지대에 의해 지지되며 지지대의 하부는 다시 수직 이동이 가능한 기계적 요소가 연결되어 있다. 결정의 성장은 지지대 하부의 기계적 요소에 의한 도가니의 하강 운동에 의해 진행되며, 하강 속도에 의해 결정의 성장 속도가 조절된다.

결정 성장 과정에서의 고체/액체 계면 형상은 그 영역에서의 온도 분포를 나타내며, 계면의 곡률은 그 영역에서의 반경 방향의 온도 구배에 비례한다. 먼저, 전위 밀도와 고체/액체 계면과의 관계를 보면, 고체/액체 계면 근처에서는 결정의 고유 물성치인 임계 전단 응력값이 최솟값을 가져서 작은 응력으로도 전위의 발생이 용이하고 계면의 곡률은 계면 근처의 방향 온도 구배, 즉 열응력에 비례하므로 동일한 공정을 거쳐 성장된 결정의 경우 고체/액체 계면의 곡률이 클수록 성장된 결정의 전위 밀도가 큰 경향을 보인다.

결정에서 용질의 분포는 계면 선단에서의 액상 유동에 밀접한 관계를 지닌다. 브리지만계에서 전체적으로 유속이 작은 점을 고려할 때 비교적 균일한 조성의 결정을 성장시키기 위해서는 고체/액체 계면 선단에서 유동이 최소화되는 것이 바람직하다. 계면 선단의 유동은 계면 근처의 반경 방향으로의 온도 구배에 비례한다. 따라서 결정의 고체/액체 계면의 곡률이 작을수록 균일한 용질 분포의 결정 성장이 용이하며, 성장된 결정의 전위 밀도, 수율, 용질의 분포에 의한 물성치의 균일성 등에 큰 영향을 미친다.

브리지만 결정 성장법에서의 고체/액체 계면의 형상과 성장된 결정의 품질과의 관계를 간단히 정리하면 다음과 같다. 성장 과정에서 요구되는 계면의 형상은 평판 형태의 계면이 가장 이상적이며, 볼록한 계면의 경우에는 전위 밀도가, 오목한 계면의 경우는 새로운 결정의 발생이, 두 형태 모두 곡률이 상당히 큰 경우는 용질의 불균일한 분포가 문제가 된다. 브리지만 단결정 성장에서 고상으로 오목한 고체/액체 계면의 형상을 평활하거나 볼록 형태로 조절하기 위해서는 계면 측면으로의 열량 방출을 억제하고 고상으로의 열전도량을 증가시켜야 한다.

수평형 브리지만 기술은 D형 잉곳을 성장시키며, 수직형 브리지만 기술은 원형으로 결정을 성장시킨다. 수평으로 성장한 결정이 높은 결정 품질(예: 낮은 전위 밀도)을 가지는 것은 용융물 상단의 자유 표면으로 인해 결정이 더 낮은 응력을 받고 전체 성장 과정에서 자유롭게 확장되기 때문이다. 도가니를 이동하는 대신 도가니를 정지 상태로 유지하면서 가열로(furnace)를 시드 끝에서 변환할 수 있다. 이러한 방식으로 방향성 응고도 가능하다. 추가 수정은 도가니와 용광로를 변환할 필요가 없는 소위 구배 동결 기술(gradient freezing technique)이다.

브리지만법은 실리콘 용융상의 한쪽 끝에서부터 응고가 일어나서 반대쪽으로 진행되며, 도가니와 실리콘 단결정이 접촉된다. 불순물이 도가니로부터 실리콘 단결정으로 혼입될 가능성이 높으며, 또한 고액 계면 주위의 실리콘 용융상이 도가니 벽에 접해 있기 때문에 새로운 결정핵의 발생 가능성도 높다. 부유대 성장법은 실리콘 용융상이 도가니와 접촉하지 않기 때문에 불순물의 혼입이 없고, 따라서 순도가 우수한 실리콘 단결정을 얻을 수 있다. 그러나 큰 지름을 갖는 실리콘 단결정을 얻는 데 어려움이 있으며, 자유 표면에서 존재하는 유동의 구동력 때문에 성장에 따른 결함을 피할 수 없다. 또한 증기압이 높은 재료는 성장시킬 수 없다.

최근에는 반도체 기술이 발전함에 따라 실리콘 단결정의 크기를 300 mm 이상 크게 하여 생산효율을 극대화하는 것이 필요하다. CZ법을 이용하는 경우 실리콘 단결정의 크기를 크게 하기 위해서는 도가니 내의 실리콘 용융상에 실리콘을 계속해서 공급해야 한다. 액체 실리콘 또는 고체 실리콘 덩어리를 직접 실리콘 용융상에 투입한다. 그러나 액체 실리콘을 직접 실리콘 용융상에 투입하면, 실리콘 용융상이 튀어서(splashing) 실리콘 용융상 내부의 유동에 큰 영향을 미치는 문제점이 있다. 고체 실리콘을 직접 실리콘 용융상에 투입하면 고체 실리콘이 액체 실리콘보다 밀도가 낮아서 고체 실리콘은 액체 실리콘 표면에서 표류하게 된다. 이때 용해되지 않고 남아있는 고체 실리콘은 유동으로 실리콘 단결정으로 이동하여 단결정을 깨뜨리게 되는 문제점이 있다. 이러한 문제점을 해결하기 위하여, 자연대류의 영향과 난류의 영향을 최소한으로 줄여 안정한 상태의 용융상으로부터 단결정을 얻을 수 있는 단결정 제조 방법에 관한 연구가 이루어지고 있다.

연습 문제

1 반도체 Si(111)면의 원자 면밀도를 계산하시오.

2 실리콘 Si의 초크랄스키 방법에 의한 단결정 성장 속도는 대략 10 μm/s이다. 성장 속도에 영향을 미치는 인자에 대하여 설명하시오.

3 14개의 Bravais 결정에 대하여 설명하시오.

4 7개의 결정계에 대하여 설명하시오.

5 에너지 밴드 측면에서 반도체의 특성을 설명하시오.

6 용융물의 결정 성장에 대하여 설명하시오.

7 브리지만법과 그 응용을 설명하시오.

Chapter

4

리소그래피 공정

마이크로칩은 실리콘 웨이퍼에 트랜지스터의 복잡한 패턴을 층별로 쌓아서 만들어지는 리소그래피공정으로 제조된다. 리소그래피 공정은 일반적으로 포토리소그래피(photolithography) 공정이라고도 한다. 리소그래피 공정은 텍스트나 이미지를 평평한 돌(또는 준비된 금속판, 일반적으로 아연 또는 알루미늄)에 디자인하고, 화학 반응을 통해 부착하는 평면 인쇄 제작 과정(planographic printmaking process)이다. 리소그래피 시스템은 본질적으로 투영 시스템이다. 빛은 인쇄될 패턴의 청사진(마스크 또는 레티클(reticle)으로 알려짐)을 통해 투사된다. 청사진은 칩(chip)에서 의도한 패턴보다 4배 더 크다. 가장 일반적으로 사용되는 리소그래피 기술은 광학 리소그래피로서, 실리콘 웨이퍼와 같은 기판에 코팅된 감광성 에멀션(포토레지스트)에 이미지를 투사하는 광자 기반 기술이다. 즉, 빛에 인코딩된 패턴(pattern encoded)으로 시스템의 광학 장치가 축소되어 패턴을 감광성 실리콘 웨이퍼(photosensitive silicon wafer)에 집중시킨다. 패턴이 인쇄된 후 시스템은 웨이퍼를 약간 이동하고 웨이퍼에 다른 사본을 만든다. 이 과정은 웨이퍼가 패턴으로 덮일 때까지 반복되어 웨이퍼 칩의 한 층을 완성한다. 전체 마이크로칩을 만들기 위해 이 과정을 100회 이상 반복하며 패턴 위에 패턴을 얹는다. 인쇄할 피처(feature)의 크기는 층(layer)에 따라 다르다. 즉, 가장 작은 피처를 위한 최신 EUV(Extreme Ultraviolet) 리소그래피 시스템에서 가장 큰 피처를 위한 구형 DUV 시스템에 이르기까지 다양한 유형의 리소그래피 시스템이 층별로 사용된다.[1)]

또한, 리소그래피는 특정 치수와 패턴을 가진 재료를 제작하는 데 사용할 수 있는 기술로서, 미세전기기계 시스템(microelectromechanical systems, MEMS) 및 나노전기기계 시스템(nanoelectromechanical systems, NEMS)에서 패턴화된 표면을 생성하는 데 널리 활용되어 왔다. 최근 고분자 기반 나노복합체 제작 응용분야에서는 두 가지 리소그래피 기술이 사용된다.

포토리소그래피

포토리소그래피 기술은 감광성 고분자에 적용된다. 자외선/X선을 조사원으로 사용할 수 있다. 감광성 고분자 전구체는 자외선과 접촉하면 중합된다. 고분자 매트릭스에 존재하는 광 개시제는 중합 반응을 개시한다. 마스크 처리된 영역은 중합 반응을 일으키지 않는다. 따라서 이 기술을 사용하면 단단하게 중합된 영역을 패터닝할 수 있다.

---

1) https://www.asml.com/en/technology

전자빔 리소그래피(EBL)

입사 전자빔은 고분자 매트릭스의 노출된 영역에 충격을 가한다. 충격을 받은 전자빔은 2차 전자를 생성한다. 이 전자는 고분자 골격을 확산시키고 절단하여 패턴화된 표면을 얻는다. EBL을 사용할 때 근접 효과는 나노구조 개발에 중요한 역할을 한다. 나노 복합 재료를 사용하면 근접 효과가 감소하여 표면의 정밀한 패터닝을 제공할 수 있다. 예를 들어, EBL 기법은 세포-나노 환경 상호작용을 조사하기 위해 나노 차원의 정렬된 배열을 제작하는 데 사용된다. 또한, 3D 프린팅을 이용한 마스크 프리(mask-free) 기법 또한 고분자 나노복합체 제작에 활용된다.

4.1 포토리소그래피[2)]

집적회로(IC)의 제조에는 반도체(예: 실리콘) 기판에서 수행되는 다양한 물리적 및 화학적 프로세스가 필요하다. 일반적으로 IC를 만드는 데 사용되는 다양한 공정은 박막 증착, 패터닝 및 반도체 도핑의 세 가지 범주로 나뉜다. 두 도체(예: 폴리실리콘, 알루미늄, 최근에는 구리)와 절연체(다양한 형태의 이산화규소, 질화규소 등)의 필름은 트랜지스터와 그 구성 요소를 연결하고 분리하는 데 사용된다. 실리콘의 다양한 영역을 선택적으로 도핑하면 전압을 가하면 실리콘의 전도도가 변경된다. 이러한 다양한 구성요소의 구조를 생성함으로써 수백만 개의 트랜지스터를 구축하고 함께 배선하여 현대 마이크로 전자 장치의 복잡한 회로를 형성할 수 있다. 이러한 모든 공정의 기본은 리소그래피, 즉 기판에 패턴을 후속적으로 전사하기 위해 기판에 3차원 양각 이미지를 형성하는 것이다. 기존의 포토레지스트는 일반적으로 수지(resin), 증감제(sensitizer) 및 용매(solvent)의 3가지 구성 요소로 구성된다. 포토리소그래피 공정은 사용되는 빛의 종류에 따라 자외선(UV 리소그래피), 극자외선 또는 X선으로 분류할 수 있다. 사용된 빛의 파장은 포토레지스트에 형성될 수 있는 최소 피처 크기(feature size)를 결정한다.

4.1.1 리소그래피 공정 개요

석판화(lithography)라는 단어는 돌을 의미하는 그리스어 lithos와 쓰기를 의미하는 graphia의 합성어이다. 말 그대로 돌에 글씨를 쓴다는 뜻이다. 반도체 리소그래피(포토리소그래피라고도 함)의 경우 돌은 실리콘 웨이퍼이며, 패턴은 포토레지스트라고 하는

2) http://www.lithoguru.com/scientist/lithobasics.html

감광성 폴리머로 작성된다. 트랜지스터를 구성하는 복잡한 구조와 회로의 수백만 개의 트랜지스터를 연결하는 많은 와이어를 만들기 위해 리소그래피 및 식각 패턴 전달 단계를 일반적으로 20~30번 반복하여 하나의 회로를 만든다. 웨이퍼에 인쇄되는 각 패턴은 이전에 형성된 패턴에 정렬되고 천천히 도체, 절연체 및 선택적으로 도핑된 영역이 구축되어 최종 장치를 형성한다.

리소그래피의 중요성은 두 가지로 이해할 수 있다. 첫째, IC 제조에 필요한 많은 리소그래피 단계로 인해 리소그래피는 일반적으로 제조 비용의 약 30%를 차지한다. 둘째, 리소그래피는 피처 크기 축소 및 그에 따른 트랜지스터 속도 및 실리콘 면적의 추가 발전에 대한 기술적 제한인 경향이 있다. 따라서 리소그래피 프로세스를 개발할 때는 비용과 기능 간의 균형을 주의 깊게 이해해야 한다. 리소그래피가 IC 제조 흐름에서 기술적으로 중요하고 어려운 유일한 공정은 아니지만 역사적으로 리소그래피의 발전은 IC 비용 및 성능의 발전을 가져왔다.

광학 리소그래피(optical lithography)는 기본적으로 포토레지스트(photolithography)라고 하는 감광성 폴리머를 노광 및 현상하여 기판에 3차원 양각 이미지를 형성하는 사진 공정이다. 일반적으로 이상적인 포토레지스트 이미지는 레지스트 두께를 관통하는 수직 벽과 함께 기판 평면에서 설계되거나 의도된 패턴의 정확한 모양을 갖는다. 따라서 최종 레지스트 패턴은 바이너리이다. 기판의 일부는 레지스트로 덮이고 다른 부분은 완전히 덮이지 않는다. 이 바이너리 패턴은 레지스트로 덮인 기판 부분이 식각, 이

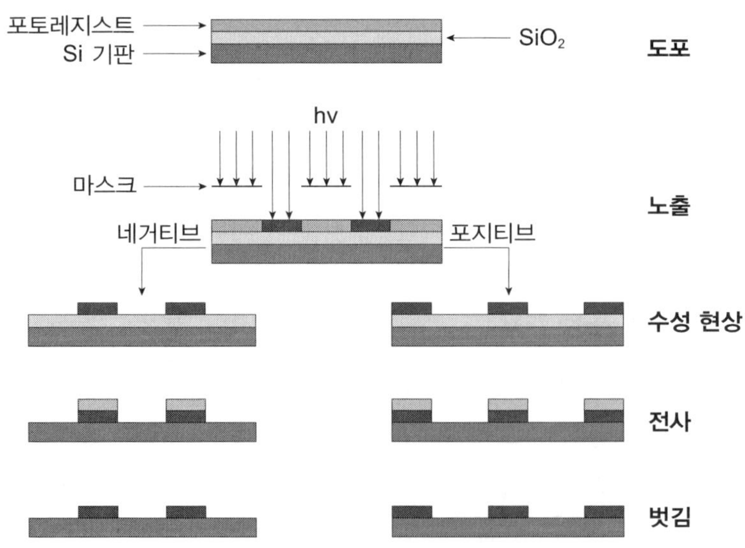

그림 4.1 반도체 마이크로 공정에서의 포토리소그래피 과정의 개략도

온 주입 또는 기타 패턴 전송 메커니즘으로부터 보호되기 때문에 패턴 전송에 필요하다. 그림 4.1은 반도체 마이크로 공정에서의 포토리소그래피 과정을 보여주고 있다.

일반적인 포토리소그래피 공정의 처리 단계의 일반적인 순서는 기판 준비, 포토레지스트 스핀 코팅, 프리베이크, 노광, 노광 후 베이크, 현상 및 포스트 베이크이다. 레지스트 패턴이 기본 레이어로 전사되면 리소그래피 공정의 최종 작업으로 레지스트 스트립(벗김)을 진행한다. 이 순서는 그림 4.2에 도식적으로 표시되어 있으며 일반적으로 리소그래피 클러스터라고 하는 인접 단위로 함께 연결된 여러 도구에서 수행된다. 포토레지스트 처리와 관련된 몇 가지 실제적인 문제를 지적하면서 각 단계에 대한 간략한 논의를 이어갈 것이다. 이러한 주제에 대한 자세한 내용은 다음 장에서 자세히 설명한다. 그림 4.3은 포토레지스트 공정 개념을 간략히 나타낸 것이다.

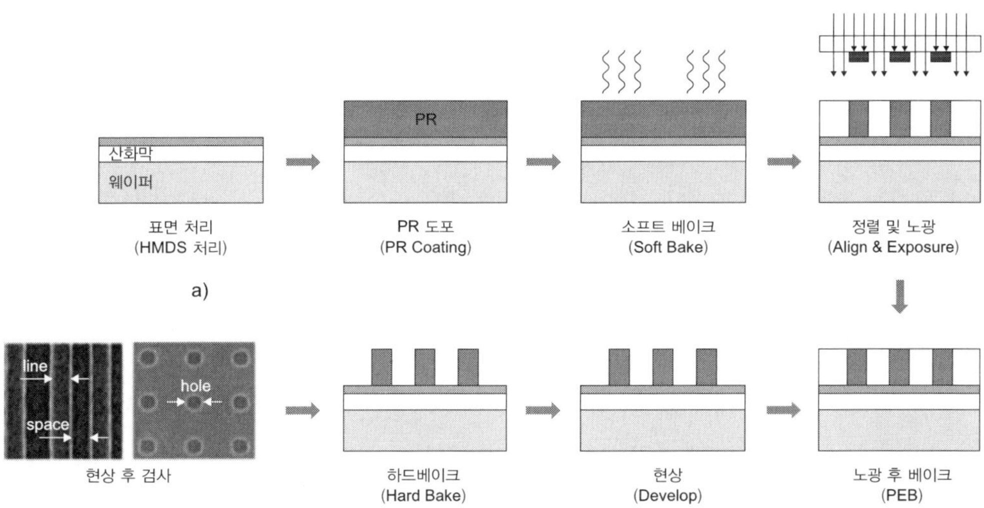

그림 4.2 포토리소그래피 공정 순서의 개략도

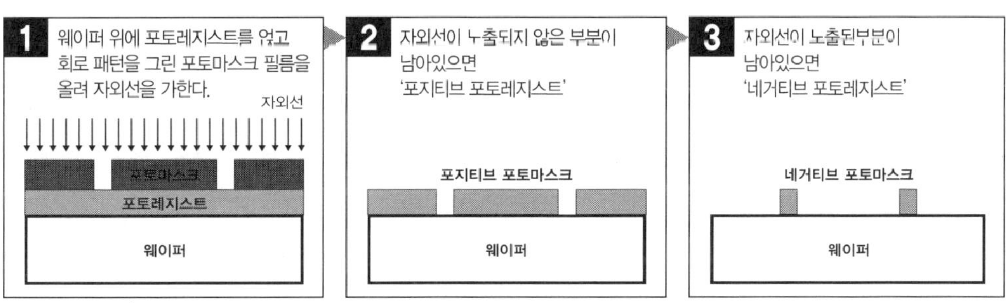

그림 4.3 포토레지스트 공정개념도[3)]

3) https://www.hankyung.com/article/201907054278i

4.1.1.1 기판 준비

웨이퍼 표면에 유기 또는 무기 오염물이 존재하는 경우, 일반적으로 습식 화학 처리, 예를 들어 과산화수소 용액을 사용하는 RCA 세척 공정을 통해 제거한다. 트라이클로로에틸렌, 아세톤 또는 메탄올로 만든 다른 용액도 세척에 사용할 수 있다.

기판 준비(prepare wafer)는 기판에 대한 포토레지스트 재료의 접착력을 향상하게 시키기 위한 것이다. 이것은 오염을 제거하기 위한 기판 세척, 물을 제거하기 위한 탈수 베이킹, 접착 촉진제의 첨가 중 하나 이상의 프로세스에 의해 수행된다. 기질 오염은 미립자 또는 필름의 형태를 취할 수 있으며 유기 또는 무기일 수 있다. 미립자는 최종 레지스트 패턴에 결함을 초래하는 반면, 필름 오염은 접착력을 저하시키고 이에 따른 선폭 제어의 손실을 유발할 수 있다. 미립자는 일반적으로 공기 중 입자 또는 오염된 액체(예: 더러운 접착 촉진제)에서 나온다. 미립자 오염을 제어하는 가장 효과적인 방법은 오염원을 제거하는 것이다. 이것이 항상 실용적인 것은 아니므로 화학적/기계적 세척을 사용하여 입자를 제거한다. 기름 또는 폴리머와 같은 유기 필름은 진공 펌프 및 기타 기계, 체유 및 땀, 이전 처리 단계에서 남은 다양한 폴리머 침전물에서 나올 수 있다. 이러한 필름은 일반적으로 화학적 오존 또는 플라스마 스트리핑으로 제거할 수 있다. 유사하게, 천연 산화물 및 염과 같은 무기 필름 역시 화학적 또는 플라스마 스트리밍으로 제거될 수 있다. 한 가지 유형의 오염 물질인 흡착된 물은 탈수 베이킹이라고 하는 고온 공정에 의해 가장 쉽게 제거된다.

탈수 베이킹은 이름에서 알 수 있듯 200~400°C의 온도에서 일반적으로 30~60분 동안 베이킹하여 기판 표면에서 물을 제거한다. 그런 다음 기판을 냉각시키고(바람직하게는 건조한 환경에서) 가능한 한 빨리 코팅한다. 습기가 많은(건조하지 않은) 환경에 두면 물이 기판 표면에 다시 흡착된다는 점을 유의하라. 탈수 베이크는 유기 오염 물질을 휘발시켜 기판을 추가로 세척하는 데도 효과적이다. 종종 일반적인 처리 단계 순서에는 열산화와 같은 포토레지스트로 코팅하기 직전에 일부 유형의 고온 프로세스가 포함된다. 고온 단계 직후에 기판을 코팅하면 탈수 베이크를 제거할 수 있다. 그러나 일반적인 탈수 베이킹은 실리카 기질(실리콘, 폴리실리콘, 산화규소, 질화규소 포함) 표면에서 물을 완전히 제거하지 않는다. 표면 실리콘 원자는 물의 단층과 강하게 결합하여 실란올 그룹(SiOH)을 형성한다. 이 최종 물층을 제거하려면 600°C를 초과하는 베이킹 온도가 필요하다. 또한, 실란올은 비건조 환경에서 기판이 냉각될 때 빠르게 개질된다. 이 접근 방식은 비실용적이므로 실란올은 화학적 수단으로 제거하는 것이 바람직하다.

접착 촉진제는 표면 실란올과 화학적으로 반응하고 -OH기를 포토레지스트에 우수한 접착력을 제공하는 유기 작용기로 대체하는 데 사용된다. 실레인은 이러한 목적으로 자주 사용되며 가장 일반적인 것은 HMDS(헥사메틸다이실라제인)이다(참고로 HMDS 접착 촉진은 유리 섬유에 대한 수지 매트릭스의 접착이 중요한 유리 섬유 응용 분야를 위해 처음 개발된다). HMDS는 희석 용액(cellosolve acetate, xylene에 10~20% HMDS)을 회전시켜 적용할 수 있다. 또는 플루오린화탄소를 웨이퍼에 직접 바르고 HMDS가 건조되도록 한다(HMDS는 실온에서 매우 휘발성임). HMDS가 적절하게 건조되지 않으면 접착력이 급격히 떨어진다. 직접 방사는 쉽지만 실란올 그룹의 작은 비율을 치환하는 데에만 효과적이다. 지금까지 접착 촉진제를 적용하는 바람직한 방법은 기판을 일반적으로 승온 및 감압에서 HMDS 증기에 노출시키는 것이다. 이것은 과도한 HMDS 증착 없이 기판의 우수한 코팅을 허용하고 더 높은 온도는 실란올 그룹과 더 완전한 반응을 유발한다. HMDS로 적절하게 처리되면 기질은 물의 상당한 재흡착 없이 최대 며칠 동안 방치될 수 있다. 동일한 오븐에서 탈수 베이킹과 증기 프라임을 수행하면 최적의 성능을 얻을 수 있다.

4.1.1.2 포토레지스트 코팅[4)]

포토레지스트와 고순도 플루오린화수소(HF)는 포토리소그래피 공정의 핵심 소재다. 0.13 μm → 90 nm → 65 nm → 45 nm → 32 nm → 22 nm → 14 nm → 10 nm 순서로 진화한 나노미터급 반도체의 핵심이라 '나노리소그래피'라고도 한다. 포토레지스트는 반도체 원료인 웨이퍼 위에 도포하는 감광액으로, 빛을 받아 반도체 회로를 새기는 특수 고분자 물질이다. 400여 개 반도체 공정에서 사용되는 포토레지스트의 종류는 30여 개에 달한다.

반도체를 생산하려면 먼저 실리콘을 성장시켜 막대기 모양의 잉곳으로 만들고, 이를 가로로 썰어 원판 모양의 웨이퍼를 만든다. 리소그래피 공정에 앞서 웨이퍼엔 실리콘 산화막을 발라야 한다. 회로 간 전류 누설을 막는 절연막을 만드는 중요한 공정이다. 다음엔 웨이퍼 위에 포토레지스트를 깔고, 회로 패턴의 원본 격인 유리판 포토마스크(photomask)를 올리고 빛을 가한다. 웨이퍼와 포토마스크를 정확히 포개 위치를 맞추는 기능을 하는 장비인 마스크 얼라이너도 중요하다.

포토레지스트는 성질에 따라 빛을 가했을 때 빛에 노출된 부분만 사라지거나(포지티브), 반대로 노출된 부분이 남아 있는 경우(네거티브)로 나뉜다. 이 과정은 사진 인화 과

4) https://www.hankyung.com/article/201907054278i

정과 비슷해 '현상(development)'이라고 한다.

현상 뒤엔 새겨진 패턴대로 웨이퍼를 깎는 '식각(에칭)' 공정이 이어진다. 과거 한일 무역 분쟁 때 일본이 수출을 제재했던 플루오린화수소(HF)가 식각 공정에 사용되는 가스이다. 이후 전도 능력을 부여하기 위한 불순물(이온) 주입, 화학 기상 증착(CVD) 등의 과정을 거친 후 웨이퍼 절단(칩 제조), 칩 선별과 접착, 몰딩, 검사 등을 끝으로 반도체가 완성된다.

포토레지스트 조성은 매우 다양하다. 폴리메틸메타아크릴레이트(PMMA), 에폭시, 실리케이트, 티올레인이 일반적으로 사용된다. 이러한 분자들은 사슬처럼 복잡하게 얽혀 있다. 약간의 구조적 변형이나 첨가제 첨가는 물리적 특성을 변화시킨다. 즉, 반도체는 매우 미묘한 추가 공정에 따라 고성능 또는 저품질이 될 수 있다. 포토레지스트는 또한 받는 빛의 파장에 따라 크게 달라진다. 현재 대부분의 포토리소그래피는 자외선(UV)에 최적화되어 있다. 자외선을 이용하는 리소그래피 기술 중 침지 리소그래피가 널리 사용되고 있으며, 건식 공정인 기존 리소그래피와 달리, 이 기술은 습식 공정을 사용한다. 포토레지스트에 특수 액체를 첨가하여 빛의 굴절률을 높인다. 이 공정은 더 많은 빛을 모아 회로 패턴의 식각 성능을 향상시킨다. 이 공정은 주로 45 nm 반도체 공정에 사용된다.

현재 10 nm급 반도체 생산에 사용되는 가장 보편적이고 최첨단 기술은 플루오린화아르곤(ArF) 액침 리소그래피이다. 이 기술은 액침 리소그래피와 ArF 가스에서 방출되는 특수 빔을 결합한 것이다. 이 리소그래피를 통해 14 nm 반도체를 생산할 수 있다. 그러나 10 nm보다 작은 반도체는 생산할 수 없다. 균일하고 잘 제어된 두께에서 포토레지스트의 얇고 균일한 코팅은 겉보기에는 단순한 스핀 코팅 공정에 의해 달성된다. 고체 성분을 용매에 용해시켜 액체 형태로 만든 포토레지스트를 웨이퍼에 부은 다음 턴테이블에서 고속으로 회전시켜 원하는 필름을 생성한다. 이 공정은 전체 포토레지스트에 상당한 영향을 미칠 수 있으므로, 균일성, 낮은 결함 밀도, 두께 등의 매개변수가 엄격하게 제어된다.

디스펜스 방법으로는 정적 디스펜스와 동적 디스펜스 중에서 선택할 수 있으며, 스핀 속도 및 시간, 각 스핀 속도에 대한 가속 등을 결정해야 한다. 여기서 정적 디스펜스는 레지스트가 디스펜스되는 동안 웨이퍼가 정지하는 것이며, 동적 디스펜스는 레지스트가 디스펜스되는 동안 웨이퍼가 회전하는 것을 말한다. 디스펜스된 레지스트의 부피와 레지스트의 특성(예: 점도, 고형분 퍼센트, 용매 조성) 및 기판(기판 재료 및 지형)은 레지스트 두께 균일성에 중요한 역할을 한다. 또한 배기, 온도 및 습도 제어, 스피너 청정도와 같은 스핀 작업의 실제 측면은 종종 레지스트 필름에 중요한 영향을 미친다. 스핀 코팅이 끝나면 두껍고 용매가 풍부한 포토레지스트 필름이 웨이퍼를 덮고 도포 후 베이킹 준비가 된다.

스핀 코팅 공정을 유변학적으로 설명하기 위한 이론도 존재하지만, 실제적인 측면에서 포토레지스트 두께의 변화와 공정 매개변수와의 균일성은 실험적으로 결정되어야 한다. 포토레지스트 회전 속도 곡선은 원하는 레지스트 두께를 얻기 위해 회전 속도를 설정하는 데 필수적인 도구이다. 포토레지스트 회전 속도 곡선은 원하는 레지스트 두께를 얻기 위해 회전 속도를 설정하는 데 필수적인 도구이다. 최종 레지스트 두께는 스핀 속도의 제곱근에 따라 달라지며 액체 포토레지스트 점도에 대략 비례한다.

4.1.1.3 소프트베이크(도포 후 베이킹)

코팅 후 생성된 레지스트 필름은 20~40중량%의 용매를 포함한다. 소프트베이크 또는 프리베이크라고도 하는 도포 후 베이킹 공정에는 스핀 코팅 후 이 과잉 용매를 제거하여 포토레지스트를 건조시키는 작업이 포함된다. 용제 함유량을 줄이는 주된 이유는 레지스트막을 안정시키기 위함이다. 실온에서 베이킹되지 않은 포토레지스트 필름은 증발에 의해 용매를 잃어 시간이 지남에 따라 필름의 특성이 변한다. 레지스트를 베이킹함으로써 대부분의 용매가 제거되고 필름은 실온에서 안정된다. 포토레지스트 필름에서 용매를 제거하는 데에는 4가지 주요 효과가 있다. (1) 필름 두께 감소, (2) 노광 후 베이킹 및 현상 특성 변경, (3) 접착력 향상, (4) 필름의 점착성 감소. 따라서 미립자 오염에 덜 민감하다. 일반적인 프리베이크 공정은 레지스트 필름에 3~8%의 잔류 용매를 남기며, 이는 후속 리소그래피 공정 동안 필름을 안정적으로 유지하기에 충분하다.

불행히도, 대부분의 포토레지스트를 베이킹할 때 얻어지는 바람직하지 않은 결과도 있다. 약 70℃ 이상의 온도에서 광활성 화합물(PAC)이라고 하는 일반적인 레지스트 혼합물의 감광성 구성 요소가 분해되기 시작할 수 있다. 또한, 레지스트의 또 다른 구성 요소인 수지는 고온에서 가교 및/또는 산화될 수 있다. 이러한 효과는 모두 바람직하지 않다. 따라서 용매 증발의 이점을 최대화하고 레지스트 분해의 피해를 최소화하는 최적의 사전 베이킹 조건을 찾아야 한다. 화학적으로 증폭된 레지스트의 경우 잔류 용매는 노출 후 베이킹 동안 확산 및 반응 특성에 상당한 영향을 미칠 수 있으므로 적용 후 베이킹 프로세스를 신중하게 제어해야 한다. 다행히도 최신 레지스트는 프리베이크 중에 감광성 구성 요소의 심각한 분해를 겪지 않는다.

포토레지스트를 굽는 데 사용할 수 있는 몇 가지 방법이 있다. 가장 확실한 방법은 오븐 베이킹이다. 1970년대와 1980년대 초반에는 90℃에서 30분 동안의 대류 오븐 베이킹이 일반적이으며, 보편화되었다. 현재 가장 인기 있는 베이킹 방법은 핫 플레이트이다. 웨이퍼는 뜨거운 고질량 금속판과 긴밀한 진공 접촉 또는 근접한 상태가 된다. 실리콘의 높은 열전도율로 인해 포토레지스트는 핫 플레이트 온도에 가깝게 빠르게 가열된다(하드 접촉의 경우 약 5초, 근접 베이킹의 경우 약 20초). 이 방법의 가장 큰 장점은 컨벡션 오븐에 비해 필요한 베이킹 시간이 약 1분으로 크게 감소하고 베이킹의 균일성이 향상된다는 것이다. 일반적으로 근접 베이킹은 웨이퍼 후면과의 접촉으로 인한 입자 생성 가능성을 줄이기 위해 선호된다.

웨이퍼가 핫플레이트에서 제거되면 웨이퍼가 뜨거운 동안 베이킹이 계속된다. 웨이퍼의 냉각도 잘 제어되지 않으면 전체 베이크 공정을 잘 제어할 수 없다. 결과적으로 핫플레이트 베이킹 직후에는 웨이퍼가 냉각 플레이트에 접촉하거나 근접하게 되는 냉각 플레이트 작업이 항상 뒤따른다(실온보다 약간 낮은 온도에서 유지). 냉각 후 웨이퍼는 리소그래피 노출을 위한 준비가 된다.

4.1.1.4 노출(UV Exposure)

프리베이킹 후, 포토레지스트는 강렬한 빛 패턴에 노출된다. 빛에 노출되면 화학 변화가 발생하여 사진 현상액과 유사하게 현상액이라고 하는 특수 용액에 의해 포토레지스트의 일부가 제거된다. 가장 일반적인 유형인 포지티브 포토레지스트는 노출 시 현상액에 용해되고, 네거티브 포토레지스트는 노출되지 않은 영역이 현상액에 용해된다.

노광 후 굽기(post exposure bake, PEB)는 일반적으로 입사광의 파괴 및 생성 간섭 패턴으로 인해 발생하는 정재파 현상을 줄이기 위해 현상 전에 수행된다. 심자외선 리소그래피에서는 화학 증폭 레지스트(CAR) 화학 물질을 사용한다. 이 레지스트는 PEB 시간, 온도 및 지연에 훨씬 더 민감하다. 레지스트는 광자에 닿으면 산을 생성하고, 그 후 노광 반응(산을 생성하고, 폴리머를 염기성 현상액에 용해시키고, 산에 의해 촉매되는 화학 반응을 수행)을 거치는데, 이 반응은 주로 PEB에서 일어난다.

현상액은 포토레지스트와 매우 유사하게 스피너를 통해 공급된다. 현상액에는 원래 수산화소듐(NaOH)이 포함되는 경우가 많았다. 그러나 소듐은 게이트 산화물의 절연 특성을 저하시키기 때문에 MOSFET 제조에서 매우 바람직하지 않은 오염 물질로 간주된다(특히, 소듐 이온은 게이트 안팎으로 이동하여 트랜지스터의 문턱 전압을 변화시키고 시간이 지남에 따라 트랜지스터를 켜기 어렵게 만들 수 있다). 현재는 테트라메틸암모늄 수산화물(TMAH)과 같은 금속 이온이 없는 현상액이 사용된다. 현상액의 온도는 재킷(이중벽) 호스를 사용하여 0.2°C 이내로 엄격하게 제어할 수 있다. 웨이퍼에 현상액을 도포하는 노즐은 필요한 현상액의 양에 영향을 미칠 수 있다.

화학적으로 증폭되지 않은 레지스트를 사용한 경우, 최종 웨이퍼는 일반적으로 120~180℃에서 20~30분 동안 '하드베이크'된다. 하드베이크는 남은 포토레지스트를 굳혀 향후 이온 주입, 습식 화학 식각 또는 플라스마 식각에서 더욱 내구성 있는 보호층을 형성한다.

준비 단계부터 이 단계까지 포토리소그래피 공정은 포토리소그래피 스텝퍼(stepper) 또는 스캐너(scanner)와 코터/현상기, 이 두 대의 기계에 의해 수행된다. 이 두 기계는 일반적으로 나란히 설치되며 서로 연결되어 있다.

포토레지스트 작동의 기본 원리는 빛(또는 다른 유형의 노출 방사선)에 노출될 때 현상액에서 레지스트의 용해도 변화이다. 표준 디아조나프토퀴논 포지티브 포토레지스트의 경우 수성 염기 현상액에 용해되지 않는 광활성 화합물(PAC)이 350~450 nm 범위의 자외선에 노출되면 카복실산으로 전환된다. 카복실산 생성물은 염기성 현상액에 매우 용해된다. 따라서 포토레지스트에 입사하는 빛 에너지의 공간적 변화는 현상액에서 레지스트의 용해도의 공간적 변화를 일으킬 것이다.

접촉 및 근접 리소그래피는 포토마스크라고 하는 마스터 패턴을 통해 포토레지스트를 노출시키는 가장 간단한 방법이다. 접촉 리소그래피는 고해상도(약 방사선 파장까지)를 제공하지만 마스크 손상 및 낮은 수율과 같은 실질적인 문제로 인해 대부분의 생산 환경에서 이 프로세스를 사용할 수 없다. 근접 인쇄는 마스크를 웨이퍼 위의 설정 거리(예: 20 μm)로 유지하여 마스크 손상을 줄인다. 불행히도 해상도 제한이 2~4 μm 이상으로 증가하여 근접 인쇄가 오늘날의 기술로는 충분하지 않다. 지금까지 가장 일반적인 노출 방법은 프로젝션 인쇄이다.

포토리소그래피 도구 유형

투영 리소그래피는 마스크의 이미지가 웨이퍼에 투영된다는 사실에서 그 이름이 파생되었다. 프로젝션 리소그래피는 1970년대 중반에 컴퓨터 지원 렌즈 설계와 개선된 광학 재료의 출현으로 반도체 산업의 요구 사항을 충족하기에 충분한 품질의 렌즈 요소를 생산할 수 있게 되면서 접촉/근접 인쇄에 대한 실행 가능한 대안이 된다. 사실, 이러한 렌즈는 수차라고 하는 렌즈 결함이 이미지 품질을 결정하는 데 작은 역할만 할 정도로 완벽해졌다. 이러한 광학 시스템은 대부분의 경우 이미지의 모양을 결정하는 렌즈 수차가 아니라 회절 효과이기 때문에 회절 제한적이라고 한다.

프로젝션 리소그래피 도구에는 스캐닝과 단계적 반복 시스템의 두 가지 주요 클래스가 있다. Perkin-Elmer 회사가 개척한 스캐닝 프로젝션 프린팅은 마스크와 웨이퍼가 슬릿에 의해 동시에 이동할 때 마스크에서 웨이퍼로 빛의 슬릿을 투영하기 위해 반사 광학 장치(즉, 렌즈가 아닌 거울)를 사용한다. 노광량은 빛의 강도, 슬릿 폭, 웨이퍼가 스캔되는 속도에 따라 결정된다. 수은 아크 램프의 다색광을 사용하는 이러한 초기 스캐닝 시스템은 1:1이다. 즉, 마스크와 이미지 크기가 동일하다. 스텝-앤-리피트 카메라(줄여서 스텝퍼라고 함)는 웨이퍼를 한 번에 하나의 직사각형 섹션(이미지 필드라고 함)을 노출하며 1:1 또는 축소가 될 수 있다. 이러한 시스템은 굴절 광학계(즉, 렌즈)를 사용하며 일반적으로 준 단색이다. 모두 고해상도 이미징이 가능하지만 최고 해상도를 위해서는 축소 이미징이 필요하다.

스캐너(scanner)는 4~5 μm 미만의 장치 형상에 대해 70년대 중반에 근접 인쇄를 대체하였다. 1980년대 초까지 장치 설계가 2 μm 이하로 밀려나면서 스텝퍼가 지배하기 시작했다. 최소 피처 크기가 250 nm 수준에 도달함에 따라 스텝퍼는 1990년대 내내 리소그래피 패터닝을 계속 지배해 왔다. 그러나 1990년대 초에 Perkin-Elmer의 후속 제품인 SVG 리소그래피에 의해 하이브리드 단계별 스캔 방식이 도입된다. 단계별 스캔 방식은 일반 스텝퍼 필드의 일부(예: 25 mm × 8 mm)를 사용한 다음 이 필드를 한 방향으로 스캔하여 전체 4x 축소 마스크를 노출한다. 그런 다음 웨이퍼는 새로운 위치로 이동되고 스캔이 반복된다. 더 작은 이미징 필드는 렌즈의 설계 및 제조를 단순화하지만 더 복잡한 레티클 및 웨이퍼 Stage를 희생한다. 스텝-앤-스캔 기술은 오늘날 250 nm 미만 제조에 선택되는 기술이다.

리소그래피 시스템은 청색 파장(436 nm)에서 UV(365 nm), 심자외선(248 nm), 오늘날의 주류 고해상도 파장인 193 nm로 발전했다. 한편, 투영 도구의 개구수는 최초의 스캐너의 경우 0.16에서 오늘날 100 nm 미만의 기능을 생성하는 놀랍도록 높은 0.93 NA 시스템으로 증가했다.

포토레지스트 노출(exposure)을 시작하기 전, 마스크의 이미지를 웨이퍼에 미리 형성된 패턴과 정확히 일치시키는 정렬(alignment)이 선행되어야 한다. 이 정렬 과정과 그 결과로 결정되는 다층 패턴 간의 오버레이(overlay) 정밀도는 매우 중요하다. 오버레이 제어가 정교해질수록 회로 요소를 더욱 촘촘하게 배치하여 집적도를 높일 수 있기 때문이다. 결론적으로 칩당 기능을 극대화하려는 현재의 기술 흐름에서, 정렬 및 오버레이 개선을 통해 소자를 더 밀집시키는 것은 높은 해상도로 소자 크기 자체를 줄이는 것만큼이나 중요하다.

포토레지스트 노출의 또 다른 중요한 측면은 정상파 효과이다. 단색광은 웨이퍼에 투사될 때 평면파에 가까운 각도 범위에 걸쳐 포토레지스트 표면을 때린다. 이 빛은 포토레지스트를 통해 아래로 이동하고 기판이 반사성인 경우 레지스트를 통해 다시 반사된다. 들어오는 빛과 반사된 빛이 간섭하여 포토레지스트의 다른 깊이에서 높고 낮은 광도의 정상파 패턴을 형성한다. 이 패턴은 포토레지스트에서 복제되어 레지스트 피처의 측벽에 융기를 만든다. 패턴 치수가 작아지면 이러한 융기부가 형상의 품질에 상당한 영향을 미칠 수 있다. 정상파를 유발하는 간섭은 스윙 곡선이라고 하는 현상을 초래한다. 이 현상은 레지스트 두께의 변화에 따른 선폭의 사인파 변화이다. 이러한 해로운 영향은 포토레지스트에서 볼 수 있는 반사율을 1% 미만으로 줄일 수 있는 BARC(바닥 반사 방지 코팅)라고 하는 얇은 흡수층으로 기판을 코팅함으로써 가장 잘 치료된다.

4.1.1.5 노출 후 굽기

정상파 효과를 줄이는 한 가지 방법은 노출 후 굽기(PEB)라고 한다. 메커니즘에 대해서는 여전히 약간의 논쟁이 있지만 사용되는 고온(100~130˚C)이 광활성 화합물의 확산을 일으켜 정상파 융기부를 매끄럽게 한다고 믿어진다. 프리베이킹과 관련하여 논의된 포토레지스트에 대한 고온의 해로운 영향은 PEB에도 적용된다는 점에 유의하는 것이 중요하다. 따라서 베이킹 조건을 최적화하는 것이 매우 중요하다. 또한 PAC의 확산 속도는 사전 베이킹 조건에 따라 달라진다. 용매의 존재는 PEB 동안 확산을 향상시키는 것으로 생각된다. 따라서 저온 프리베이크는 주어진 PEB 온도에 대해 더 큰 확산을 초래한다.

기존 레지스트의 경우 PEB의 주요 중요성은 정상파를 제거하기 위한 확산이다. 화학증폭 레지스트라고 하는 또 다른 종류의 포토레지스트의 경우 PEB는 레지스트의 노출된 부분과 노출되지 않은 부분 사이에 용해도 차이를 생성하는 화학 반응의 필수 부분이다. 이러한 레지스트의 경우 노출은 자체적으로 레지스트의 용해도를 변경하지 않는 소량의 강산을 생성한다. 노광 후 베이킹 동안 이 광 생성 산은 레지스트에서 고분자 수지의 용해도를 변화시키는 반응을 촉진시킨다. PEB의 제어는 화학적으로 증폭된 레지스트에 매우 중요하다.

4.1.1.6 현상

일단 노출되면 포토레지스트를 현상(development)해야 한다. 가장 일반적으로 사용되는 포토레지스트는 수성 염기를 현상액으로 사용한다. 특히, 테트라메틸 암모늄 하이드록사이드(TMAH)는 0.2~0.26 N의 농도로 사용된다. 현상은 의심할 여지 없이 포토레지스트 공정에서 가장 중요한 단계 중 하나이다. 레지스트-현상기 상호작용의 특성은 포토레지스트 프로파일의 형태를 크게 결정하고 더 중요하게는 선폭 제어를 결정한다.

포토레지스트에 현상액을 도포하는 방법은 현상 균일성 및 공정 관용도를 제어하는 데 중요하다. 과거에는 배치 현상이 지배적인 기술이었다. 약 10~20개 이상의 웨이퍼가 있는 보트는 일반적으로 어떤 형태의 교반과 함께 큰 비커에서 동시에 현상된다. 그러나 인라인 처리에 대한 추진으로 다른 방법이 널리 보급되었다. 스핀 현상 중에 웨이퍼는 스핀 코팅에 사용되는 것과 유사한 장비를 사용하여 회전되고 현상제는 회전하는 웨이퍼에 부어진다. 웨이퍼는 또한 회전하는 동안 헹구고 건조된다. 스프레이 현상은 이 디스펜스 방법을 위해 특별히 고안된 현상액을 사용하여 좋은 결과를 가져왔다. 스핀 현상은 웨이퍼 위에 미세한 현상액 미스트를 생성하는 노즐을 사용하여 현상액을 붓지 않고 웨이퍼에 분사한다. 이 기술은 현상액의 사용량을 줄이고 더 균일하게 현상액을 적용한다.

또 다른 인라인 현상 전략은 퍼들 현상이라고 한다. 이 공정을 위해 특별히 공식화된 현상액을 다시 사용하여 현상액을 고정 웨이퍼에 부은 다음 현상 시간 동안 움직이지 않게 둔다. 그런 다음 웨이퍼를 스핀 린스하고 건조한다. 세 가지 인라인 프로세스 모두를 약간만 수정하면 동일한 장비에서 수행할 수 있으며 이러한 기술의 조합이 자주 사용된다.

4.1.1.7 식각(노출 산화)

포토레지스트가 더 이상 필요하지 않게 되면 기판에서 제거해야 한다. 이 경우 일반적으로 액상 레지스트 제거제가 필요한데, 이는 레지스트를 화학적으로 변화시켜 기판에 더 이상 부착되지 않도록 한다. 또는 산소를 함유한 플라스마를 이용하여 포토레지스트를 산화시켜 제거할 수도 있다. 이 공정을 플라스마 애싱(plasma ashing)이라고 하며 건식 식각과 유사하다. 포토레지스트에 1-메틸-2-피롤리돈(NMP) 용매를 사용하는 것도 이미지를 제거하는 또 다른 방법이다. 레지스트가 용해되고, 80°C로 가열하여 용매를 제거하면 잔류물이 남지 않는다.

4.1.1.8 포스트베이크

포스트베이크(현상 전에 제공되는 노광 후 베이킹과 혼동하지 말 것)는 최종 레지스트 이미지를 강화하여 주입 또는 식각의 혹독한 환경을 견딜 수 있도록 하는 데 사용된다. 사용된 고온(120~150°C)은 포토레지스트의 수지 폴리머를 가교시켜 이미지를 열적으로 더 안정적으로 만든다. 사용 온도가 너무 높으면 레지스트가 흘러서 이미지가 저하된다. 흐름이 시작되는 온도는 유리 전이 온도와 관련이 있으며 레지스트의 열 안정성을 측정한다. 가교 외에도 포스트베이크는 잔류 용매, 물 및 가스를 제거할 수 있으며 일반적으로 기판에 대한 레지스트의 접착력을 향상시킨다.

포토레지스트 이미지를 경화시키는 다른 방법이 제안된다. 고강도 deep-UV 광에 노출되면 패턴 주위에 거친 피부를 형성하는 레지스트 표면에서 수지가 가교결합 된다. Deep-UV 경화 포토레지스트는 치수 변형 없이 200°C를 초과하는 온도를 견딜 수 있다. 일반적으로 심자외선 복사가 가교 반응을 직접적으로 일으키는 것으로 생각되지만 빛과 대기 산소의 상호 작용에 의해 생성된 오존이 가교 반응을 일으킬 수 있음(또는 향상시킬 수 있음)을 시사하는 몇 가지 증거가 있다. 플라스마 처리 및 전자빔 충격도 포토레지스트를 효과적으로 경화시키는 것으로 나타났다. 상업용 심자외선 경화 시스템이 현재 이용 가능하고 널리 사용된다.

4.1.1.9 패턴 전송

작은 패턴을 포토레지스트에 리소그래피 방식으로 인쇄한 후 이러한 패턴을 기판으로 전사해야 한다. 세 가지 기본 패턴 전사 접근 방식이 있다: 감산 전사(식각), 첨가제 전사(선택적 증착) 및 불순물 도핑(이온 주입). 식각은 가장 일반적인 패턴 전사 방법이다. 패터닝될 재료의 균일한 층이 기판에 증착된다. 그런 다음 식각될 영역이 포토레지스트에 의해 보호되지 않은(덮지 않은) 상태로 남아 있도록 리소그래피가 수행된다. 식각은 산과 같은 습식 화학 물질을 사용하거나, 보다 일반적으로는 건식 플라스마 환경에서 수행된다. 포토레지스트는 식각을 저항하고 레지스트로 덮인 재료를 보호한다. 식각이 완료되면 레지스트가 제거되어 증착된 층에 원하는 패턴이 에칭된다. 추가 공정은 예를 들어 구리 상호 연결의 경우 실행 가능한 식각 공정을 사용할 수 없을 때 사용된다. 여기에

표 4.1 포토리소그래피(photolithography) 공정 단계

공정단계	내용	공정조건	공정파라미터	공정장비
탈수베이킹	기재상의 수분의 제거	150~200°C	레지스트에 대한 접착력 향상	핫 플레이트 또는 컨벡션 오븐
HMDS	Hydrophilic Substrate → Hydrophobic Substrate	상온~150°C에서 HMDS 증기 처리		핫 플레이트 또는 컨벡션 오븐
레지스트 코팅 (Resist Coating)	감광막도포	2000~5000 RPM	P/R 두께 및 균일도	트랙 시스템상의 스핀 코터
프리베이크 (Prebake)	도포막 내의 용매 제거	90~110°C / 2분 이내	두께 안정성	트랙 시스템의 핫 플레이트 오븐
노출 (Exposure)	광화학적 반응	1000 mJ/㎠ 이내	노광 용량, 초점, 얼라인먼트	스테퍼 또는 스캐너
노출후 공정	1) 열 확산 2) 촉매 반응	90~150°C / 2분 이내	패턴 프로파일	트랙 시스템의 핫 플레이트 오븐
현상 (Develop)	패턴형성	알칼리 용액 (TMAH 2.38 wt%)	패턴 균일도	트랙 시스템 개발자
검사 (Inspection)	형성 패턴 양호도 검사	-	CD, 오버레이, 결함 검사	CD-SEM, O/A M/C Defect insp. M/C
다음 단계	식각 또는 이온 주입 단계	-	-	-

서 리소그래피 패턴은 새 층이 성장될 영역을 여는 데 사용된다(구리의 경우 전기도금에 의해). 레지스트 제거 직후 새로운 재료가 적용되는 것이 아니라, 철저한 세척을 거쳐 다음 공정에 필요한 특정 재료(도펀트, 증착될 금속/절연체 등)를 받아들일 준비를 한다.

표 4.1은 포토리소그래피(photolithography) 공정을 단계별로 요약한 것이다.

4.1.2 리소그래피 기술 트렌드

반도체 소자의 미세화가 1 nm 및 그 이하 단계로 진입함에 따라, 리소그래피 기술 역시 공정의 복잡도를 낮추고 생산 효율을 유지하는 방향으로 진화하고 있다.

우선 로직 반도체의 소자 구조는 기존의 FinFET(5T)에서 나노시트(nanosheets, 6T), 포크시트(forksheets, < 6T)를 거쳐 CFET(4T) 및 2D 원자 채널(atomic channels) 구조로 발전하며 스케일링이 지속될 전망이다. 이러한 구조적 혁신을 뒷받침하기 위해서는 더욱 정밀한 패턴 형성이 필수적이다.

리소그래피 공정 측면에서는 'High-NA(Numerical Aperture)' 기술의 도입이 핵심 과제로 떠오르고 있다. 과거 DUV(심자외선) 공정에서 EUV(극자외선) 0.33 NA 공정으로의 전환이 멀티 패터닝으로 인한 급격한 공정 복잡도 증가를 막아주었던 것처럼, 차세대 EUV 0.55 NA(High-NA) 기술 역시 트랜지스터 밀도가 높아지더라도 사이클 타임과 공정 복잡도가 늘어나는 것을 방지하는 역할을 할 것으로 기대된다. 이는 무어의 법칙을 지속하면서도 생산성 저하를 막을 수 있는 중요한 기회이다.

ASML의 기술 로드맵에 따르면, 2025년에서 2026년 사이에 대량 생산(high-volume manufacturing)을 지원하기 위한 EUV 0.55 NA 장비가 포트폴리오에 본격적으로 추가될 예정이다. High-NA EUV 기술은 기존 0.33 NA 대비 더 높은 해상력을 제공하여 1.7배 더 미세한 피쳐(feature) 구현과 2.9배 증가된 밀도를 가능하게 한다. 또한, 더 높은 이미징 콘트라스트(Imaging contrast)를 통해 국부적인 CD 균일도(Local CDU)를 약 40% 개선함으로써 중요 레이어에서의 생산성을 크게 향상시킬 것으로 전망된다.

4.2 노광 공정[5)]

반도체 제조에서 구조는 리소그래피 방법을 사용하여 웨이퍼에 생성된다. 주로 레지스트 층인 감광 필름이 웨이퍼 상단에 코팅되고 패턴화되고 아래층으로 전사된다. 포토

5) https://www.halbleiter.org/en/photolithography/exposure/

리소그래피는 다음 프로세스 단계로 구성된다.

- 접착제 추가 및 표면의 수분 제거(adding adhesives and removing moisture from the surface)
- 코팅(resist coating)
- 레지스트 층의 안정화(stabilization of the resist layer)
- 노출(exposure)
- 레지스트 개발(development of the resist)
- 레지스트의 경화(curing of the resist)
- 점검(inspection)

일부 공정에서는 이온 주입(ion implantation)으로 레지스트가 도핑되지 않아야 하는 특정 영역을 덮는 마스크 역할을 한다. 이 경우 패턴화된 레지스트 층은 아래층으로 전사되지 않는다.

4.2.1 노광장비(Wafer Exposure System)

최근 반도체 시장에서 슈퍼 을(乙)이라고 불리는 기업은 네덜란드 반도체 장비업체 ASML이다. ASML은 세계에서 유일하게 극자외선(extreme ultraviolet, EUV) 리소그래피 노광장비를 독점 공급하고 있기 때문이다. 7나노 미만의 미세 공정을 적용하기 위해서는 EUV 리소그래피 노광장비는 필수적이다. 대당 3,000억~5,000억의 고가 장비임에도 대형 반도체 기업들이 ASML에 줄을 서는 이유이다. EUV 리소그래피 장비는 극자외선을 이용해 10 nm 안팎의 초미세 회로를 새기는 노광장비이다. 2025년 기준으로, SK하이닉스도 EUV 노광장비를 약 20여 대가량 도입한 것으로 알려졌다. 이후 EUV 노광장비를 2027년까지 약 20대를 반입해 지금보다 규모를 2배 확대할 계획이라고 한다. 차세대 D램과 고대역폭메모리(HBM) 등 반도체 제조 역량을 키우려는 시도로, 대규모 투자가 임박한 것이다. 2024년 기준으로, 가장 많은 EUV 노광장비를 도입한 곳은 대만의 TSMC다. 이 뒤를 삼성전자(한국), 인텔(미국), SK하이닉스(한국), 마이크론(미국)이 잇고 있다.

포토리소그래피 공정은 반도체 패턴(pattern) 공정에서 가장 중요하고 빠른 단계이다. 성공적인 공정을 위해서는 정교한 장비가 필요하다. 광원 파장 및 렌즈(NA, 시그마)와 같은 광학 시스템의 성능을 결정하는 요소는 해상도에 영향을 미친다. 심도(DOF)에도 마찬가지이다. Stage Align 시스템은 노광 위치의 위치 정확도를 결정하고, 스캔 속도와 Stage 이동 속도는 생산 처리량과 관련이 있다. 스텝퍼(stepper)는 사진을 찍는 것처럼 웨이퍼를 한 번에 노광한다. 따라서 포토마스크의 28 mm × 33 mm 영역을 동시에 노광하므로, 전체 렌즈가 필연적으로 커져 수차가 발생한다. 이 수차는 포토마스크 이미지 필드의 중심과 주변부 사이의 광로 길이 차이를 발생시켜 이미지 CD에 차이를 발생시킨다. 따라서 렌즈 수차 보정이 필요하지만, 수차의 범위가 넓어 완전한 보정은 불가능하다. 이것이 스텝퍼가 렌즈 NA를 높일 수 없는 이유이다. 더 작은 패터닝을 가능하게 하려면 NA를 늘려야 하지만 스텝퍼의 최대 NA는 0.5에 불과하다. 따라서 스캔하는 동안 렌즈를 줄이고 Stage와 렌즈를 이동하는 기술이 개발되었다. 이 기술은 스캐너(scanner)에 적용된다. 스텝퍼와 달리 스캐너는 포토마스크 이미지 필드를 한 번에 노출하지 않고 5 mm 길이의 렌즈로 문서를 스캔하는 것처럼 노출한다. 표 4.2는 스캐너와 스텝퍼의 특징을 비교한 것이다.

표 4.2 스캐너와 스텝퍼의 특징 비교

항목 \ 구분		스캐너	스텝퍼
노광 방식	방식	Step & Scan	Step & Repeat
	Stage	Reticle / Wafer Stage Moving	Wafer Stage Moving
이미지 필드	Mag.	4:1	5.1
	Field Size	28 × 33 mm	22 × 22 mm
		노광 경로상에 Slit을 위치시켜 Reticle의 허용 영역까지 Scan하여 이미지 필드로 사용한다.	Effective Image Area
	이미지 필드	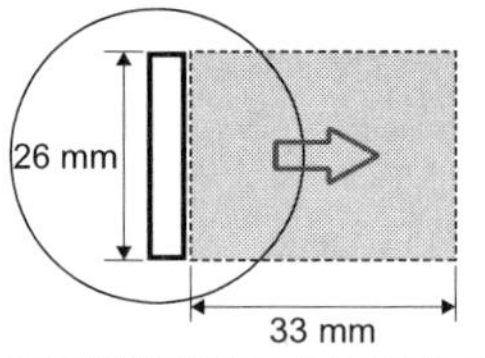	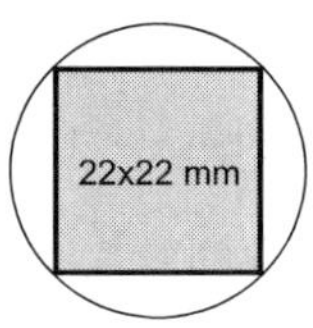
왜곡(distortion)		렌즈 중심부만 사용하므로 수차 최소화	렌즈를 모두 사용하므로 수차가 크다

비교적 작은 Scan 렌즈로 인해 수차가 쉽게 보정되므로 NA를 0.93(NA max <1, ArF Imm NA max=1.35)까지 높일 수 있다. 이를 통해 더 작은 패터닝이 가능하다. 스캐너 기술은 렌즈 기술뿐만 아니라 Stage 이동 기술도 지원하여 가능해졌다. 스캐너의 파장 유형에는 248 nm KrF 및 193 nm ArF DUV가 있다. 더 작은 패턴 노출에는 EUV 리소그래

피 장비가 필요하다. EUV 리소그래피는 ArF의 세 개의 포토마스크 대신 단일 포토마스크를 사용하여 유사한 공정 비용과 간소화된 공정을 얻을 수 있다는 장점이 있다. 수천억 원대의 EUV 리소그래피 장비는 ArF의 193 nm보다 짧은 13.5 nm 파장을 사용하기 때문에 반사형 렌즈를 사용한다. 이는 파장이 짧은 빛은 물질을 통과할 수 없어 흡수되기 때문이다. 따라서 EUV 리소그래피 광은 반사형 렌즈를 사용하여 노광된다. 이 반사형 렌즈의 개구수(NA)는 현재 약 0.33이며, 향후 개발로 0.55까지 높일 계획이다. 금속 거울은 불가능하며, 40쌍의 Mo/Si층으로 구성된다. 두께 비율 사이클은 반사하도록 제어된다. EUV 리소그래피 광을 생성하는 소스는 진공 챔버에서 초당 5만 회 낙하하는 20 μm 지름의 Sn 방울을 들뜨게 하는 CO_2 레이저이며, 온도를 100만°C 이상으로 높여 EUV를 생성한다.

EUV 리소그래피 장비는 반사형 렌즈를 사용하므로 광 에너지 손실이 발생한다. 결과적으로 소스 전력이 필연적으로 증가하므로, 사진 설정 시 가능한 한 낮은 선량을 사용하려고 노력한다. 낮은 선량을 사용하면 장비 수명이 연장되어 장비 가동 시간이 증가한다. 이는 결국 생산성, 즉 처리량 증가로 이어진다. 그러나 사진 설정 시 낮은 선량만 사용하면 샷 노이즈로 인해 원치 않는 결함(예: 단일 라인 개방)이 발생할 수 있다.

ArF 스캐너와 달리 EUV 리소그래피 스캐너는 진공 챔버로 구성된다. 따라서 단일 EUV 리소그래피 스캐너에는 12개의 펌프가 사용된다. ArF 소스는 레이저를 사용하는 반면, EUV 리소그래피 소스는 플라스마를 사용한다. EUV 리소그래피 집진기는 고에너지 빛을 사용하기 때문에 다른 물질이 쉽게 증착될 수 있다. 이를 탄소 오염이라고 한다. 광학 시스템은 매우 정밀하게 설계되었으며 블랙박스(Zeiss)에 완전히 밀폐되어 있다. EUV 리소그래피 동공 비율은 20% 미만으로 떨어지면 유해하다. ArF 동공 비율은 10% 미만으로 떨어지면 유해하다. EUV 리소그래피 고 개구율 장비는 동공 충만 비율을 10%로 향상시켰다.

EUV 리소그래피 소스는 제어성이 매우 중요하며, 필요할 때 켜고 그렇지 않을 때 끌 수 있다. 섭씨 100만 도까지 가열된 CO_2 레이저는 20 μm 지름의 주석(Sn) 방울을 초당 5만 회 조사한다. 들뜬 상태가 된 플라스마에서 나온 EUV 리소그래피 빛은 집진기로 반사된다. 이때, Sn 액적에 두 개의 펄스 레이저가 조사된다. 프리펄스 레이저는 Sn을 들뜬 상태로 만들고, 뒤따르는 메인 펄스 레이저는 Sn 액적을 조사하여 EUV 리소그래피 광을 방출한다. EUV 리소그래피 소스의 핵심은 안정적이고 장기간 고온 열에너지를 제공하는 CO_2 레이저이다. 또한, EUV 리소그래피 소스는 레이저가 아닌 플라스마 소스이기 때문에 원하는 빛과 원치 않는 빛이 혼합되어 생성된다. 따라서 이러한 불필요한 빛을 제거하는 것이 필수적이다. 결국 EUV 리소그래피 포토마스크는 샷 크기 외부에 OD/OOB(Optical Density/Out-Of-Band) 영역을 두어 불필요한 빛을 반사하는 대신 흡수하고 제거한다. 또한, EUV 리소그래피 장비는 REMA 블레이드를 사용하여 불필요한 빛을 사전에 차단한다. OD 영역은 EUV 리소그래피 포토마스크에서 어닐링되어 Mo-Si층을 연마하여 빛을 흡수한다. 다층 식각을 통해 이 층을 제거하는 기술도 향후 개발될 예정이다.[6)]

4.2.2 광학 노광 이론

개구수(numerical aperture, *NA*)는 광학에서 시스템이 빛을 받아들이거나 내보내는 입사각의 특징을 지닌 무차원수이다. 대부분의 광학 분야에서, 특히 현미경 관찰 부문에서 대물렌즈의 개구수는 다음으로 정의한다.

$$NA = nsin\theta$$

여기서 n은 렌즈가 동작하는 매개체의 굴절률(지구 대기권의 경우 1.00, 순수 물의 경우 1.33, 침유의 경우 보통 1.52), θ는 렌즈를 왕래할 수 있는 광 초면의 최대 반각이다. 일반적으로 이것은 실제 광선의 각이다. 그림 4.4는 개구수를 설명하고 있다.

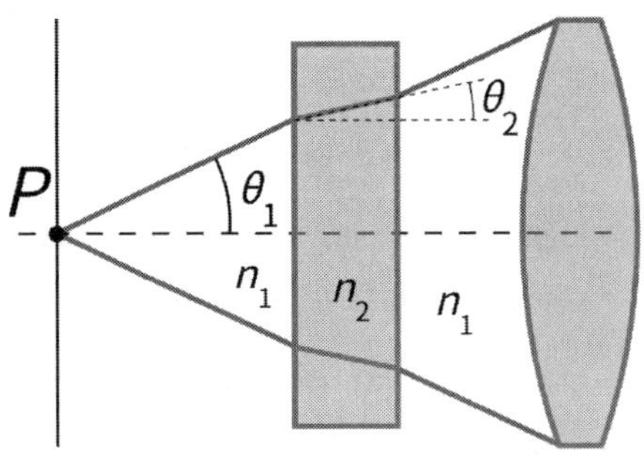

그림 4.4 개구수

NA(개구수)는 해상도(resolution)과 초점 심도(DOF) 모두에 영향을 미친다. NA가 증가하면 해상도는 향상되지만 DOF는 감소한다. 즉, 더 미세한 패턴을 구현할 수 있지만,

6) https://myepic.tistory.com/78#google_vignette

초점 심도가 얕아져서 공정 마진이 줄어드는 결과로 이어진다. NA는 광학계의 집광 능력으로, NA값이 클수록 더 미세한 패턴을 구현할 수 있다.

4.2.2.1 해상도

해상도 공식은 방정식에 따르면, CD(Rayleigh criterion equation)는 칩의 기능을 얼마나 작게 인쇄할 수 있는지 결정하는 해상도 방정식이며, Rayleigh 기준 방정식에서 CD는 임계 치수, 즉 가능한 가장 작은 피처 크기이고, λ는 사용되는 빛의 파장이다. *NA*는 광학 장치의 개구수로, 수집할 수 있는 빛의 양으로 정의된다. k_1은 칩 제조 공정과 관련된 여러 요인에 따라 달라지는 계수로, 공정 상수이고, λ는 빛의 파장이다. 리소그래피의 물리적 한계는 $k_1 = 0.25$이다. 더 작은 임계 치수는 더 작은 빛의 파장과 더 큰 개구수를 조합하여 달성할 수 있으며, k_1을 물리적 한계에 최대한 가깝게 만들 수 있다. $CD = \dfrac{k_1\lambda}{NA}$로, *NA*가 클수록 해상도가 좋아진다.[7]

4.2.2.2 DOF

*NA*가 높을수록 DOF는 감소한다. DOF는 렌즈로부터 선명하게 보이는 거리를 의미하며, 렌즈의 성능과 관련이 깊다. DOF는 *NA*에 제곱으로 반비례한다. 즉, $\mathrm{DOF} = \dfrac{1}{NA^2}$의 관계를 가진다. 따라서 *NA*가 증가하면 DOF는 크게 감소한다. DOF가 감소하면(얕아지면) 기판 표면의 미세한 높낮이 변화에도 초점이 맞지 않게 되어 공정 마진이 줄어드는 결과로 이어진다.

결국 해상도를 높이기 위해 *NA*를 크게 하면 DOF가 줄어드는 상충 관계가 발생한다. 따라서 반도체 포토 공정 등에서는 높은 해상도와 충분한 DOF를 확보하기 위해 *NA*뿐만 아니라 파장을 짧게 하는 방법(예: EUV 리소그래피 사용)과 같은 다양한 기술적 접근을 통해 공정을 최적화하는 것이 중요하다.

4.3 포토레지스트 공정[8]

포토레지스트 처리 또는 단순히 레지스트 처리는 기본적으로 6단계로 구성된다. 1)

---

7) https://www.asml.com/en/technology/lithography-principles/rayleigh-criterion

8) https://eesemi.com/resist-processing.htm

탈수 및 프라이밍, 2) 레지스트 코팅. 3) 소프트베이킹, 4) 노출, 5) 현상, 6) 현상 후 검사.

웨이퍼에 레지스트를 적용하기 전에 웨이퍼에는 습기와 오염 물질이 없어야 하며, 이 두 가지 모두 레지스트 처리 문제를 많이 일으킨다. 수분이 함유된 기판은 접착 불량을 일으키기 때문에 기판 표면에 흡착된 수분을 제거하기 위해 탈수 베이킹을 수행한다. 베이크는 일반적으로 400~800°C 사이에서 수행된다. 대류식 오븐은 최대 400°C까지 베이킹하는 데 사용할 수 있으며 용광로 튜브는 800°C 베이킹에 사용된다. 탈수 베이킹 후, 웨이퍼는 웨이퍼의 접착 특성을 더욱 향상하게 시키도록 설계된 사전 레지스트 프라이밍 층으로 코팅된다. 이러한 목적으로 사용되는 가장 일반적인 프라이머 중 하나는 헥사메틸다이실라제인(HMDS)이다. 레지스트 코팅은 프라이밍 후 가능한 한 빨리(프라이밍 후 1시간 이내) 이루어져야 한다.

포토레지스트의 요구 조건은 패터닝 정확도와 공정 안정성을 충족하는 것이다. 주요 요구 사항에는 1) 광원 파장 대비 높은 감도, 2) 미세 패턴 구현을 위한 높은 해상도, 3) 식각 등 후속 공정에 잘 견디는 내화학성과 내열성, 4) 기판에 대한 우수한 접착력, 5) 재현성이 높은 안정적인 화학 특성, 6) 비용 효율성 등이 포함된다.

- 광원 파장 적합성: 사용되는 광원(예: EUV 리소그래피, ArF)의 파장에 적합해야 하며, 파장이 짧을수록 미세한 패턴 형성이 가능하다.
- 고해상도: 나노미터 수준의 미세 패턴을 정확하게 구현할 수 있어야 한다.
- 내화학성 및 내열성: 식각 공정이나 기타 후속 공정에서 변형되거나 손상되지 않고 패턴을 유지할 수 있어야 한다.
- 우수한 접착력: 반도체 웨이퍼 등 기판 표면에 잘 부착되어 공정 중 들뜨거나 벗겨지지 않아야 한다.
- 화학적 안정성: 빛에 노출되었을 때 화학적, 물리적 성질이 일관되게 변화해야 하며, 불필요한 화학 반응이 없어야 한다.
- 적절한 용해도 변화: 노광 후 현상액에 대한 용해도 변화가 명확해야 하며, 이는 양성(positive) 또는 음성(negative) 포토레지스트의 원리에 따라 달라진다.
- 비용 효율성: 성능과 함께 생산 비용을 고려해야 한다.

4.3.1 포토레지스트 공정 개요

포토레지스트 공정은 빛에 민감한 유기 물질로 기판을 코팅하는 것으로 시작된다. 그런 다음 패턴 마스크를 표면에 적용하여 빛을 차단하여 재료의 마스크 되지 않은 영역만 빛에 노출되도록 하고 현상액이라고 하는 용매를 표면에 도포한다. 포지티브(positive) 포토레지스트의 경우 감광성 물질이 빛에 의해 열화되고 현상액이 빛에 노출된 영역을 용해하여 마스크가 배치된 영역에 코팅을 남긴다. 네거티브(negative) 포토레지스트의 경우 감광성 재료는 빛에 의해 강화(중합 또는 가교결합)되고 현상액은 빛에 노출되지 않은 영역만 용해되어 마스크가 놓여 있지 않은 영역에 코팅을 남긴다.[9)]

포토레지스트 아래에서 반사가 발생하는 것을 방지하고 더 작은 반도체 노드에서 포토레지스트의 성능을 향상시키기 위해 포토레지스트를 적용하기 전에 BARC 코팅(bottom anti-reflectant coating)을 적용할 수 있다. 기존의 포토레지스트는 일반적으로 수지(접착성, 내약품성 등의 물리적 특성을 제공하는 바인더), 감광제(광활성 화합물이 있음) 및 용매(레지스트 액체를 유지함)의 세 가지 구성 요소로 구성된다. 그림 4.5는 포토리소그래피의 포토레지스트 공정을 나타내고 있다. 그림 4.6은 광생성된 산에 의해 용해도가 변하는 포지티브 포토레지스트 예를 든 것으로, 산은 t-BOC(tert-butoxycar-

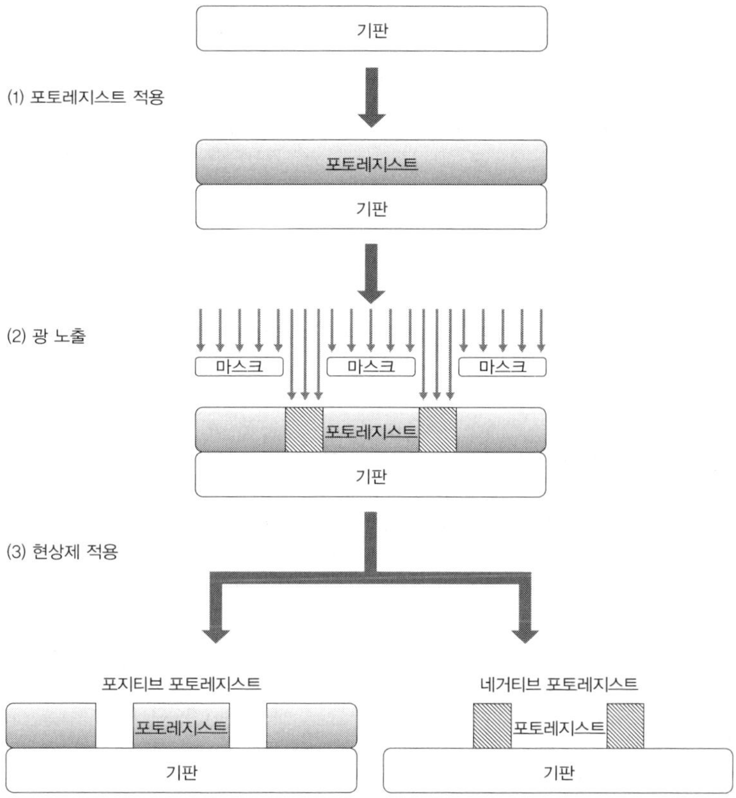

그림 4.5 포토리소그래피의 포토레지스트 공정

9) https://en.wikipedia.org/wiki/Photoresist

bonyl)를 탈보호하여 알칼리 불용성에서 알칼리 가용성으로 레지스트를 유도한다(1982년에 발명된 반도체 산업에서 사용된 최초의 화학 증폭 레지스트이다). 그림 4.7은 단일 성분 포지티브 포토레지스트의 예를 설명하고 있다.

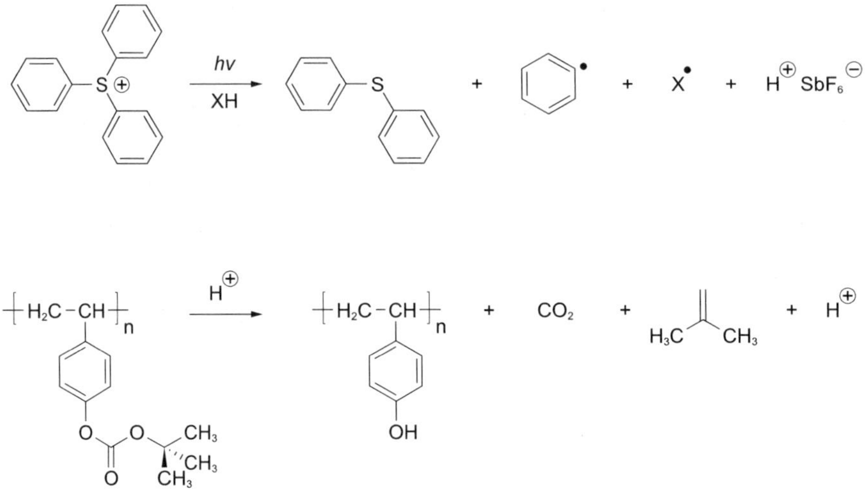

그림 4.6 광생성된 산에 의해 용해도가 변하는 포지티브 포토레지스트의 예

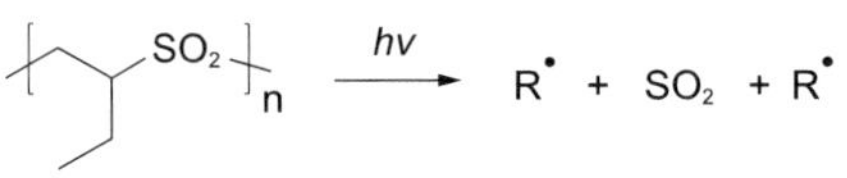

그림 4.7 단일 성분 포지티브 포토레지스트의 예

4.3.2 포토레지스트 화학

포지티브(positive) 포토레지스트는 빛에 노출된 포토레지스트 부분이 포토레지스트 현상액에 용해된다. 포토레지스트의 노출되지 않은 부분은 포토레지스트 현상액에 불용성으로 남는다.

포지티브 포토레지스트는 대부분 PMMA(폴리메틸메타크릴레이트) 단일 성분으로 구성되며, 다음과 같은 특성을 갖는다.

- Deep-UV e-beam, X-ray용 레지스트
- 레진 자체가 DUV에 민감함(느림)
- 사슬 절단 메커니즘
- 두 가지 성분 DQN이 레지스트:

- 수은 램프용 일반 레지스트
- 디아조퀴논 에스터(DQ) 20~50% 중량
  - 감광성
  - 수용성이 아닌 소수성
- 페놀계 노볼락 수지(N)
  - 근자외선 노출에 자주 사용됨
  - 수용성
  - UV 노출은 DQ의 억제 효과를 파괴함.
- 문제점: 접착력, 식각 저항

네거티브 포토레지스트는 빛에 노출된 포토레지스트 부분이 포토레지스트 현상액에 불용성이 되는 방식을 이용하는 포토레지스트이다. 포토레지스트의 노출되지 않은 부분은 포토레지스트 현상액에 의해 용해된다. 네거티브 포토레지스트의 몇 가지 예를 그림 4.8과 그림 4.9에 나타냈다. 그림 4.8은 네거티브 포토레지스트로, 광반응성 비아지즈(biazide)에 의한 폴리아이소프렌 고무의 가교결합이다. 그림 4.9는 네거티브 포토레지스트로서 아크릴 단량체의 라디칼 유도 중합 및 가교를 나타내고 있다.

네거티브 포토레지스트 소재는 대표적으로 고리화된 폴리아이소프렌(고무) 기반으로 다음과 같은 특징이 있다.

- 다양한 감광제(단지 몇 중량%)
- 자유 라디칼 개시 중합체의 광 가교결합
- 문제점:
  - 잠재적인 산소 억제
  - 현상 중 팽윤
    - ·길고 좁은 선이 물결 모양이 될 수 있음
    - ·팽윤은 고해상도 패터닝에서 문제
- 예: SU-8(에폭시계 고분자, 접착력 양호)

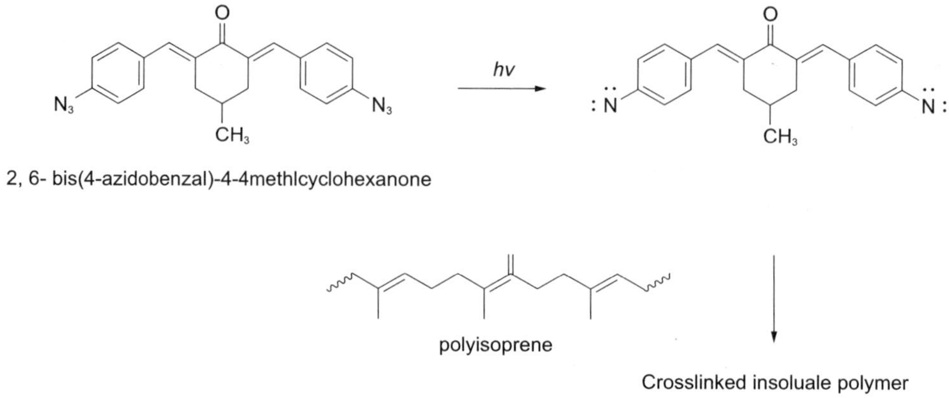

그림 4.8 네거티브 포토레지스트로서 광반응성 비아지즈(biazide)에 의한 폴리이소프렌 고무의 가교결합

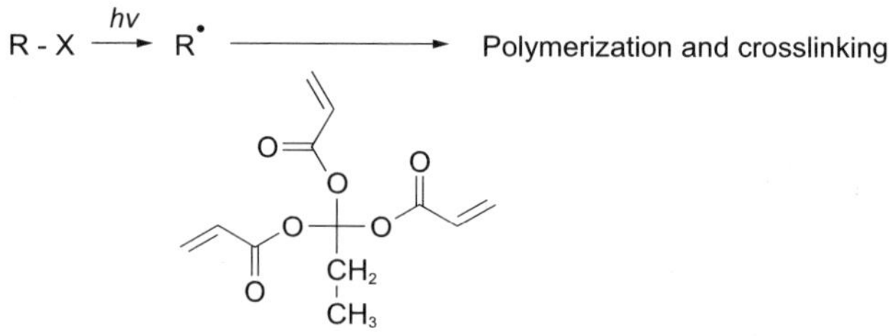

그림 4.9 네거티브 포토레지스트로서 아크릴 단량체의 라디칼 유도 중합 및 가교

4.3.3 포토레지스트 공정 응용기술

4.3.3.1 Microcontact 인쇄

Microcontact 인쇄는 1993년에 Whitesides Group에 의해 개발되었다. 일반적으로 이 기술에서 엘라스토머 스탬프는 고체 기판의 표면에 '잉크' 분자를 인쇄하여 2차원 패턴을 생성하는 데 사용된다.

4.3.3.2 인쇄 회로 기판

인쇄 회로 기판(printed circuit boards)의 제조는 포토레지스트의 가장 중요한 용도 중 하나이다. 포토리소그래피를 사용하면 전자 시스템의 복잡한 배선을 마치 인쇄기에서 벗어나는 것처럼 신속하고 경제적이며 정확하게 재현할 수 있다. 일반적인 공정은 포토레지스트를 도포하고 이미지를 자외선에 노출시킨 다음 식각하여 동박 기판을 제거하는 것이다.

4.3.3.3 기판 패터닝 및 식각

여기에는 특수 포토닉스 재료, MEMS(MicroElectro-Mechanical Systems), 유리 인쇄 회로 기판 및 기타 마이크로패터닝 작업이 포함된다. 포토레지스트는 pH가 3보다 큰 용액에 의해 식각되지 않는 경향이 있다.

4.3.3.4 마이크로일렉트로닉스

주로 실리콘 웨이퍼/실리콘 집적회로에 적용되는 마이크로일렉트로닉스(microelectronics)는 가장 발전된 기술이며 해당 분야에서 가장 전문화되어 있다.

4.4 마스크 공정[10)]

포토마스크는 빛이 정의된 패턴으로 빛날 수 있도록 하는 구멍이나 투명 필름이 있는 불투명한 판이다. 포토리소그래피 및 집적회로 생산에 일반적으로 사용된다. 마스크는 일반적으로 칩 제조의 경우 웨이퍼로 알려진 얇은 실리콘 조각인 기판에 패턴을 생성하는 데 사용된다. 여러 마스크가 차례로 사용되며 각 마스크는 완성된 디자인의 레이어를 재현한다. 이전에는 루비리스(rubylith)와 마일라(mylar)를 사용하여 수동으로 포토마스크를 제작했으나 복잡성이 계속 증가함에 따라 모든 종류의 수동 처리가 어려워졌다. 이것은 초기 대규모 패턴 생성 프로세스를 자동화하는 광학 패턴 생성기와 다중 IC 마스크에 패턴 복사를 자동화하는 단계별 반복 카메라의 도입으로 해결된다. 중간 마스크는 레티클(reticle)로 알려져 있으며 처음에는 동일한 사진 프로세스를 사용하여 생산 마스크에 복사된다. 생성기에 의해 생성된 초기 단계는 이후 전자 빔 리소그래피 및 레이저 구동 시스템으로 대체된다. 이러한 시스템에는 레티클이 없을 수 있으며 원래의 컴퓨터 디자인에서 직접 마스크를 생성할 수 있다.

마스크 소재도 시간이 지남에 따라 변경된다. 처음에는 루비리스가 마스크로 직접 사용되었다. 형상 크기가 줄어들면서 이미지의 초점을 적절하게 맞추는 유일한 방법은 이미지를 웨이퍼와 직접 접촉시키는 것이었다. 이러한 접촉 정렬기는 종종 웨이퍼에서 일부 포토레지스트를 들어올려 마스크를 폐기해야 했다. 이것은 수천 개의 마스크를 생산하는 데 사용된 레티클의 채택을 촉진하는 데 도움이 된다. 마스크를 노출시키는 램

10) https://en.wikipedia.org/wiki/Photomask

프의 힘이 증가함에 따라 필름은 열로 인해 왜곡되기 시작했고 소다 유리의 할로겐화은으로 대체된다. 이와 동일한 공정으로 붕규산염을 사용한 다음 석영을 사용하여 팽창을 제어하고 할로겐화은에서 리소그래피 공정에 사용되는 자외선에 대해 더 나은 불투명도를 갖는 크로뮴으로 이어졌다.

4.4.1 데이터 준비

레이아웃 후처리라고도 하는 마스크 데이터 준비(MDP, mask data preparation)는 집적회로 레이아웃에서 의도한 다각형 집합을 포함하는 파일을 포토마스크 작성자가 물리적 마스크를 생성하는 데 사용할 수 있는 명령 집합으로 변환하는 절차이다. 일반적으로 물리적 레이아웃을 마스크 생산을 위한 데이터로 변환하기 위해 칩 레이아웃에 대한 수정 및 추가가 수행된다. 마스크 데이터 준비에는 GDSII 또는 OASIS 형식의 입력 파일이 필요하며 마스크 작성기 고유 형식의 파일을 생성한다.

과거에는 물리적 레이아웃을 마스크 생산을 위한 데이터로 변환하는 것이 상대적으로 간단했지만 최근의 MDP 절차에는 다양한 절차가 필요하다. 그림 4.10은 마스크 데이터 준비의 절차를 나타낸 것이다.

데이터 준비 과정에서는 레이아웃의 제조 가능성을 개선하기 위한 맞춤형 지정 및 구조를 포함하는 칩 마무리(후자의 예로는 밀봉 링과 필러 구조가 있다.)가 필요하며, 테스트 패턴과 정렬 마크가 있는 레티클 레이아웃(reticle layout)을 생성한다. 또한 그래픽 작업으로 레이아웃 데이터를 향상시키고 생산 장치를 마스크하기 위해 데이터를 조정

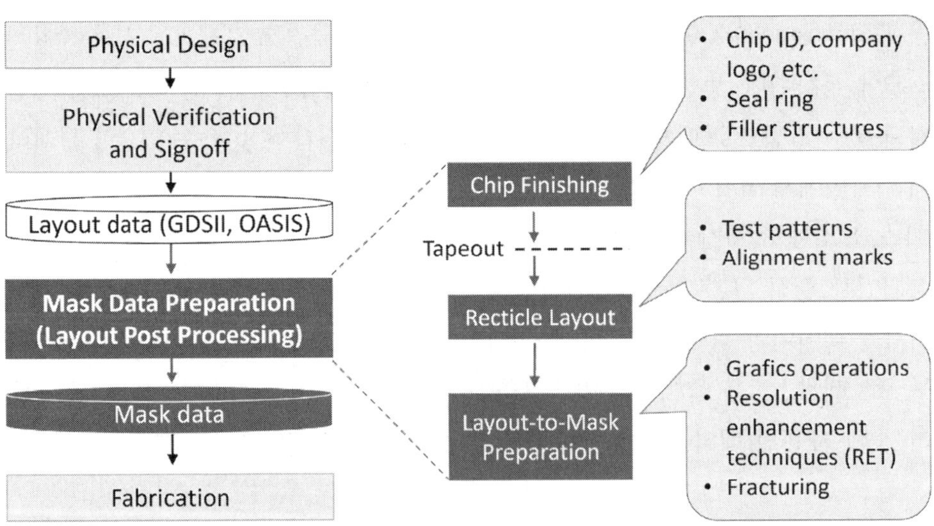

그림 4.10 마스크 데이터 준비의 절차(Foto 12, CC BY-SA 4.0, Wikimedia Commons)

하는 레이아웃-마스크을 준비한다.

이 단계에는 OPC(optical proximity correction) 또는 ILT(inverse lithography technology)와 같은 해상도 향상 기술(resolution enhancement technology, RET)이 포함된다. 이러한 각 단계에서 생성할 수 있는 엄청난 양의 데이터와 관련된 부정적인 영향을 완화하는 것을 단계마다 잘 고려해야 한다. 데이터가 너무 많으면 마스크 작성자가 적절한 시간 내에 마스크를 생성하는 데 문제가 될 수 있다.

4.4.1.1 레티클 레이아웃

칩 시리즈를 제조할 때 개별 다이는 레티클 레이아웃이라고 하는 것을 생성하기 위해 매트릭스 형태로 여러 번 인스턴스화된다. 이 레티클 레이아웃은 매트릭스 형식으로 배치된 개별 다이를 분리하는 수직 및 수평 스크라이브 라인으로 구성된다. 이 매트릭스의 크기는 레티클 크기를 기준으로 최대 노출 가능 표면적에 따라 달라진다.

4.4.1.2 마스크 파쇄(fracturing)

MDP는 일반적으로 마스크 작성 하드웨어에서 처리할 수 있는 복잡한 다각형이 종종 사각형 및 사다리꼴과 같은 단순한 모양으로 변환되는 마스크 균열을 포함한다. 마스크 파쇄는 전체 MDP 내에서 일반적인 절차이기 때문에 명사로 사용되는 파쇄라는 용어가 마스크 데이터 준비라는 용어 대신 부적절하게 사용되는 경우가 있다. 그러나 파쇄라는 용어는 MDP의 하위 절차를 정확하게 설명한다.

4.4.2 쓰기 도구[11)]

쓰기 도구(writing tool)는 포토 레지스트를 UV 광원, 레이저 또는 전자빔에 노출시켜 빈 마스크 판에 형상을 기록한다. 이 노출은 포토레지스트의 분자 구성을 변경한다. 현상 공정 중에 노광된 레지스트는 포토레지스트 유형(포지티브 또는 네거티브)에 따라 제거되거나 경화된다. 포지티브 포토레지스트를 사용하면 노출된 영역이 현상 과정에서 씻겨 내려간다(제거된다). 네거티브 포토레지스트를 사용하면 노출되는 동안 노출된 영역이 경화되어 노출되지 않은 영역이 씻겨 나가는 동안 경화된 영역이 남게 된다.

마스크 제작자는 일반적으로 광학 노출(UV 및 레이저)에 대해 포지티브 포토레지스트 프로세스를 사용하고 전자 빔 노출에 대해 네거티브 프로세스를 사용한다. 모든 다른 유형의 노출 소스가 포지티브 또는 네거티브 포토레지스트를 노출할 수 있지만 대부

11) https://www.photo-sciences.com/photomask-writing/

분의 마스크 제조업체는 각 노출 시스템(쓰기 도구)에 대해 하나만 제공한다.

포토마스크의 설계자/최종 사용자는 주어진 마스크 제작자가 어떤 포토레지스트 공정을 사용하는지에 크게 관심을 두지 않아야 한다. 디자이너/최종 사용자의 관심은 포토마스크의 디지털화 영역과 디지털화되지 않은 영역에 대해 원하는 톤을 명확하게 전달하는 데 집중되어야 한다. 마스크 제작자는 쓰기 도구의 설정을 변경하거나 분할된 데이터에 명령을 추가하여 원하는 톤을 얻을 수 있다. 그러면 노출 시스템이 데이터 또는 배경을 노출하도록 지시한다.

적절하게 정의된 기능을 달성하려면 정확한 양의 에너지를 사용하는 것이 중요하다. 과도한 노출은 피처 크기가 너무 크거나 모서리가 둥글거나 기형이 될 수 있다. 노출이 부족하면 기능 크기가 작아지거나 극단적인 경우 해결되지 않은 기능 또는 부분적으로 해결된 기능이 발생할 수 있다. 표 4.3은 Mask PG Architecture 비교한 것이다.

표 4.3 Mask PG Architecture 비교

빔 위치 지정 / 빔 유형	Raster 방식 고집적 패턴에 적합 높은 픽셀 속도	Vector 방식 저집적 패턴에 적합
가우시안 빔 일관된 빔 모양 변조에 의한 에시	시스템 예: MEBES, ALTA	벡터 위치 지정 / 래스터 채움
셰이프드 빔 가파른 경사면 높은 데이터 처리율 처짐에 의한 에지	래스터형 빔 방식	벡터형 빔(VSB) 방식

4.4.3 BIM 및 블랭크 마스크[12)]

반도체용 블랭크 마스크(blank mask)는 포토마스크의 원료로 사용되며, DRAM과 같이 제한된 크기 내에서 회로의 고집적화를 위해 일반적으로 수백~수십 나노미터 크기의 패턴을 가지고 있다. 해상도 향상을 위한 중요한 요소로는 기판, 금속막 및 레지스트막 특성이 있다. 또한 작은 패턴 크기를 요구하기 때문에 파티클 등의 결함을 최소화하기 위해 매우 엄격한 사양이 요구된다.

---

12) http://www.snstech.co.kr/

13) https://en.wikipedia.org/wiki/Phase-shift_mask

4.4.4 위상 반전 마스크[13)]

위상 반전 마스크(phase-shift mask, PSM)는 포토리소그래피에서 이미지 해상도를 향상시키기 위해 위상차에 의해 생성된 간섭을 이용하는 포토마스크이다. 교대 및 감쇠 위상 반전 마스크가 있다. 위상 반전 마스크는 투명한 매질을 통과하는 빛이 광학 두께의 함수로서 위상 변화를 겪는다는 사실에 의존한다. 기존의 포토마스크는 전체가 동일한 두께의 투명판으로, 조명을 받았을 때 반도체 웨이퍼에 패턴을 생성하기 위해 일부가 투과되지 않는 물질로 덮여 있다.

교대 위상 반전 마스크에서 특정 전송 영역은 더 얇거나 두껍게 만들어진다. 그러면 마스크의 해당 영역을 통과하는 빛의 위상 이동이 유도된다(그림 4.11 참조). 두께가 적절하게 선택되면 마스크의 수정되지 않은 영역에서 나오는 빛과 위상 이동된 빛의 간섭은 웨이퍼의 일부 부분에 대한 콘트라스트를 개선하는 효과를 가지며 궁극적으로 웨이퍼의 해상도를 증가시킬 수 있다. 이상적인 경우는 모든 입사광이 산란되는 180도 위상 편이이다. 그러나 더 작은 위상 편이의 경우에도 산란의 양은 무시할 수 없다. 37도 이하의 위상 이동에 대해서만 위상 에지가 입사광의 10% 이하를 산란한다는 것을 알 수 있다.

감쇠 위상 반전 마스크는 다른 접근 방식을 사용한다. 마스크의 특정 차광 부분은 소량의 빛(일반적으로 불과 몇 퍼센트)을 통과하도록 수정된다. 그 빛은 웨이퍼에 패턴을 만들 만큼 강하지는 않지만 마스크의 투명한 부분에서 나오는 빛을 방해할 수 있다.

감쇠 위상 반전 마스크는 특히 메모리 패턴에 최적화된 조명과 함께 구성 및 작동이

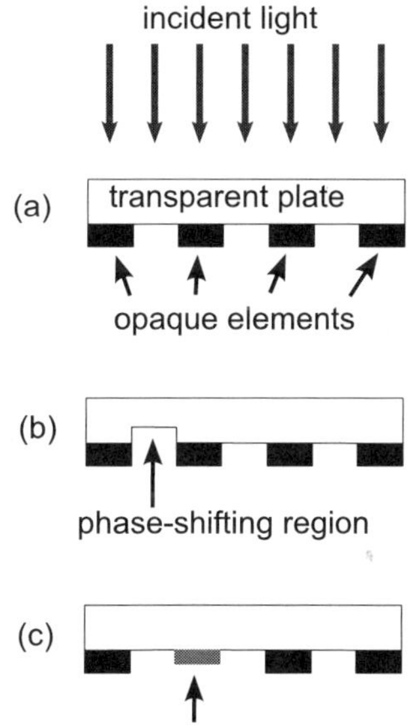

그림 4.11 다양한 유형의 마스크에 대한 개략도.
(a) 기존의 (바이너리) 마스크, (b) 교대 위상 반전 마스크, (c) 감쇠된 위상 반전 마스크.

단순하기 때문에 이미 광범위하게 사용되고 있다. 반면에 교대 위상 반전 마스크는 제조하기가 더 어려워 채택 속도가 느려졌지만 그 사용은 점점 더 널리 퍼지고 있다. 예를 들어 인텔은 65 nm 및 후속 노드 트랜지스터용 게이트를 인쇄하기 위해 교류 위상 반전 마스크 기술을 사용하고 있다. 교대 위상 반전 마스크는 감쇠 위상 반전 마스크보다 더 강력한 형태의 해상도 향상이지만 이를 사용하면 더 복잡한 결과를 초래한다. 예를 들어 일반적으로 180도 위상 가장자리 또는 경계가 인쇄된다. 이 인쇄된 가장자리는 일반적으로 원하지 않는 기능이며 일반적으로 두 번째 노출로 제거된다. 그림 4.11은 다양한 유형의 마스크에 대한 개략도를 나타낸 것이다.

4.4.5 계측 및 검사[14)]

계측(metrology) 및 검사(inspection)는 반도체 제조 공정 관리에 중요하다. 반도체 웨이퍼의 전체 제조 공정에는 400~600개의 단계가 있으며 1~2개월에 걸쳐 진행된다. 프로세스 초기에 결함이 발생하면 시간이 많이 걸리는 후속 단계에서 수행한 모든 작업이 낭비된다. 따라서 특정 수율을 확인하고 유지할 수 있도록 반도체 제조 공정의 중요한 지점에 계측 및 검사 공정이 설정된다.

계측은 일반적으로 주로 계측 장비를 사용하여 숫자와 부피를 측정하는 방법을 의미한다. 종종 측정과 동의어로 간주되는 계측은 보다 포괄적인 개념으로, 측정 행위 자체뿐만 아니라 계측 장비의 성능과 메커니즘 및 오류와 정확도를 고려하여 수행되는 측정을 가리킨다. 패턴 측정이 주어진 사양 범위를 벗어나면 제조된 장치가 설계대로 작동하지 않으며, 이 경우 회로 패턴의 노출 전사가 재작업 될 수 있다. 측정 포인트 수는 반도체 장치 제조업체 또는 장치에 따라 다르다. 계측은 다음 샘플링 방법에 따라 수행된다.

- 하나의 다이(die)에 대해 10~100점
- 하나의 웨이퍼에서 5~20개의 다이를 취함
- 하나의 로트에서 취한 1~2개의 웨이퍼 (25개)

새로 설계된 장치는 제조 시작 기간에 하나의 웨이퍼에 대해 수천 개의 계측 프로세스를 거칠 수 있다.

4.4.5.1 반도체 웨이퍼 제조 공정에서의 검사

검사 장비를 사용하여 특정 기준에 따라 적합 여부, 비정상 여부, 부적합 여부를 확인

14) https://www.hitachi-hightech.com/

한다. 웨이퍼의 파티클이나 결함을 검출하는 공정이다. 구체적으로는 결함(X, Y)의 위치 좌표를 찾는 것을 목적으로 한다. 결함의 원인 중 하나는 먼지나 이물질의 부착이다. 따라서 어디에서 결함이 발생할지 예측할 수 없다. 웨이퍼 표면에 수많은 결함이 발생하면 회로 패턴이 제대로 생성되지 않아 패턴이 누락된다. 불량품이 많으면 전자회로가 제대로 동작하지 않아 웨이퍼가 불량품으로 로트 아웃(lot-out)*되는 제품이 된다. 결함을 감지하고 위치를 지정(위치 조정)하는 것이 검사 장비의 주요 역할이다. 로트 아웃는 제조된 제품이 요구사양에 맞지 않는 등 검사 단계에서 불량이 관찰되어 불량으로 판명되어 출하가 불가능한 상황이다. 마스크 검사에는 크게 네 가지 모드가 사용되고 있다.

Die to Die 검사는 하나의 마스크 안에 동일한 Dice가 2개 이상 존재할 경우 Dice 간 상호 비교하는 것이다. Die to Database 검사는 하나의 마스크 안에 동일한 Dice가 없을 경우 마스크 제작용 데이터(CATS)를 이용하여 마스크와 비교하는 것이다. Mask to

표 4.4 검사 모드별 장단점

검사 모드	장점	단점
Die to Die	1. 마스크 안의 2개 이상의 Dice를 비교하므로 Dice와 Dice 간의 CD tolerance 및 rounding의 Uniformity 차이나 Fracturation이 적기 때문에 그만큼 민감하게 적용하는 데 있어서 유리함 2. 검사 시 Set-up하는 데 있어서 빠름	Scribe Line이 검사 영역에서 제외 Blind 영역이 검사 영역에서 제외 데이터에서 기인된 결함의 검출이 어려움 Cr 위의 결함에 대해 검출력 없음
Die to Data Base	1. Scribe Line 검사 가능 2. Blind 영역 검사 가능	1. 마스크와 데이터 간의 비교이므로 데이터와 마스크 간의 CD tolerence 및 rounding의 Uniformity 차이나 Fracturation의 문제로 인하여 상대적으로 Die to Die에 비하여 민감하게 적용하는 데 있어서 불리한 점이 있음 2. Mebes(Writing tool)용 데이터를 검사용 데이터로 변환하는 데 시간이 오래 걸림
Mask To Mask	1. Scribe Line 검사 가능 2. Blind 영역 검사 가능 3. 검사용 데이터 준비 필요 없음	1. 2장의 마스크가 필요함 2. 2개의 Stage를 사용하므로, Stage 간의 정합성에 의해 기인된 정렬 문제로인해 민감도가 떨어짐
Surface Inspection	1. Cr 위의 결함 검출 가능 2. 검사 시간이 빠름 3. Missing AR 결함 검출 가능	1. Cr 결함을 검출할 수 없음

Mask 검사는 하나의 마스크 안에 동일한 Dice가 존재하지 않고, 다만 동일한 마스크가 2장일 경우 상호 비교하는 것이다. Surface Inspection는 앞의 검사를 시행할 수 없을 때 다만 투과광과 반사광의 신호를 합쳐 Flat reference signal 대비 상이한 Point 검출하는 것이다. 표 4.4에 검사 모드별 장단점을 요약정리하였다.

4.5 해상도 향상 공정[15)]

해상도 향상 공정(RET)은 앞서 설명한 것처럼, 프로젝션 시스템의 광학 해상도의 제한을 보상하기 위해 집적회로를 만드는 데 사용되는 리소그래피 프로세스에서 포토마스크를 수정하는 데 사용되는 방법이다. 이러한 프로세스를 통해 Rayleigh 기준으로 인해 일반적으로 적용되는 한계를 훨씬 넘어서는 기능을 생성할 수 있다. 최신 기술을 통해 DUV(Deep Ultraviolet) 빛을 사용하여 가능한 일반적인 해상도보다 훨씬 낮은 5나노미터(nm) 정도의 기능을 생성할 수 있다.

4.5.1 변형 조명 방식(Off-Axis Illumination)[16)]

포토리소그래피에서 변형 조명은 들어오는 빛이 포토마스크에 수직이 아닌 비스듬한 각도로 부딪히는 광학 시스템 구성이다. 즉, 입사광이 광학 시스템의 축과 평행하지 않다. 변형 조명의 장점은 포토마스크의 패턴이 피치가 작은 회절 격자라는 맥락에서 설명할 수 있다. 격자에 닿는 빛은 다양한 방향으로 회절된다. 입사광이 (광학 시스템의 축을 따라) 법선 각도에 있으면 0차 회절 차수는 광학 시스템 축을 따라 계속되고 다른 차수는 옆으로 회절되며 격자의 피치가 감소함에 따라 편차의 양은 증가한다. 충분히 작은 피치의 경우 0번째 회절 차수만 영사 렌즈를 통과하고 다른 차수는 손실된다. 그 결과 0차 회절 차수가 포토마스크 패턴의 평균값만 포함하기 때문에 웨이퍼에 패턴이 생성되지 않는다. 조명을 축에서 벗어나게 함으로써 모든 회절 차수가 기울어져 더 높은 회절 차수가 투영 렌즈를 통과할 수 있고 마스크의 이미지를 웨이퍼에 형성하는 데 도움이 된다.

---

15) https://en.wikipedia.org/wiki/Resolution_enhancement_technologies

16) https://en.wikipedia.org/wiki/Off-axis_illumination

4.5.2 OPC[17)]

OPC(optical proximity correction, 광학 근접 보정)는 일반적으로 회절 또는 프로세스 효과로 인한 이미지 오류를 보정하는 데 사용되는 포토리소그래피 향상 기술이다. OPC의 필요성은 주로 반도체 장치 제작에서 볼 수 있으며 이 기술의 도입은 처리 후 원래 디자인의 가장자리 배치 무결성을 실리콘 웨이퍼의 식각 이미지로 유지하기 위한 빛의 제한 때문이다. 이러한 투사된 이미지는 설계한 것보다 좁거나 넓은 선폭과 같은 불규칙성을 나타내며 이미징에 사용되는 포토마스크의 패턴을 변경하여 보정할 수 있다. 둥근 모서리와 같은 다른 왜곡은 광학 이미징 도구의 해상도에 따라 결정되며 보정하기가 더 어렵다. 이러한 왜곡은 수정되지 않으면 제조되는 장치의 전기적 특성을 크게 변경할 수 있다. 광학 근접 보정은 가장자리를 이동하거나 포토마스크에 기록된 패턴에 폴리곤을 추가하여 이러한 오류를 수정한다. 이는 피처 사이의 너비와 간격(규칙 기반 OPC로 알려짐)을 기반으로 미리 계산된 룩업 테이블에 의해 구동되거나 컴팩트 모델을 사용하여 최종 패턴을 동적으로 시뮬레이션함으로써 일반적으로 섹션으로 분할된 가장자리의 움직임을 구동할 수 있다. 최상의 솔루션을 찾기 위해(이를 모델 기반 OPC라고 함), 목적은 가능한 한 설계자가 그린 원래 레이아웃을 반도체 웨이퍼에 재현하는 것이다.

OPC의 가장 눈에 띄는 두 가지 이점은 밀도가 다른 영역(예: 어레이의 중심 대 가장자리 또는 중첩된 대 격리된 선)의 피처 간에 나타나는 선폭 차이와 라인 끝 단축(예: 필드 산화물의 게이트 겹침)을 수정하는 것이다. 전자의 경우 선폭 조정과 함께 스캐터링 바(분해 가능한 라인에 인접하게 배치된 하위 해상도 라인)와 같은 해상도 향상 기술과 함께 사용할 수 있다. 후자의 경우 디자인의 줄 끝에 '접이 모양'(세리프 또는 해머헤드) 기능이 생성될 수 있다. OPC는 포토마스크 제조에 비용 영향을 미치므로 마스크 쓰기 시간은 마스크 및 데이터 파일의 복잡성과 관련이 있으며 유사하게 결합에 대한 마스크 검사는 더 미세한 에지 제어가 더 작은 스팟 크기를 필요로 하기 때문에 더 오래 걸린다.

4.6 기타

리소그래피 로드맵은 향후 투자, 연구 및 개발을 위한 리소그래피 산업의 계획을 안내하고 향후 해당 분야의 요구 사항, 가능한 옵션 및 예상되는 과제를 자세히 설명한다.

---

17) https://en.wikipedia.org/wiki/Optical_proximity_correction

주요 내용은 다음과 같다.

- 논리 장치는 첨단 리소그래피를 주도할 것이다.
- 개선된 극자외선 리소그래피는 차세대 반도체의 주요 후보이지만 특히 비용 절감 및 틈새 애플리케이션을 위한 다른 옵션도 가능하다.
- 업계의 단기적 과제에는 확률, 에지 배치 오류 및 비용이 포함된다.
- 중요한 공정 혁신이 일어나지 않는 한 단기 레지스트 도즈 투 프린트(dose-to-print)는 크게 증가할 것으로 예상된다.

로드맵은 반도체의 미래 과제와 이러한 과제에 대한 가능한 솔루션을 계획하고 있으며, 몇 가지만 소개한다.

4.6.1 침지 리소그래피[18)]

그림 4.12는 침지 리소그래피(immersion lithography)에서 빛이 웨이퍼 위의 포토레지스트에 도달하기 전에 렌즈 시스템과 물 웅덩이를 통해 아래로 이동하는 것을 보여주고 있다. 침지 리소그래피는 집적회로(IC) 제조를 위한 포토리소그래피 해상도 향상 기술로, 최종 렌즈와 웨이퍼 표면 사이의 일반적인 에어 갭을 굴절률이 1보다 큰 액체 매질로 대체한다. 해상도는 액체의 굴절률과 동일한 계수만큼 증가한다. 현재 침지 리소그래피 도구는 이 액체에 대해 고도로 정제된 물을 사용하여 45나노미터 미만의 형상 크기를 달성한다. ASML과 Nikon은 현재 침지 리소그래피 시스템의 유일한 제조업체이다.

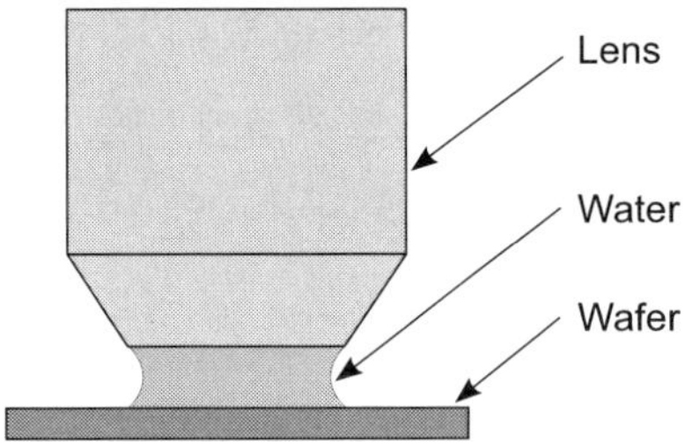

그림 4.12 침지 리소그래피에서 빛이 웨이퍼 위의 포토레지스트에 도달하기 전에 렌즈 시스템과 물 웅덩이를 통해 아래로 이동한다.

18) https://en.wikipedia.org/wiki/Immersion_lithography

4.6.2 극자외선 리소그래피[19]

극자외선 리소그래피는 컴퓨터 및 기타 전자 장치용 집적회로를 만들기 위해 반도체 장치 제조에 사용되는 기계인 스텝퍼에 사용되는 광학 리소그래피 기술이다. 대략 13.5 nm의 2% FWHM 대역폭에 걸쳐 있는 극자외선 파장 범위를 사용하여 포토레지스트로 덮인 기판에 반사되는 UV 광에 반사 포토마스크를 노출시켜 패턴을 생성한다. 반도체 장치 제조 공정에 널리 적용된다.

2022년 현재 ASML Holding은 5 nm 및 3 nm를 목표로 하는 칩 생산용 EUV 리소그래피 시스템을 생산 및 판매하는 유일한 회사이다. 2019년 IEDM(International Electron Devices Meeting)에서 TSMC는 핀, 게이트 또는 금속 라인에 절단을 적용할 수 있는 접촉, 비아, 금속 라인 및 절단 층에서 5 nm에 EUV 리소그래피를 사용한다고 보고하였다. IEDM 2020에서 TSMC는 5 nm 최소 금속 피치가 40 nm인 7 nm에서 30% 감소했다고 보고하였다. 삼성의 5 nm는 최소 금속 피치가 36 nm인 7 nm와 리소그래피적으로 동일한 설계 규칙을 따른다.

EUV 리소그래피를 사용하면 다중 노출 대신 하나의 마스크 노출만 사용할 수 있다. 그러나 이 기술을 대량 생산에 적용하기 전에 해결해야 할 세 가지 문제가 있다. 광원, 레지스트, 마스크 인프라이다. 이 중에서 이러한 노광장비를 만들기 위해 경제적인 생산능력과 안정적인 광원을 생산하는 것이 가장 시급한 과제이다. 12인치 생산라인에서 최대 125개의 WPH(wafer-per-hour)의 경우 200W의 광원 전력이 필요하며 EUV 리소그래피는 이 요구 사항을 충족해야 한다.

레지스트 재료의 개발 역시 기술 이슈 중 하나이다. 이 재료는 고해상도, 고감도, 낮은 LER(Line-Edge Roughness) 및 낮은 가스 방출과 같은 우수한 특성을 동시에 필요로 한다. EUV 리소그래피가 대량 생산 제조를 달성하려면 결함이 없는 반사 포토마스크의 가용성도 고려해야 할 중요한 과제 중 하나이다. EUV 리소그래피의 포토마스크는 반사 모드에서 작동한다. 이러한 마스크를 생산하려면 새로운 재료와 표면이 도입되어 마스크 표면에 높은 입자 접착력을 일으켜 청소 문제를 일으킬 수 있다.

4.6.3 시뮬레이션[20]

리소그래피 시뮬레이션(simulation)은 오늘날 반도체 리소그래피의 필수 도구로 널리

---

19) https://en.wikipedia.org/wiki/Extreme_ultraviolet_lithography
20) https://www.asml.com/en/products/computational-lithography

알려져 있다. 리소그래피 시뮬레이션은 리소그래피 공정의 이해 및 최적화, 그리고 새로운 공정 개발에 필수적인 도구가 되었다. 같은 광학적 매개변수가 이미징 성능에 미치는 영향을 탐구하는 데 사용된다. 시뮬레이션 없이 차세대 리소그래피 도구, 재료 및 프로세스를 설계하는 것은 상상하기 어렵다. 시뮬레이션은 리소그래피 기술 개발에서 중요한 역할을 했다. 산업으로서 우리는 리소그래피에 대한 이해를 테스트하고 발전시키기 위한 도구로서의 리소그래피 모델을 이용한다. Lord Kelvin의 조언을 적용하여 모델의 예측을 실험적 증거와 비교하여 리소그래피 이미징의 기본 물리학 및 화학에 대한 이해를 확인한다. 궁극적으로 리소그래피 기술의 모든 발전을 뒷받침하는 것은 리소그래피에 대한 이해의 발전이다. 그리고 리소그래피에 대한 우리의 이해를 측정하고 알려주는 것은 리소그래피 시뮬레이션의 발전이다.

공중 이미지 시뮬레이션(aerial image simulation)은 투영 스테퍼 또는 스캐너를 사용하여 설계된 포토마스크의 이미징을 평가하고, 개구수, 공간 간섭성, 디포커스, 파동 수차와 같은 광학적 매개변수가 이미징 성능에 미치는 영향을 탐구하는 데 사용된다. 레지스트 모델링은 노광 및 노광 후 베이킹 과정에서 포토레지스트에서 발생하는 물리적 및 화학적 변화를 모델링한다. 전자기 모델링은 FDTD와 같은 엄격한 방법을 사용하여 마스크에서 발생하는 빛의 회절을 계산하며, 특히 3D 효과가 중요한 고급 마스크의 경우에 유용하다.

규모가 작을수록 문제는 커진다. 리소그래피 과정에서 빛의 회절과 감광층의 물리적, 화학적 효과는 기계가 인쇄하려는 이미지를 변형시킨다(넓은 수채화 붓으로 가늘고 가는 선을 그리려고 하면 여러 군데 번지는 것과 같다). 130 nm 기술이 도입되면서 결함 방지를 위해 이러한 변형을 해결하는 것이 필수적이 되었다. 칩 제조업체들이 더 작고 강력한 칩을 만들기 위해 패턴을 계속 축소함에 따라 문제와 복잡성이 증가하여 더욱 정교한 접근 방식이 필요해졌다.

전산 리소그래피는 기계와 테스트 웨이퍼의 핵심 데이터로 보정된 제조 공정의 알고리즘 모델을 사용한다. 이러한 모델은 리소그래피 및 패터닝 과정에서 발생하는 물리적, 화학적 효과를 보상하기 위해 패턴을 의도적으로 변형하여 원하는 최종 결과의 청사진, 즉 마스크를 최적화하는 데 사용된다. 최종적으로 웨이퍼에 원하는 칩 패턴을 정확하게 복제할 수 있다.

연습문제

1 일반적인 포토리소그래피 공정(예: 세정, 증착, 포토레지스트 코팅, 노광, 현상, 식각, 박리)을 순서대로 설명하고 각 단계의 목적을 서술하시오.

2 포토레지스트란 무엇이며, 포지티브 PR과 네거티브 PR의 차이점을 노광 후의 화학적 변화 및 현상액에 대한 용해성 측면에서 설명하시오.

3 포토리소그래피의 해상도를 결정하는 주요 요인들(예: 광원의 파장, 렌즈의 개구수(NA), k_1 계수 등)에 대해 설명하고, 해상도를 향상시키는 방법에 어떤 것들이 있는지 제시하시오.

4 EUV 리소그래피가 기존 심자외선 리소그래피보다 더 미세한 패턴을 구현할 수 있는 이유를 광원의 파장과 관련하여 설명하시오.

5 노광 과정에서 포토마스크의 역할은 무엇인가?

6 PEB(Post-Exposure Bake) 공정의 목적은 무엇인가?

7 HMDS(Hexamethyldisilazane) 처리는 왜 필요한가?

8 침지 리소그래피 기술에 대해 설명하시오.

9 더블 패터닝 기술은 왜 사용하며, 어떤 방식들이 있는가?

10 포토리소그래피 공정 중 발생할 수 있는 일반적인 문제점(예: PR 들뜸, 선폭 불균일, 오정렬 등)과 그 해결책은 무엇인가?

11 특정 선폭(예: 10 nm)을 구현해야 할 때 고려해야 할 공정 조건이나 기술은 무엇이라고 생각하는가?

Chapter

5

식각 공정

5.1 식각 공정의 개요

5.1.1 식각 공정의 개요

반도체 장치 제조에서의 식각(etching, 에칭)은 기판의 박막에서 재료를 선택적으로 제거하고(표면에 사전 구조가 있거나 없는) 이러한 제거를 통해 기판에 해당 재료의 패턴을 생성하는 모든 기술을 말한다. 패턴은 식각 공정에 내성이 있는 마스크로 정의되며, 그 생성은 포토리소그래피에 자세히 설명되어 있다. 마스크가 제자리에 있으면 습식 화학적 또는 건식 물리적 방법으로 마스크로부터 보호되지 않는 재료 부분에서 식각이 발생할 수 있다. 그림 5.1은 기판에 패턴을 형성하는 식각 공정의 개략도를 보여준다.[1)]

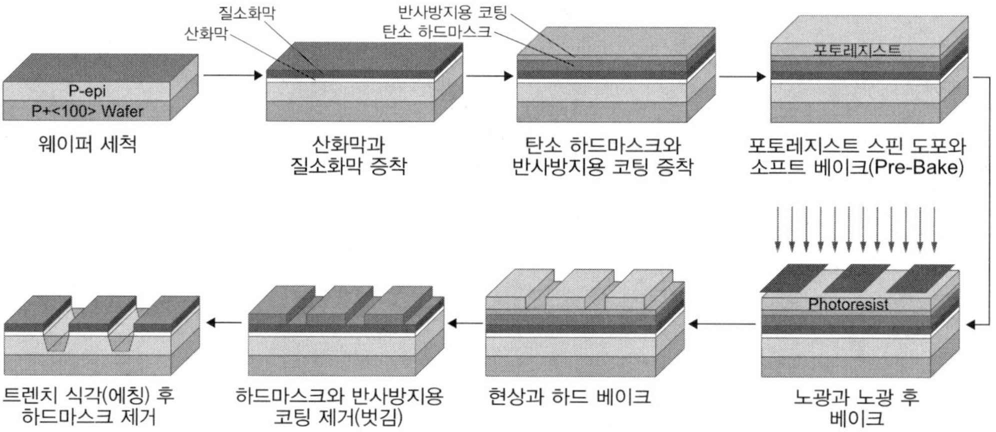

그림 5.1 기판에 패턴을 형성하는 식각 공정

역사적으로 습식 화학적 방법은 VLSI(very large scale integration) 및 ULSI(ultralarge scale integration) 기술이 등장할 때까지 패턴을 위한 식각에서 중요한 역할을 담당했다. 그러나 장치 피처의 크기가 줄어들고 표면 지형이 더욱 중요해짐에 따라 습식 화학 식각이 건식 식각 기술로 바뀌었다. 이러한 변화는 주로 습식 식각의 등방성 특성으로 인한 것이다. 습식 식각은 그림 5.2와 같이 모든 방향에서 재료 제거를 생성하므로 마스크에 의해 정의된 피처 크기와 기판에 복제된 피처 크기 사이에 불일치가 발생한다.

1) https://www.mks.com/n/etch-overview

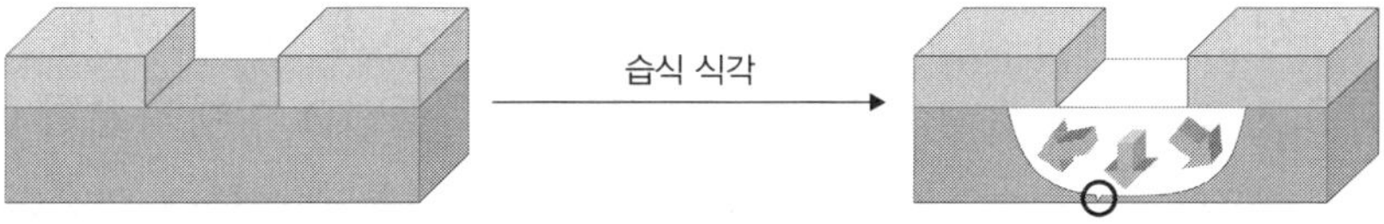

그림 5.2 습식 식각 공정의 등방성 특성

VLSI 및 ULSI 설계는 더 큰 피처 크기에서 필요한 것보다 훨씬 더 정밀한 마스크 대 패턴 피처 크기 상관관계를 요구한다. 또한 고급 장치의 종횡비(깊이 대 너비 비율)가 증가하며 이러한 비율을 달성하려면 방향성 식각 기술을 사용하여 재료를 이방성으로 식각할 수 있는 능력이 필요했다. 그림 5.3은 등방성 대 이방성 피쳐 생성 및 방향성 식각을 이해하는 데 도움이 되는 회로도를 제공한다. 고급 공정에서 습식 식각의 유용성에 대한 결정적인 제약은 장치 제작에 사용되는 많은 새로운 재료에 대하여 식각에 사용할 수 있는 습식 화학 물질이 없다는 사실일 수 있다. 이러한 문제는 습식 식각 기술을 식각 응용 분야가 아닌 세척용으로 거의 독점적으로 사용하도록 하기 위해 결합되었다. (일부 MEMS 구조와 같이) 비교적 큰 피처 크기를 갖는 장치만이 식각에 습식 방법을 계속 사용하고 있다. 표면 세척은 웨이퍼 표면 세척 부분에서 자세히 논의되었다.

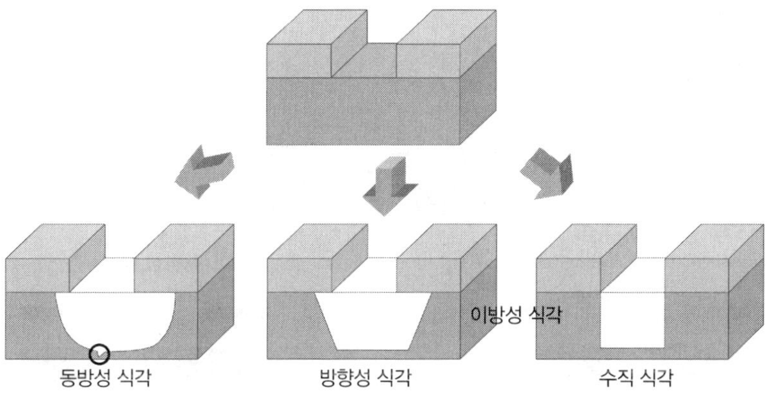

그림 5.3 등방성 대 이방성 특성 및 방향성 식각

5.1.2 플라스마 식각의 기초적 방법

플라스마 식각 기본 사항에 대한 심도 있는 논의는 여러 텍스트(Wolf and Tauber, Sze)에서 볼 수 있다. 여기에서는 플라스마 생성의 기본 사항에 대한 가장 간단한 설명만 제공한다. 플라스마 식각 공정 내에서 많은 물리적 현상이 작용한다. 전극(DC 전위 또는 RF 여기의 경우) 또는 도파관(마이크로파의 경우)을 사용하여 플라스마 챔버에 강

한 전기장이 생성되면 필드는 내부 에너지를 높이는 모든 사용 가능한 자유 전자를 가속한다. 자유 전자는 기체 상태에서 원자 또는 분자와 충돌하고 이때 충분한 에너지를 전달하면 이온화가 발생하여 양이온과 또 다른 자유 전자를 생성한다. 이온화에 불충분한 에너지를 전달하는 경우에도 안정하지만 반응성이 있는 중성 종(즉, 분자 라디칼)을 생성하기에 충분한 에너지를 전달할 수 있다. 시스템에 충분한 에너지가 공급되면 자유 전자, 양이온 및 반응성 중성자를 포함하는 안정적인 기상 플라스마가 생성된다. 그림 5.4는 플라스마 식각와 습식 식각의 차이점를 설명하고 있다.

플라스마 식각 공정에서, 플라스마로부터의 원자 및 분자 이온 및/또는 반응성 중성 종은 물리적 또는 화학적 경로, 또는 둘 모두를 사용하는 메커니즘에 의해 기판에서 물질을 제거하는 데 사용될 수 있다. 순수한 물리적 식각(그림 5.5)은 강한 전기장을 사용하여 기판을 향해 양이온 원자 이온(일반적으로 아르곤과 같은 무거운 불활성 원소의 이온)을 가속하여 수행된다. 이 가속은 이온에 에너지를 전달하고 이온이 기판 표면에 충돌할 때 내부 에너지가 기판의 원자로 전달된다. 충분한 에너지가 전달되면 기질 원자는 기체 상태로 방출되어 진공 시스템에 의해 펌핑된다. 입사 이온은 충돌 시 중화되며 기체이기 때문에 기체 상태로 탈착되어 재이온화되거나 시스템 외부로 펌핑된다. 그림 5.6은 플라스마 식각 모델을 나타내고 있다. 표 5.1은 식각 공정에 사용되는 가스 첨가제를 보여주고 있다.

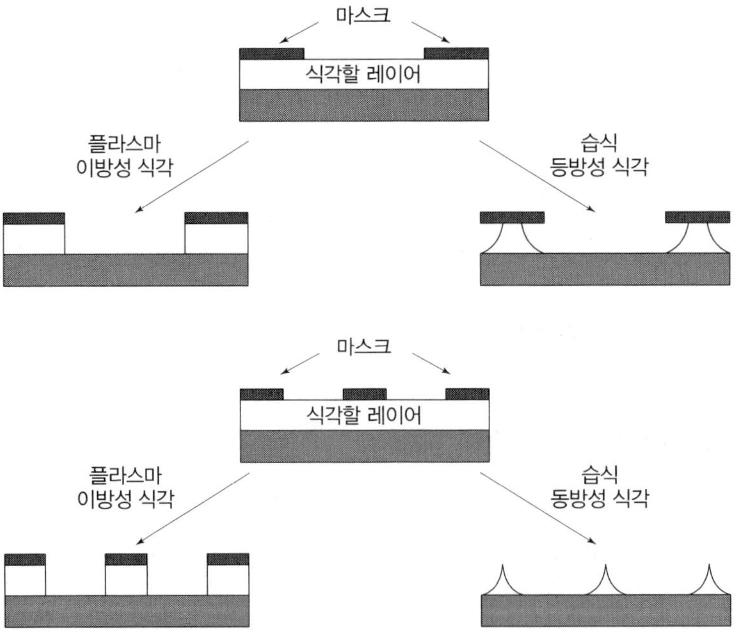

그림 5.4 플라스마 식각와 습식 식각의 차이점

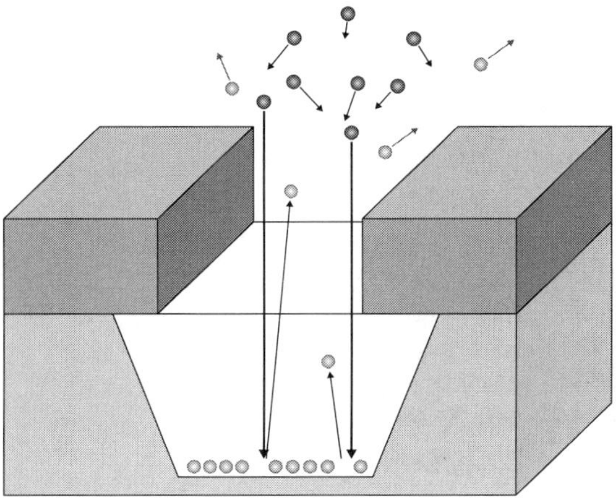

그림 5.5 기판의 물리적 식각

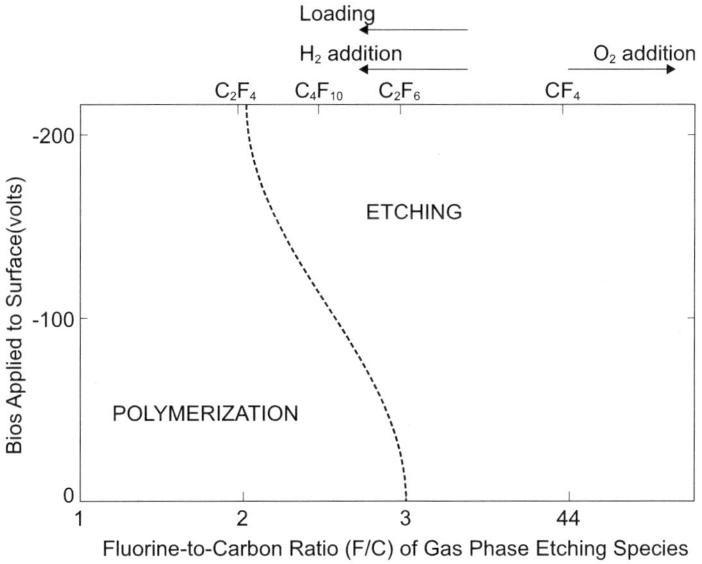

그림 5.6 플라스마 식각 모델

표 5.1 식각 공정에 사용되는 가스 첨가제

첨가제	목적	예시 (첨가제-식각제 가스)
Oxide Etchant	Etch through material oxide to initiate etching	C_2F_6—Cl_2 : SiO_2; BCl_3—Cl_2 : Al_2O_3; CCl_4—Cl_2 : Al_2O_3
Oxidant	Increase etchant concentration or suppress polymer	O_2—CF_4 : Si; N_2O—CHF_3 : SiO_2; O_2—CCl_4 : GaAs, InP
Inert Gas, N2	Stabilize plasma, dilute etchant, improve heat transfer	Ar—O_2 : organic material; He—CF3Br : Ti
Inhibitor-Former	Induce anisotropy, improve selectivity	C_2F_6—Cl_2 : Si; BCl_3—Cl_2 : GaAs, Al H_2—CF_4 : SiO_2
Radical-Scavenger	Increase film-former, improve selectivity	H_2—CF_4 CHF_3—C_2F_6 : SiO_2; H_2—CF_4 : SiO_2
Water/Oxygen-Scavenger	Prevent inhibition improve selectivity	BCl_3—Cl_2 : Al; H_2—CF_4 : SiO_2
Volatilizer	Form a more volatile product, increase etch rate	O_2—Cl_2 : Cr, $MoSi_2$

화학적 식각은 플라스마 내에서 생성된 반응성 중성 종과 기판 재료 사이의 화학적 반응을 사용한다는 점에서 물리적 식각과 다르다(그림 5.7). 가장 일반적인 유형의 화학적 식각은 염소 또는 플루오린(불소) 원자가 식각 공정에서 활성제인 할로젠화물 화학을 포함한다. 식각 공정의 대표적인 화학 물질은 실리콘 식각에 NF_3를 사용하는 것이다. 이 식각 공정의 화학 반응 순서는 다음과 같다.

$$NF_3 + e^- \rightarrow \cdot NF_2 + \cdot F + e^-$$

$$Si(s) + 4F\cdot \rightarrow SiF_4 \uparrow$$

NF_3는 플라스마에서 해리되어 반응성이 높은 불소 원자 라디칼을 생성한다. 라디칼은 기판의 실리콘과 반응하여 펌핑될 수 있는 휘발성 가스인 사불화규소(SiF_4)를 생성한다. 이러한 방식으로 기판에서 실리콘이 식각된다. 습식 식각과 같은 화학적 식각은 방향성이 없는 등방성 공정이다(그림 5.8). 그 이유는 반응성 중성종(reactive neutrals)의 점착 계수가 상대적으로 낮기 때문에 기판 표면에 대한 대부분의 충격으로 인해 식각이

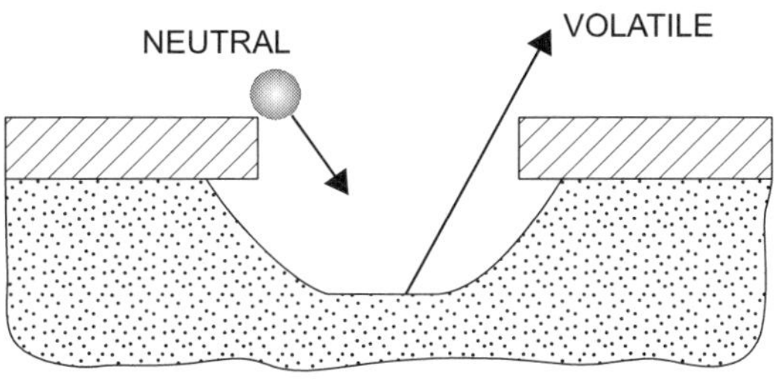

그림 5.7 화학적 식각 개요

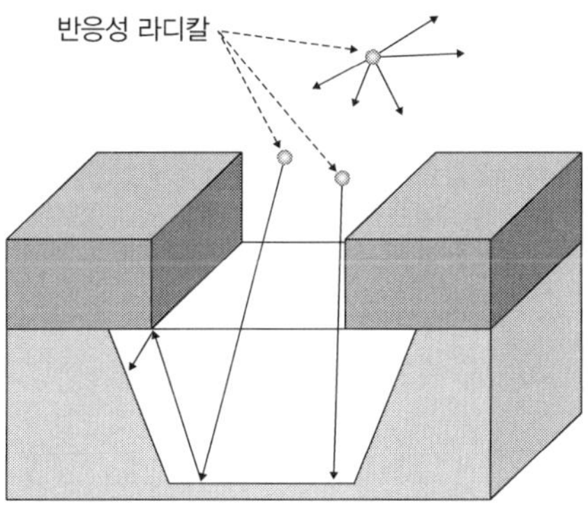

그림 5.8 플라스마 식각에서 등방 특성의 소스

발생하지 않고 반응성 중성종이 기체상으로 다시 단순 탈착되기 때문이다. 이 현상은 식각되는 피처 내에서 식각 프로세스의 이브닝 아웃(evening-out)과 식각에서 궁극적으로 등방성 특성을 초래한다.

최신 장치 제조에 사용되는 대부분의 식각 기술은 물리적 식각과 화학적 식각의 측면을 모두 포함한다. 반응성 이온 식각(RIE)과 같은 공정에서 방향성 식각은 기판을 바이어스(bias)하여 플라스마의 이온 종이 기판 표면을 향해 가속되도록 한다. 그곳에서 표면 및 반응성 중성종과 상호 작용하여 펌핑될 수 있는 휘발성 생성물을 생성한다(그림 5.9). RIE의 이온화 에너지는 물리적 식각 기술에 사용되는 것보다 훨씬 낮고 이온 충격 효과는 무시할 수 있다. 이온 에너지를 표면으로 전달하면 충격을 받은 표면에서 반응물 종의 향상된 흡착(들어오는 이온은 흡착과 반응이 우선적으로 발생하는 고에너지 결합을 생성)과 향상된 부산물 탈착(들어오는 이온화 에너지가 표면에서 탈착을 초래하는 반응 생성물로 전달)을 통해 방향성을 향상시킬 수 있다.

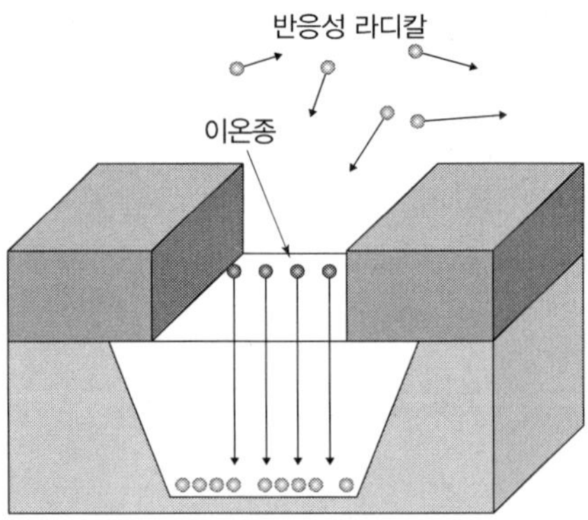

그림 5.9 저에너지 이온 충격에 의해 강화된 화학적 식각

5.2 플라스마

5.2.1 플라스마의 입자

많은 반도체 제조 공정(스퍼터링, 증착 또는 건식 식각 공정 등)에서 플라스마(plasma)가 사용된다. 중요한 점은 플라스마가 가열되지 않는다는 것이다. 따라서 이미 금속화된 웨이퍼를 플라스마 공정에서 처리할 수 있다.[2] 플라스마는 물질의 네 번째 상태 또는 네 번째 집합체 상태라고도 한다. 응집(aggregate) 상태는 온도와 압력에 따라 달라지는 재료의 질적 조건이다. 고체, 액체, 기체는 일상생활에서 쉽게 접할 수 있다. 온도가 낮아지면 고체의 모든 원자는 한 점에서 고정되고 분자 간 인력에 의해 움직이지 못하게 된다. 절대 영도(-273.15℃)에서 물질은 반응하지 않는다. 온도가 증가함에 따라 입자가 진동하기 시작하고 원자의 결합이 불안정해진다. 융점에 도달하면 물질은 첫 번째 응집 상태(고체)에서 두 번째 응집 상태(액체)로 변형된다.

액체 상태 역시 중력은 여전히 존재하지만 입자는 움직일 수 있고 고정된 위치가 없다. 온도가 더 올라가면 결합이 완전히 끊어지고 입자가 서로 독립적으로 움직일 수 있다. 물질의 끓는점에서 그것은 두 번째 상태에서 세 번째 상태로 변한다. 고체와 액체의 부피는 일정하지만 기체 물질은 기존 공간을 완전히 차지하고 입자는 실내 전체에 고르게 분포되어 있다.

플라스마는 기체, 액체, 고체 다음으로 물질의 네 번째 상태라고 하며, 간단하게 말하

2) https://www.halbleiter.org/en/deposition/plasma/

면 중성자, 이온, 전자로 이루어진 기체이다. 중성자가 대부분이 차지하며, 이온과 전자가 동수를 이뤄 전체적으로 중성을 띤다. 전자와 이온의 전기적 전자기적 특성에 의해 집단적 거동을 보인다. 외부의 간섭에 대해 플라스마를 고립시키는 특성이 있다. 발생 방식에 따라 공정 플라스마는 직류 플라스마(외부 에너지를 직류전원으로 공급), 교류 플라스마(외부 에너지원을 교류전원으로 공급, RF~Microwave)로 분류된다.

플라스마는 우주에서 가장 풍부한 형태의 일반 물질이며 대부분 태양을 포함한 별과 관련이 있다. 희박한 은하단 내부 매질과 아마도 은하 간 영역까지 확장하여 플라스마는 중성 가스를 가열하거나 강한 전자기장에 노출함으로써 인공적으로 생성될 수 있다. 하전 입자의 존재는 개별 입자의 동역학 및 집단 전자기장에 의해 지배되고 외부에서 인가된 필드에 매우 민감한 거시적 플라스마 운동으로 플라스마를 전기 전도성으로 만든다. 전자기장에 대한 플라스마의 반응은 플라스마 텔레비전이나 플라스마 식각과 같은 많은 최신 장치 및 기술에서 사용된다. 온도와 밀도에 따라 특정 수의 중성 입자도 존재할 수 있으며 이 경우 플라스마를 부분 이온화라고 한다. 네온사인과 번개는 부분적으로 이온화된 플라스마의 예이다. 물질의 다른 세 가지 상태 사이의 상전이와 달리 플라스마로의 전이는 잘 정의되어 있지 않으며 해석과 맥락의 문제이다. 주어진 이온화 정도가 물질을 '플라스마'라고 부르기에 충분한지 여부는 고려 중인 특정 현상에 따라 다르다.

플라스마는 이온화된 물질이 장거리 전기장과 자기장이 그 거동을 지배할 정도로 전기 전도성이 높은 물질 상태이다. 플라스마는 일반적으로 결합하지 않은 양성 및 음성 입자의 전기적 준 중성 매체이다(즉, 플라스마의 전체 전하는 대략 0이다). 이러한 입자는 결합하지 않았지만 힘을 경험하지 않는다는 의미에서 '자유'가 아니다. 움직이는 하전 입자는 전류를 생성하고 하전 플라스마 입자의 모든 움직임은 다른 전하에 의해 생성된 필드에 영향을 미치고 영향을 받는다. 차례로, 이것은 다양한 정도의 집단적 행동을 지배한다. 플라스마는 물질의 다른 상태와 구별된다. 특히, 저밀도 플라스마를 단순히 '이온화된 가스'로 설명하는 것은 잘못된 것이며 오해의 소지가 있다. 둘 다 명확한 모양이나 부피를 가정하지 않는다는 점에서 가스 상태와 유사하지만 말이다.

이상적인 플라스마를 정의하는 요소는 세 가지이다.

- 플라스마 근사치: 플라스마 근사치는 Debye 구 내의 전하 캐리어 수를 나타내는 플라스마 매개변수 Λ가 1보다 훨씬 높을 때 적용된다. 이 기준은 플라스마 정전기 밀도와 열에너지 밀도의 비율이 작은 것과 같다는 것을 쉽게 알 수 있다. 이러한 플라스마를 약 결합이라고 한다.
- 벌크 상호 작용: Debye 길이는 플라스마의 물리적 크기보다 훨씬 작다. 이 기준은

플라스마 벌크에서의 상호 작용이 경계 효과가 발생할 수 있는 가장자리에서의 상호 작용보다 더 중요하다는 것을 의미한다. 이 기준이 충족되면 플라스마는 준 중성이다.

• 무충돌: 전자 플라스마 주파수(전자의 플라스마 진동 측정)는 전자-중립 충돌 주파수보다 훨씬 크다. 이 조건이 유효할 때 정전기적 상호 작용은 일반 가스 동역학 공정보다 우세한다. 이러한 플라스마를 무충돌이라고 한다.

전기력의 강도와 범위 및 플라스마의 우수한 전도성은 일반적으로 크기가 큰 영역에서 양전하와 음전하의 밀도가 동일하도록 한다(준중성). 전하 밀도가 상당히 높거나 극단적일 때 단일 종으로 구성된 플라스마를 비중성 플라스마라고 한다. 이러한 플라스마에서 전기장은 지배적인 역할을 한다. 예를 들면 하전 입자 빔, 페닝 트랩의 전자구름 및 양전자 플라스마가 있다.

먼지가 많은 플라스마에는 먼지의 작은 하전 입자가 포함되어 있다(일반적으로 우주에서 발견됨). 먼지 입자는 높은 전하를 획득하고 서로 작용한다. 더 큰 입자를 포함하는 플라스마를 입자 플라스마라고 한다. 실험실 조건에서 먼지 플라스마는 복합 플라스마라고 한다.

플라스마가 존재하려면 이온화가 필요하다. '플라스마 밀도'라는 용어 자체는 일반적으로 전자 밀도를 의미한다. 즉, 단위 부피당 전히 기여 전자의 수이다. 이온화 정도 α는 이온화된 중성 입자의 비율로 정의된다.

일반적으로 켈빈 또는 전자볼트로 측정되는 플라스마 온도는 입자당 열운동 에너지의 척도이다. 일반적으로 플라스마의 특징인 이온화를 유지하려면 고온이 필요하다. 플라스마 이온화 정도는 이온화 에너지에 대한 전자 온도에 의해 결정된다(더 약하게는 밀도에 의해). 열평형에서 관계는 Saha 방정식으로 제공된다. 낮은 온도에서 이온과 전자는 결합 상태로 재결합하는 경향이 있으며 플라스마는 결국 기체가 된다.

대부분 전자와 무거운 플라스마 입자(이온 및 중성 원자)는 각각 상대적으로 잘 정의된 온도를 갖다. 즉, 강한 전기장이나 자기장이 있는 경우에도 에너지 분포 기능이 Maxwellian에 가깝다. 그러나 전자와 이온 사이의 질량 차이가 크기 때문에 온도가 다를 수 있으며 때로는 크게 달라지기도 한다. 이것은 전자가 수천 켈빈에 도달하는 동안 이온이 종종 주변 온도 근처에서 머무는, 약한 이온화 기술 플라스마에서 특히 일반적이다. 반대의 경우는 이온 온도가 전자의 온도를 초과할 수 있는 z-pinch 플라스마이다.

지구 표면에 존재하는 플라스마의 예로는 번개가 있다. 일반적으로 번개는 최대 100 MV에서 30 kA를 방전하고 전파, 빛, X선 및 감마선까지 방출한다. 반도체 제조공정에서 사용되는 플라스마의 온도는 30,000 K에 근접할 수 있으며 전자 밀도는 10^{24} m^{-3}(입자/m^3) 이상일 수 있다. 플라스마는 매우 우수한 전기 전도체이기 때문에 전위가 중요한 역할을 한다. 대전 입자 사이의 공간에 있는 평균 전위는 측정 방법과 관계없이 플라스마 전위 또는 공간 전위라고 한다. 전극이 플라스마에 삽입되면 전극의 전위는 일반적으로 Debye sheath로 인해 플라스마 전위보다 상당히 낮다. 플라스마의 우수한 전기 전도성은 전기장을 매우 작게 만든다. 이것은 준중성(quasineutrality)이라는 중요한 개념으로 귀결되는데, 이는 음전하의 밀도가 많은 양의 플라스마에 대한 양전하의 밀도와 거의 같다는 것이다.

그러나 Debye 길이의 척도에서 전하 불균형이 있을 수 있다. 이중층이 형성되는 특수한 경우 전하 분리는 수십 Debye 길이로 확장될 수 있다. 전위와 전기장의 크기는 단순히 알짜 전하 밀도를 찾는 것 이외의 방법으로 결정해야 한다. 일반적인 예는 전자가 Boltzmann 관계를 만족한다고 가정하는 것이다.

각 물질은 특정 녹는점과 끓는점을 가지고 있다. 실리콘은 1,414°C에서 녹고 약 2,900°C에서 기체 상태로 전환된다. 물질에 더 많은 에너지를 가하면 입자 사이의 충돌로 인해 최외각 전자 껍질에서 전자가 방출된다. 자유 전자와 양전하 이온이 존재하고 플라스마 상태에 도달한다.

반도체 기술에서 플라스마는 일반적으로 고주파 전압에 의해 생성된다. 예를 들어 아르곤은 가스 역할을 한다. 가스는 두 개의 대전된 판(전극) 사이의 고주파장에 위치하며 여기에서 이온화된다. 전자는 아르곤 원자의 외부 껍질에서 전자를 제거하는 데 필요하다. 이러한 초기 전자는 다음과 같은 다른 방식으로도 생성될 수 있다.

- 열 음극(thermionic cathode)에서 전자가 방출된다.
- 매우 높은 전압에 의해 음극에서 전자를 빼낼 수 있다.
- 각 가스에는 입자의 충돌에 의해 항상 일시적으로 자유 전자가 있다.

전자는 이온보다 훨씬 가볍기 때문에 즉시 양전하를 띤 전극에 끌리고 무거운 이온은 천천히 음극으로 이동한다. 그러나 그것을 달성하기 전에 전극의 극성이 바뀌면, 전자는 다른 전극으로 끌려가고, 궤적에서의 충돌로 인해 원자에서 더 많은 전자를 내보낸다. 자유 전자 및 양전하 플라스마의 거동을 그림 5.10에 나타내었다. 플라스마 생성 프로세스의 일반적인 주파수는 13.56 MHz 및 2.45 GHz이므로 전극 양단의 전압은 초당 1,356만 번 또는 24억 5,000만 번 역전된다. 전자는 주로 전극에 위치하지만 양전하를 띤 이온 사이에서 플라스마는 급격한 전압 변화를 따라가지 못하기 때문에 앞뒤로 진동한다.

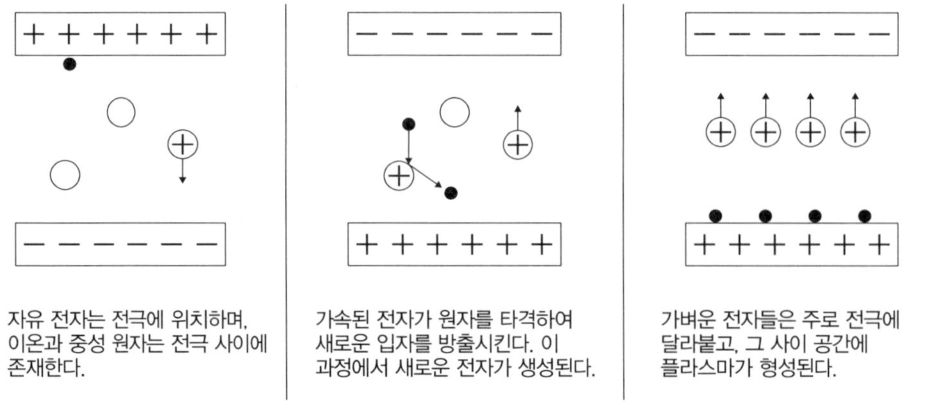

그림 5.10 자유 전자 및 양전하 플라스마의 거동

플라스마의 생성은 진공 상태에서 이루어지며 가열되지 않으므로 많은 공정에서 중요하다. 플라스마는 증착(deposition), 스퍼터링(sputtering, 그림 5.11), 식각(etching) 또는 이온 주입(ion implantation)에 사용될 수 있다. 고주파에서 양이온의 빠른 진동으로 인해 활동적이다. 다른 입자가 충돌에 의해 생성되기 때문에 플라스마에는 양이온과 자유 전자만 있지 않고 플라스마 상태는 끊임없이 변한다. 전자는 이온에 의해 일부 포획되고 다시 방출되지만 이러한 추가 입자는 플라스마의 사용에 문제가 되지 않는다. 이온화 정도는 공정 챔버 내 입자의 밀도(cm^3당 10^8~10^{12})에 따라 0.001~10%이다. 따라서 대부분의 입자가 언로드(unload)된다.

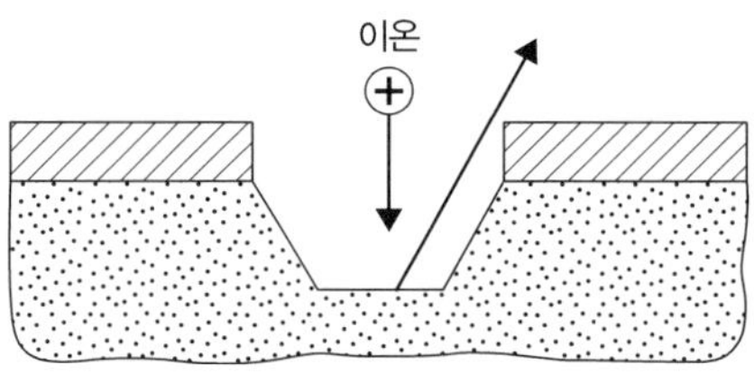

그림 5.11 Sputtering 공정 개요

5.2.2 플라스마의 종류

압력은 플라스마 식각 공정에 영향을 준다. 플라스마 식각이 일어나려면 챔버가 100 Pa 미만의 저압 상태여야 한다. 저압 플라스마를 생성하려면 가스가 이온화되어야 한다. 이온화는 글로우 전하(glow discharge)에 의해 발생한다. 들뜸(excitation)은 외부 소스에 의해 발생하며 최대 30 kW와 50 Hz(dc)에서 5~10 Hz(펄스 DC)까지 라디오 및 마이크로파(MHz~GHz)까지의 주파수를 전달할 수 있다.

마이크로파 플라스마 식각(microwave plasma etching)은 마이크로파 주파수, 즉

MHz와 GHz 사이의 들뜸 소스에서 발생하는 플라스마를 이용한 것이다. 마이크로파를 이용한 플라스마 식각 장치의 모식도를 그림 5.12에 나타내었다.

가스를 플라스마 식각으로 사용하는 한 가지 형태는 수소 플라스마 식각(hydrogen plasma etching)이다. 그림 5.13과 같은 실험 장치를 사용할 수 있다.

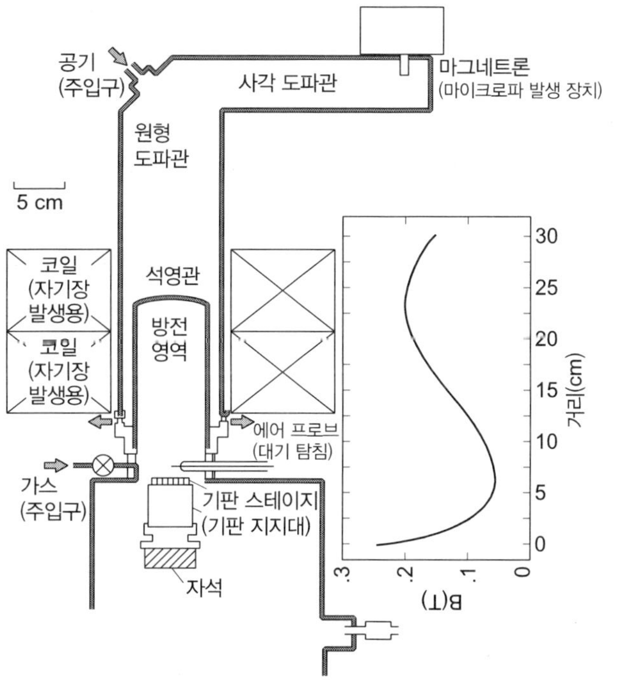

그림 5.12 마이크로파 플라스마 식각 장치

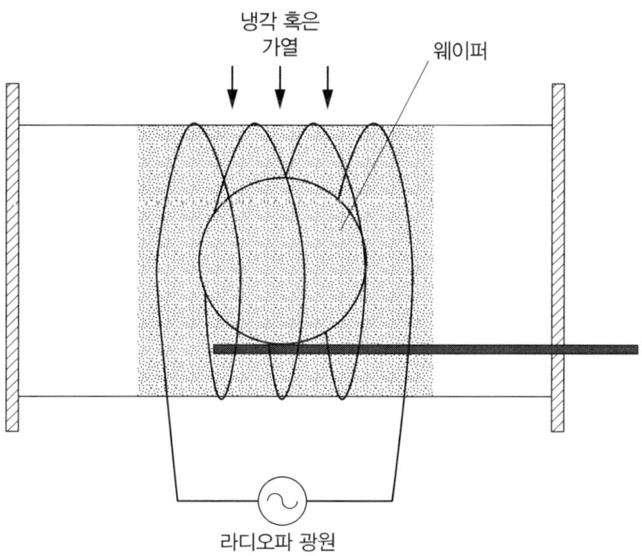

그림 5.13 30 MHz의 RF 들뜸을 갖는 석영 튜브. 수소를 이용한 플라스마 식각 장치이다.

5.2.3 플라스마 손상

반도체 장치는 공정 조건에 민감하므로 최적의 성능을 얻으려면 손상(damage)과 관련된 문제를 이해해야 한다. 장치 제조의 중요한 공정에는 플라스마가 포함된다. 플라스마는 열 부하(thermal load)를 줄이고 매우 얇은층을 제공하는 데 사용되어, 초고해상도 패턴 및 플라스마 강화 증착 방식과 같은 고유한 기능을 제공한다. 장치의 성능과 물리학이 계속 발전됨에 따라 손상과 관련된 플라스마 프로세스의 역할을 더 잘 이해하는 것이 중요하다.[3)]

플라스마 환경은 복잡하고 손상을 유발하는 다양한 메커니즘을 제공한다. 허용 가능한 손상 정도는 장치에 따라 다르다. 표면 근처에 있는 2-DEG(two-dimensional electron gas)와 같은 피쳐(feature)는 표면에서 더 멀리 위치한 2-DEG보다 훨씬 더 민감할 수 있다. 유사하게, 넓은 피처는 측벽 손상에 상대적으로 영향을 받지 않을 수 있지만 좁은 피처는 큰 영향을 받을 수 있다. 플라스마에 의한 손상을 다음과 같이 분류할 수 있다.

5.2.3.1 이온 충격(ion bombardment)

플라스마 피복을 가로질러 가속된 이온은 10s에서 100s eV 정도일 수 있다. 이러한 에너지에서 광범위한 효과가 관찰될 수 있으며 격자 변위 생성 트랩(lattice displacement generating trap), 층간 혼합(interlayer mixing), 표면 손상(표면 상태 및 화학 반응성의 변화) 및 주입에 기인할 수 있다. 재료와 이온 에너지에 따라 영향을 받는 재료의 깊이는 수 나노미터에서 수백 나노미터까지 다양하다. 중요한 매개변수로는 총 플럭스, 이온 에너지 및 이온 질량이 있다.

5.2.3.2 측벽 손상

장치가 주로 평면 구조에서 3차원 구조(예: FinFET, VCSEL, μLED, 도파관)로 이동함에 따라 측벽 손상(sidewall damage)에 대한 우려가 있다. 일반적으로 이온의 방향성이 높고 기판에 대한 대부분의 수직 궤적(normal trajectory) 때문에 측벽에는 거의 손상을 주지 않는다. '거의'는 상대적인 용어이며 장치에 따라 다를 수 있다. 나노 영역의 3차원 구조에서는 수십 Å의 손상이라도 상당한 영향을 미칠 수 있다. 종종 < 50 E의 편향이 허용

3) https://corial.plasmatherm.com/

가능한 손상 수준을 생성할 것으로 기대하지만 이는 매우 일반적인 기준에 해당한다.

5.2.3.3 정전기(electrostatics, 충전 및 아킹)

대전된 플라스마 종(species), 전자(electrons) 및 이온(ion)은 절연체와 함께 국부 정전기장을 유발할 수 있다. 발생하는 국부 필드는 음영 유입(shade incoming) 이온을 편향시켜 프로파일의 변화를 일으킬 수 있다. 얇은 유전체에 전하가 축적되면 방전 중에 전류가 흐르게 되어 트랩을 초래할 수 있다. 일부 구조에서는 피쳐 사이에 아크를 일으킬 만큼 문제가 심각할 수 있다. 두 번째 문제는 얇은 유전체에서 발생하기 때문에 유전체가 얇은 경우 또는 HDPCVD(High-Density Plasma CVD) 초기 증착 상태에서 식각 말단(end) 부근에서 관찰될 수 있다. 이 현상은 유전체의 전계 파괴(electric field break-down)에 영향을 미칠 수 있다.

5.2.3.4 방사선

진공 UV는 파장이 200 nm(> 6.2eV) 미만인 방사선을 특징으로 한다. 에너지의 방사선은 흡수되어 에너지가 넘치는 전자 정공 쌍(electron hole pair)을 생성할 수 있다. 유전체에서 이 프로세스는 궁극적으로 갇힌 전하(trapped charge), 표면 손상(surface damage) 또는 인터페이스 결함(defect)을 생성할 수 있다. 충분히 높은 강도(높은 플라스마 밀도)에서 이 프로세스는 유전 전도도와 더 많은 손상 가능성을 유발할 수 있다. 방사선의 높은 에너지 특성으로 인해 흡수 깊이가 작아 손상을 제한하는 데 도움이 된다.

5.2.3.5 오염

여러 소스가 오염(contamination)에 기여할 수 있다. 오염은 마스크에서 재스퍼터링(resputtering), 챔버 표면에서 재증착(redeposition), 가장 일반적으로 플라스마 화학 자체에서 발생한다. 오염의 예는 불화탄소(fluorocarbons)를 사용한 식각을 들 수 있다. 불화탄소는 쉽게 폴리머를 형성하기 때문에 모든 흔적을 제거하기 위해서는 철저한 청소가 필요하기도 하다. 다른 화학 물질은 메테인/수소 공정과 같은 중합체를 형성한다.

5.2.3.6 손상에 대한 접근

모든 응용 분야가 손상에 의해 영향을 받는 것은 아니다. 분야에 따라 손상에 중점을 둘 필요가 있는지를 평가해야 한다. 손상이 문제가 되는 분야라면, 영향을 최소화하는 방법을 찾는 것이 중요하다. 장치 설계의 관점에서 장치가 어떻게 영향을 받을 수 있는지 분명히 이해하는 것도 중요하다.

플라스마에서 멀리 떨어진 장치의 민감한 부분을 찾을 수 있다면 도움이 될 것이다(예: 표면에서 2-DEG 멀리 떨어진 위치). 바이어스(bias)가 줄어 들고 저전력 플라스마로 이온 플럭스를 낮출 수 있다면 크게 도움이 된다. 이는 가능한 경우 원격 또는 다운스트림(downstream) 플라스마 기술(예: 포토레지스트 스트리핑)을 사용해야 하는 주요 동기가 된다. 원하는 식각 깊이가 최소 시간에 달성될 수 있도록 빠른 식각 속도(높은 바이어스 없이)를 갖는 데 도움이 될 수 있다. 언급한 바와 같이, 이온 손상은 주로 플럭스와 이온 에너지에 영향을 받는다. 식각 속도가 빠를수록 손상이 누적되는 시간이 줄어든다. 정확한 끝점은 불필요한 과잉 식각을 방지하는 데도 도움이 된다.

이온 충격으로 인한 측벽 손상은 일반적으로 최소화되지만 여전히 중요할 수 있다. 일반적으로 축에서 벗어난 이온 궤적은 플라스마 덮개를 통한 충돌 없는 이동을 위해 법선에서 ~5도로 제한된다. 압력을 높이면 더 많은 산란과 더 큰 각도가 발생하지만 이온 에너지는 감소한다. 적용 분야의 특성에 따라 어떤 효과가 지배적일지 예측하기 어렵다.

이온이 중요한 역할을 하기 때문에 많은 새로운 접근 방식이 개발되고 있다. 이러한 접근 방식에는 이온 필터, 다양한 RF 주파수, 펄스 및 충전을 피하기 위한 플라스마 밀도 평준화가 포함된다.

5.2.4 전자 음영

전자 음영(electron shading)이라고 하는 주요 대전 효과는 웨이퍼에 높은 종횡비 패턴이 존재하기 때문에 나타난다. 또한 전자 음영 효과는 게이트의 충전 시간 및 접촉 면적과 같은 요인에 의해서도 영향을 받는다. 플라스마 식각 공정에서의 전자 음영 현상에 대한 모형을 간략하게 그림 5.14에 소개하였다.[4] 종횡비가 높은 패턴에서는 거의 모든 이온이 수직 입사로 인해 라인 사이의 식각 바닥에 충돌할 수 있다. 일반적으로 전자 입사각이 크기 때문에 포토레지스트는 이러한 전자로부터 식각 바닥을 가리게 된다. 이 음영은 바닥으로 과도한 양전하 흐름을 유발하여 전하 손상 및 왜곡된 이온 궤적을 초래한다.

4) J. Phys. D: Appl. Phys. 45 (2012) 253001

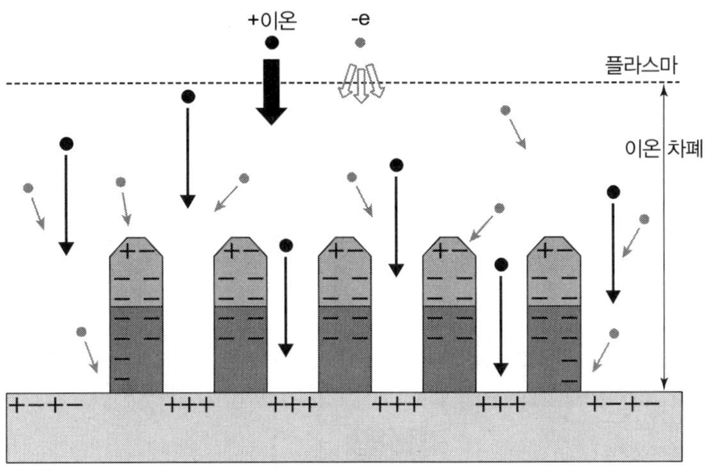

그림 5.14 플라스마 식각 공정 중 전자 음영 현상

5.2.5 전하 손상

IC 처리 장비의 제품 전하 손상(charge damage, 차징 손상)은 거의 20년 동안 IC 제조에서 반복되는 문제였다. 장비 제조업체와 IC 제조업체가 웨이퍼 전하를 제어하기 위해 상당한 노력을 기울이고 있지만, 장비 설계가 변경되고 IC 기술이 고성능을 위해 확장됨에 따라 새로운 전하 메커니즘이 등장하고 있다. IC 공정 장비의 전하 손상은 웨이퍼 환경과 웨이퍼 사이의 복잡한 상호 작용의 결과이기 때문에 전하 손상을 이해하는 것은 지속적인 과제로 남아 있다. 그림 5.15은 플라스마 노출에 따른 고에너지 이온의 충격과 강화된 고유전율 유전체 필름으로 흐르는 플라스마 스트레스 전류에 의한 손상을 나타내고 있다.

일반적으로 웨이퍼(게이트) 표면의 전도성 기판과 격리된 전도성 전극 사이에 끼인 얇은 절연체(게이트 산화물)의 손상은 표면 전극과 기판 사이의 전위차에 의해 구동되는 절연체를 통한 전류 흐름으로 인해 발생한다(그림 5.15). 기판이 전기적으로 부유하는 경우에도 웨이퍼의 서로 다른 부분에 위치한 전극 사이의 전위차로 인해 절연체와 기판을 통해 한 세트의 전극에서 다른 세트로 전류가 흐를 수 있다.

웨이퍼 처리 중에 플라스마 밀도 및/또는 전자 온도의 전체적인 불균일성 또는 이온빔 장비의 경우 이온빔으로 인한 전하의 공간적으로 불완전한 중성화로 인해 전체(웨이퍼 스케일) 전위차가 발생한다. 이 두 메커니즘 모두 웨이퍼의 넓은 영역에 걸쳐 서로 다른 전극-기판 전위를 발생시키는 이온과 전자 플럭스 사이의 불균형을 유발한다. (광범위한 지역에 산재된 고도로 국부적인 충전 이벤트는 플라스마 장비에서도 때때로 관찰

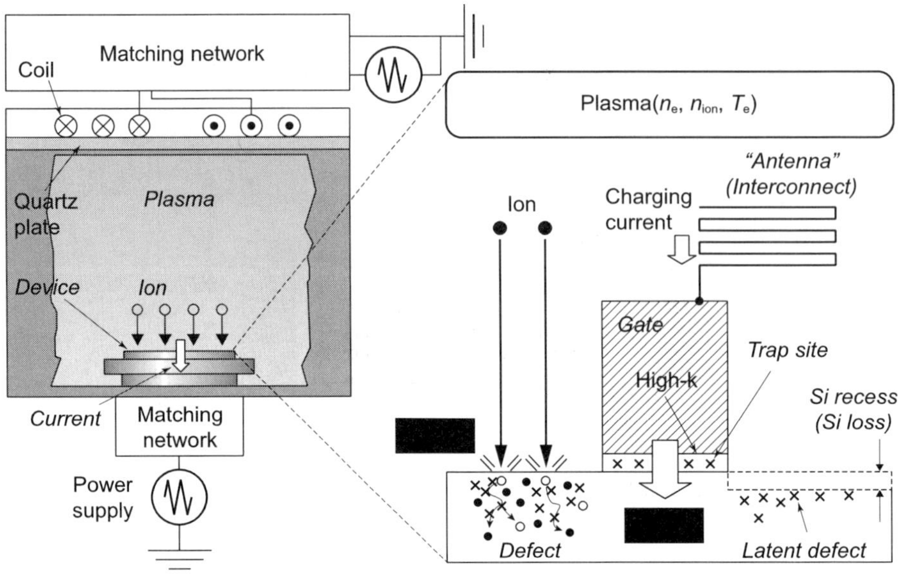

그림 5.15 플라스마 노출에 따른 고에너지 이온의 충격과 강화된 고유전율 유전체 필름으로 흐르는 플라스마 스트레스 전류에 의한 손상

된다.) 레지스트 스트리핑과 같이 전극이 완전히 노출되는 프로세스에서 충전 손상은 일반적으로 표면 충전의 전반적인 변화와 관련이 있다. 마찬가지로, 산화물 증착 중 전하 손상은 표면 전하의 전체적인 변화 또는 표면 전하와 UV의 조합과 관련이 있다.

더욱이 균일한 플라스마에서도 홀-인(holes-in) 절연체 지형적 특징과 관련된 이온 및 전자 플럭스의 국부적 불균형으로 인한 고도로 국부적인 충전(전자 음영)은 게이트 산화물 손상을 유발할 수 있다. 이 국부적인 충전은 저에너지 전자가 홀 바닥에 도달하여 양이온 플럭스를 중화하는 것을 방지하는 절연체(예: 레지스트)의 음전하로 인해 발생한다. 이 기본 효과의 크기는 종횡비(높이/너비)가 증가함에 따라 증가한다. 식각 공정에서 전하 손상은 전체 전하와 국부 전하의 조합으로 인해 발생한다. 전자 음영으로 인한 국부적 충전은 전역 충전 효과에 중첩된다.

5.2.6 플라스마 진단

플라스마 진단(plasma diagnostic)은 플라스마 매개변수를 도출할 수 있는 구성 요소의 밀도, 에너지(온도)에 대한 분포 함수, 공간 프로필 및 역학과 같은 플라스마 특성을 측정하는 데 사용되는 방법이다. 장비 및 실험 기법의 풀(pool) 등이 모두 포함된다.[5)] 이 절에서는 프로브 침습적 방법(invasive probe method)에 대해서만 몇 가지 소개한다.

5.2.6.1 볼펜 프로브

볼펜 프로브(ball-pen probe)은 자화(magnetized) 플라스마에서 플라스마 전위를 직접 측정하는 데 사용되는 새로운 기술이다. 이 방법에서는 이온 포화 전류(ion saturation current)와 동일한 크기로 전자 포화 전류(electron saturation current)의 균형을 맞춘다(그림 5.16). 이 경우 부유 전위(floating potential)는 플라스마 전위와 동일하게 된다. 이 목표는 전자의 자이로 반경(gyro-radius)이 훨씬 더 작기 때문에 프로브 수집기에서 나오는 전자 전류의 조정 가능한 부분을 차폐하는 세라믹 실드에 의해 달성된다. 전자 온도는 볼펜 프로브(플라스마 전위)와 랭뮤어 프로브(부유 전위) 전위의 차이에 비례한다. 따라서 별도의 전원 공급 없이 높은 시간 분해능으로 직접 전자 온도를 얻을 수 있다. 그림 5.16은 볼펜 프로브의 구조 및 구성을 나타내고 있다.

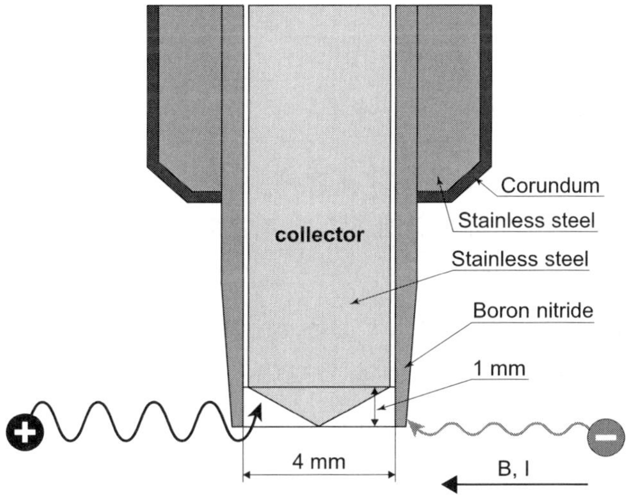

그림 5.16 볼펜 프로브의 구조 및 구성

5.2.6.2 랭뮤어 프로브

랭뮤어 프로브라고 하는 전기 프로브를 사용한 측정은 저온 플라스마에 가장 오래되고 가장 자주 사용되는 절차이다. 이 방법은 1920년대 어빙 랭뮤어(Irving Langmuir)와 그의 동료들에 의해 개발되었으며 이후 랭뮤어가 추정한 것보다 더 일반적인 조건으로 적용하기 위해 확장되었다. 랭뮤어 프로브 측정은 플라스마에 잠긴 두 개의 금속 전극

5) en.wikipedia.org

으로 구성된 회로의 전류 대 전압 특성의 추정을 기반으로 한다. (a) 두 전극의 표면적은 몇 배나 다를 수 있으며 이것은 단일 프로브 방법으로 알려져 있다. (b) 표면적은 플라스마를 포함하는 용기의 치수에 비해 매우 작고 서로 거의 동일할 경우 이것은 이중 프로브 방법에 해당한다. 기존의 랭뮤어 프로브 이론은 프로브 주변의 공간 전하 외장에서 전하 캐리어의 충돌 없는 이동을 가정한다. 또한 시스(sheath) 경계가 잘 정의되어 있고 이 경계를 넘어서는 플라스마가 프로브의 존재에 의해 완전히 방해받지 않는다고 가정한다. 이는 프로브가 위치한 곳에서 프로브의 전위와 플라스마 전위의 차이로 인해 발생하는 전기장이 프로브 외장 경계 내부의 부피로 제한됨을 의미한다. 랭뮤어 프로브 측정에 대한 일반적인 이론적 설명은 푸아송(Poisson) 방정식, 충돌 없는 볼츠만(Boltzmann) 방정식 또는 블라소프(Vlasov) 방정식, 프로브 표면의 경계 조건에 대한 연속 방정식의 동시 해를 필요로 하며 프로브, 솔루션은 교란되지 않은 플라스마에서 예상되는 접근 방식이다.

5.2.6.3 자화(B-dot) 프로브

플라스마의 자기장이 고정되어 있지 않은 경우, 플라스마 전체가 일시적이거나 자기장이 주기적(고주파 가열)이기 때문에 시간에 따른 자기장의 변화율을 루프를 사용하여 국부적으로 측정할 수 있다. 또는 와이어 코일은 변화하는 자기상이 선기상을 유도하는 패러데이의 법칙을 이용한다. 유도 전압은 일반 기기로 측정 및 기록할 수 있다. 또한 암페어의 법칙에 따르면 자기장은 자기를 발생시키는 전류에 비례하므로 측정된 자기장은 플라스마에 흐르는 전류에 대한 정보를 제공한다. 전류와 자기장은 근본적인 플라스마 물리학을 이해하는 데 중요하다.

5.2.6.4 에너지 분석기

에너지 분석기(energy analyzer)는 플라스마 입자의 에너지 분포를 측정하는 데 사용되는 프로브이다. 하전된 입자는 일반적으로 에너지 분석기의 전기장 및/또는 자기장에서 속도로 분리된 다음 선택한 에너지 범위의 입자만 검출기에 도달하도록 허용함으로써 구별된다. 판별기로 전기장을 사용하는 에너지 분석기는 지연 필드 분석기(retarding field analyzer)로도 알려져 있다. 일반적으로 검출기에서 원하는 양의 에너지보다 낮은 입자를 밀어내고 전기장을 설정하기 위해 서로 다른 전위로 편향된 그리드(grid) 세트로 구성된다. 대조적으로 자기장을 판별기로 사용하는 에너지 분석기는 질량 분석기와 매우 유사하다. 입자는 프로브의 자기장을 통해 이동하며 검출기에 도달하려면 특정 속도가 필요하다. 이들은 1960년대에 처음 개발되었으며 일반적으로 이온을 측정하기 위해 제작되었다. 중성 입자(neutral particle)의 에너지도 에너지 분석기로 측정할 수 있지만 먼저 전자 충격 이온화 장치로 이온화해야 한다.

5.3 실리콘 식각

5.3.1 얕은 트렌치 격리

박스 격리 기술(box isolation technique)로도 알려진 얕은 트렌치 격리(shallow trench isolation, STI)는 인접한 반도체 장치 부품 사이의 전류 누설을 방지하는 집적회로 피처(feature)이다. STI는 일반적으로 250 nm 이하의 CMOS 공정 기술 노드에 사용된다. 구형 CMOS 기술 및 비-MOS(non-MOS) 기술은 일반적으로 LOCOS(LOCal Oxidation of Silicon) 기반의 절연을 사용한다.

STI는 트랜지스터가 형성되기 전인 반도체 장치 제조 공정 초기에 생성된다. STI 공정의 주요 단계는 실리콘에 트렌치 패턴을 식각하고, 트렌치를 채우기 위해 하나 이상의

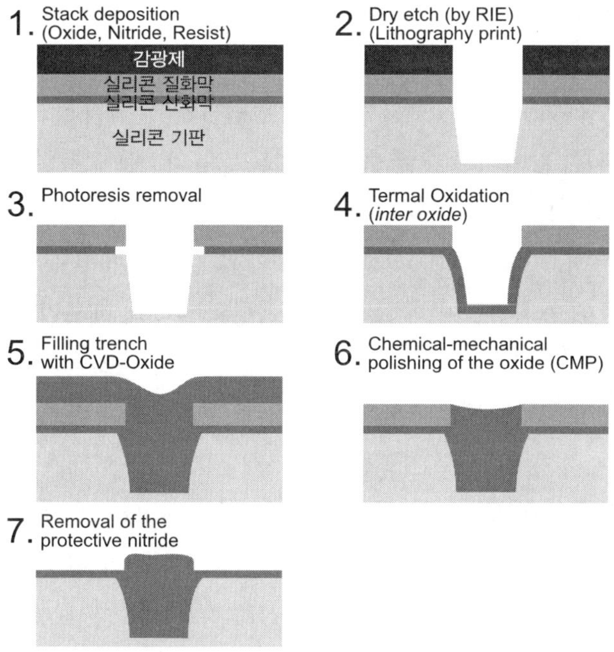

그림 5.17 횡단면에서 최신 집적회로의 얕은 트렌치 절연 재료

유전 물질(예: 이산화규소)을 증착하고, 화학적 기계적 평탄화와 같은 기술을 사용하여 과잉 유전체를 제거하는 작업을 포함한다(그림 5.17). 정 반도체 제조 기술에는 아날로그 집적회로에서 흔히 볼 수 있는 관련 기능인 깊은 트렌치 격리도 포함된다. 그림 5.17은 횡단면에서 최신 집적회로의 얕은 트렌치 절연 재료를 보여준다.

트렌치 가장자리의 효과는 최근 '역 좁은 채널 효과(reverse narrow channel effect)' 또는 '역 좁은 폭 효과(inverse narrow width effect)'라고 한다. 기본적으로 가장자리의 전계 강화로 인해 낮은 전압에서 전도 채널(반전에 의해)을 형성하는 것이 더 쉽다. 더 좁은 트랜지스터 폭을 위해 문턱 전압(threshold voltage)이 효과적으로 감소한다. 전자 장치의 주요 관심사는 문턱 전압 감소 이후에 훨씬 더 커지는 문턱 이하 누설 전류(sub-threshold leakage)이다.

5.3.2 깊은 트렌치 격리

일부 유형의 집적회로는 인접한 회로 구성 요소를 서로 격리하기 위해 깊은 트렌치 격리(deep trench isolation, DTI)를 사용한다. 깊은 트렌치는 수 마이크로미터(㎛) 깊이일 수 있고, 전형적으로 이산화규소(SiO_2) 또는 다른 유전체 재료와 같은 절연 재료로 채워진다. 깊은 트렌치는 예를 들어 약 10:1 이상의 높은 종횡비를 가질 수 있다.

특히 플래시 메모리(flash memory) 셀 구조는 깊은 트렌치 격리의 이섬을 누릴 수 있다. 플래시 메모리 셀은 일반적으로 트리플 웰 구성(triple well configuration)으로 설계되며, 플래시 메모리 셀의 n-도핑 소스 및 드레인 영역은 아래의 p-도핑 기판으로부터 격리되기 위해 N웰(well) 위에 있는 P웰(well)에 위치한다. 따라서, 이 구성에서는 플래시 메모리 셀의 P웰이 짧아지고 개별 플래시 메모리 셀의 P웰에 독립적인 전압이 인가될 수 없다. 깊은 트렌치 절연을 사용하면 개별 플래시 메모리 셀의 P웰에 독립적인 전압을 적용할 수 있다. 특히, 플래시 메모리 셀 어레이에서 깊은 트렌치 분리를 사용하면 예를 들어 다른 플래시 메모리 셀을 방해하지 않고 선택된 플래시 메모리 셀 P웰에 전압을 인가할 수 있다.

깊은 트렌치를 SiO_2로 완전히 채우면 반도체 재료에 과도한 스트레스가 발생하여 수율 감소 및 장치 오류가 발생하기도 한다. 따라서 이러한 스트레스의 부정적인 영향을 방지하기 위해 일부 설계에서는 깊은 트렌치 절연 구조가 SiO_2와 같은 절연 재료로 정렬시킨 다음 폴리실리콘으로 채워진다. 깊은 트렌치 분리 구조가 형성되는 기판 또는 반도체 웨이퍼도 실리콘을 포함하기 때문에, 폴리실리콘과 기판의 스트레스는 유사하므로 스트레스가 반도체 디바이스에서 문제를 일으키지 않는다. 그러나 일부 애플리케이션에서는 절연 라이너와 폴리실리콘 필로 채워진 깊은 격리 트렌치로 인해 기생 트랜지스터(parasitic transistor)가 형성될 수 있다. 예를 들어, 기판 내부에 P웰이 형성되어 있고, P웰 아래에 N웰이 형성되어 있고, 깊은 트렌치가 P웰과 N웰 모두로 확장되었으면, 기생 트랜지스터가 형성되어 P웰이 기판의 역할을 하게 된다. 소스 및 드레인, 그리고 N웰의 깊은 트렌치 바닥 주위에 전도성 반전 채널이 형성된다.

많은 집적회로는 기판 내부 및 기판 위에 형성된 복수의 트랜지스터 및 기타 장치를 포함한다. 트랜지스터 및 기타 장치는 깊은 트렌치 격리 구조에 의해 분리될 수 있다. 깊은 트렌치 격리 구조 내에 기생 트랜지스터가 형성되면 깊은 트렌치 격리 구조의 격리 특성이 저하된다. 따라서, 기술 분야에서 필요한 것은 깊은 트렌치 격리 구조 및 그 구조를 형성하는 개선된 방법이다.

5.3.3 폴리실리콘 식각

건식 전도체 식각 공정은 웨이퍼에서 전도체 재료(알루미늄, 텅스텐 등)를 선택적으로 제거하여 반도체 장치의 전기적 상호 연결을 형성하는 것으로 구성된다. 건식 폴리실리콘(Poly-Si) 식각은 트랜지스터 게이트를 생성하기 위해 폴리실리콘을 선택적으로 제거하는 것으로 구성된다. 임계 치수가 지속적으로 축소됨에 따라 이러한 작은 구조에서 요구되는 전기적 성능을 충족하려면 높은 균일성과 선택성이 필요하다. 이는 플라스마 또는 반응성 이온 식각 프로세스를 통해 달성된다.

폴리실리콘은 실리콘 기반 반도체 장치 제조에 광범위하게 사용된다. 전통적으로 폴리실리콘용 습식 식각액은 단결정 실리콘에 사용되는 습식 식각액과 동일하거나 매우 유사하다. 따라서 폴리실리콘용 습식 식각액은 일반적으로 물 또는 아세트산과 함께 용액에 불화수소산 및 질산을 포함한다. 이러한 전통적인 폴리실리콘 식각액은 폴리실리콘을 분당 3,000 Å만큼 매우 빠르게 식각하지만 거의 모든 식각 능력을 잃지 않고는 크게 희석할 수 없다. 기존의 폴리실리콘 식각액은 또한 웨이퍼 표면에서 불균일한 식각 속도를 생성하는 경향이 있다. 아마도 자동 촉매 작용 때문이거나 관련된 반응이 고온에서 더 빠르게 진행되고, 발열성이므로 반응 자체에서 생성된 열에 의해 반응 속도가 증가하기 때문이다. 이러한 특성 때문에 기존의 폴리실리콘 습식 식각액은 폴리실리콘 및/또는 실리콘의 전체 층을 제거해야 하는 경우에만 유용하다. 폴리실리콘층의 세심하게 제어된 부분 식각을 위해서는 새로운 식각 기술이 필요하다.

5.4 유전체 식각

유전체(dielectric) 식각은 산화물층이 식각되어 장치를 서로 분리하는 '산화물 절연체'를 남길 때 관련된다. 폴리실리콘 식각은 트랜지스터에서 게이트를 생성하는 데 사용된다. 유전체 식각은 금속 전도성 경로를 홀과 트렌치를 통해 에치하는 데 사용된다. 금속 식각은 알루미늄, 텅스텐 또는 구리층을 제거하여 장치 구조의 점진적으로 더 높은 수준에서 회로 패턴을 나타낸다.

이제 선택적 SiO_2 식각의 기본 메커니즘을 간략하게 설명하는 것이 적절하므로 이러한 기본 메커니즘과 식각 가스의 화학적 특성 사이의 연결 고리를 구축할 수 있다. 플루오로 카본 가스를 포함하는 플라스마를 사용하여 SiO_2를 식각할 때 다음 3가지 현상이 동시에 발생한다. 플루오로카본층의 증착, 증착된 플루오로카본층의 식각, 기판 식각. 낮은 이온 충격 에너지에서 이러한 프로세스는 순수한 플루오로카본 증착을 생성한다.

주어진 임계 에너지값 이상으로 이온 충격 에너지를 증가시키면 이전에 증착된 플루오로카본층의 식각으로 전환할 수 있다. 기판 재료에 대해서도 식각이 발생한다. SiO_2 식각 속도는 바이어스 전력에 따라 식각 블랭킷 샘플을 얻는 것으로 알려져 있다. 고에너지 이온 충격의 경우 이온 에너지의 제곱근을 갖는 SiO_2 식각 속도 스케일은 화학적 스퍼터링 메커니즘이 있음을 나타낸다. 150 W와 같은 낮은 바이어스 전력에서는 화학석 스퍼터링 곡선에서 식각 속도의 편차가 있다. 반응은 '억제 체제'라는 다른 체제로 들어간다. 이러한 편차의 이유는 플루오로카본 증착, 플루오로카본 식각 및 기판 식각 사이의 균형으로 인해, 상대적으로 두꺼운 정상 상태의 플루오로카본 필름이 SiO_2 표면에 형성되기 때문이다. 이 필름은 직접적인 이온 충격과 그에 따른 화학적 스퍼터링에 대해 기본 SiO_2를 보호한다. 이것은 선택성의 메커니즘을 설명하는 핵심 포인트이다. 사실 SiO_2의 경우와 유사하게 Si_3N_4, 포토레지스트 및 Si에도 플라스마 식각 중에 존재하는 플루오로카본 필름이 있다. SiO_2와 Si_3N_4(또는 Si 또는 포토레지스트) 사이의 우수한 선택성은 고정 공정 조건에서 SiO_2가 스퍼터링 방식에 있고 다른 층이 '억제 방식' 또는 심지어 '증착 방식'에 있을 때 달성된다.

5.5 전도체 식각

금속(전도체) 식각은 금속 물질을 화학 반응이나 물리적 충격에 의해 제거하는 기술이다. 금속 식각 기술은 습식 식각과 건식 식각으로 나눌 수 있다. 금속 식각은 일련의 화학 공정으로 구성된다. 서로 다른 식각액은 서로 다른 금속 재료에 대해 서로 다른 부식 특성과 강도를 가지고 있다.

광화학 식각이라고도 하는 금속 식각은 노출 후 금속 식각 영역의 보호막을 제거하는 것을 말한다. 화학 용액과의 접촉을 통해 금속판 표면이 용해되어 빈 영역을 형성한다. 동판, 아연판 및 기타 오목 및 볼록 인쇄판 제조에 처음 사용되었다. 계기판의 경량화, 명판 등의 얇은 공작물 가공에 널리 사용되었다. 공정 장비의 지속적인 기술 향상을 통해 항공, 기계, 화학 산업뿐만 아니라 반도체 제조 공정, 정밀 금속 식각 제품 및 박형 전자 부품 가공에 사용되는 식각 기술이 개발되었다. 금속의 종류에 따라 식각 공정은 다르지만 일반적인 식각 공정은 금속 식각 판 → 세척 및 탈지 → 수세 → 건조 → 필름 또는 스크린 인쇄 잉크 → 건조 → 노광 그래픽 → 현상 → 물 세척 건조 → 식각 → 언피막 → 건조 → 검사 → 완제품 포장으로 구성된다.[6)]

첫 번째 과정은 금속 식각 전 세척 공정이다. 스테인리스스틸 또는 기타 금속을 식각하기 전에 재료 표면에서 먼지, 먼지, 기름때 등을 제거하기 위해 세척 처리가 사용된다. 세척 공정은 후속 필름 또는 스크린 인쇄 잉크가 금속 표면에 잘 접착되도록 하는 데 중요하다. 따라서 식각할 금속 표면의 오일 및 산화막을 완전히 제거할 필요가 있다. 작업물의 오일 오염 정도에 따라 탈지를 실시해야 한다. 완전한 탈지를 보장하기 위해 스크린 인쇄 전에 전기 탈지하는 것이 가장 좋다. 표면에서 산화막을 제거하려면 예치할 금속의 유형과 필름 두께를 고려하여 우수한 식각 용액을 사용해야 한다. 스크린 인쇄 전에 표면을 건조해야 한다. 수분이 있으면 잉크의 접착력에도 영향을 미치고 식각 패턴에 영향을 미친다.

두 번째 공정은 건조 필름 또는 실크스크린 잉크 감광성 접착제 층 붙여넣기이다. 실제 제품 재질, 두께, 그래픽의 정확한 너비에 따라 드라이 필름 또는 습식 필름 스크린 인쇄의 사용을 확인해야 한다. 두께가 다른 제품의 경우 감광층을 적용할 때 제품 그래픽에 필요한 식각 처리 시간 및 기타 요소를 고려해야 한다. 더 두껍거나 더 얇은 감광성 접착제 층을 만들 수 있으므로 피복 성능이 좋고 금속 식각으로 생성된 패턴이 고화질이다.

세 번째 공정은 건조이다. 필름 또는 롤온 스크린 인쇄 잉크가 완성된 후 감광성 접착제 층을 완전히 건조하게 해 노광 공정을 준비해야 한다. 동시에 표면이 깨끗하고 부착물, 불순물 등이 없는지 확인해야 한다.

---

6) www.market-prospects.com/articles

그다음으로는 노광을 실시하고, 이어서 현상액 및 세척제를 이용하여 식각되어야 할 부분에 존재하는 감광막을 제거한다.

현상 공정은 금속 식각의 중요한 공정으로 제품의 재질의 두께와 정밀도에 따라 노출 에너지를 고려하게 된다. 이는 식각 가공업체 기술력의 발현이기도 하다. 노출 공정은 식각이 더 나은 치수 제어 정확도 및 기타 요구 사항을 보장할 수 있는지를 결정한다.

제품 사전 제조 공정이 완료된 후 약액을 식각한다. 이 프로세스는 최종 제품이 적격인지 아닌지를 결정한다. 이 프로세스에는 식각 용액의 농도, 온도, 압력, 속도 및 기타 매개변수가 포함된다. 제품의 품질은 이러한 매개변수에 의해 공동으로 결정되어야 한다.

마지막 공정은 제거 공정이다. 식각된 제품의 표면은 여전히 감광성 접착제 층으로 덮여 있으며 식각 공정 후 제품 표면의 감광성 접착제 층은 제거되어야 한다. 감광성 점착층은 산성 물질이기 때문에 벌킹을 위해 대부분 산-염기 중화법을 사용한다. 오버플로 수세 및 초음파 세척 후 표면의 감광성 접착제 층을 제거하여 감광성 접착제 잔류물을 방지한다.

필름 제거가 완료되면 최종 완제품이 사양을 충족하고 포장되었는지 확인하기 위해 후속 테스트를 수행한다.

5.5.1 금속 식각 공정 시 주의 사항

5.5.1.1 측면 부식 및 돌출 가장자리 감소, 금속 식각 처리 계수 향상

일반적으로 인쇄 기판이 금속 식각 용액에 오래 있을수록 측면 식각이 더 심각해진다. 언더컷은 인쇄된 와이어의 정확도에 심각한 영향을 미치며 심한 언더컷은 미세 와이어를 만드는 것을 불가능하게 만든다. 언더컷과 식각이 감소하면 식각 계수가 증가한다. 높은 식각 계수는 얇은 와이어를 유지하고 식각된 와이어를 원본 이미지 크기에 가깝게 만드는 능력을 나타낸다. 전기 도금 식각이 주석-납 합금, 주석, 주석-니켈 합금 또는 니켈인지와는 관계없이 과도하게 돌출된 가장자리는 와이어에 단락을 일으킬 수 있다. 튀어나온 가장자리는 쉽게 끊어지기 때문에 와이어의 두 지점 사이에 전기 브리지가 형성된다.

5.5.1.2 보드와 보드 간의 식각 처리 속도의 일관성 향상

연속 기판 식각에서 금속 식각 처리 속도가 일정할수록 더 균일하게 식각된 기판을 얻을 수 있다. Pre-etching 공정에서 항상 최상의 식각 상태를 유지하기 위해서는 재생 및 보상이 용이하고 식각 속도 제어가 쉬운 식각 용액을 선택해야 한다. 일정한 작동 조건을 제공하고 다양한 솔루션 매개변수를 자동으로 제어할 수 있는 기술 및 장비를 선택해야 한다. 용해된 구리의 양, pH 값, 용액 농도, 온도, 용액 흐름의 균일성 등을 제어하여 달성할 수 있다.

5.5.1.3 전체 보드 표면의 금속 식각 처리 속도의 균일성을 향상

기판의 상하부 및 기판 표면의 각 부분의 식각 균일도는 기판 표면의 금속 식각액 유량의 균일도에 의해 결정된다. 식각 공정 중에 상판과 하판의 식각 속도가 종종 일치하지 않는다. 하판 표면의 식각 속도는 상판 표면보다 높다. 상판 표면에 용액이 축적되어 식각 반응이 약해진다. 상하 판의 불균일한 식각은 상하 노즐의 분사 압력을 조절하여 해결할 수 있다. 스프레이 시스템을 채택하고 노즐을 스윙하면 보드 중앙과 가장자리의 스프레이 압력을 다르게 만들고 보드 전면과 후면의 금속을 간헐적으로 식각하여 보드 전체 표면의 균일성을 더욱 향상하게 시킬 수 있다.

5.5.2 금속 식각 공정의 장점

금속 식각 공정은 화학 용액을 통해 식각되기 때문에 원료와 높은 수준의 일관성을 유지할 수 있다. 재료의 특성, 재료의 응력, 재료의 경도, 인장 강도, 항복 강도 및 연성을 변경하지 않는다. 기본 처리 공정은 장비에서 원자화 상태로 식각되며 표면에 명백한 압력이 없다. 그리고 버(burr)가 없다. 제품 가공 중 전체 공정 동안 누르는 힘이 없으므로

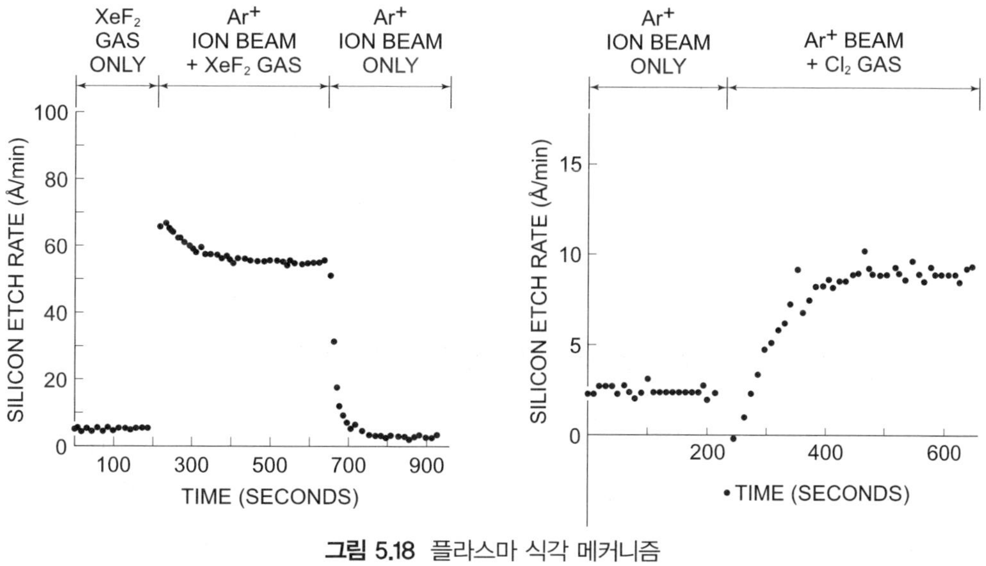

그림 5.18 플라스마 식각 메커니즘

컬링, 펌프 또는 압력 지점이 없다. 또한, 제품의 개별 성형을 완료하기 위해 후공정 스탬핑과 협력할 수 있으며 보다 비용 효율적인 방식으로 전체 페이지 전기 도금, 접착제, 전기영동, 흑화 등을 수행할 수 있다. 소형화 및 다양화도 처리할 수 있다. 주기가 짧고 비용이 저렴하다. 그림 5.18은 플라스마 식각 메커니즘, 그림 5.19는 식각 공정 요구조건, 그림 5.20은 식각 공정 요구조건 - 로딩 효과(Loading effect)을 보여주고 있다.

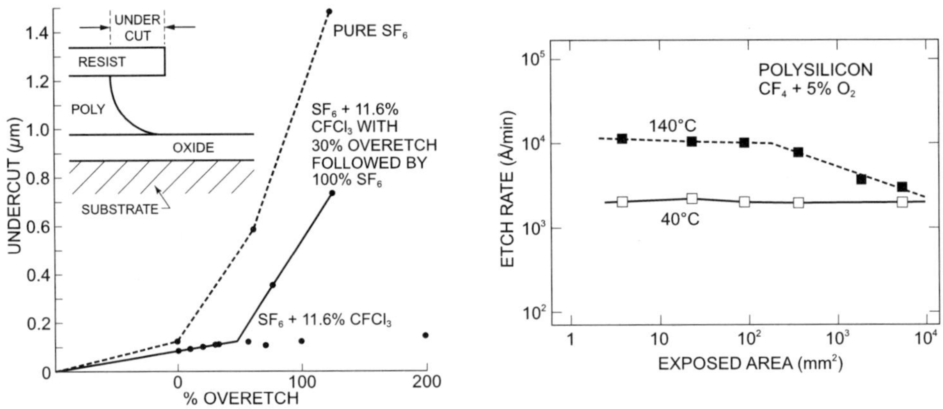

그림 5.19 식각 공정 요구조건

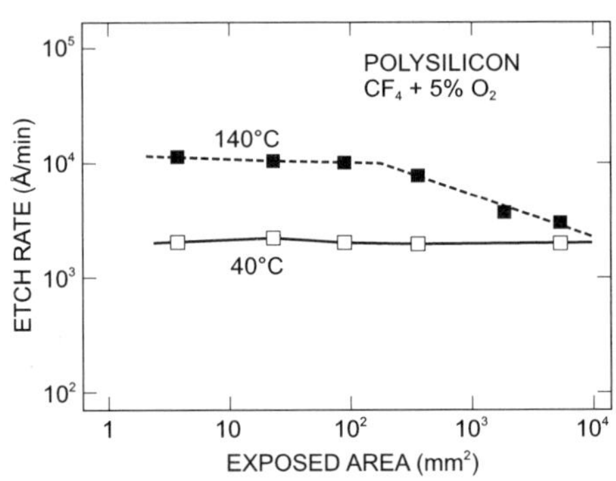

그림 5.20 식각 공정 요구조건 - 로딩 효과(Loading effect)

5.6 플라스마 식각 공정에 영향을 미치는 인자

플라스마 식각 공정 영향을 미치는 인자는 다양하지만, 그 중에서도 압력과 온도의 영향은 절대적이다. 그림 5.21은 압력의 영향을, 그림 5.22는 온도에 따른 식각 속도의 변화를 보여주고 있다.

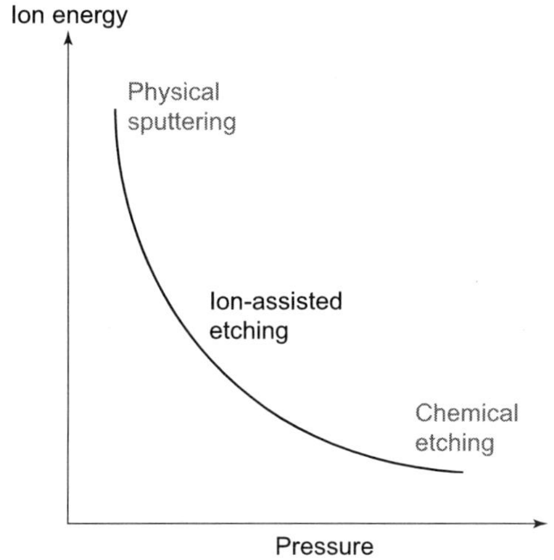

그림 5.21 압력에 따른 식각 공정 영향

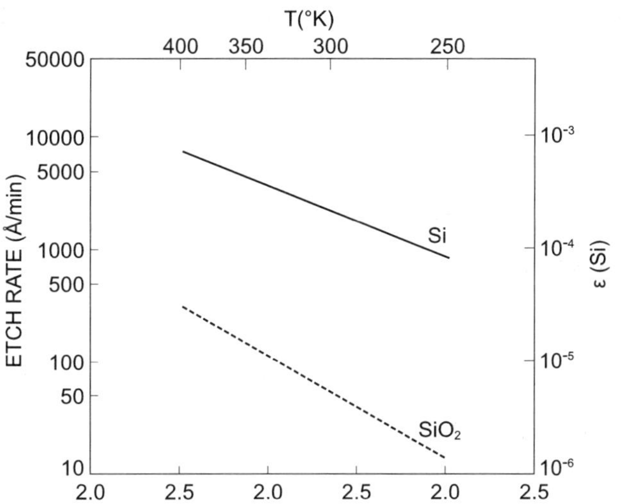

그림 5.22 온도에 따른 식각 속도 변화

연습 문제

1 식각 공정의 목적은 무엇인가?

2 식각 공정에서 중요한 세 가지 주요 파라미터(특성)를 서술하시오.

3 등방성 식각과 비등방성 식각의 차이점을 설명하시오.

4 반도체 식각 공정은 크게 (A) 식각과 (B) 식각으로 나눌 수 있다. (A)와 (B)에 들어갈 용어를 쓰고, 각각의 특징을 간략히 비교하시오.

5 건식 식각의 대표적인 유형 중 하나인 RIE(Reactive Ion Etching) 공정에 대해 설명하시오.

6 패턴이 점점 미세화됨에 따라 습식 식각 대신 건식 식각이 주로 사용되는 이유에 대해 설명하시오.

7 식각 공정 중 발생할 수 있는 주요 불량 유형에는 어떤 것들이 있으며, 이를 방지하기 위한 주요 매개변수 관리 방안은 무엇인가?

8 반도체 제조 공정에서 식각 공정이란 무엇인지 설명하시오.

9 나노 단위의 초미세 공정에서 습식 식각 대신 건식 식각, 특히 RIE 방식이 주로 사용되는 이유는 무엇인가?

10 어떤 공정에서 1000 Å 두께의 이산화규소(SiO) 박막을 식각하는 데 10분이 걸렸다면, 이산화규소의 식각 속도는 얼마인가?

11 이산화규소(SiO)의 식각 속도가 100 Å/min이고, 하부 실리콘(Si) 기판의 식각 속도가 4 Å/min일 때, SIO에 대한 Si의 선택비는 얼마인가?

12 두께 1000 Å의 질화규소(Si_3N_4) 박막을 제거해야 한다. 식각 속도가 200 Å/min일 때, 15%의 오버 식각을 적용한다면 총 식각 시간은 얼마인가?

Chapter

6

확산 공정

6.1 확산

작지만 강력한 반도체는 첨단 기술 세계의 필수적인 부분이다. 일반적으로 집적회로(IC) 또는 마이크로칩이라고 하는 반도체는 점점 더 많은 소비자, 상업 및 산업 제품에 사용된다. 최종 사용 환경은 다양하지만 모두 공통된 스레드를 공유한다. 즉, 애플리케이션에 특정한 전기적 특성이 필요하다.

반도체 공정에서 금속 도입 이전의 공정을 FEOL(Front end of Line)이라 부르고, FEOL을 크게 확산(diffusion)과 패턴닝(paterning)으로 나눈다. 금속은 일반적으로 알루미늄(Al)을 말하며, Al의 녹는점(660°C)이 낮기 때문에 고온 공정(700~1,200°C)은 전부 FEOL에서 진행된다. 반도체 공정을 확산, 박막, 포토, 식각의 4개로 구분하기도 하는데, 확산에 포함되는 공정은 전세척(pre-cleaning), 산화(oxidation), 증착(deposition), 이온 주입(ion-implanation), 어닐링(annealing) 등이다. 반도체 확산 공정은 대체로 600~1,200°C에 달하는 매우 높은 온도에서 진행되는 일종의 열처리 공정이다. 이런 온도는 반도체 내부에서 매우 다양한 용도로 쓰이는 금속들의 녹는점(melting point)보다 비슷하거나 높기 때문에, 반도체에 금속이 도입되기 전인 초반부 공정(즉, FEOL)에 진행되는 것이다. 참고로 반도체에 주로 사용되는 금속인 Cu의 녹는점은 1,085°C, Al은 660°C, Au는 1,064°C이다.

반도체에서 원자 확산 공정은 호스트, 도펀트 및 불순물을 포함한 원자의 이동을 의미하는데, 주로 실리콘을 도핑(doping)하기 위해 사용된다. 이를 통해 주 캐리어의 type(n type, p type)과 저항(resistance) 등을 얻을 수 있다. 확산은 모든 열역학적 단계에서 발생하지만, 반도체에서는 고체상이 가장 중요하다. 반도체 고체상은 무정형(유기물 포함)과 결정질의 두 가지 유형이 있다.

확산은 고온에서 반도체 재료의 불순물 원자의 이동이다. 확산의 원동력은 농도 구배이다. 각 도펀트(dopant) 불순물이 재료를 통해 얼마나 쉽게 이동할 수 있는지에 따라 다양한 도펀트 종(species)이 광범위하게 확산된다. 확산은 이온 주입 후 결정 결함을 어닐링하거나 화학 증기 소스에서 실리콘으로 도펀트 원자(dopant penetration)를 도입하기 위해 적용된다. 후자의 경우 확산 시간과 온도가 도펀트 침투 깊이를 결정한다. 확산은 MOS 트랜지스터에서 소스, 드레인 및 채널 영역을 형성하는 데 사용된다. 그러나 확산은 모든 고온 공정 단계에서 발생하기 때문에 원치 않는 기생 효과가 되기도 한다.[1)]

---

1) https://www.iue.tuwien.ac.at/phd/hollauer/node6.html

6.2 산화 공정

6.2.1 산화 공정의 개요

실리콘 표면에 실리콘 이산화물 층을 생성하기 위한 실리콘의 산화 공정(oxidation process)은 열적 성장으로 수행되지만, 때때로 바람직하지 않은 기본 성장 프로세스에 의해 진행되기도 한다. 이 공정은 산소를 첨가하여 실리콘과 반응시켜 실리콘 표면에 이산화규소를 형성시키는 첨가 공정이다. 공정은 산화 절차 중에 실리콘을 소모한다. 일반적으로 산화물층은 750~1,100°C의 용광로에서 습식(wet) 또는 건식(dry) 산화 공정을 통해 성장할 수 있다. 반응은 $Si(s) + O_2(g) \rightarrow SiO_2(s)$로 표현된다.

이산화규소는 융해 온도가 1,730°C인 순수한 유리 형태로 용융 실리카와 유사하다. 우수한 유전 특성을 나타내며 실리콘에 대한 접착력이 우수하여 유전체 또는 배리어 층으로 사용하기에 이상적이다. 이산화규소는 MEMS 및 반도체 산업에서도 매우 유용하다. 이산화규소층은 이온 주입(ion implantation)을 위한 고품질 절연체 또는 마스크로 사용된다. 실리콘이 IC 제조에서 여전히 지배적인 재료인 이유가 바로 고품질 이산화규소를 형성하는 실리콘의 능력이 중요하기 때문이다.

산화 공정은 Si 웨이퍼 표면에 보호막인 산화막(SiO_2)을 형성하는 공정이다. 결국, 산화는 웨이퍼의 실리콘을 이산화규소로 변환하는 공정이다. 실리콘과 산소의 화학 반응은 이미 실온에서 시작되지만 매우 얇은 천연 산화막 이후에 멈춘다. 효과적인 산화율을 위해 웨이퍼는 상승한 온도에서 산소 또는 수증기가 있는 용광로에 침전되어야 한다. 보통 산화막 형성에는 열산화(thermal oxidation), 전기 화학적 양극 처리, 플라스마 보강 화학 기상 증착(PECVD) 등 여러 가지 방법이 있지만, 그중 가장 보편적인 방법은 900~1,200°C의 고온 환경에서 수평관 열 가열로에서 얇고 균일한 실리콘 웨이퍼에 산화막을 형성시키는 열산화 방법이다.

CVD 증착 산화막과 비교할 때, 열산화는 성장한 산화막(grown oxide layer)의 종류에 속한다. 대부분의 실리콘 기반 장치에서 열산화물층은 도핑 장벽 및 표면 유전체로 작용하도록 실리콘 표면을 진정시키는 중요한 역할을 한다. 열산화 방법은 건식 산화와 습식 산화로 분류되는데, 건식 산화는 산소만을 이용해 얇은 막을 형성할 때 주로 쓰이고, 습식 산화는 산소와 수증기를 모두 사용하기 때문에 더 두꺼운 막을 형성할 때 사용된다. 건식 산화는 매우 좋은 전기적 특성을 가진 산화물을 성장할 수 있지만, 동일한 온도를 적용했을 때 같은 두께의 산화물을 형성하는 데 습식 산화보다 훨씬 더 많은 시간이 필요하다. 같은 온도와 시간에서 습식 산화를 사용하여 얻어진 산화막은 건식 산화를 사용한 것보다 약 5~10배 정도 더 두껍다.

6.2.2 산화의 종류

6.2.2.1 습식 산화

습식 산화(wet Oxidation or steam oxidation)는 산소(O_2)와 함께 용해도가 큰 수증기(H_2O)를 사용하기 때문에 산화막 성장 속도가 빠르고 보다 두꺼운 막을 형성할 수 있지만, 건식 산화에 비해 산화층의 밀도가 낮다. 보통 동일한 온도와 시간에서 습식 산화를 통해 얻은 산화막은 건식 산화를 사용한 것 보다 약 5~10배 정도 더 두껍다. 산화막 두께가 약 2.5 mm로 높은 성장률 특성을 가져 주로 field oxide나 마스킹용 산화물로 사용한다. 웨이퍼에 물이 직접 접촉하는 방식이며 H_2O의 용해도가 O_2보다 103배 정도 좋으므로 산화막 생성 속도가 빠르다. 하지만 생성 속도가 빠르기 때문에 10 nm 이하의 얇은 산화막을 만들 때 두께 제어가 힘들다. 산화제는 H_2O(수증기)이나 $O_2 + H_2O$(wet)이다.

$$Si(solid) + 2H_2O(vapor) \rightarrow SiO_2(solid) + 2H_2(gas)$$

6.2.2.2 건식 열산화

건식 열산화(dry thermal oxidation)는 순수한 산소(O_2)만을 사용하기 때문에 산화막 성장 속도가 느려 주로 얇은 막을 형성할 때 쓰이며, 전기적 특성이 좋은 산화물을 만들 수 있다. 치밀하고 높은 절연파괴 전압 특성(~10 MV/cm)을 가져 게이트용 산화물로 사용한다. 800~1,200˚C의 고온에서 진행하며 비저항 $> 10^{20}$ ohm-cm, 밴드 갭 ~ 9 eV의 품질 좋은 산화막을 형성할 수 있다. 다른 방법으로 생성된 산화층보다 좋은 품질을 가져 하드마스크로 사용하기에 적합하기도 하다. 소자가 고집적화됨에 따라 미세 산화막을 구현해야 하는데 습식 산화의 경우 얇은 산화막의 두께 제어가 힘들어서 건식 산화를 주로 사용한다. 산화제는 O_2이다.

$$Si(solid) + O_2(vapor) \rightarrow SiO_2(solid)$$

6.2.2.3 건조 화학 증착법

습식 산화나 건식 열산화의 경우 화학적 특성에 의하여 Si를 소모하며 산화막을 형성한다. 반면에 건조 화학 증착법(dry CVD)의 경우 Si와 O_2를 동시에 주입하여 박막이 기판 위로 형성된다. 하지만 박막 특성이 열산화에 비해 좋지 않다는 단점이 있다.

6.2.3 SiO_2의 특성

웨이퍼 표면을 보호하는 산화막(SiO_2)의 특성은 다음과 같다.

① 쉽게 성장하고 증착됨(easily grown or deposited)
② 잘 붙음(adhere well)
③ 외부 물질을 확산으로 잘 차단됨(diffusion barrier)
④ 대부분의 화학물질로부터 특성을 잘 유지함(resistant to chemicals)
⑤ 선택적으로 식각됨(HF 용액)
⑥ 우수한 절연체 – 항복 전압(breakdown voltage)이 높음
⑦ 계면에 생기는 결함이 적음

모래에서 추출한 실리콘은 반도체 집적회로의 원재료가 되기 위해 일련의 정제 과정을 거쳐 실리콘 기둥(ingot)으로 만들어진다. 이 실리콘 기둥, 즉 잉곳을 균일한 두께로 절단한 후 연마 과정을 거치면 웨이퍼가 되며, 연마 직후의 웨이퍼는 전기가 통하지 않는 순수 상태이기 때문에 반도체의 성질을 갖도록 웨이퍼 표면에 여러 가지 물질을 형성시킨 후, 설계된 회로 모양대로 깎고, 다시 물질을 입혀 깎아 내는 작업의 반복이 필요하다. 이때 형성되는 산화막은 공정 시 발생하는 오염물질이나 화학물질로 생성되는 불순물로부터 실리콘 표면을 보호하는 역할을 한다. 눈에 보이지 않는 미세한 불순물도 실리콘 표면에 침투하게 되면 비저항 혹은 전도율을 변화시키는 요인이 되어, 집적회로의 전기적 특성에 치명적인 영향을 미치게 된다. 이 때문에, 불순물 침투로부터 실리콘 표면을 보호하는 산화막의 역할은 매우 중요하다. 또한, 산화막은 이온 주입법으로 주입된 불순물이 웨이퍼 표면에 도달하는 것을 막아주는 든든한 보호막 역할을 한다. 웨이퍼 위에 그려지는 각 배선이 합선되지 않도록 구분해 주는 절연막 역할을 하기도 한다.

이 모든 공정의 기초 단계인 산화 공정은 웨이퍼에 여러 가지 물질로 얇은 막을 증착하는 대표적인 방법으로, 고온(800~1,200°C)에서 산소나 수증기를 웨이퍼 표면에 뿌려, 얇고 균일한 실리콘 산화막(SiO)을 형성시키는 과정이다. 불순물로부터 실리콘(Si)을 보호하고 절연하기 위해서는 산화막(SiO_2)의 절연막을 만들어야 한다. 웨이퍼는 대부분 순수한 Si로 이루어져 있고, 순수한 Si는 전기가 통하지 않는다. 따라서, 불순물(dopant)

을 투입해서 반도체의 성질을 갖도록 도핑(doping)해야 한다.

실리카라고도 알려진 이산화규소는 화학식 SiO_2를 갖는 규소의 산화물이며, 석영과 다양한 생물체에서 자연에서 가장 흔히 발견된다. 세계 여러 지역에서 실리카는 모래의 주성분이다. 실리카는 여러 광물의 화합물 및 합성 제품으로 존재하는 가장 복잡하고 풍부한 물질군 중 하나이다. 주목할 만한 예로는 용융 석영, 발연 실리카, 실리카젤, 오팔 및 에어로젤이 있다. 그것은 구조 재료, 마이크로 전자 공학(전기 절연체), 식품 및 제약 산업의 구성 요소로 사용된다.

대부분의 실리케이트에서 규소 원자는 중심 Si 원자를 둘러싸고 있는 4개의 산소 원자와 함께 사면체 배위를 나타내고 있다(3차원 단위 셀 참조). 따라서, SiO_2는 각 규소 원자가 4개의 산소 원자에 사면체 방식으로 공유 결합한 3차원 네트워크 고체를 형성한다. 대조적으로 CO_2는 선형 분자이다. 탄소와 규소의 이산화물 구조가 완전히 다르다는 것은 이중 결합 규칙을 나타내는 것이다. SiO_2는 몇 가지 뚜렷한 결정 형태를 가지고 있지만 거의 항상 Si 및 O 주변에서 동일한 국소 구조로 되어 있다. α-석영에서 Si-O 결합 길이는 161 pm이지만 α-트리디마이트(인규석)에서는 154~171 pm 범위이다. Si-O-Si 각도는 또한 α-트리디마이트에서 140°의 낮은 값과 β-트리디마이트에서 최대 180°사이에서 변한다. α-석영에서 Si-O-Si 각도는 144°이다.

6.2.3.1 다형성

알파 석영은 실온에서 가장 안정적인 형태의 고체 SiO_2이다. 고온 광물인 크리스토발라이트와 트리디마이트는 석영보다 밀도와 굴절률이 모두 낮다. α-석영에서 베타-석영으로의 변환은 573°C에서 갑자기 발생한다. 변형은 부피의 상당한 변화를 수반하기 때문에 이 온도 한계를 통과하는 세라믹이나 암석의 균열을 쉽게 유도할 수 있다. 그러나 고압 광물인 세이퍼타이트, 스티쇼바이트, 코에사이트는 석영보다 밀도와 굴절률이 더 높다. 스티쇼바이트는 규소가 6배위인 금홍석과 같은 구조로 되어 있다. 스티쇼바이트의 밀도는 4.287 g/cm^{3}로, 밀도가 2.648 g/cm^{3}인 저압 형태 중 가장 밀도가 높은 α-석영과 비교된다. 밀도의 차이는 스티쇼바이트에서 가장 짧은 6개의 Si-O 결합 길이(176 pm의 4개의 Si-O 결합 길이와 181 pm의 다른 2개의 결합 길이)와 α-석영에서의 Si-O 결합 길이(161 pm)만 보아도 명확하다. 배위의 변화는 Si-O 결합의 이온성을 증가시킨다. 더 중요한 것은 이러한 표준 매개변수의 편차가 미세 구조적 차이 또는 변형을 구성하며 이는 무정형, 유리질 또는 유리질 고체에 대한 접근 방식을 나타낸다. 또 다른 다형체인 포자사이트 실리카는 산과 열처리를 결합한 저소듐 초안정성 Y 제올라이트의 탈알루미늄화로 얻는다. 이로 인해 제품은 99% 이상의 실리카를 함유하며 높은 결정성과 비표면적(800 m^2/g 이상)을 가진다. 포자사이트 실리카는 매우 높은 열 및 산 안정성을 보인다. 예를 들어, 진한 염산에서 끓인 후에도 높은 수준의 장거리 분자 질서 또는 결정성을 유지한다.

6.2.3.2 용융 SiO_2

용융 실리카는 액체 상태의 물에서 관찰되는 것과 유사한 몇 가지 독특한 물리적 특성을 나타낸다. 그중 대표적인 것은 음의 온도 팽창으로, 약 5,000°C에서 최대 밀도 및 최소 열용량을 가진다. 밀도는 1,950°C에서 2.08 g/cm^3이지만, 2,200°C에서 2.03 g/cm^3로 감소한다.

6.2.3.3 분자 SiO_2

분자 SiO_2는 CO_2와 같은 선형 구조로 되어 있다. 아르곤 매트릭스에서 일산화규소(SiO)와 산소를 결합하여 생산된다. 이량체 이산화규소(SiO_2)는 O_2를 매트릭스 분리된 이량체 일산화규소(Si_2O_2)와 반응시켜 얻는다. 이량체 이산화규소에는 Si-O-Si 각도가 94°이고 결합 길이가 164.6 pm이고 말단 Si-O 결합 길이가 150.2 pm인 실리콘 원자 사이를 연결하는 두 개의 산소 원자가 있다. Si-O 결합 길이는 148.3 pm이며, 이는 α-석영의 길이가 161 pm인 것과 비교된다. 결합 에너지는 621.7 kJ/mol로 추정된다.

6.2.4 산화 반응 속도론

이 절에서는 산화 반응 속도론(oxidation kinetics) 중에서 Deal-Grove 모델(DG 모델)에 대해 설명한다.[2)] Deal-Grove 모델은 재료 표면의 산화물층 성장을 수학적으로 설명한다. 특히 반도체 소자 제조에서 실리콘의 열산화를 예측하고 해석하는 데 이용된다. DG 모델은 1965년에 페어차일드 반도체의 브루스 딜(Bruce Deal)과 앤드류 그로브(Andrew Grove)에 의해 발표되었으며, 모하메드 아탈라(Mohamed M. Atalla)가 1950년대 후반 벨 연구소에서 진행한, 열산화에 의한 실리콘 표면 패시베이션 작업에 기반한다. 이 모델은 CMOS 장치의 개발과 집적회로 제조에서 한 단계 역할을 하고 있다.

DG 모델은 산화 반응이 산화물과 주변 가스 사이가 아니라 산화물층과 기판 재료 사이의 계면에서 발생한다고 가정한다. 따라서 산화종이 겪는 세 가지 현상을 다음 순서

2) Wikipedia, "Deal-Grove model"

로 고려한다. 1) 주변 가스의 대부분에서 표면으로 확산한다. 2) 기존 산화물층을 통해 산화물-기판 계면으로 확산한다. 3) 기판과 반응한다. 모델은 이러한 각 단계가 산화제의 농도에 비례하는 속도로 진행된다고 가정한다. 첫 번째 단계는 헨리의 법칙을 의미한다. 두 번째는 픽의 확산 법칙이다. 세 번째는 산화제에 대한 1차 반응이다. 또한 정상 상태 조건, 즉 과도 효과가 나타나지 않는 것으로 가정한다. 이러한 가정을 주면 세 단계 각각을 통한 산화제의 플럭스는 농도, 재료 특성 및 온도로 표현될 수 있다.

$$J_{gas} = h_g(C_g - C_s)$$
$$J_{oxide} = D_{ox}\left(\frac{C_s - C_i}{x}\right)$$
$$J_{reacting} = k_i C_i$$

여기서 h_g는 기체상 수송 계수, C_g는 주변 대기 중 산화제 농도, C_s는 산화물 표면의 산화제 농도이다. C_i는 산화물과 기판 사이의 경계에서 산화제의 농도, D_{ox}는 산화물을 통한 확산 계수이다. x는 산화물의 두께, k_i는 기판 표면에서 산화를 위한 반응 속도 계수이다.

정상 상태에서는 세 플럭스가 같다고 가정하며($J_{gas} = J_{oxide} = J_{reacting}$), 이에 따라 다음 관계들이 도출된다.

$$\frac{C_i}{C_g} = \frac{1}{1 + k_i/h_g + k_i x/D_{ox}}$$
$$\frac{C_s}{C_g} = \frac{1 + k_i x/D_{ox}}{1 + k_i/h_g + k_i x/D_{ox}}$$

확산이 성장을 제어한다고 가정하므로, 다음과 같은 방정식을 얻는다.

$$J_{oxide} = J_{reacting} = \frac{k_i C_g}{1 + k_i/h_g + k_i x/D_{ox}}$$

산화물 단위 부피 내 산화제의 농도를 N이라고 하면, 다음과 같은 미분방정식으로 표현할 수 있다. 이 방정식의 해는 임의의 시간 t에서의 산화물 두께를 제공한다.

$$\frac{dx}{dt} = \frac{J_{oxide}}{N} = \frac{k_i C_g / N}{1 + k_i/h_g + k_i x / D_{ox}}$$

$$x^2 + Ax = Bt + x_i^2 + Ax_i$$

$$x^2 + Ax = B(t + \tau)$$

A는 반응, B는 산화물층의 특성과 연관된 상수이며, x_i는 표면에 존재했던 초기 산화물층의 두께로 다음과 같이 주어진다.

$$B = \frac{2D_{ox} C_s}{N}$$

$$A = 2D_{ox}\left(\frac{1}{k_i} + \frac{1}{h_g}\right)$$

$$\tau = \frac{x_i^2 + Ax_i}{B}$$

여기에서 $C_s = HP_g$이고(H는 헨리의 법칙에서 기체 용해도 매개변수, P_g는 확산 기체의 부분 압력), x에 대해 이차방정식을 풀면 다음과 같다.

$$x(t) = \frac{-A + \sqrt{A^2 + 4B(t + \tau)}}{2}$$

표 6.1 열산화(Thermal Oxidation)의 반응 초기, 말기 비교

구분	반응 초기	반응 말기
속도 결정 단계 (rate-determining step)	화학 반응(chemical reaction)	확산(diffusion)
속도 의존	화학 반응 의존적	확산 의존적
산화물 두께(x) (oxide thickness)	$x = \frac{C_0 k}{C_s}(t + \tau)$	$x = \sqrt{\frac{2DC_0(t + \tau)}{C_s}}$
시간	t가 작은 부분에서 (small t)	t가 큰 부분에서 (largel t)

일반적으로 사용되는 DG 모델에 따르면 노출된 실리콘 표면에서 일정한 온도에서 X_o 두께의 산화물(oxide)을 성장시키는 데 필요한 시간 τ는 다음과 같다.

$$\tau = \frac{X_o^2}{B} + \frac{X_o}{\left(\frac{B}{A}\right)}$$

여기서 상수 A 또는 B는 각각 반응 및 산화물층의 특성과 관련된다. 이 모델은 Si 나노와이어 및 기타 나노구조의 제조 및 형태학적 설계에 사용되는 자기 제한(self-limiting) 산화 공정을 설명하도록 추가로 조정된다.

이미 산화물을 포함하고 있는 웨이퍼가 산화 환경에 놓인 경우, 현재 조건에서 기존 산화물을 성장시키는 데 필요한 시간인 수정 항 τ를 추가하여 이 방정식을 수정해야 한다. 이 용어는 위의 t에 대한 방정식을 사용하여 찾을 수 있다. X_o에 대한 2차 방정식을 풀면 다음이 산출된다.

$$X_o(t) = A/2 \cdot \left[\sqrt{1 + \frac{4B}{A^2}(t+\tau)} - 1\right]$$

대부분의 열산화는 800~1,200°C의 용광로에서 수행된다. 단일 용광로는 특수 설계된 석영 랙(보트라고 함)에서 많은 웨이퍼를 동시에 받아들인다. 역사적으로 보트는 측면(이 디자인을 '수평'이라고 함)에서 산화 챔버로 들어가 웨이퍼를 서로 옆에 수직으로 고정했다. 그러나 많은 현대적 디자인은 웨이퍼를 서로 위아래로, 수평으로 잡고 아래에서 산화 챔버로 로드한다. 수직로가 수평로보다 높아서 일부 미세 가공 시설에는 적합하지 않을 수 있지만, 먼지 오염을 방지하는 데 도움이 된다. 떨어지는 먼지가 웨이퍼를 오염시킬 수 있는 수평 용광로와 달리 수직 용광로는 먼지가 웨이퍼에 도달하는 것을 방지하기 위해 공기 여과 시스템이 있는 밀폐형 캐비닛을 사용한다. 수직 용광로는 또한 수평 용광로를 괴롭히는 문제인 웨이퍼 전반에 걸친 산화 성장 불균일성을 배제한다. 수평 용광로는 일반적으로 튜브 내부에 대류가 있어 튜브 하단이 튜브 상단보다 약간 차갑다. 웨이퍼가 튜브에 수직으로 놓여 있기 때문에 대류와 온도 구배로 인해 웨이퍼 상단이 웨이퍼 하단보다 더 두꺼운 산화물을 갖게 된다. 수직 용광로는 웨이퍼를 수평으로 놓은 다음 용광로의 가스 흐름을 위에서 아래로 흐르게 하여 열대류를 상당히 감쇠시켜 이 문제를 해결한다. 수직 용광로는 또한 Si 표면에서 자연 산화물의 성장을 제한하기 위해 산화 전에 질소로 웨이퍼를 퍼지 하기 위해 로드락을 사용할 수 있다.

습식 산화는 성장 속도가 더 빨라서 두꺼운 산화물을 성장시키기 위해 건식 산화보다 선호된다. 그러나 빠른 산화는 실리콘 계면에 더 많은 매달린 결합(dangling bond)을 남겨 전자에 대한 양자 상태를 생성하고 계면을 따라 전류가 누출되도록 한다(이것을 '더러운' 인터페이스라고 한다). 습식 산화는 또한 유전 강도가 낮은 저밀도 산화물을 생성한다. 건식 산화에서 두꺼운 산화물을 성장시키는 데 필요한 오랜 시간은 이 공정을 비실용적으로 만든다. 두꺼운 산화물은 일반적으로 짧은 건식(건식-습식-건식 주기)으로 묶인 긴 습식 산화로 성장한다. 건식 산화의 시작과 끝은 각각 산화층의 외부와 내부 표면에 고품질 산화막을 생성한다. 이동성 금속 이온은 MOSFET의 성능을 저하할 수 있다(소듐이 특히 중요함). 그러나 염소는 염화소듐을 형성하여 소듐을 고정화할 수 있다. 염소는 산화 매체에 염화수소 또는 트라이클로로에틸렌을 첨가하여 도입된다. 염소의 존재는 또한 산화 속도를 증가시킨다.

열산화는 웨이퍼의 선택된 영역에서 수행되고 다른 영역에서는 차단될 수 있다. 필립스에서 처음 개발한 이 공정은 일반적으로 실리콘 국부 산화(LOCOS)공정이라고 한다. 산화되지 않아야 하는 영역은 훨씬 느린 속도로 산화되기 때문에 산소와 수증기의 확산을 차단하는 질화규소 필름으로 덮여 있다. 질화물은 산화가 완료된 후 제거된다. 질화물 마스크 아래 산화제 분자의 측면(표면과 평행) 확산으로 인해 산화물이 마스크된 영역으로 돌출되기 때문에 이 프로세스는 날카로운 형상을 생성할 수 없다. 불순물은 실리콘과 산화물에서 다르게 용해되기 때문에 성장하는 산화물은 도펀트를 선택적으로 흡수하거나 거부한다. 이 재분배는 산화물이 도펀트를 얼마나 강하게 흡수하거나 거부하는지를 결정하는 분리 계수와 확산도에 의해 결정된다. 실리콘 결정의 방향은 산화에 영향을 미친다. <100> 웨이퍼는 <111> 웨이퍼보다 더 천천히 산화되지만, 전기적으로 더 깨끗한 산화물 인터페이스를 생성한다.

모든 종류의 열산화는 저온 산화물층(약 600°C에서 TEOS의 반응)을 초래하는 산화물의 화학 기상 증착보다 훨씬 깨끗한 계면을 가진 고품질 산화물을 생성한다. 그러나 고온 산화물(HTO)을 생산하는 데 필요한 고온은 사용성을 제한한다. 예를 들어, MOSFET 공정에서 소스 및 드레인 단자에 대한 도핑이 수행된 후에는 열산화가 수행되지 않는다. 이는 도펀트의 배치를 방해하기 때문이다. 두 번째 모드는 2차 성장을 제공하며 산화 시간이 증가함에 따라 산화물이 두꺼워질 때 발생한다.

표 6.2는 산업에서 일반적으로 사용되는 조건(낮은 도핑, 대기압)에서 단결정 실리콘에 대한 네 가지 매개변수 값을 나타낸 것이다. 선형 속도 상수는 결정의 방향에 따라 달라진다(일반적으로 표면을 향한 결정 평면의 밀러 지수로 표시됨). 표는 <100> 및 <111> 실리콘에 대한 값을 제공한다.

표 6.2 단결정 실리콘에 대한 네 가지 매개변수 값(낮은 도핑, 대기압)

매개변수	양 (단위)	습식(H_2O)	건식(O_2)
선형 속도 상수	$(B/A)_0 \left(\frac{\mu m}{hr}\right)$	<100>: 9.7×10^7 <111>: 1.63×10^8	<100>: 3.71×10^6 <111>: 6.23×10^6
	E_A (eV)	2.05	2.00
이차 속도 상수	$B_0 \left(\frac{(\mu m)^2}{hr}\right)$	386	772
	E_A (eV)	0.78	1.23

DG 모델은 주변 가스에서 표면으로의 확산, 기존 산화물층을 통해 산화물-기판 계면으로의 확산 및 기판과의 상호 작용을 포함하여 공정 중에 산화 종이 겪는 세 가지 현상을 명시적으로 고려한다. DG 모델의 2개의 중요한 개념적 가정은 (i) 일정한 확산 계수를 갖는 Fickian 확산, (ii) 산화물에서 위치에 대한 이동성(mobile) 산화제 농도의 선형 의존성이다. 이러한 가정에 기초하여 산화물 두께 L(nm)과 산화 시간 t(s) 사이의 관계는 선형 포물선(parabolic) 함수 $L = (t)$로 표시된다. 매우 짧은 산화 시간에는 산화물 두께 $L \sim t$로 표시되며, 비교적 큰 산화 시간에서는 포물선 항 $L \sim \sqrt{t}$으로 표시된다.

DG 모델은 대부분의 조건에서 단결정 실리콘에 적용할 수 있다. O_2에서는 매우 얇은 산화물(<25 nm)이 DG 모델 예측치보다 훨씬 더 빠르게 성장한다. 산화물층의 이러한 급격한 성장의 원인은 산화 동역학(kinetics)의 감소 때문이며, 이러한 이유로 DG 모델을 수정할 필요가 있다. 그럼에도 산화 전에 초기 두께가 0(또는 초기 두께 < 25 nm))이 아니라 25 nm의 산화물이 존재한다고 가정하면 DG 모델을 통해 보다 더 두꺼운 산화물에 대해서는 정확한 결과가 얻어진다. 그림 6.1은 위치에 따른 산소 분자의 농도 변화를 보여주고 있다.

그러나 이 임곗값(25 nm)에 가깝거나, 이 임곗값보다 얇은 산화물의 경우 더 정교한 모델을 사용해야 한다. 1980년대에 들어서자, 이러한 얇은 산화물을 모델링하기 위해 DG 모델을 수정해야 한다는 필요가 나타나기 시작했다. 얇은 산화물을 더 정확하게 모델링하는 접근 방식 중 하나는 Massoud 모델이다. Massoud 모델은 분석적이며, 병렬 산화 메커니즘을 기반으로 속도 향상 항을 추가하여 초기 산화물 성장을 더 잘 모델링하도록 DG 모델의 매개변수를 변경한 것이다.

DG 모델은 다결정 실리콘(폴리실리콘)에 대해서도 잘 작동하지 않는다. 그 이유는 첫째, 결정 입자의 무작위 배향으로 인해 선형 속도 상수를 선택하기가 어렵다. 둘째, 산화제 분자는 입자 경계를 따라 빠르게 확산하여 폴리실리콘이 단결정 실리콘보다 더 빨리

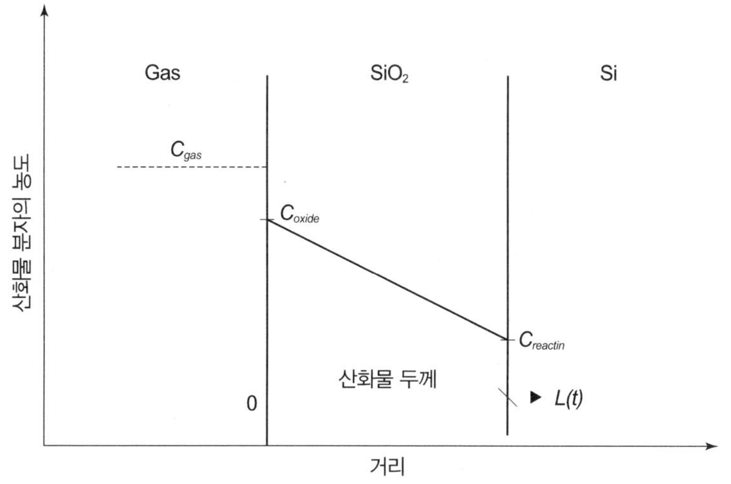

그림 6.1 위치에 따른 산소 분자의 농도 변화[3)]

산화된다. 도펀트 원자는 실리콘 격자를 변형시키고 실리콘 원자가 들어오는 산소와 더 쉽게 결합하도록 한다. 이 효과는 많은 경우에 무시될 수 있지만 많이 도핑된 실리콘은 훨씬 더 빨리 산화된다. 주변 가스의 압력도 산화 속도에 영향을 미친다.

6.2.5 산화 시스템

6.2.5.1 가열로 산화

반도체 제조에서 가열로(furnace)는 실리콘 웨이퍼의 화학적 및 전기적 특성을 정밀하게 조정하는 데 사용되는 고온 공정 챔버이다. 이러한 열 공정은 온도, 가스 분위기, 시간을 세심하게 제어하여 세 가지 중요한 기능을 수행한다. 산화막(절연층)을 성장시키는 산화, 전도성을 변화시키는 불순물을 주입하는 확산, 그리고 결정 손상을 복구하는 어닐링이다. 가열로의 핵심 목적은 단순히 웨이퍼를 가열하는 것이 아니라, 열에너지를 도구로 사용하여 실리콘의 원자 구조를 의도적으로 변경하여 집적회로의 기본 구성 요소를 만드는 것이다. 가열로는 고온(500°C~1,200°C)에서 열처리를 수행할 수 있는 시스템이다.

가열로는 크게 온도 조절계, 가스 조절계, 로드/언로드 조절계의 3개 부문으로 구성된다. 온도 조절계(temperature control system)는 고온을 유지시킬 수 있는 고온벽(heat

---

3) 자료원: A novel Deal-Grove-inspired model for fluorine-based plasma jet etching of borosilicate crown optical glass, Faezeh Kazemi,Georg Boehm,Thomas Arnold, Plasma Processes & Polymers, Volume: 18, Issue: 3, First published: 29 December 2020, DOI: (10.1002/ppap.202000218).

wall)이다. 이때는 온도를 조절하기 위해 thermo-couple 온도계를 사용한다. 2개의 금속을 접합시키면 기전력이 발생하게 되는데, 이 기전력이 온도에 비례하는 특성을 이용하여 만든 온도계가 thermo-couple 온도계이다. 반도체 공정에서는 백금(platinum)과 로듐(rhodium)의 합금과 백금(platinum)을 접합시킨다.

가스 조절계(gas control system)는 필요한 가스(H_2, O_2)를 정량으로 분사시킬 수 있는 질량 유량 조절계와 H_2와 O_2를 반응시켜 H_2O를 만들 수 있는 토치로 구성된다. 가스가 일정한 시스템을 통과하게 되면 가스에 의하여 저항이 발생하게 되는데, 이 저항이 가스의 양에 비례하는 원리를 이용하여 만든 조절계가 질량 유량 조절계(MFC, mass flow controller)이다. 토치(torch)는 H_2와 O_2를 분사시켜 H_2O를 만들 수 있는 시스템으로, 600°C 이상의 고온의 O_2 분위기에서 H_2를 흘려주면 불꽃 반응이 일어나 H_2O가 분사된다. H_2의 흐름이 O_2의 2배를 넘으면 H_2에 의한 폭발이 일어나므로, H_2는 O_2의 1.8배 이하로 유동되도록 한다.

로드/언로드 조절계(load/unload control system)는 웨이퍼를 보트와 카세트로 로드/언로드시키는, 즉 전달시키는 시스템이다.

그림 6.2는 전형적인 수직 가열로 내부 구성 요소의 개략도를 보여준다. 최대 지름 300 mm의 웨이퍼를 수직로 환경에서 처리할 수 있다. 일반적인 건식 산화 공정에서는 웨이퍼가 포드(pod)에서 노 내부의 석영 웨이퍼 홀더로 로봇을 통해 이송된다. 일반적으로 보트 또는 카세트라고 불리는 이 웨이퍼 홀더는 처리 중에 웨이퍼를 고정하는 데 사용된다. 웨이퍼 전체에 걸쳐 산화막의 균일성을 유지하기 위해서는 웨이퍼 간 최소 간격이 필요하므로, 이 보트는 웨이퍼 간 주어진 간격에서 처리되는 웨이퍼 수를 극대화한다. 일반적인 배치에는 50~100장의 웨이퍼가 포함되며, 적재물의 상단과 하단에는 여러 개의 배플(비처리) 웨이퍼가 배치된다. 석영 보트는 기계식 엘리베이터에 장착된다. 보트에 완전히 적재되면 엘리베이터가 적재물을 석영 공정 튜브 내부의 고온 환경으로 들어 올려 튜브를 대기로부터 밀봉된다. 튜브는 적재 단계에서 일반적으로 뜨겁지만 산화 공정보다 낮은 온도이다. 웨이퍼 취급실과 공정 튜브 내부의 주변 분위기는 웨이퍼가 가열로의 고온 영역에 진입할 때 제어되지 않는 산화물 성장 가능성을 제거하기 위해 불활성 가스로 구성된다. 부하가 고온 영역에 도달하고 튜브가 밀봉되면, 온도는 공정 온도까지 상승하며, 이때 다시 불활성 가스로 덮여 산화물 형성을 방지한다. 공정 온도는 1000~1250°C이다. 가열로 내부의 온도와 온도 프로파일은 일반적으로 설정값 대비 ±0.5°C 이내의 오차 범위 내에서 정밀하게 제어되어야 한다. 전체 시스템이 원하는 공정 온도에서 평형을 이루면 산화 가스를 주입하고 일정 시간 동안 산화를 진행시켜 실리콘

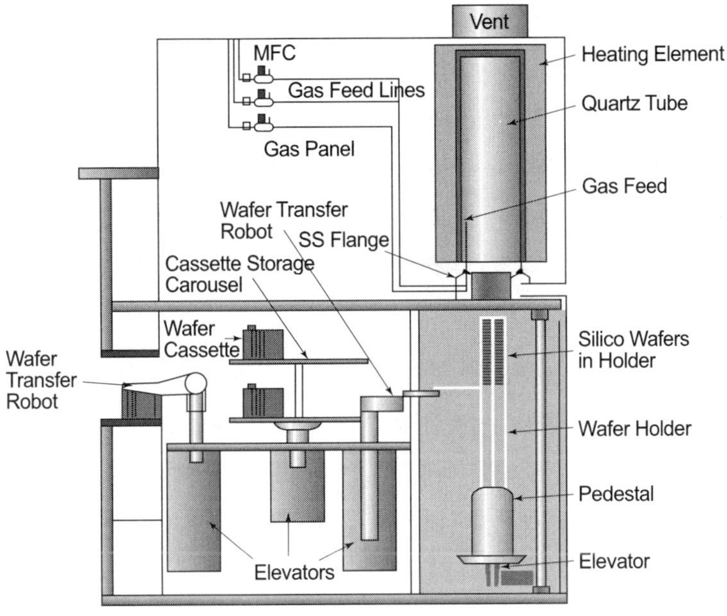

그림 6.2 수직형 가열로[4)]

기판에 산화막을 형성한다. 산화 가스는 (대부분) 고순도 산소이거나, 미리 연소된 수소와 산소의 혼합물(증기 + 산소)일 수 있으며, 이는 장치 요구 사항에 따라 달라진다. 규정된 시간 동안 산화가 진행된 후, 산화제 가스 흐름을 차단하고 튜브를 불활성 가스로 퍼지한 후 시스템 온도를 언로드 설정값까지 낮춘다. 그런 다음 엘리베이터가 웨이퍼가 담긴 보트를 불활성 가스로 채워진 웨이퍼 핸들링 구역으로 내려 웨이퍼 핸들링 로봇이 접근할 수 있는 위치로 이동시켜 시스템에서 웨이퍼를 언로드한다. 웨이퍼는 상온까지 냉각되고, 로봇은 처리된 웨이퍼를 웨이퍼 보트에서 대기 중인 포드로 옮긴다. 수직 배치를 사용한 증기 산화는 건식 산화와 유사하게 진행되지만, 산화 가스로 발열성 증기를 사용한다. 발열성 증기는 수소와 산소가 연소하는 석영 챔버에서 노 외부에서 생성되고, 생성된 증기는 공정 튜브로 공급된다.

6.2.5.2 급속 열처리[5)]

급속 열처리(rapid thermal processing, RTP)는 정확한 온도조절과 단시간 고온 공정이 필요한 공정에 사용한다. 즉, 실리콘 웨이퍼를 몇 초 이내에 1,000°C를 초과하는 온도

4) https://www.mks.com/n/thermal-oxidation

5) Wikipedia, "Rapid Thermal Processing"

로 가열하는 반도체 제조 공정이다. 이러한 공정에는 절연막 성장(insulating film growth), 이온 주입(implanted ion activation), 얕은 접합 형성(shallow junction formation), 실리사이드(silicidation)(Co-Si, Ti-Si, Ni-Si)가 있다. 열충격으로 인한 전위 및 웨이퍼 파손을 방지하기 위해 냉각하는 동안 웨이퍼 온도를 천천히 낮춰야 한다. 빠른 가열 속도는 고강도 램프 또는 레이저에 의해 얻어지기도 한다. 이러한 프로세스는 도펀트 활성화, 열산화, 금속 리플로우 및 화학 기상 증착을 포함하여 반도체 제조의 다양한 응용 분야에 사용된다.

급속 열처리의 핵심 과제 중 하나는 웨이퍼 온도를 정확하게 측정하고 제어하는 것이다. 열전쌍으로 주변을 모니터링하는 것은 최근에야 실현 가능해졌다. 높은 온도 램프 속도로 인해 웨이퍼가 프로세스 챔버와 열평형에 도달하는 것을 방지할 수 있기 때문이다. 한 가지 온도 제어 전략은 실시간 제어에 영향을 미치는 현장 고온계를 포함한다. 용접 목적으로 철을 녹이는 데 사용된다.

급속 열처리의 급속 열 어닐(rapid thermal anneal, RTA)은 전기적 특성에 영향을 미치기 위해 한 번에 단일 웨이퍼를 가열하는 반도체 공정이다. 독특한 열처리는 다양한 효과를 위해 설계된다. 웨이퍼를 가열하면 도펀트를 활성화하거나, 필름-투-필름 또는 필름-웨이퍼 계면을 변경하거나, 증착된 필름의 밀도를 높이거나, 성장한 필름의 상태를 변경하거나, 이온 주입으로 인한 손상을 복구하거나, 한 필름에서 다른 필름으로 또는 필름에서 웨이퍼 기판으로 도펀트를 이동시킬 수 있다.

급속 열 어닐은 램프 기반 가열, 핫 척 또는 웨이퍼를 가까이 가져가는 핫 플레이트를 사용하여서 한 번에 단일 웨이퍼를 가열하는 장비로 수행된다. 가열로 어닐링과는 달리 지속 시간이 짧아 각 웨이퍼를 몇 분 안에 처리한다. 짧은 어닐링 시간과 빠른 처리량을 달성하기 위해 온도 및 프로세스 균일성, 온도 측정 및 제어, 웨이퍼 응력이 희생된다.

RTP와 유사한 공정이, 빠르게 성장하는 또 다른 분야인 태양 전지 제조 분야에도 적용되고 있다. 반도체 시료가 광복사를 흡수하여 가열되는 RTP 유사 공정은 N/P 접합 형성 및 게터링 제거를 위한 인 확산, 불순물 및 결함 패시베이션을 위한 수소 확산, 그리고 전면에는 은 잉크, 후면 접촉에는 알루미늄 잉크를 사용한 스크린 인쇄 접촉 형성 등에 사용된다.

종래의 가열로 기반 열산화 공정은 첨단 소자 제조에 문제가 될 수 있다. 대형 배치 공정 장비의 입자 제어 문제 외에도, 많은 첨단 소자 구조는 기판에 가해지는 부하, 평형화, 공정 및 언로드 공정 사이클 동안 발생하는 온도 부담을 견딜 수 없다. 열산화에 필요한 온도와 공정 시간 때문이다. 이러한 온도와 시간에서는 도펀트 원자가 소자 설계 매개변수에서 벗어나 농도 프로파일을 변화시키고, 결과적으로 제조되는 트랜지스터의 전기적 특성이 변한다. 이 문제를 해결하는 방법은 두 가지뿐이다. 온도를 낮추거나 기판이 고온에 머무르는 시간을 줄이는 것이다. 특정 실리콘 산화 공정과 필름 두께에 필요한 온도 유지 시간은 거의 고정되어 있기 때문에, 공정 엔지니어들은 열산화 공정에서 보조적인 온도 유지 시간 예산을 줄이는 방법을 모색해 왔다. 이는 급속 열산화(rapid thermal oxidation, RTO) 장비를 사용하여 달성된다. 그림 6.3은 챔버 내 웨이퍼와 다중 구역 가열램프 배열을 보여주는 급속 열산화 챔버를 보여주고 있다.

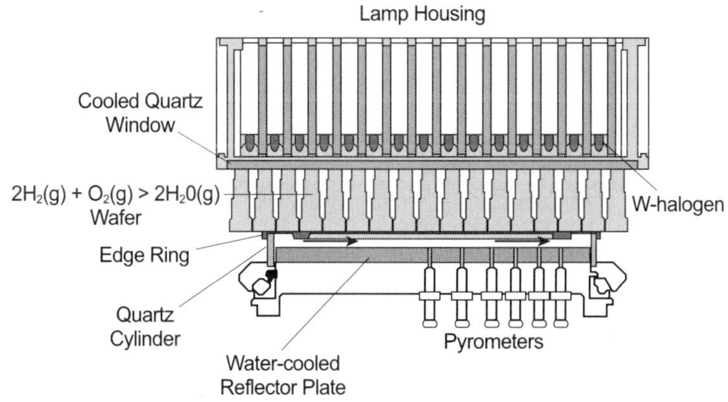

그림 6.3 챔버 내 웨이퍼와 다중 구역 가열 램프 배열을 보여주는 급속 열산화(rapid thermal oxidation) 챔버[6)]

RTO는 광학 시스템의 램프 배열을 사용하여 웨이퍼를 산화 온도까지 빠르게 가열하는 단일 웨이퍼 장비이다. RTO 장비를 사용하면 온도 상승 및 하강 시간을 크게 단축할 수 있다(그림 6.4). 또한, 기판이 산화 온도에서 비교적 짧은 시간만 머무르기 때문에, 다소 높은 온도에서 산화를 수행하여 열 예산을 더욱 절감할 수 있다. 그림 6.4는 기존의 수직형 고온벽 배치 반응기와 급속 열산화 장비의 열 예산을 비교한 것이다. 수직 배치 시스템과 마찬가지로, 단일 웨이퍼 RTO 시스템은 공정 전반에 걸쳐 카세트 간 로봇 웨이퍼 핸들링을 허용하도록 구성된다. 일반적으로 RTO 도구는 4개 이상의 공정 스테이션을 갖춘 다중 챔버 클러스터 도구에 통합된다. 도구의 각 스테이션은 서로 다른 기능을 수행한다. 예를 들어, 게이트 스택 형성 전용 클러스터 도구는 산화, 질화, 어닐링 및 냉각을 위한 개별 스테이션을 가질 수 있다.

---

6) https://www.mks.com/n/thermal-oxidation

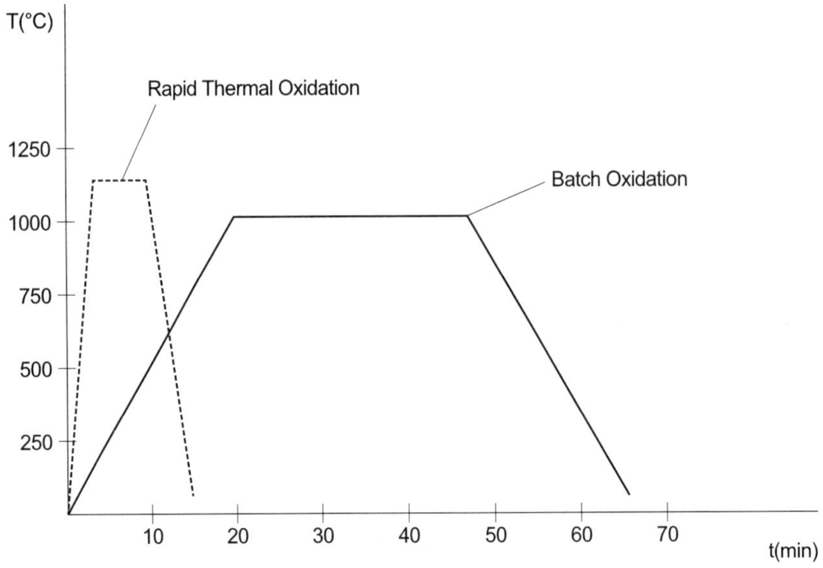

그림 6.4 RTO 대비 일괄 고온벽 산화의 열 예산[7)]

6.2.6 산화에 영향을 주는 인자

산화에 영향을 미치는 주요 요인은 반응이 일어나는 환경과 재료의 특성에 따라 달라진다. 일반적인 화학 반응 및 금속 부식과 관련된 주요 요인은 다음과 같다.

6.2.6.1 수분(습도)

금속의 부식과 같은 산화 반응에서 수분은 매우 중요한 촉진제 역할을 한다. 산소와 물이 모두 존재할 때 산화가 가장 잘 일어나며, 둘 중 하나만 제거해도 속도가 현저히 느려진다.

6.2.6.2 온도[8)]

산화 공정을 진행하는 온도가 증가한다는 것은 그만큼 에너지를 많이 준다는 의미이다. 따라서, 온도가 높을수록 산화 반응 속도는 일반적으로 빨라진다. 즉, 반응 분자들의 운동 에너지가 증가하여 반응성이 높아지고 산화막 성장 속도가 증가한다. 그림 6.5는

---

7) https://www.mks.com/n/thermal-oxidation

8) Suresh Gorantla, S. Muthuvenkatraman, Rama Venkat, *A model for thermal growth of ultrathin silicon dioxide in O_2 ambient: A rate equation approach*, IEEE Transactions on Electron Devices 45(1):336~338.

Massoud 등의 실험 데이터로서 다양한 온도의 O_2 환경에서 산화 시간에 따른 산화물 두께의 변화를 설명하고 있다.

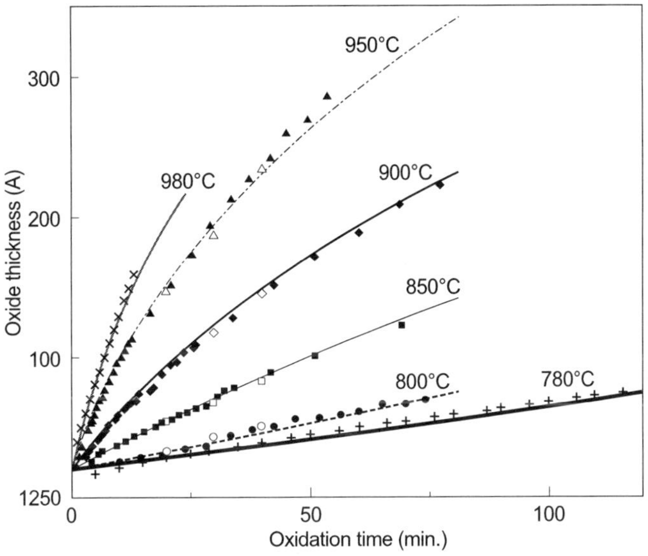

그림 6.5 산화 시간과 온도 및 두께의 상호 연관성

6.2.6.3 결정 방향

결정 방위, 산화 시간, 온도는 모두 최종 산화물 두께에 영향을 미친다. 실리콘은 결정 방향에 따라 면 밀도가 다르다. 따라서 실리콘 웨이퍼의 면 방향이 다르면 면적당 Si 원자의 밀도가 달라져서 산화 공정을 진행할 때 산소 원자의 침투 속도가 달라진다. (100) < (110) < (111) 순서대로 면 밀도가 증가한다. Si 웨이퍼 표면에서도 (111) 면의 면적당 원자의 수가 많으므로 (111) 면에서 매달린 결합이 가장 많다. 따라서 같은 온도와 압력 조건에서 산화 공정을 진행했을 때 (111) Si 웨이퍼가 가장 빠르게 성장한다. 산화 시간이 주요 요인이지만, 시간이 지남에 따라 산화층이 성장함에 따라 산화 속도가 느려지고 결국 확산 제한 상태가 된다. 그림 6.6은 실리콘 결정의 방위를 나타내고 있다.

결정 방위는 구리 및 니켈 기반 초합금과 같은 다른 재료의 산화에도 영향을 미치며, 특정 재료나 방위에 따라 산화 속도가 달라진다.

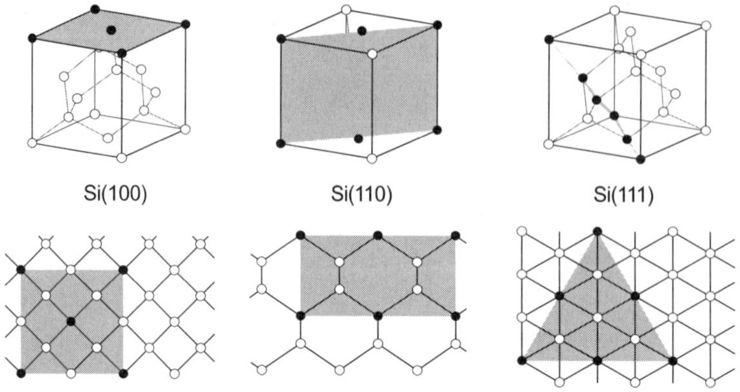

그림 6.6 실리콘 결정의 방위

6.2.6.4 도핑 농도

반도체 산화 공정에 영향을 미치는 대표적인 도펀트(dopant)는 붕소(B), 인(P), 비소(As) 등이다. 실리콘에 B나 P, As가 도핑되면 산화 속도는 크게 달라진다. 도핑 농도가 증가한다는 것은 실리콘의 격자구조를 변화시키는 불순물이 많다는 것이다. 따라서 도핑 농도가 증가할수록 산화막 성장 속도가 증가한다. 도핑된 웨이퍼에서 산화 속도가 증가하는 이유는 도펀트에 의하여 실리콘의 결합 에너지가 감소하여 반응 속도 상수가 커지기 때문이다. 산화물의 두께가 두꺼워지면 산소의 확산이 반응 속도를 좌우하기 때문에 도펀트의 영향은 많이 감소한다.

6.2.6.5 압력

산화 공정에서 가해 주는 산소 압력에 비례하여 산화막 성장 속도가 증가한다.

6.2.6.6 스트레스

산소 확산에 의한 스트레스(oxygen diffusion induced stress), 산화 부피 팽창에 의한 스트레스(oxide volume expansion induced stress)가 존재한다. 스트레스는 산화물 희석(oxide thinning)이며, 산화물 지연(oxide retardation)은 낮은 온도, 작은 반지름, 오목형에서 더욱 크게 나타나고, corner에 작용하는 점성 스트레스(viscous stress)에 의해 표면 반응 속도(surface reaction rate)를 변화시킨다.

6.2.6.7 할로젠

앞서 언급했듯이 할로젠 화합물인 Cl이 첨가될 때도 산화 속도가 증가한다(Cl이 산소의 확산 계수를 증진함). 염소가 소듐 이온을 염화소듐의 형태로 제거하므로 산화물 품질과 산화물-실리콘 계면이 개선된다.

과거에는 HCl(3~7%)이 염소의 소스로 널리 사용되었으나, 부식성 때문에 현재는 TCA(trichloroethane) 또는 TCE(trichloroethylene) 등이 넓게 사용되고 있다.

염소와 실리콘이 반응하면 실리콘 표면에 공동(vacancy)을 형성하는데, 이는 실리콘 간극과 재조합되고, 산화로 인한 적층 결함의 밀도를 낮춘다.

다른 할로젠인 플루오린 역시 산화 속도를 증가시킨다. 산화물-실리콘 계면의 Si 매달린 결합을 패시베이션시켜 트랩 밀도(trap density)를 감소시킨다. 그러나 F가 과도하게 도입되면 Si-O 결합을 끊어 산화 품질을 저해하며, Si 표면에서 산소를 대체하여 오히려 Si 매달린 결합을 만들기도 한다.

6.2.6.8 산화 시간

공정 시간이 길어질수록 산화막의 두께가 증가한다. 하지만 DG 모델을 볼 때 특정 두께 이상이 되면 산소가 생성된 산화막 층을 뚫고 들어가서 Si와 반응해야 하는 상황이 오는데 이 두께부터는 증착 속도가 급격히 늦어진다. 앞의 그림 6.5에서 산화 시간과 두께의 상호 연관성을 보여주고 있다.

산화 초기 단계에서는 산화제와 기판 사이의 표면 반응으로 산화 속도가 제한된다. 그러다가 후기 단계에서는 산화물층이 두꺼워짐에 따라 산화제가 산화물층을 통과하는 확산으로 속도가 제한되기 때문에 속도가 느려진다. DG 모델은 이 과정을 초기 단계에서는 선형 속도, 후기 단계에서는 포물선 속도로 설명하고 있다.

6.2.6.9 위치

챔버 내의 웨이퍼 위치에 따라서도 산화막의 성장 속도가 다르다. 가스를 정면으로 받는 웨이퍼는 산화막의 성장 속도가 빠를 것이고 나중에 맞는 위치의 웨이퍼는 성장 속도가 느릴 것이다. 따라서 양옆에 더미 웨이퍼를 넣어 웨이퍼의 일관성을 높이고 있다.

6.2.6.10 표면 상태

Si 웨이퍼의 표면이 거칠수록 매달린 결합이 많아지므로 활성화 에너지가 낮아진다. 이에 따라 산소와의 반응성이 증가하여 산화막 성장 속도가 증가한다.

6.2.7 산화 영향: OSF

모든 고온 공정 단계와 마찬가지로 산화는 실리콘 결정에 결함을 유발하는 경향이 있다. 실리콘의 결정학적 결함은 일반적으로 고온에서 상당히 이동성이 높아서 밀도, 분포 및 유형은 후속 공정 단계에 따라 달라진다. 적층 결함은 집적 소자의 성능을 저하하는 가장 중요한 영역 결함이다. 산화 유도 적층 결함(oxidation-induced stacking faults, OISF)은 외인성 유형으로 밝혀졌는데, 이는 산화 과정에서 격자 내로 자기 침입형(self-interstitial)이 주입되어 추가적인 격자 평면이 형성됨을 의미한다. 적층 결함은 전위로 둘러싸여 있기 때문에 빠르게 확산하는 (금속성) 불순물이 이러한 전위에 갇힐 수 있다. 이는 갇힌 불순물이 증가하는 경향이 있기 때문에(예: 누설 전류) 소자 성능 저하를 유발하는 추가적인 메커니즘이다. 산화 과정에서 OISF는 공정이 진행됨에 따라 성장할 수 있지만, 특정 조건에서는 OISF가 수축할 수도 있다.

6.2.8 Si/SiO_2 계면 특성

Si는 단결정 구조이고 열산화로 형성된 SiO_2는 비정질(amorphous) 구조이며 밀도가 높다. Si와 SiO_2의 열팽창 계수(CTE)가 비슷하여 고온 공정 중 계면에서 발생하는 열응력(stress)이 적다. SiO_2는 화학적으로 매우 안정되며, 플루오린화수소(HF)에 의해 선택적으로 식각될 수 있어 반도체 공정에서 패터닝이 용이하다. Si/SiO_2 계면은 반도체 산업에서 가장 중요하고 이상적인 계면 중 하나로, MOSFET와 같은 소자 기술의 핵심적인 역할을 한다.

6.2.8.1 계면의 특성

적절한 공정을 통해 단일 원자층 수준의 급격한(abrupt) 계면 형성이 가능하며, 이는 다른 반도체-절연체 시스템에 비해 월등히 뛰어나다. 열산화 공정을 통해 형성된 SiO_2는 계면 결함 밀도(interface state density)가 매우 낮다. Si와 SiO_2의 열팽창 계수가 비슷하여 고온 공정 중 계면에서 발생하는 기계적 스트레스가 거의 없다. SiO_2는 비정질(amorphous) 구조를 가지며, 이는 균일한 특성을 제공한다. Si 기판 위에 형성된 SiO_2 막은 기판에 매우 잘 접착된다. SiO_2는 유전율이 약 3.9로 낮지만, 높은 항복 전압(breakdown voltage)과 넓은 밴드 갭(약 9.1 eV)을 가져 매우 우수한 절연체 역할을 한다.

6.2.8.2 계면 트랩 및 전하

Si와 SiO_2 경계면에서 결합하지 못한 실리콘 원자의 매달린 결합(dangling bond) 등으로 인해 계면 트랩(interface trap)이 발생한다. 이들은 전하를 포획(trap)하거나 방출(emission)하여 소자의 문턱 전압(threshold voltage)을 변화시키고 채널의 전도도를 저해할 수 있다. 수소 어닐링(hydrogen annealing) 등을 통해 이러한 결함을 효과적으로 줄일 수 있다. 실리콘 자체의 매달린 결합이나 Si와 산소의 불완전한 결합이 주 원인이다. 트랩은 이동 캐리어(전자 또는 정공)와 결합하여 전하 상태(Q_{it})가 바뀔 수 있다. Q_{it}는 온도, 가스 환경, 산소 분압, 웨이퍼 방향에 의존하며, 좋은 디바이스는 5×10^{10} /cm^2eV 이하로 유지되어야 한다. 가스 어닐링에 의하여 그 농도를 감소시킬 수 있으며, 주로 H_2/N_2 가스로 실시한다. 측정은 여러 가지 방법이 있는 데 가장 많이 사용하는 방법은 charge pumping method이다.

Si/SiO_2 계면에 존재하는 Si 결합의 밀도는 약 6.8×10^{14} /cm^2이다. Si/SiO_2 계면은 사실 거의 완전한 결합을 갖고 있으며 불완전 결합은 1/10000 정도밖에 안 된다. 하지만 이 정도의 불완전 결합으로 인해 계면의 트랩 전하 밀도는 6.8×10^{11} /cm^2 정도로 나타난다.

6.2.8.3 고정 산화물 전하

고정 산화물 전하(fixed oxide charge, Q_f)는 계면 근처의 SiO_2 내부에 고정된 양전하로, 주로 불완전한 산화 공정으로 인해 발생한다. 이는 소자의 문턱 전압을 낮추는(음의 방향으로 이동시키는) 원인이 될 수 있다. Si/SiO_2 계면에서 35 Å 이내에 위치하며, 양전하를 띠고 있는 구조 결함이다. Q_f는 온도, 가스 환경, 냉각률, 냉각 환경, 웨이퍼 방향에 의존하며, 그 단위는 number/cm^2이고 5×10^{10}/cm^2 이하로 유지되어야 한다. Q_f는 최종 산화 온도와 냉각률에 크게 의존하는데, 온도가 높을수록, 냉각률이 클수록 늘어난다. 그 이유는 저온 산화가 일어나지 않기 때문이다. 냉각률을 크게 하면 웨이퍼의 휨(warpage)이나 슬립(slip)을 유발할 수 있으므로 적용하기 어렵고, 대신 고온에서 산화를 마친 후 N_2 분위기에서 어닐을 해주는 방법으로 이를 방지한다.

6.2.8.4 이동성 이온 전하

이동성 이온 전하(mobile ionic charge, Qm)는 Na^+, K^+ 등의 알칼리 이온이 SiO_2 내에서 이동하며 발생하는 전하이다. 고온에서 전기장에 의해 이동하며 소자의 불안정성을 유발한다.

6.2.8.5 산화물 트랩 전하

산화물 트랩 전하(oxide trapped charge, Qot)는 고에너지 복사선이나 핫 캐리어 주입 등으로 인해 SiO_2 내부에 트랩된 전하이다. 이러한 우수한 계면 특성과 결함 제어 기술 덕분에 Si/SiO_2 시스템은 MOSFET과 같은 현대 반도체 소자의 핵심 재료로 자리매김할 수 있다. Q_{ot}는 산화물 내부에 전자나 정공이 트랩되는 것을 말하며, 이것은 이온화 방사선이나 고온 캐리어(hot carrier), F-N 터널링 등에 의하여 생기는 미세 결함이 그 원인이다. 성장 상태의 산화물에는 Q_{ot}가 거의 존재하지 않고, 습식 산화 시 H_2O에 의한 H나 OH에 의하여 약간 존재하는 것도 이후 어닐에 의하여 거의 제거된다.

산화물 트랩 전하는 계면 뿐 아니라 산화물 내부에도 존재하며, SiO_2의 결함, 불순물, 깨진 결합 등에 의해 발생한다. 이들 자체가 전하를 띠지는 않으나, 전자나 정공과 결합하여 전하를 띠기도 하며, 고온 캐리어 주입(hot carrier injection)에 의하여 전하를 띠기도 한다. Q_{ot}는 빛에 의하여 발생하기도 하는데, 일반 공간에서의 빛에도 영향을 받고, 특히 반도체 제조 공정 과정에서 발생하는 전자빔, 스퍼터링, 플라스마 식각, 이온 주입 등에도 영향을 많이 받는다. 고에너지 입자, 무거운 입자 등도 SiO_2 결합에 영향을 주어 Q_{ot}를 발생시키는 에너지를 가질 수 있다.

6.2.8.6 전하 완화(charge curing)

계면 및 산화막 내의 전하 문제를 해결하고 계면 특성을 개선하기 위해 다양한 어닐링(annealing) 공정이 사용된다.

열산화 후 고온 어닐링(high-temperature annealing) 기법은, Si 기판을 고온(약 900~1,200°C) 및 산소 분위기에서 열산화하여 매우 우수한 계면 특성을 가진 SiO_2 막을 형성하는 것이다. 성장 과정에서는 계면 결함이 최소화되기 때문이다. 또한 고온에서 질소(N_2)나 아르곤(Ar)과 같은 불활성 기체 분위기에서 어닐링 하여 산화막 내의 결함을 줄일 수도 있다.

가장 효과적인 계면 포획 전하(Q_{it}) 완화 방법의 하나로 수소 어닐링(hydrogen annealing) 또는 PMA(post-metal annealing)를 들 수 있다. 금속 배선 형성 후, 수소(H_2) 또는 수소 함유 가스(예: 포밍 가스, Ar/H_2 혼합물) 분위기에서 400~500°C 정도의 온도로 열처리한다. 수소 원자가 Si와 SiO_2 계면의 결합하지 않은 Si 원자(dangling bond)와 결합하여 비활성화시킴으로써, 계면 트랩 밀도(interface trap density)를 현저히 감소시킨다.

6.3 증착 공정

6.3.1 증착 공정 개요

반도체 칩은 한 개의 회로만으로 이루어진 게 아니라 빌딩을 올리듯이 여러 개의 회로를 쌓아 만들어 진다. 이런 구조를 형성하기 위해서는 회로 간 구분을 해주고 보호해 주는 역할을 할 수 있는 매우 얇은 막이 필요한데 이것을 박막(thin film)이라 하며, 웨이퍼 위에 박막의 두께로 분자 또는 원자 단위의 물질을 입혀 전기적 특성을 갖게 하는 공정을 증착(deposition)이라 한다. 증착 공정을 통해 형성된 박막은 크게 회로 간 전기적인 신호를 연결해 주는 금속막(전도)층과 내부 연결층을 전기적으로 분리하거나 오염원으로부터 차단해 주는 절연막 층으로 구분된다.

증착은 반도체 장치를 만드는 데 사용되는 필요한 유전체(절연체) 및 다양한 물질(금속이나 중합체)을 웨이퍼 표면에 얇은 두께의 박막을 형성하여 전기적인 특성을 갖게 하는 것이다. IC 제조 공정 동안 다양한 재료 다수의 층이 증착되어야 하는데, 물질을 증착하는 방법에는 MBE(Molecular Beam Epitaxy), LBL(Layer by Layer deposition), LB(Langmuir-Blodgett technique), ALD(Atomic Layer Deposition) 등 많은 방법이 있다.

물질을 증착하는 방법은 크게 물리적 기상 증착(physical vapor deposition, PVD)과 화학 기상 증착(chemical vapor deposition, CVD)으로 분류된다. PVD는 금속 박막의 증착에 주로 사용되며, 화학 반응을 수반하지 않는 증착법으로 스퍼터링, 열 증발, 전자빔 증발 등이 있다. PVD 가속 가스 이온 동안 저압 플라스마 챔버의 스퍼터 타겟(sputter target)에서 입자가 스퍼터링 된다.

화학 기상 증착(CVD)은 화학 반응을 통해 형성된 기체 형태의 원자나 분자들을 외부 에너지가 부여된 증기 형태로 쏘아 증착시키는 방법이다. 도체, 부도체, 반도체의 박막증착에 모두 사용될 수 있다. 즉, CVD의 원리는 고온에서 기판 표면의 기체 혼합물의 화학 반응이다. 따라서 CVD를 적용하는 데 가장 제한적인 요소는 고온이 필요하다는 것이다. 이 문제는 화학 반응이 고온 대신 저온에서 무선 주파수(radio frequency)로 강화되는 방식인 플라스마 강화 화학 기상 증착(PECVD)으로 해결할 수 있다. 이 방법은 두께 균일도를 조절할 수 있으면서도 대량 처리가 가능하다는 장점이 있어 많이 이용되고 있다. 이 기술의 중요한 측면은 증착된 재료의 균일성, 특히 층 두께이다. CVD는 PVD보다 균일성이 더 우수하다.

6.3.2 물리적 기상 증착

PVT(physical vapor transport)라고도 하는 PVD는 금속, 세라믹, 유리 및 폴리머를 비롯한 기판에 박막 및 코팅을 생성하는 데 사용할 수 있는 다양한 진공 증착 방법이다. PVD는 물질이 응축 상에서 증기상으로 전이된 다음 다시 박막 응축 상으로 전환되는 공정을 특징으로 한다. 가장 일반적인 PVD 프로세스는 스퍼터링 및 증발이다. PVD는 광학적, 기계적, 전기적, 음향적 또는 화학적 기능을 위해 박막이 필요한 품목의 제조에 사용된다. 그 예로는 박막 태양 전지와 같은 반도체 장치, 박막 벌크 음향 공진기와 같은 미세 전자 기계 장치, 식품 포장 및 풍선용 알루미늄 처리된 PET 필름, 금속 가공용 질화 타이타늄 코팅 절삭 공구 등이 있다. 제조용 PVD 도구 외에도 주로 과학적인 목적으로 사용되는 특수 소형 도구가 개발된다. 소스 재료는 부품을 고정하는 데 사용되는 고정 장치를 포함하여 진공 챔버 내부 대부분의 다른 표면에도 불가피하게 증착된다. PVD의 종류는 다음과 같다.

- 음극 아크 증착(cathodic arc deposition): 대상(소스) 재료에서 방전된 고전력 전기 아크는 일부를 고도로 이온화된 증기로 날려 가공물에 증착된다.
- 전자빔 PVD: 증착될 재료는 고진공에서 전자 충격으로 높은 증기압으로 가열되고 확산으로 이송되어 (차가운) 작업물에 응결되어 증착된다.
- 증발 증착(evaporative deposition): 증착될 재료는 고진공에서 전기 저항 가열 때문에 높은 증기압으로 가열된다.
- 근접 공간 승화(close-space sublimation): 재료 및 기판은 서로 가까이 배치되고 복사 가열된다.
- 펄스 레이저 증착(pulsed laser deposition): 고출력 레이저가 타겟에서 물질을 증기로 제거한다.
- 열 레이저 에피택시(thermal laser epitaxy): 연속파 레이저는 개별 독립형 원소 소스를 증발시킨 다음 기판에 응축된다.
- 스퍼터링 증착(sputtering deposition): 글로우 플라스마 방전(일반적으로 자석에 의해 타겟 주위에 국한됨)은 후속 증착을 위해 증기로 스퍼터링되는 재료를 폭격한다.
- 펄스 전자 증착(pulsed electron deposition): 고에너지 펄스 전자빔은 비평형 조건에서 플라스마 흐름을 생성하는 대상에서 물질을 제거한다.
- 승화 샌드위치 방법(sublimation sandwich method): 인조 결정(탄화규소, SiC) 성장에 사용된다.

그림 6.7은 PVD 공정의 흐름도를, 그림 6.8은 스퍼터링 PVD의 개략도를 나타낸 것이다.

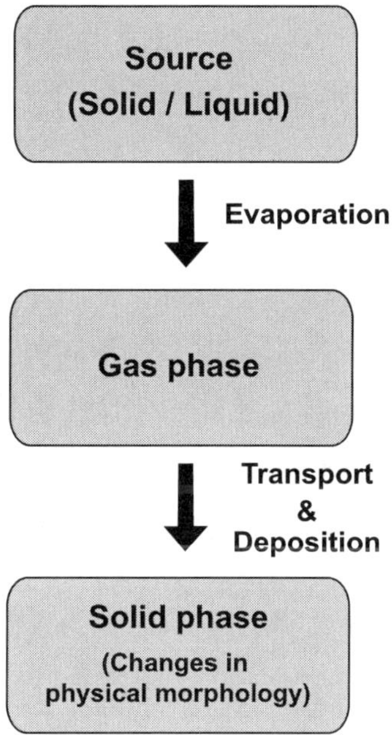

그림 6.7 PVD 공정 흐름도

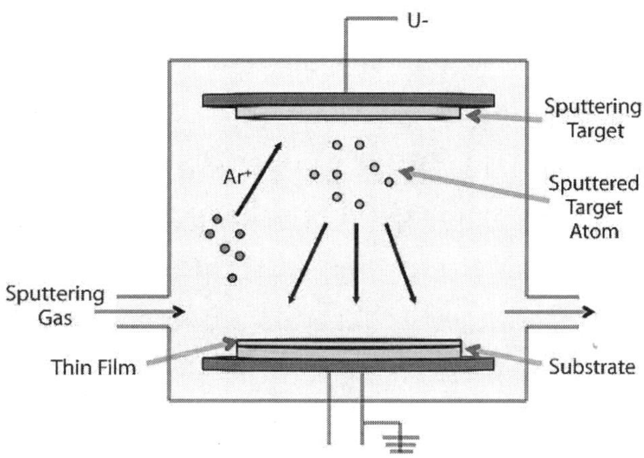

그림 6.8 스퍼터링 PVD의 개략도(sigmaaldrich, CC BY-SA 4.0, Wikimedia Commons)

6.3.2.1 PVD의 장점

PVD 코팅은 때때로 전기도금 공정에 의해 적용되는 코팅보다 더 단단하고 부식에 강하다. 대부분의 코팅은 고온 및 우수한 충격 강도, 우수한 내마모성을 가지며 내구성이 뛰어나 보호용 탑코트가 거의 필요하지 않다. PVD 코팅은 다양한 마감재를 사용하여 동일하게 다양한 기질 및 표면 그룹에 거의 모든 유형의 무기 또는 일부 유기 코팅 재료를 활용할 수 있는 능력이 있다. PVD 공정은 종종 전기도금 및 페인팅과 같은 전통적인 코팅 공정보다 환경친화적이다. 하나 이상의 기술을 사용하여 주어진 필름을 증착할 수 있다.

6.3.2.2 PVD의 단점

특정 PVD 기술은 제약을 부과하기도 한다. 예를 들어 가시선 전사는 대부분의 PVD 코팅 기술에서 일반적이지만 일부 방법에서는 복잡한 형상을 완전히 커버할 수 있다. 일부 PVD 기술은 고온 및 진공 상태에서 작동하기 때문에 작동 담당자의 특별한 주의가 필요하며 경우에 따라 큰 열 부하를 분산시키기 위한 냉각수 시스템이 필요하다.

6.3.2.3 PVD 적용

1) 이방성 유리

PVD는 유기 반도체용 저분자량 이방성 유리를 만드는 데 응용될 수 있다. 이러한 유형의 유리 형성을 가능하게 하는 매개변수는 유리 자유 표면에서의 분자 이동성과 이방성 구조이다. 고분자의 배열은 첨가된 분자가 증착을 통해 재료를 매립하기 전에 더 낮은 에너지 상태에 위치해야 하므로 중요하다. 구조에 분자를 첨가하는 이 과정은 평형을 이루고 질량과 부피가 증가하여 운동 안정성이 향상된다. PVD를 통한 분자 패킹은 긴 꼬리 부분이 아닌 정면을 향하게 하여 파이 오비탈의 중첩을 더욱 쉽게 하여 첨가된 분자와 결합의 안정성을 높이다. 이러한 첨가된 재료의 배향은 분자가 증착되거나 분자에서 추출되는 시점의 온도에 따라 주로 결정된다. 분자의 평형은 유리의 이방성 특성을 부여한다. 이러한 유리의 이방성은 더 높은 전하 캐리어 이동성을 허용하기 때문에 중요하다. 이방성 방식으로 유리를 포장하는 이 공정은 다재다능하고 유리가 결정질 이상의 균질성, 구성의 유연성과 같은 추가적인 이점을 제공한다는 점에서 가치가 있다.

2) 유색 스테인리스스틸

공정의 구성과 기간을 변경하여 스테인리스스틸에 PVD로 다양한 색상을 생성할 수 있다. 그 결과 유색 스테인리스스틸 제품은 황동, 청동 및 기타 금속이나 합금으로 나타날 수 있다. 이 PVD 색상의 스테인리스 스틸은 뉴욕시의 Vessel 조각품과 상하이의 The Bund와 같은 건물 및 구조물의 외부 클래딩으로 사용할 수 있다. 또한 인테리어 하드웨어, 판넬 및 비품에도 사용되며 iPhone 및 Apple Watch의 스페이스 그레이 및 골드 마감과 같은 일부 가전 제품에도 사용된다.

3) 절단 도구

PVD는 강철 절삭 공구 표면의 내마모성을 향상시키고 공구와 공작물 사이의 접착 및 고착 위험을 줄이는 데 사용된다. 여기에는 금속 가공 또는 플라스틱 사출 성형에 사용되는 도구가 포함된다. 코팅은 일반적으로 경도가 매우 높고 마찰이 낮은 4 μm 미만의 얇은 세라믹층이다. 취성을 방지하기 위해 코팅의 치수 안정성을 보장하기 위해 공작물의 높은 경도가 필요하다. PVD를 강철의 플라스마 질화 처리와 결합하여 코팅의 내하중 용량을 증가시킬 수 있다.

4) 기타 응용분야

PVD 코팅은 일반적으로 경도를 개선하고 내마모성을 높이고 산화를 방지하는 데 사용된다. 미적 목적으로도 사용할 수 있다. 따라서 이러한 코팅은 다음과 같은 광범위한 응용 분야에 사용된다.

- 항공 우주 산업
- 건축 철물, 패널 및 시트
- 자동차 산업
- 염료 및 금형
- 총기류
- 광학
- 시계
- 보석류
- 박막 응용 분야(윈도우 틴트, 식품 포장 등)

6.3.3 화학 기상 증착

화학 기상 증착(CVD)은 고품질 및 고성능 고체 재료를 생산하는 데 사용되는 진공 증착 방법이다. 이 공정은 반도체 산업에서 박막을 생산하는 데 사용된다. 일반적인 CVD에서 웨이퍼(기판)는 원하는 증착물을 생성하기 위해 기판 표면에서 반응 및/또는 분해되는 하나 이상의 휘발성 전구체에 노출된다. 종종 휘발성 부산물도 생성되며 이는 반응 챔버를 통한 가스 흐름에 의해 제거된다. 미세 가공 공정은 CVD를 널리 사용하여 단결정, 다결정, 비정질 및 에피택셜을 비롯한 다양한 형태로 재료를 증착한다. 이러한 재료에는 실리콘(이산화물, 탄화물, 질화물, 산질화물), 탄소(섬유, 나노섬유, 나노튜브, 다이아몬드 및 그래핀), 탄화플루오린, 필라멘트, 텅스텐, 질화 티타늄 및 다양한 고유전율 유전체가 포함된다.

CVD는 다양한 형식으로 실행된다. 이러한 프로세스는 일반적으로 화학 반응이 시작되는 수단이 다르다. 작동 조건에 따라 분류하면 다음과 같다.

- 대기압 CVD(APCVD)
- 저압 CVD(LPCVD): 고진공에 가까운 저압에서 수행하는 CVD. 압력이 낮아지면 원하지 않는 기상 반응을 줄일 수 있으며, 웨이퍼 전체에 걸쳐 필름 균일성을 향상시킨다.
- 초고진공 CVD(UHVCVD): 일반적으로 10^{-6} Pa(≈ 10^{-8} torr) 미만의 매우 낮은 압력에서 수행하는 CVD. 다른 분야에서는 고진공과 초고진공 사이의 낮은 구분이 일반적이며 종종 10^{-7} Pa이다.
- 대기압 이하 CVD(SACVD): 대기압에 근접한 저압에서 수행하는 CVD. TEOS(tetraethyl orthosilicate)와 오존을 사용하여 이산화규소(SiO_2)로 높은 종횡비 Si 구조를 채운다. 대부분의 최신 CVD는 LPCVD 또는 UHVCVD이다.

CVD를 증기의 물리적 특성에 따라 분류하면 다음과 같다.

- 에어로졸 보조 CVD(AACVD): 전구체가 초음파로 생성될 수 있는 액체/기체 에어로졸을 통해 기판으로 이송되는 CVD. 이 기술은 비휘발성 전구체와 함께 사용하기에 적합하다.
- 직접 액체 주입 CVD(DLICVD): 전구체가 액체 형태(편리한 용매에 용해된 액체 또는 고체)인 CVD. 액체 용액은 인젝터(일반적으로 자동차 인젝터)를 향해 증발 챔버에 주입된다. 그런 다음 전구체 증기는 기존 CVD에서와 같이 기판으로 이송된다. 이 기술은 액체 또는 고체 전구체에 사용하기에 적합하다. 이 기술을 사용하면 높은 성장률에 도달할 수 있다.

CVD를 기판 가열 유형에 따라 분류하면 다음과 같다.

- Hot wall CVD: 챔버가 외부 전원에 의해 가열되고 기판이 가열된 챔버 벽의 복사 때문에 가열되는 CVD. 그림 6.9에 나타내었다.
- Cold wall CVD: 유도 때문에 또는 기판 자체 또는 기판과 접촉하는 히터를 통해 전

류를 통과시켜 기판만 직접 가열하는 CVD. 챔버 벽은 실온에 있다.

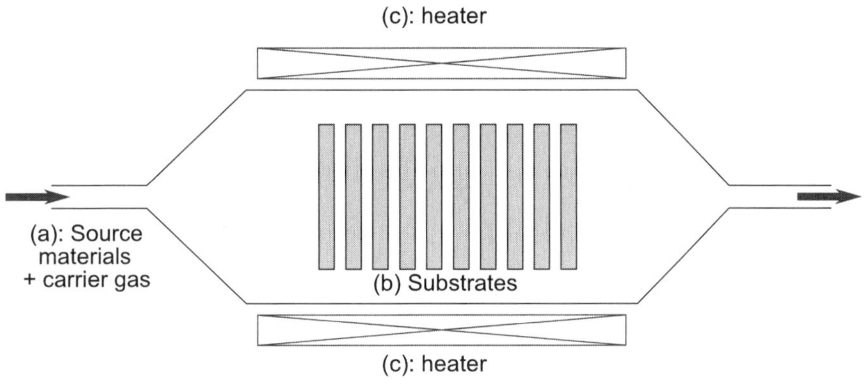

그림 6.9 Hot-wall thermal CVD

CVD를 에너지 원에 따라 분류하면 다음과 같다.

- 마이크로파 플라스마 보조 CVD(MPCVD)
- 플라스마 강화 CVD(PECVD): 전구체의 화학 반응 속도를 향상시키기 위해 플라스마를 이용하는 CVD. PECVD 공정은 낮은 온도에서 증착을 가능하게 하며 이는 종종 반도체 제조에 중요하다. 낮은 온도는 또한 나노입자 표면 기능화에 사용된 플라스마 폴리머와 같은 유기 코팅의 증착을 허용한다. 그림 6.10은 플라스마 강화 CVD를 나타내고 있다.

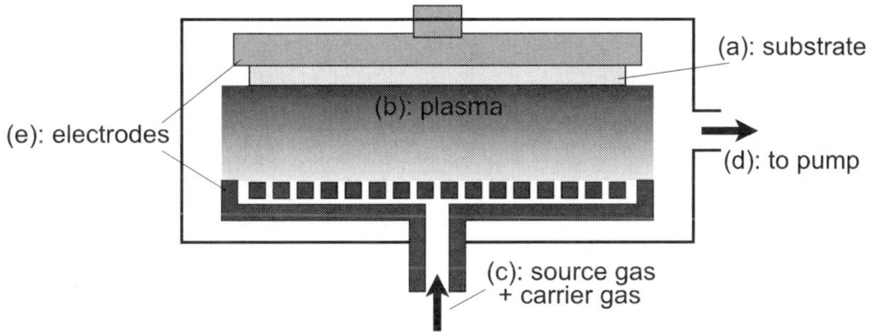

그림 6.10 플라스마 강화 CVD

- 원격 플라스마 강화 CVD(RPECVD): 웨이퍼 기판이 플라스마 방전 영역에 직접 있지 않다는 점을 제외하면 PECVD와 유사하다. 플라스마 영역에서 웨이퍼를 제거하면 처리 온도를 실온까지 낮출 수 있다.
- 저에너지 플라스마 강화 화학 기상 증착(LEPECVD): 높은 속도와 낮은 온도에서 반

도체 재료의 에피택셜 증착을 얻기 위해 고밀도, 저에너지 플라스마를 사용하는 CVD.

- 원자층 CVD(ALCVD): 서로 다른 물질의 연속적인 층을 증착하여 층층이 쌓인 결정성 필름을 생성한다. 원자층 에피택시 참조.
- 연소 화학 기상 증착(CCVD): 연소 화학 기상 증착 또는 화염 열분해는 고품질 박막 및 나노 물질을 증착하기 위한 개방 대기 화염 기반 기술이다.
- 고온 필라멘트 CVD(HFCVD): 촉매 CVD(Cat-CVD) 또는 더 일반적으로 시작된 CVD라고도 하는 이 프로세스는 고온 필라멘트를 사용하여 소스 가스를 화학적으로 분해한다. 따라서 필라멘트 온도와 기판 온도는 독립적으로 제어되어 기판에서 더 나은 흡수율을 위해 더 낮은 온도를 허용하고 필라멘트에서 전구체를 자유 라디칼로 분해하는 데 필요한 더 높은 온도를 허용한다.
- 하이브리드 물리-화학적 기상 증착(HPCVD): 전구체 가스의 화학적 분해와 고체 소스의 기화가 모두 포함된다.
- 금속 유기 화학 기상 증착(MOCVD): 금속 유기 전구체를 기반으로 한다.
- 급속 열 CVD(RTCVD): 가열램프 또는 기타 방법을 사용하여 웨이퍼 기판을 빠르게 가열한다. 가스 또는 챔버 벽이 아닌 기판만 가열하면 입자 형성으로 이어질 수 있는 원치 않는 가스 상 반응을 줄이는 데 도움이 된다.
- 기상 에피택시(VPE)
- 광 개시 CVD(PICVD): 자외선을 사용하여 화학 반응을 자극한다. 플라스마가 UV 방사선의 강력한 방사체라는 점을 고려하면 플라스마 처리와 유사하다. 특정 조건에서 PICVD는 대기압 또는 대기압 근처에서 작동할 수 있다.
- 레이저 화학 기상 증착(LCVD): 레이저를 사용하여 반도체 응용 분야에서 기판의 장소 또는 라인을 가열한다. MEMS 및 섬유 생산에서 레이저는 전구체 가스를 빠르게 분해하는 데 사용되며(공정 온도는 2,000°C를 초과할 수 있음) 레이저 소결 기반 3D 프린터가 분말에서 고체를 만드는 것과 거의 같은 방식으로 고체 구조를 만든다.

6.3.4 증착 레시피(recipe)

저압 화학 기상 증착(low-pressure chemical vapor deposition, LPCVD) 방법에는 다양한 재료(주로 폴리실리콘, 질화규소, 이산화규소)를 증착하기 위해 특정 매개변수(온도, 압력, 가스 흐름)가 필요하다. 구체적인 레시피(recipe)는 장비(예: 튜브 지름, 펌핑 속도, 배치 크기) 및 굴절률, 응력, 식각 속도와 같은 원하는 박막 속성에 따라 달라질 수 있다. 표 6.3은 증착의 전형적 파라미터와 범위를 나타내고 있다. 또한, 표 6.4는 각 물질에 따른 증착의 전형적 파라미터와 범위를 나타내고 있다.

표 6.3 증착의 전형적 파라미터와 범위

파라미터	전형적인 범위
온도	300~900°C (재료에 독립적)
압력	100~500 mTorr (0.1~0.5 Torr)
가스 흐름	100~1000 sccm total (재료 독립적)

표 6.4 각 물질에 따른 증착의 전형적 파라미터와 범위

파라미터	Polysilicon (Poly-Si) Deposition	Stoichiometric Silicon Nitride (Si3N4)	Low-Stress Silicon Nitride	Silicon Dioxide (SiO_2)
반응	$SiN_4(g) \rightarrow Si(s) + 2H_2(g)$	$3SiH_2Cl_4(g) + 4NH_3(g) \rightarrow Si_3N_4(s) + 6HCl(g) + 6H_2(g)$		
프리커서 가스	silane(SiH_4)	Dichlorosilane (SiH_2Cl_2), Ammonia(NH_3)	Dichlorosilane (SiH_2Cl_2), Ammonia(NH_3)	TEOS ($Si(OC_2H_5)_4$) (liquid source, vaporized)
온도	580~650°C	700~850°C	800~840°C	650~850°C
압력	100~400 mTorr	200~500 mTorr	250 mTorr	~1 Torr
흐름 속도	~400 sccm			
증착 속도	~200 A/min	~0.5-3.5 nm/min	~3-4.5 nm/min	

폴리실리콘은 일반적으로 실레인(SiH_4) 가스의 열분해를 통해 증착된다. 증착 온도는 필름의 형태(비정질 vs. 다결정)와 입자 크기를 크게 결정한다. 질화규소는 종종 다이클로로실레인(SiH_2Cl_2)과 암모니아(NH_3)를 소스 가스로 사용하여 증착된다. 결과적으로 생성되는 막 응력은 다이클로로실레인(SiH_2Cl_2)과 암모니아(NH_3)의 비율과 온도를 조절하여 제어할 수 있다. 이산화규소는 일반적으로 질화물이나 폴리실리콘보다 낮은 온도에서 증착되며, 일반적으로 TEOS(테트라에틸 오르토실리케이트)나 실레인과 산소의 조합을 사용한다.

6.3.5 다결정 실리콘

다결정 실리콘 또는 폴리실리콘(polysilicon, poly-Si 또는 mc-Si라고도 함)은 고순도의 다결정 형태의 실리콘으로 태양광 발전 및 전자 산업에서 원료로 사용된다. 폴리실리콘은 지멘스(Siemens) 공정이라고 하는 화학적 정제 공정을 통해 야금 등급 실리콘에서 생산된다. 이 공정에는 휘발성 규소 화합물의 증류와 고온에서 규소로의 분해가 포함된다. 유동층 반응기를 사용하는 정제 공정으로 대체되기도 한다. 광전지 산업에서는 화학적 정제 공정 대신 야금 공정을 사용하여 업그레이드된 야금 등급 실리콘(UMG-Si)을 생산한다. 전자 산업을 위해 생산될 때 폴리실리콘은 1 ppb(part per billion) 미만의 불순물 수준을 포함하는 반면, 다결정 태양광 등급 실리콘(SoG-Si)은 일반적으로 덜 순수하다. GCL-Poly, Wacker Chemie, OCI, Hemlock Semiconductor와 같은 중국, 독일, 일본, 한국, 미국의 몇몇 회사와 노르웨이에 본사를 둔 REC가 전 세계 약 230,000톤 생산량의 대부분을 차지했다. 2013년 폴리실리콘 공급 원료(일반적으로 특정 크기의 덩어리로 부서지고 선적 전에 클린룸에서 포장되는 대형 막대)는 다결정 잉곳으로 직접 주조되거나 단결정 부울을 성장시키기 위해 재결정화 공정에 제출된다. 그런 다음 부울은 얇은 실리콘 웨이퍼로 슬라이스되어 태양 전지, 집적회로 및 기타 반도체 장치 생산에 사용된다.

폴리실리콘은 미결정(crystallites)이라고도 하는 작은 결정으로 구성되어 재료에 전형적인 금속 박편 효과를 준다. 폴리실리콘과 멀티 실리콘은 종종 동의어로 사용되지만, 다결정은 일반적으로 1밀리미터보다 큰 결정을 의미한다. 다결정 태양 전지는 빠르게 성장하는 PV 시장에서 가장 일반적인 유형의 태양 전지이며 전 세계적으로 생산되는 폴리실리콘의 대부분을 소비한다. 1메가와트(MW)의 기존 태양광 모듈 하나를 제조하는 데 약 5톤의 폴리실리콘이 필요하다. 폴리실리콘은 단결정 실리콘 및 비정질 실리콘과 다르다.

단결정 실리콘에서 결정 구조는 균질하며 균일한 외부 색상으로 인식할 수 있다. 전체 시료는 그 구조에 결정립계가 없으므로 하나의 연속적이고 끊어지지 않은 결정체이다. 큰 단결정은 본질적으로 드물고 실험실에서 생산하기 어려울 수도 있다. 대조적으로, 비정질 구조에서 원자 위치의 순서는 짧은 범위로 제한된다. 다결정 및 준결정상은 다수의 더 작은 결정 또는 미결정으로 구성된다. 폴리실리콘은 여러 개의 작은 실리콘 결정으로 구성된 재료이다. 다결정 셀은 눈에 보이는 입자, 즉 '금속 박편 효과'로 인식할 수 있다. 반도체 등급(또한 태양열 등급) 다결정 실리콘은 단결정 실리콘으로 변환된다. 즉, 다결정 실리콘에서 무작위로 연결된 실리콘 결정이 큰 단결정으로 변환된다. 단결정 실리콘은 대부분의 Si 기반 마이크로 전자 장치를 제조하는 데 사용된다. 다결정 실리콘은 순도가 99.9999%에 이른다. 초순수 폴리는 길이가 2~3 m에 달하는 폴리봉을 시작으로 반도체 산업에서 사용된다. 반도체 산업에서 폴리는 거시 규모와 마이크로 규모(구성 요소) 수준에서 모두 사용된다.

구성 요소 수준에서 폴리실리콘은 오랫동안 금속-산화물-반도체 전계 효과 트랜지스터(MOSFET) 및 CMOS 처리 기술에서 전도성 게이트 재료로 사용된다. 이러한 기술의 경우 고온에서 저압 화학 기상 증착(LPCVD) 반응기를 사용하여 증착되며 일반적으로 n형 또는 p형으로 많이 도핑된다. 보다 최근에는 진성 및 도핑된 폴리실리콘이 박막 트랜지스터의 활성 및/또는 도핑된 층으로 대면적 전자 장치에 사용되고 있다. LPCVD, PECVD 또는 특정 공정 체계에서 비정질 실리콘의 고상 결정화로 증착될 수 있지만 이러한 공정에는 여전히 300℃ 이상의 상대적으로 높은 온도가 필요하다. 이러한 온도는 유리 기판에 대해 폴리실리콘의 증착을 가능하게 하지만 플라스틱 기판에 대해서는 가능하지 않다. 플라스틱 기판에 다결정 실리콘을 증착하는 것은 유연한 스크린에서 디지털 디스플레이를 제조할 수 있기를 바라는 동기에서 비롯된다. 따라서 플라스틱을 녹이거나 손상시키지 않고 플라스틱 기판에 전구체 비정질 실리콘(a-Si) 재료를 결정화하기 위해 레이저 결정화라는 비교적 새로운 기술이 고안된다. 짧은 고강도 자외선 레이저 펄스는 증착된 a-Si 재료를 전체 기판을 녹이지 않고 실리콘의 녹는점 이상으로 가열하는 데 사용되며, 다결정 실리콘 초코랄스키(Czochralski) 공정으로 실리콘 단결정을 생산하는 데 사용된다.

녹은 실리콘은 냉각되면서 결정화된다. 온도 구배를 정밀하게 제어함으로써 연구원들은 극단적인 경우 최대 수백 마이크로미터 크기의 매우 큰 입자를 성장시킬 수 있었지만 10나노미터에서 1마이크로미터의 입자 크기도 일반적이다. 그러나 대면적에 걸쳐 폴리실리콘 상에 소자를 생성하기 위해서는 소자의 균일성을 위해 소자 피처 크기보다 작은 결정립 크기가 필요하다. 저온에서 poly-Si를 생산하는 또 다른 방법은 알루미늄, 금 또는 은과 같은 다른 금속 필름과 접촉하면서 어닐링하면 비정질 Si 박막이 150℃의 낮은 온도에서 결정화될 수 있는 금속 유도 결정화이다. 폴리실리콘은 VLSI 제조에 많이 응용된다. 주요 용도 중 하나는 MOS 장치용 게이트 전극 재료이다. 폴리실리콘 게이트의 전기 전도성은 게이트 위에 금속(텅스텐 등) 또는 금속 실리사이드(텅스텐 실리사이드 등)를 증착하여 증가시킬 수 있다. 폴리실리콘은 또한 폴리실리콘 재료를 도핑하여 원하는 전기 전도도를 얻으면서 저항기, 전도체 또는 얕은 접합을 위한 옴 접촉으로 사용될 수 있다.

폴리실리콘과 a-Si 사이의 주요 차이점 중 하나는 폴리실리콘의 전하 캐리어의 이동이 훨씬 더 클 수 있고 재료가 전기장 및 광 유도 응력 하에서 더 큰 안정성을 보인다는 것이다. 이를 통해 낮은 누설 특성을 위해 여전히 필요한 a-Si 장치와 함께 유리 기판에 더 복잡한 고속 회로를 생성할 수 있다. 폴리실리콘과 a-Si 장치가 동일한 공정에서 사용되는 경우 이를 하이브리드 공정이라고 한다. 완전한 폴리실리콘 활성층 프로세스는 프로젝션 디스플레이와 같이 작은 픽셀 크기가 필요한 일부 경우에도 사용된다.

폴리실리콘 증착 또는 반도체 웨이퍼에 다결정 실리콘층을 증착하는 공정은 580~650°C의 고온에서 실레인(SiH_4)의 화학적 분해 때문에 이루어진다. 이 열분해 과정은 수소를 방출한다.

$$SiH_4(g) \rightarrow Si(s) + 2H_2(g)$$

500~800°C에서의 CVD 폴리실리콘층은 25~130 Pa(0.19~0.98 Torr)의 압력에서 100% 실레인을 사용하거나 동일한 전체 압력에서 20~30% 실레인(질소로 희석)을 사용하여 증착할 수 있다. 이 두 공정 모두 10~20 nm/min의 속도와 ±5%의 두께 균일성으로 실행당 10~200개의 웨이퍼에 폴리실리콘을 증착할 수 있다. 폴리실리콘 증착의 중요한 공정 변수에는 온도, 압력, 실레인 농도 및 도펀트 농도가 포함된다. 웨이퍼 간격과 로드 크기는 증착 공정에 미미한 영향만 미치는 것으로 나타났다. 폴리실리콘 증착 속도는 아레니우스 거동을 따르기 때문에 온도에 따라 빠르게 증가한다. 즉, 증착 속도 = $A \cdot \exp(-qE_a/kT)$. 여기서 q는 전자 전하이고 k는 볼츠만 상수이다. 폴리실리콘 증착을 위한 활성화 에너지(E_a)는 약 1.7 eV이다. 이 방정식에 따라 폴리실리콘 증착 속도는 증착 온도가 증가함에 따라 증가한다. 그러나 미반응 실레인이 표면에 도달하는 속도보다 증착 속도가 더 빨라지는 최저 온도가 있을 것이다. 이 온도 이상에서는 폴리실리콘을 생성할 실레인이 부족하여 증착 속도가 더 이상 온도에 따라 증가할 수 없다. 이러한 반응은 '대량 수송 제한'이라고 한다. 폴리실리콘 증착 공정이 대량 운송 제한이 되면 반응 속도는 주로 반응물 농도, 반응기 구조 및 가스 흐름에 따라 달라진다.

폴리실리콘 증착이 일어나는 속도가 미반응 실레인이 도달하는 속도보다 느린 경우 표면 반응 제한적이라고 한다. 표면 반응이 제한된 증착 공정은 주로 반응물 농도와 반응 온도에 따라 달라진다. 증착 공정은 탁월한 두께 균일성과 스텝 커버리지를 제공하기 때문에 표면 반응이 제한적이어야 한다. 표면 반응 제한 영역에서 절대 온도의 역수에 대한 증착 속도의 로그 플롯은 기울기가 $(-qE_a/k)$와 같은 직선을 나타낸다.

VLSI 제조를 위한 감압 수준에서 575°C 미만의 폴리실리콘 증착 속도는 너무 느려 실용적이지 않다. 650°C 이상에서는 원치 않는 기상 반응 및 실레인 고갈로 인해 증착 균일성이 불량하고 거칠기가 과도하게 된다. 펌핑 속도를 변경하거나 반응기로 유입되는 가스 흐름을 변경하여 저압 반응기 내부의 압력을 변경할 수 있다. 유입 가스가 실레인과 질소로 구성되었을 때 유입 가스 흐름과 그에 따른 반응기 압력은 일정한 실레인 흐름에서 질소 흐름을 변경하거나 질소와 실레인 흐름을 모두 변경하여 전체 가스를 변경함으로써 변화할 수 있다. 최근 조사에 따르면 e-빔 증발 후 SPC(필요한 경우)가 태양 등급 폴리-실리콘 박막을 생산하기 위한 비용 효율적이고 빠른 대안이 될 수 있다. 이러한 방법으로 생산된 모듈은 ~6%의 광전지 효율을 갖는 것으로 나타났다. 필요한 경우 폴리실리콘 도핑은 일반적으로 포스핀, 아르신 또는 다이보레인을 추가하여 증착 프로세스 중에 수행된다. 포스핀 또는 아르신을 추가하면 증착 속도가 느려지고 다이보레인을 추가하면 증착 속도가 증가한다. 증착 두께 균일성은 일반적으로 증착 중에 도펀트가 추가될 때 저하된다.

6.3.5.1 지멘스(Siemens) 프로세스

지멘스(Siemens) 공정은 폴리실리콘 생산, 특히 전자 산업에서 가장 널리 사용되는 방법이다. 2005년 기준으로 전 세계 생산량의 약 75%를 차지했다. 이 공정은 1950년대 반도체 산업이 등장한 이래 실리콘 기반 반도체 소자에 사용됐다. 지멘스 공정은 1954년 이 공정을 발명한 지멘스의 이름을 따서 명명된다. 그림 6.11은 전통적인 지멘스 및 유동층 반응기 정제 공정의 개략도를 나타내고 있다.

이 공정은 약 98% 순도의 야금용 실리콘(Si)을 $SiHCl_3$(트라이클로로실레인)로 변환한 후, 반응기에서 실리콘으로 변환하여 전이 금속 및 도펀트 불순물을 제거한다. 또한 많은 전력을 소모한다. 이러한 이유로 다양한 대안이 검토되고 있으며, 특히 중국 생산 현장에서 사용되는 지멘스 공정이 우세하다. 그러나 관형 필라멘트 역시 인기를 얻고 있으며, 화학 기상 증착 공정의 한 유형이다. 이 공정은 초크랄스키법을 사용하여 단결정 실리콘 잉곳으로 만든 지름 약 7 mm, 높이 약 2.5 m, 단면이 정사각형인 길고 얇은 실리콘 와이어 또는 필라멘트로 시작한다. 와이어는 HF로 식각하여 표면 산화물을 제거한 후, 실리콘 와이어로 고정하여 상단을 연결한다. 그런 다음 전극에 설치한다. 반응기를 닫고 전극에 전류를 흘려 와이어를 1150°C까지 가열한다. 반응기 외부는 물로 냉각한다. 염산은 촉매로 사용할 수 있다. 트라이클로로실레인은 수소와 함께 주입되어 촉매와 반응하여 와이어의 뜨거운 표면에 증착된다. 와이어가 지름 120 mm에 도달하면 공정을 중단하고 46시간 만에 막대를 형성한다. 와이어를 설치하고 식각하고 막대를 수확하는 데 추가로 24시간이 소요되므로 배치당 총 60시간이 소요된다. 공장에서는 일반적으로 이 공정을 위해 예비 전력 공급 장치를 갖추고 있다. 그런 다음 막대를 수확하여 반응기에서 꺼내 덩어리로 부순 후 질소 또는 아르곤이 채워진 봉지에 포장하여 운송한다. 대부분의 대형 공장은 현장에서 트라이클로로실레인을 생산한다. 반응 생성물이 생산되는 즉시 반응기에서 꺼내고, 사염화규소, 수소, 트라이클로로실레인, 다이클로로실레인, 염산을 배출하는 환기구를 마련하는 것이 가장 좋다.

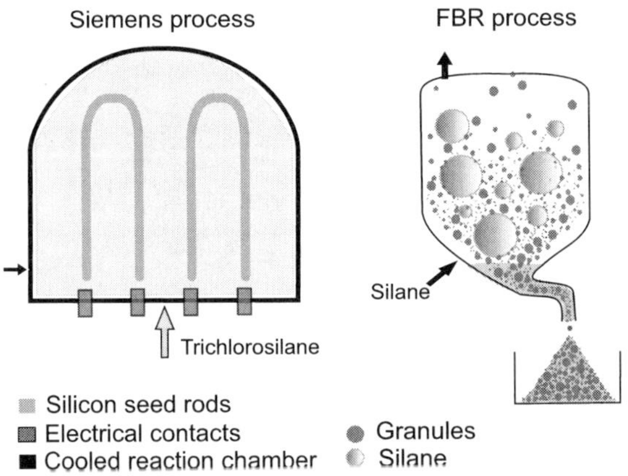

그림 6.11 전통적인 지멘스(Siemens) 및 유동층 반응기 정제 공정의 개략도

6.3.6 CVD SiO_2

이산화규소(SiO_2)는 밴드 갭이 크기 때문에 전자 소자에 가장 중요한 절연체 중 하나이다. 9 eV 및 10 MV/cm의 상대적으로 높은 항복 필드는 매력적이다. 절연층, 표면 패시베이션/보호층 등의 전력전자장치. 성숙된 Si-LSI 기술에서는 SiO_2 막을 형성하기 위한 Si의 산화가 사용될 수 있지만, 다른 반도체 재료에 대한 증착 기술은 요구된다. 스퍼터링은 필름 증착에 유용한 방법 중 하나이지만 샘플 표면이 손상된다. 이 방법은 본질적으로 운동 과정이기 때문에 손상을 입힐 수 있다. 플라스마 화학 기상 증착(PCVD)을 이용한 실레인(SiH_4) 소스는 화합물 반도체 장치 제조에서 SiO_2 증착에 널리 사용되지만, 장치 표면에서 CVD 프로세스의 직접적인 플라스마 강화는 장치에 손상을 일으키는 것으로 생각된다.

반도체 표면 유기실리콘 전구체를 사용한 열화학 기상 증착에 의한 SiO_2 증착, TEOS(Tetraethoxysilane), $Si(OC_2H_5)_4$ 등은 폭발성 SiH_4의 위험이 없어 널리 사용되는 기술이지만, 증착된 SiO_2에서 전구체로부터 오는 -OH 또는 수분의 제어는 중요하다. 다양한 유기실리콘을 이용한 SiO_2 증착을 위한 ALD(atomic layer deposition) 기술 전구체는 고품질 필름 형성을 위한 증착 속도의 한계가 있다. 따라서 고품질 SiO_2의 개발 박막 증착 기술은 반도체 장치에 중요하다.

최근에 실리콘 질화물(SiN) 필름 증착을 위한 새로운 CVD 기술이 제안되기도 했다. 제안된 기술에서는 유기실리콘 전구체를 사용하고 유기실리콘 전구체에서 추출한 중성종에 의해 박막 증착 반응을 강화한다. SiO_2 박막의 화학 기상 증착 표면파 생성 플라스마에 질소 대신 산소를 사용하여 증착된 SiO_2의 기본 특성 필름은 광학 및 화학적 특성화 방법으로 조사된다.[9] 표 6.5는 SiO_2 박막 성장을 위한 CVD에 사용되는 화학 반응들을 나타낸 것이다.

표 6.5 SiO_2 박막 성장을 위한 CVD에 사용되는 화학 반응[10]

화학 반응	온도	압력	기술	비고
$SiH_4 + O_2 \rightarrow SiO_2 + 2H_2$	430°C	1 bar	Silane oxide CVD	
$SiH_4 + O_2 \rightarrow SiO_2 + 2H_2$	430°C	40 bar	low temperature oxide CVD	
$SiH_2Cl_2 + 2N_2O \rightarrow SiO_2 + Gas$	900°C	40 Pa	high temperature oxide CVD	
$Si(OC_2H_5)_4 \rightarrow SiO_2 + Gas$	700°C	40 Pa	TEOS CVD	
$Si(OC_2H5)_4 + O_2 \rightarrow SiO_2 + Gas$	400°C	0.5 bar	ACVD	
$SiH_4 + 4N_2O \rightarrow SiO_2 + Gas$	350°C	40 Pa	PECVD	플라스마

6.3.7 질화규소

질화규소(Si_3N_4)는 분말형 규소를 질소 분위기에서 1,300~1,400°C로 가열하여 준비한다.

$$3Si + 2\,N_2 \rightarrow Si_3N_4$$

실리콘 시료 중량은 실리콘과 질소의 화학적 결합으로 인해 점진적으로 증가한다. 철 촉매가 없으면 질소 흡수로 인한 추가 중량 증가(실리콘 1 g당)가 감지되지 않으면 몇 시간(~7) 후에 반응이 완료된다. 여러 다른 질화규소 상(phase)(다양한 질화도/Si 산화 상

9) https://aip.scitation.org/doi/pdf/10.1063/1.4974788

10) 자료: https://www.globalsino.com/EM/page2075.html

태에 상응하는 화학식을 가짐)이 존재한다. 즉, 가스상 Si_2N_3, SiN 및 Si_2N_3 등이 존재한다. 다른 내화물과 마찬가지로 이러한 고온 합성에서 얻은 제품은 반응 조건(예: 시간, 온도, 반응물)과 정제 방식에 따라 달라진다. 또한 다이이미드(diimide) 경로로 준비될 수 있다.

$$SiCl_4 + 6\,NH_3 \rightarrow Si(NH)_2 + 4NH_4Cl(s)$$
$$3Si(NH)_2 \rightarrow Si3N_4 + N_2 + 3H_2(g)$$

1,400~1,450°C의 질소 대기에서 이산화규소의 탄소 열 환원도 조사된다.

$$3SiO_2 + 6C + 2\,N_2 \rightarrow Si_3N_4 + 6CO$$

실리콘 분말의 질화는 질화규소의 '재발견'이후 1950년대에 개발되었으며 분말 생산을 위한 최초의 대규모 방법이었다. 그러나 순도가 낮은 원료 실리콘을 사용하면 질화규소가 규산염과 철에 의해 오염되는 문제가 있었다. 다이이미드 분해는 무정형 질화규소를 생성하며, 이를 결정질 분말로 변환하기 위해 1,400~1,500°C에서 질소하에서 추가 어닐링이 필요하다. 이것은 이제 상업적 생산을 위한 두 번째로 중요한 경로이다. 탄소 열 환원은 질화규소 생산에 가장 먼저 사용된 방법이었으며 현재는 고순도 질화규소 분말에 대한 가장 비용 효율적인 산업 경로로 간주한다. 전자 등급 실리콘 질화물 필름은 화학 기상 증착(CVD) 또는 플라스마 강화 화학 기상 증착(PECVD)과 같은 변형 중 하나를 사용하여 형성된다.

$$3SiH_4(g) + 4\,NH_3\,(g) \rightarrow Si_3N_4(s) + 12H_2(g) \quad (750\text{~}850°C)$$
$$3SiCl_4(g) + 4\,NH_3\,(g) \rightarrow Si_3N_4(s) + 12HCl(g)$$
$$3SiCl_4(g) + 4\,NH_3\,(g) \rightarrow Si_3N_4(s) + 6HCl + 6H_2(g)$$

반도체(일반적으로 실리콘) 기판에 실리콘 질화물 층을 증착하기 위해 두 가지 방법이 사용된다.

① 저압 화학 기상 증착(LPCVD) 기술은 다소 높은 온도에서 작동하며 수직 또는 수평 관상로에서 수행된다.

② 다소 낮은 온도 및 진공 조건에서 작동하는 플라스마 강화 화학 기상 증착(PEC-VD) 기술

질화규소와 실리콘은 격자 상수가 다르므로 증착 공정에 따라 장력이나 응력이 발생할 수 있다. 특히 PECVD 기술을 사용할 때 이 장력은 증착 매개변수를 조정하여 줄일 수 있다. 질화규소 나노와이어는 초미세 탄소 입자를 포함하고 있는 실리카겔을 질화한 후 탄소 열 환원법을 이용한 솔젤(sol-gel)법으로도 제조할 수 있다. 입자는 1,200~1,350°C의 온도 범위에서 포도당 분해로 생성될 수 있다. 가능한 합성 반응은 다음과 같다.

$$SiO_2(g) + C(s) \rightarrow SiO(g) + CO(g) \quad (750\text{~}850^\circ C) \text{ 그리고}$$
$$3SiO(g) + 2\,NH_3(g) + 3CO(g) \rightarrow Si_3N_4(s) + 3CO_2(g) \text{ 또는}$$
$$3SiO(g) + 2\,N_2(g) + C(s) \rightarrow Si_3N_4(s) + 3CO(g)$$

표 6.6은 Si_3N_4의 물성값을 나타내고 있다. 질화규소는 종종 집적회로 제조할 때 절연체 또는 화학적 장벽으로 사용되어 다른 구조를 전기적으로 격리하거나 벌크 마이크로머시닝에서 식각 마스크로 사용된다. 마이크로칩의 패시베이션층(passivation layer)으로서 이산화규소보다 우수하다. 마이크로전자공학에서 부식 및 불안정성의 두 가지 주요 원인인 물 분자와 소듐 이온에 대한 확산 장벽(diffusion barrier)이 훨씬 더 우수하기 때문이다. 또한 아날로그 칩(analog chips)의 커패시터에서 폴리실리콘층 사이의 유전체로 사용된다. 원자력 현미경에 사용되는 Si_3N_4 캔틸레버(cantilevers) LPCVD에 의해 증착된 질화규소는 최대 8%의 수소를 포함한다. 또한 강한 인장 응력을 받아 200 nm보다

표 6.6 Si_3N_4의 물성치

화학 구조	Si3N4
균일도	1-2%
스텝 커버리지	80-90%
습식 식각률	산화물 식각제로는 거의 식각되지 않으며, 인산(H_3PO_4)에서 식각된다. 인산에서 산화물은 질화물의 1/50 정도 식각된다.
밀도	3.17g/
굴절률	2.016
유전 상수	6-7
열팽창 계수	4×10^{-6} /K (Si 2.6×10^{-6} /K)
녹는점	1,900°C

두꺼운 필름에 균열이 생길 수 있다. 그러나 미세 가공에서 일반적으로 사용할 수 있는 대부분의 절연체(각각 10^{16} Ω·cm 및 10 MV/cm)보다 더 높은 저항과 유전 강도를 가지고 있다. 질화규소뿐만 아니라 규소, 질소, 수소(SiN_xH_y)의 다양한 삼원계 화합물이 절연층으로 사용된다. 그들은 다음 반응을 사용하여 플라스마 증착된다.

$$2SiH_4(g) + 2N_2(g) \rightarrow 2SiNH(s) + 3H_2(g)$$
$$SiH_4(g) + NH_3(g) \rightarrow SiNH(s) + 3H_2(g)$$

이러한 SiNH 박막은 인장 응력이 훨씬 적지만 전기적 특성(저항률 10^6~10^{15} Ω·cm, 유전 강도 1~5 MV/cm)이 낮고 특정 물리적 조건에서 고온에 대해 열적으로 안정적이다. 질화규소는 또한 사진 드럼의 레이어 중 하나로 건식 인쇄 공정에서 사용된다. 질화규소는 가정용 가스 기기의 발화원으로도 사용된다. 질화규소는 탄성이 좋아서 규소 및 산화규소와 함께 원자간력 현미경의 감지 요소인 캔틸레버에 가장 많이 사용되는 재료이다.

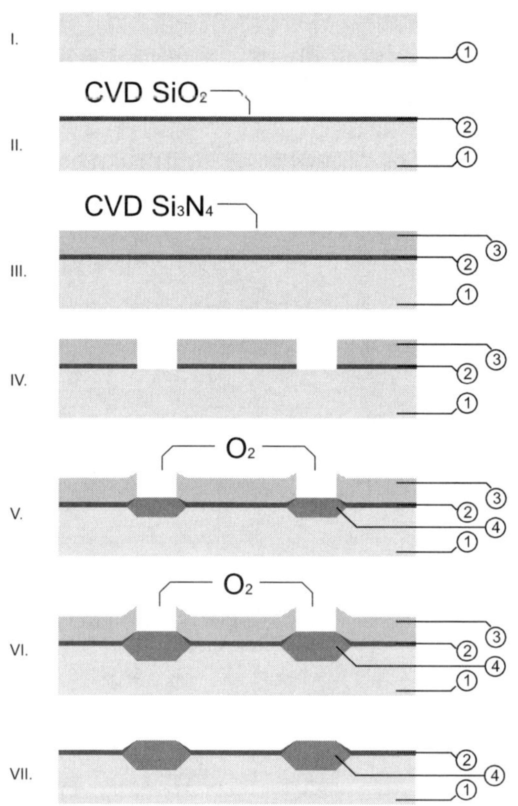

그림 6.12 Locos(micro technology) 공정. CVD에 의한 SiN(질화규소)와 SiO_2(이산화규소)의 증착

질화규소(Si_3N_4)는 고강도, 파괴 인성, 경도, 내마모성 및 우수한 화학적 및 열적 안정성을 갖춘 고급 엔지니어링 세라믹 그룹이다. 우수한 특성 조합으로 인해 실리콘 질화물은 전자 또는 정형외과 응용 분야뿐만 아니라 다양한 구조 응용 분야에 사용된다. 질화규소는 비정질 또는 부분적으로 결정화된 유리 상 매트릭스에 내장된 질화규소 입자(단결정)로 구성된 다결정 복합 재료이다. 이들의 특성은 질화규소 단결정의 본질적인 특성에 의해 결정될 뿐만 아니라 질화규소 입자의 크기와 형태, 질화규소의 결정립 경계에서 유리 상의 부피 분율 및 화학에 크게 의존한다. 그림 6.12는 CVD에 의한 SiN(질화규소)과 SiO_2(이산화규소) 증착 공정인 Locos를 보여 준다.

질화규소 성분은 통상적인 소결 또는 열 압착 경로를 통해 분말로부터 조밀한 형태로 생성될 수 있다. 그러나 이 재료의 흥미롭고 중요한 특징은 압축된 실리콘 분말의 질화(반응 결합(또는 반응 소결) 경로)에 의해 더 낮은 밀도(2,300~2,700 kg/m^3) 구성 요소가 직접 생성될 수 있다는 것이다. 이것은 제조 공정 중에 전체 부피 변화가 약간만 발생하여 복잡하고 정확한 치수의 형상이 실리콘 분말 성형 빌릿에서 단일 단계로 생산될 수 있다는 추가 장점이 있다. 핫 프레싱은 현재 잘 정립된 기술로, 이론상 밀도가 높은 재료(25°C에서 1,000 MPa 이상) 4점 굽힘을 생성한다. 무압력 소결은 실리콘 질화물이 매우 높은 온도로 가열되면 분해되는 경향이 있고 소결된 재료가 최근에야 상업 생산 단계에 도달했기 때문에 개발된 마지막 기술이었다. 열분해 실리콘 질화물은 뜨거운 기판에서 $SiCl_4$와 NH_3의 혼합물을 분해하여 준비할 수 있다. 이론적으로 밀도가 높은 결정질 물질을 얻을 수 있지만 잔류 응력이 약해지는 경향이 있어 가까운 장래에 상업적 개발이 어려울 것 같다.

$$3SiCl_4(g) + 4NH_3(g) \rightarrow Si_3N_4(s) + 12HCl(g)$$

6.4 이온 주입 공정

6.4.1 이온 주입 공정의 개요

반도체가 전기적인 성질을 가지게 되려면 증착막에 이온을 주입하는 공정이 수반되어야 한다. 이온 주입 공정(ion implantation)은 말 그대로 반도체에 전기적 성질을 띠는 입자를 회로 패턴과 연결된 부분에 주입시키는 공정이다. 이때 이온이라 함은 붕소(B),

인(P), 비소(As) 등과 같은 불순물을 일컫는다. 불순물을 미세한 가스 입자로 만들어 원하는 깊이만큼 웨이퍼 전면에 균일하게 넣어줌으로써 일정한 전도성을 갖도록 만드는 것이 이온 주입의 핵심이다.

이온 주입은 도펀트 불순물을 결정질 실리콘에 도입하는 지배적인 기술이다. 이 공정은 이온화된 원자 또는 분자를 가속하는 전기장으로 수행되며, 이러한 입자가 실리콘 원자와의 상호 작용으로 인해 정지할 때까지 대상 물질로 침투된다. 이온 주입은 침투 깊이가 전기장에 비례하는 이온의 운동 에너지에 의존하기 때문에 실리콘에서 도펀트의 분포와 선량을 정확하게 제어할 수 있다. 도펀트 용량은 이온 소스를 변경하여 제어할 수 있다.

그러나 불행히도 이온을 주입하면 결정 구조가 손상되어 더 나쁜 전기적 특성이 나타난다. 또 다른 문제는 주입된 도펀트가 틈새 사이트에 위치하기 때문에 전기적으로 비활성화된다는 것이다. 따라서 이온 주입 후 결정 손상을 복구하고 도펀트를 활성화하는 열처리 단계, 즉 어닐링(annealing)이 필요하다. 따라서 어닐링에 대해서 바로 이어지는 6.5절에서 다룰 것이다.

이온 주입은 한 원소의 이온을 고체 대상으로 가속해 대상의 물리적, 화학적 또는 전기적 특성을 변화시키는 저온 공정이다. 이온 주입은 재료 과학 연구뿐만 아니라 반도체 장치 제조 및 금속 마감 처리에 사용된다. 이온이 멈추고 대상에 남아 있으면 대상의 원소 구성을 변경할 수 있다(이온이 대상과 구성이 다른 경우). 이온 주입은 또한 이온이 높은 에너지에서 대상에 충돌할 때 화학적 및 물리적 변화를 일으킨다. 표적의 결정 구조는 강력한 충돌 캐스케이드에 의해 손상되거나 심지어 파괴될 수 있으며 충분히 높은 에너지(수십 MeV)의 이온이 핵 변형을 일으킬 수 있다.

이온 주입 장비는 일반적으로 원하는 원소의 이온을 생성하는 이온 소스, 이온을 정전기적으로 높은 에너지로 가속하는 가속기, 이온이 이식될 물질인 타겟에 충돌하는 타겟 챔버로 구성된다. 따라서 이온 주입은 입자 방사선의 특수한 경우이다. 각 이온은 일반적으로 단일 원자 또는 분자이므로 타겟에 주입된 물질의 실제 양은 이온 전류의 시간 경과에 따른 적분이다. 이 양을 선량이라고 한다. 임플란트 때문에 공급되는 전류는 일반적으로 작아서, 합리적인 시간 내에 주입할 수 있는 선량이 적다. 따라서 이온 주입은 필요한 화학적 변화량이 적었을 때 적용된다. 일반적인 이온 에너지 범위는 10~500 keV이다. 1~10 keV 범위의 에너지를 사용할 수 있지만 침투는 몇 나노미터 이하에 불과하다. 이보다 낮은 에너지는 대상에 거의 손상을 주지 않으며 지정 이온 빔 증착에 해당한다. 더 높은 에너지도 사용할 수 있다. 5 MeV가 가능한 가속기가 일반적이다. 그러나 대상에 큰 구조적 손상이 있는 경우가 많으며 깊이 분포가 넓기 때문에(Bragg 피크) 대상의 모든 지점에서 순 조성 변화가 작다.

이온의 에너지, 이온 종 및 대상의 구성은 고체에서 이온의 침투 깊이를 결정한다. 단일 에너지 이온 빔은 일반적으로 넓은 깊이 분포를 갖는다. 평균 침투 깊이를 이온의 범위라고 한다. 일반적인 상황에서 이온 범위는 10 nm에서 1 μm 사이이다. 따라서, 이온 주입은 화학적 또는 구조적 변화가 표적의 표면 근처에 있기를 원하는 경우에 특히 유용하다. 이온은 대상 원자와의 간헐적인 충돌(급격한 에너지 전달을 유발함)과 연속적인 과정인 전자 오비탈의 중첩으로 인한 가벼운 끌림으로 인해 고체를 통과하면서 점진적으로 에너지를 잃는다. 대상에서 이온 에너지의 손실을 중지라고 하며 이진 충돌 근사법으로 시뮬레이션할 수 있다. 이온 주입용 가속기 시스템은 일반적으로 중전류(10 μA ~ 2 mA 사이의 이온빔 전류), 고전류(최대 ~30 mA의 이온빔 전류), 고에너지(200 keV 이상 및 최대 10 MeV의 이온 에너지)로 분류된다. 표 6.7은 이온 주입 공정의 장단점을 요약한 것이다.

표 6.7 이온 주입 공정의 장단점

장점	단점
• 높은 도핑 농도 가능: 물질의 고체 용해도 한계에 덜 제약받아 고농도에서 저농도까지 주입 가능 • 불순물 감소 • 저온 공정으로 감광막을 마스크로 사용 • 주입된 이온 농도의 정확한 조절 • 원하는 지점에서 농도 조절로 도핑 농도의 균일성 • 중첩 이온 주입을 통한 깊이에 따른 농도 분포 다양화 및 정확한 예측이 가능 • 질량 분석기 이용으로 고순도 불순물 주입 가능 • 수평 방향 분포 감소로 인한 소형 크기의 소자 제작 가능	• 격자 결함 생성(대부분 어닐링을 통해 해결): 고에너지 이온 주입으로 인해 실리콘 결정에 격자 결함 발생 가능 • 비싼 장비 비용 및 복잡성 • 특정 조건에서 이온이 결정 격자 사이의 빈 공간을 따라 예상보다 깊게 주입되는 채널링 현상 발생 가능 • 표면보다 내부 농도가 낮은 상태가 되기 쉬움 • 미세 공정에서 좌우 영역을 침범할 수 있어 정밀한 제어가 어려움 • 위험물질 사용

6.4.2 도펀트, 활성화, 주입량, 고용 한계

도펀트(dopant)는 이온 주입에 사용되는 붕소(B), 인(P), 비소(As)와 같은 불순물이다. Si와 같은 4족 원소 반도체에 3가인 B, In을 주입하면 틈새형 화합물(interstitial compound)로 존재하다가, 열 공정을 거치면 활성화(activation)되면서 Si와 치환되고 정공이 생긴다. 이를 p형 반도체 또는 p형 실리콘이라고 한다. 반대로 5가인 P, As, Sb를 주입하면 틈새형 화합물로 존재하다가, 열 공정을 거치면 활성화되면서 Si와 치환되고 전자가 생긴다. 이를 n형 반도체 또는 n형 실리콘이라고 한다. activation는 초기 이온 주입된 도펀트는 불순물에 불과하지만, 여기에 열을 가하면 활성화되고, 도펀트가 실리콘과 치환되면서 정공 또는 전자가 생성되는 것이다.

주입량(dose)은 단위 면적당 웨이퍼에 이식되는 이온의 평균 개수(atoms/cm^2)이다. 확산 시에는 적은 양을 주입하면 웨이퍼에 따라 산포가 달라져 고르게 도핑시키기 어려운 데다가 고용 한계(solid solubility)로 많은 양을 주입하는 것도 어렵다. 그러나 이온 주입의 경우 확산에 비해 단위 면적당 넣을 수 있는 이온의 양(dose)의 범위가 넓다는 장점이 있다. 표 6.8은 도펀트의 고용도를 정리한 것이다.

표 6.8 도펀트의 종류에 따른 고용 한계

구분	고용 한계 (atoms/cm^2)	소스
붕소(B)	4E20	BF_3(gas)
인(P)	1E21	PH_3(gas)
비소(As)	2E21	AsH_3(gas)
안티모니(Sb)	7E19	$SbCl_3$(liquid)

6.4.3 이온 주입기 분류

이온 주입기(ion implanter)는 이온 빔의 전류량, 에너지, 그리고 응용 분야에 따라 분류할 수 있다. 주요 분류는 중간 전류(middle current), 고전류(high current), 고에너지(high energy), 저에너지(low energy) 장치로 나뉘며, 각각의 목적에 따라 빔의 특성을 다르게 사용한다. 각 주입기의 이온 빔 전류 및 에너지를 표 6.9에 정리하였다.

표 6.9 이온 주입 장치의 종류와 이온 빔 전류 및 에너지

장치 구분	이온 빔 전류(I_B)	에너지(E)
중간 전류 주입기	100 μA < IB < 1 mA	10 keV < E < 250 keV
고전류 주입기	I_B < 10 mA	5 keV < E < 180 keV
고에너지 주입기	I_B < 0.5 mA	40 keV < E < 3 MeV
저에너지 주입기	I_B < 15 mA	0.5 keV < E < 30 keV

6.4.4 이온 주입 장비의 구성

그림 6.13은 이온 주입기의 개략도를 보여주고 있다. 통상적인 이온 주입의 순서에 맞추어 이온 주입 장비의 구성을 설명한다.

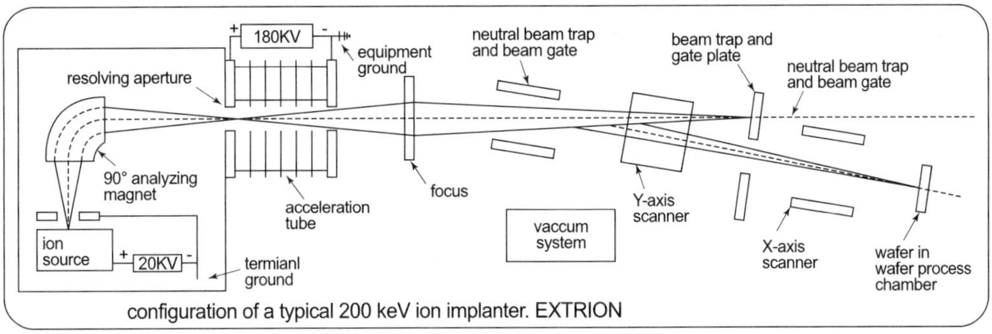

그림 6.13 이온 주입기의 개략도

6.4.4.1 진공 시스템

확산 펌프(diffusion pump)와 이온 펌프(ion pump)를 이용하여 10^{-7} ~ 10^{-8} torr 진공 상태를 만든다. 만약 진공 상태가 아닌 경우, 이온 상태의 불순물이 내부 기체 분자와 충돌하여 웨이퍼에 효과적으로 주입되기 어렵기 때문에 펌프를 통해 고진공 상태로 만들어주어야 한다.

6.4.4.2 이온 소스

모든 종류의 이온 주입 빔 라인 설계에는 일반적인 기능 구성 요소 그룹이 포함되어 있다. 이온 빔 라인의 첫 번째 주요 세그먼트는 이온 종을 생성하는 데 사용되는 이온 소스를 포함한다. 소스는 이온을 빔 라인으로 추출하기 위해 편향된 전극에 밀접하게 결합되며 대부분의 경우 주요 가속기 섹션으로 전송하기 위해 특정 이온 종을 선택하는 일부 수단에 결합된다.

이온 발생의 원리는 전자(hot filament)→ 가속 → 중성 원자 충돌 → 이온 생성에 기초한 것이다. 이온 소스는 넣고자 하는 불순물을 이온 상태로 만들어주는 부분이며, 먼저 필라멘트에 전압을 가해 전류를 흘려주면 열에너지가 발생하게 되고 전자는 그러한 필라멘트로부터 가속한다. 그 후 전자가 불순물 가스들과 충돌함으로써 불순물 이온이 생성되며, 전기장에 의해 바깥으로 밀려나면서 불순물 이온이 주입된다. 그림 6.14 왼쪽은 플라스마 소스에 의해 발생하는 이온을 설명하는 것이다.

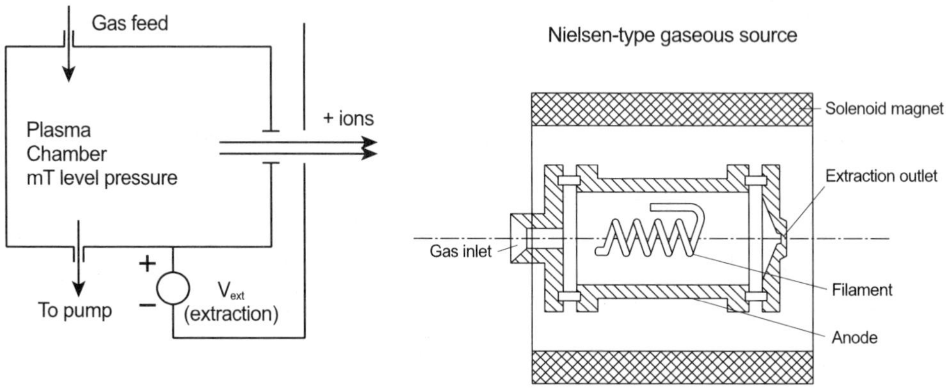

가변 추출 전압
(일반적으로 $\frac{1}{28}$30KV)

양이온은 소스 챔버의 출구(필라멘트에 비해 큰 음의 퍼텐셜로 바이어스되어 있음) 쪽으로 끌어당겨진다.

그림 6.14 플라스마 소스와 이온 추출

6.4.4.3 분류기

분류기는 원하는 이온을 선택하는 곳이다. 앞선 이온 소스(ion source)를 통해 튀어나온 이온은 전하를 띠며, 이러한 이온의 이동 방향에 수직하게 자기장을 걸어주면 자기장과 수직한 방향으로 힘이 발생하여 휘어지게 된다(그림 6.14 오른쪽).

질량 선택(질량 분석계에서와 마찬가지로)은 특정 값의 이온만 허용하는 차단 개구 또는 슬릿에 의해 제한된 출구 경로가 있는 자기장 영역을 통해 추출된 이온 빔의 통과를 동반하는 경우가 많다. 즉, 빔 라인을 따라 계속 이동할 수 있는 특정 질량과 속도/전하의 곱(값)을 갖는 이온만이 선별된다. 타겟 표면이 이온 빔 지름보다 크고 타겟 표면에 주입된 주입량(dose)의 균일한 분포가 필요한 경우 빔 스캐닝과 웨이퍼 모션의 일부 조합이 사용된다. 마지막으로, 주입된 표면은 주입된 이온의 축적된 전하를 수집하기 위한 몇 가지 방법과 결합되어 전달된 주입량을 연속적인 방식으로 측정할 수 있고 주입 프로세스가 원하는 도즈 수준에서 중지될 수 있다.

6.4.4.4 가속기

가속기란 원하는 깊이에 불순물을 넣어주고자 불순물 이온에 적절한 에너지를 가해주는 부분으로 주입하고자 하는 웨이퍼 깊이에 적합한 전압을 이온에 가해주는 원리이다. 25 keV로 가속 후 분류하여 최종 에너지까지 가속하는 선분류방식과 최종 에너지를 얻은 후 분류하는 후분류방식이 있다.

6.4.4.5 빔 집속 및 주사(scan)

이온 주입 공정의 정밀도를 높이기 위해서는 생성된 이온 빔을 원하는 크기로 모으는 집속 과정과, 이를 웨이퍼 전면에 고르게 분산시키는 주사 과정이 필요하다.

먼저 집속기(beam focuser)는 정전장 렌즈 또는 자장 렌즈를 사용하여 이온 빔의 초점을 맞추는 장치이다. 광학 렌즈가 빛을 한곳으로 모으는 원리와 유사하게, 이온에 전기장이나 자기장을 가하여 빔이 퍼지지 않고 일정한 지름(1 cm 내외)을 유지하도록 한다. 이온이 퍼진 상태로는 웨이퍼에 원하는 양만큼 정밀하게 조절하여 주입하기가 어렵기 때문이 집속 과정을 통해 빔의 밀도를 유지해야 한다.

그러나 집속된 빔의 지름(약 10~25 mm)은 실제 공정이 이루어지는 웨이퍼의 지름(약 200 mm 이상)에 비해 훨씬 작다. 따라서 웨이퍼 전면에 균일한 주입량(dose)을 확보하기 위해서는 빔이나 웨이퍼를 움직여 전체 면적을 커버해야 한다. 이 역할을 수행하는 장치가 주사기(scanner)이다.

주사 방식은 빔과 웨이퍼의 상대적인 움직임에 따라 크게 세 가지로 분류할 수 있다.

- 정전기적 주사법: 웨이퍼 고정, 이온 빔 이동. 주사(scan) 속도가 빠르고 파티클이 적지만 쉐도잉(shadowing) 효과가 발생할 수 있어 주로 낮은 주입량 공정에 적합하다.
- 기계적 주사법: 이온 빔 고정, 웨이퍼 이동. 주사 속도가 느리고 파티클이 생성될 수 있으나, 빔을 효과적으로 사용할 수 있어 높은 주입량이 필요한 공정에 유리하다.
- 혼합 주사: 이온 빔과 웨이퍼를 모두 이동하며 주입한다.

6.4.4.6 중성 빔 포획 장치

이온 주입 장비는 완벽한 진공이 아니기 때문에 불순물 이온이 이동하다 보면 기체 분자와 충돌하게 되는데, 불순물 중 제대로 이온화되지 않고 중성적인 상태로 남아 있는 것을 걸러내는 장치가 바로 중성 빔 포획 장치이다.

$$P+ + N_2 \rightarrow P + N_2^+$$

주사(scanning)에 영향이 없으므로, 웨이퍼 중앙에 주입되어 P의 균일도(uniformity)

를 떨어트린다.

6.4.4.7 이온 주입실

최종적으로 불순물 이온은 원하는 깊이와 양대로 웨이퍼에 주입된다. 하지만 공정 종류에 따라 이온 주입의 시간과 고려해야 하는 사항이 다르다. 만약 넣고자 하는 이온의 양이 적은 경우엔 이온 주입의 시간이 적지만 고진공 상태로 만들기 위해 집중해야 한다. 반대로 넣고자 하는 이온의 양이 많은 경우엔 이온 주입 시간이 많다는 차이점이 존재한다. 또한, 웨이퍼 위에 Faraday 컵이라는 것을 설치하기도 한다. 이온 빔이 웨이퍼를 때렸을 때 때린 불순물 및 전자가 반사되어 튀어나오기도 하는데, 이것을 그냥 놔두면 불순물 주입 시 방해가 되기 때문에 이를 방지하고자 튀어나오는 이온을 포획하는 장치인 Faraday 컵이 필요해진다. 그림 6.15는 이온 주입실을 나타내고 있다.

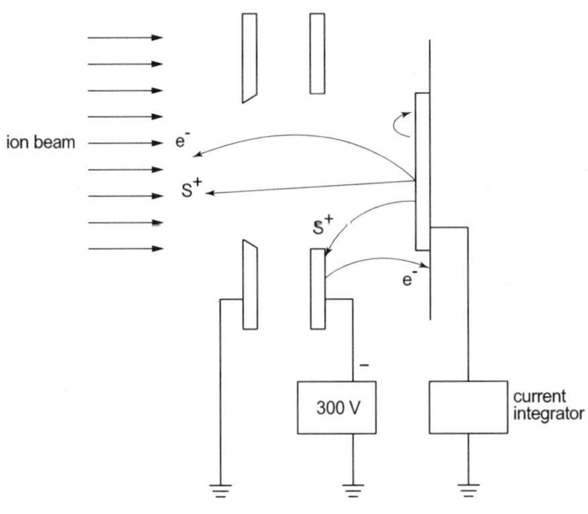

그림 6.15 이온 주입실

6.4.5 이온 주입 공정의 응용

6.4.5.1 도핑

붕소, 인 또는 비소를 사용한 반도체 도핑은 이온 주입의 일반적인 적용이다. 반도체에 주입할 때 각 도펀트 원자는 어닐링 후 반도체에서 전하 캐리어를 생성할 수 있다. p형 도펀트에 대해 정공이 생성되고 n형 도펀트에 대해 전자가 생성될 수 있다. 이는 주변 반도체의 전도성을 수정한다. 이 기술은 예를 들어 MOSFET의 임계 전압을 조정하는 데 사용된다. 이온 주입은 1970년대 말과 1980년대 초 급속 어닐링을 위한 펄스 전자 빔과 함께 광전지 장치의 p-n 접합을 생산하는 방법으로 개발되었지만, 급속 어닐링을 위한 펄스 전자 빔 현재까지 상업적 생산에 사용되지 않았다.

6.4.5.2 실리콘 온 절연체

종래의 실리콘 기판으로부터 SOI(silicon on insulator) 기판을 제조하는 한 가지 두드러진 방법은 SIMOX(산소 주입에 의한 분리) 공정이며, 여기서 매립된 고용량 산소 주입은 고온 어닐링 공정에 의해 실리콘 산화물로 변환된다.

6.4.5.3 메소택시

메소택시는 호스트 결정 표면 아래에서 결정학적으로 일치하는 단계의 성장에 대한 용어이다(기판 표면에서 일치하는 단계의 성장인 에피택시와 비교된다). 이 과정에서 이온은 물질에 충분히 높은 에너지와 양(dose)으로 주입되어 두 번째 상의 층을 생성하고, 온도는 타겟의 결정 구조가 파괴되지 않도록 제어된다. 정확한 결정 구조와 격자 상수가 매우 다를 수 있지만 레이어의 결정 방향은 대상의 방향과 일치하도록 엔지니어링할 수 있다. 예를 들어, 실리콘 웨이퍼에 니켈 이온을 주입한 후, 실리사이드의 결정 방향이 실리콘의 방향과 일치하는 니켈 실리사이드층을 성장시킬 수 있다.

6.5 어닐링

6.5.1 어닐링의 중요성

어닐링은 표면을 가열한 후 냉각하여 재료 표면을 변형시키는 프로세스이다. 금속을 다듬을 때 높은 온도로 가열했다 다시 식히는 담금질 과정을 반복하여 금속 성질을 내도록 하거나 더욱 좋은 재질로 바뀌도록 하는 것처럼, 어닐링은 웨이퍼를 열처리하는 공정이다. 비유하자면 이온 주입으로 인해 웨이퍼 표면에 난 상처가 아물도록 화학적 변화를 주는 것이다. 웨이퍼 내부에 있던 실리콘 원자들은 이온 주입 공정에서 들어온 불순물 원자(도펀트)의 침투로 인해 원래 있던 자리에서 이탈하게 된다. 여기서 새로 들어온 불순물 원자들이 그 자리를 정확히 차지해야 절연성이던 순수 실리콘을 도전성 또한 지닌 반도체(소스와 드레인 단자에 전압이 가해질 때 전자가 흐르는 도전성 물질)로 바꿀 수 있다. 그러나 충돌로 인해 불순물 원자들도 실리콘 원자들이 있던 정위치에 들어가지 못할 때, 어닐링으로 제자리를 잡지 못한 대부분의 불순물 원자들을 의도한 위치로 보낼 수 있다. 또한, 어닐링은 불순물 원자(도펀트)들의 확산 깊이를 조절한다. 반도체 제조 공정은 높은 온도에서 진행되므로, 원래 계산했던 것과 달리 실제 값이 틀어져 계획했던 대로 진행되지 않는 문제가 쉽게 발생한다. 열처리의 일종인 어닐링은 이러한 변수들을 줄이는 역할을 한다. 주입이 완료된 불순물 원자들을 필요한 깊이만큼 깊게 확산시키고, 반대로 외부 높은 온도의 공정에는 영향을 덜 받게 하여 불필요한 확산을 막아준다.

이온 주입 시, 높은 충돌 에너지로 인해 웨이퍼의 에피택셜 구조가 파괴된다. 불순물 원자(3족 또는 5족)의 침투로 인해 공유 결합된 Si 원자 일부는 내부 실리콘 격자의 원래 위치에서 벗어나거나 더 멀리 떨어지고 만다. 도펀트(불순물 원자)는 실리콘 원자와의 충돌 충격으로 인해 원래 위치(즉, 기존 Si 원자가 위치하고 있는 격자)에 안착하지 못하고 그 주위를 맴돌게 된다. 매우 드물지만, 일부 도펀트는 실리콘 원자를 대체하고 운 좋게 정확한 위치로 안착되기도 한다. 그러나 대부분의 도펀트는 원래 위치에 들어맞지 않으므로, 실리콘 원자의 원래 위치로 돌아오도록 어닐링 처리가 필요하다(그림 6.16).

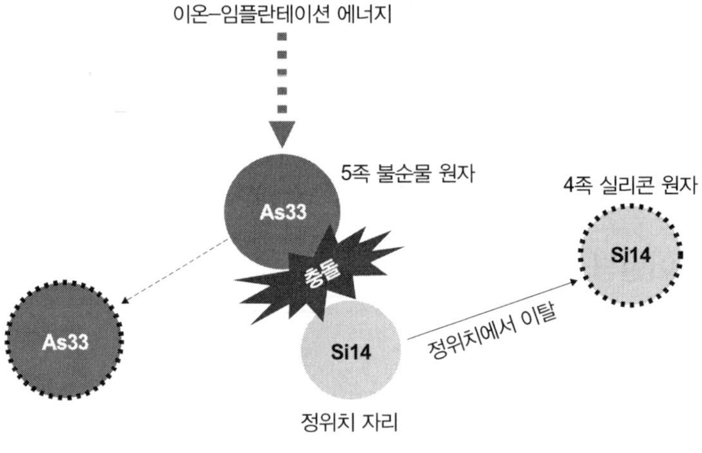

그림 6.16 어닐링이 필요한 이유: 공유 결합의 파괴

어닐링의 주된 목적은 4족 원소를 불순물(5족 또는 3족) 원소로 화학적으로 치환(스위치)하는 것이다(그림 6.17). 어닐링은 이온 주입 후 떨어져 나간 도펀트(5족 또는 3족 불순물 원자)를 4족 실리콘 원자의 원래 위치로 되돌린다. 이때 충돌의 여파로 튕겨 나간 실리콘 원자는 도펀트보다 더 멀리 밀려나는 경향이 있다. 따라서 이후 어닐링을 통해 원자들의 이동이 활발해지면, 빈 격자 자리(vacancy)에 대해 상대적으로 거리가 가까운 도펀트가 튕겨 나간 실리콘 원자보다 먼저 자리를 차지하고 들어갈 확률이 높아진다.

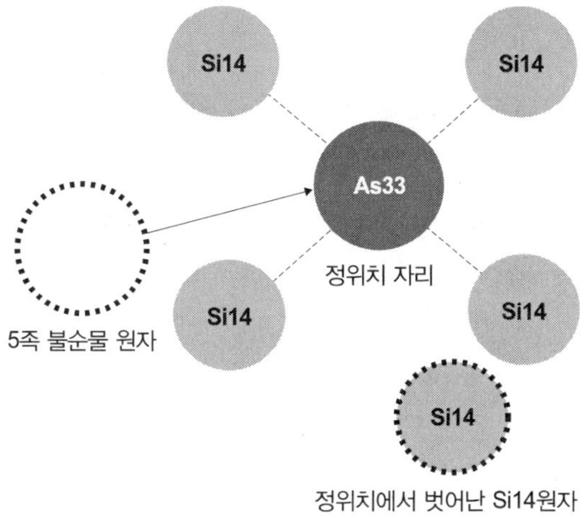

그림 6.17 어닐링에 의한 불순물 원자와 실리콘 원자의 치환

또한, 공정에서 주입되는 도펀트 농도(1×10^{15}~1×10^{19} 개/cm3)는 실리콘 원자의 밀도(1×10^{22} 개/cm^3)에 비해 약 1,000분의 1에서 1,000만분의 1 수준으로 지극히 미미하다. 이는 웨이퍼를 구성하는 원자의 절대다수가 여전히 실리콘임을 의미하므로, 이온 주입 충격으로 국부적인 격자 손상이 발생하더라도 어닐링을 통해 결함을 복구하기만 하면 실리콘 기판의 견고한 결정 구조를 유지하는 데에는 문제가 없다.

어닐링의 두 번째 목적은 끊어진 공유 결합을 화학적으로 복원하는 것이다(그림 6.18). 실리콘으로만 구성된 격자 구조에서 각 실리콘 원자는 주변 네 개의 실리콘 원자와 연결된다. 이러한 결합은 각 Si 원자가 다른 원자에 전자 하나를 내주고, 두 원자가 두 개의 전자를 공유하면서 발생한다. 어닐링은 이온 주입 과정에서 끊어진 도펀트와 실리콘 원자 사이의 공유 결합을 복원한다. 5족 원자의 관점에서 보면, 어닐링 과정에서 받은 열에너지는 도펀트가 주변 네 개의 실리콘 원자와 각각 네 개의 전자쌍을 공유하게 하여 도펀트와 네 개의 실리콘 원자 사이에 총 8개의 전자쌍을 형성한다. 이러한 결합을 통해 도펀트와 각 Si 원자는 총 8개의 전자를 공유하게 되며, 남은 전자 하나는 5족 도펀트를 둘러싼 잉여 전자로 남게 된다. 즉, 구조적으로 압착된 도펀트는 원래 격자 구조 자리(Si가 있던 자리)로 이동하거나, 도펀트는 다른 Si와 새로운 격자 구조(공유 결합)를 형성한다. 이때, 잉여 전자 하나의 구심력은 크지 않지만 도펀트 핵으로부터 약간 떨어진 거리(Si의 최외각 전자 핵으로부터의 거리인 0.05 nm 이상)에 위치하지만, 5족 원자(도펀트)에 결합되어 있기 때문에 떨어지지 않는다.

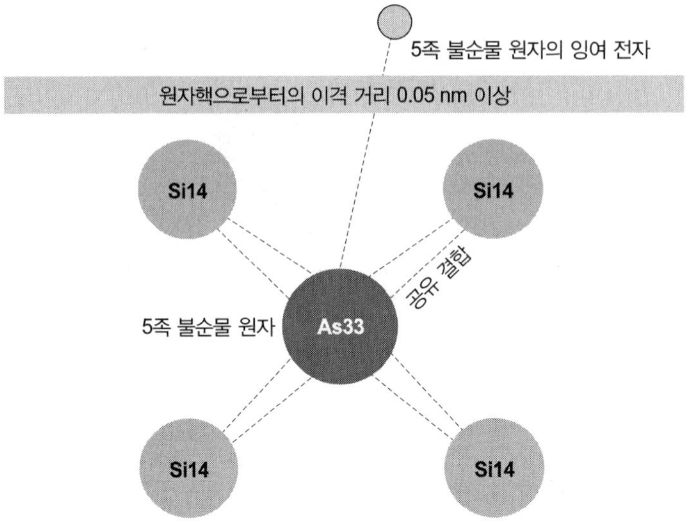

그림 6.18 어닐링에 의한 파괴된 격자구조 복원

LSI 제작 프로세스에서는 이온 주입(ion Implantation) 등에 수반된 손상의 어닐, MOS 소자의 경계면 특성 개선을 위한 열처리 공정이 중요하다. 이온 주입으로 도너(donor) 또는 억셉터(acceptor) 불순물을 반도체에 주입하는 경우, 이 불순물 원자들이 반도체 원자와 반복적으로 충돌하다가 이온이 정지하기 때문에 반도체에는 많은 격자 결함이 생긴다. 이러한 결함을 회복하고 주입된 이온 또는 원자(B, P 또는 AS)를 치환 위치(substitutional position)로 배열하여 전기적으로 활성화된 도너 또는 억셉터 불순물로 만들 필요가 있다. 즉, 어닐링을 통하여, 반도체 Si(실리콘 옥사이드) 표면의 결함을 고압의 수소·중수소로 치환하는 과정을 통해 반도체의 신뢰성(reliability)을 향상시키고, 구동 전류 및 집적회로 성능을 높일 수 있다.

순수 실리콘 반도체는 거의 절연체 수준(OFF)이다. 어닐링은 실리콘 원자를 도펀트로 대체하여 소스와 드레인 단자에 전압을 인가했을 때 전도성(ON)을 갖도록 한다. 즉, 그림 6.19에서 보듯이 어닐링의 첫 번째 역할은 절연성 물질을 도전 물질로 바꾸는 것이다. 순수 실리콘에서는 1 cm^3당 1.5×10^{10}개의 전자 또는 정공이 생성되지만, 이 정도의 전자 입자로 전류가 흐른다고 보기는 어렵다. 따라서 어닐링은 도핑된 도펀트가 위치 변화와 공유 결합을 통해 전자를 주거나(주개 역할: 5족 불순물 원자 결합) 전자를 받도록(수용체 역할: 3족 불순물 원자 결합) 준비하는 과정이라고 할 수 있다.

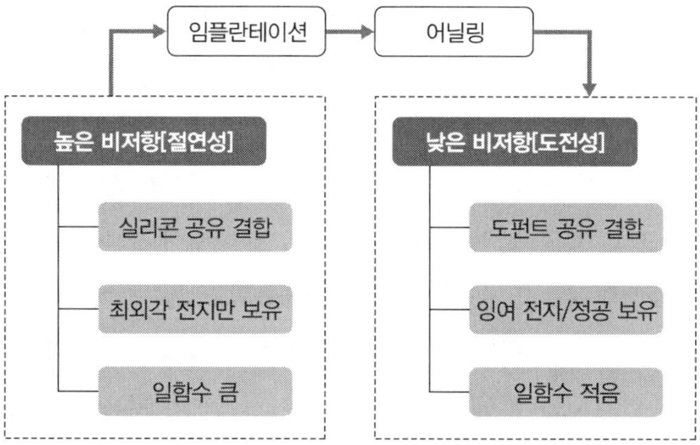

그림 6.19 어닐링의 첫 번째 역할: 절연성 물질을 도전 물질로 변신

반도체 제조공정은 종종 섭씨 500도에서 1,000도에 이르는 고온을 사용한다. 따라서 이전 공정에서 수행된 다양한 변수들이 후속 공정의 고온 조건에 따라 종종 변한다. 이 경우, 열처리의 일종인 어닐링을 통해 변수들의 변동을 줄일 수 있다. 또한, 주입된 원자를 필요한 깊이까지 추가 확산시킬 수 있다(단, 도펀트가 수평뿐만 아니라 수직으로도 확산될 수 있다는 단점이 있다. 그림 6.20). 이것이 어닐링의 두 번째 역할이다. 반대로, 어닐링이 완료된 후에는 외부 조건(추가 고온 공정)으로 인한 도펀트(특히 III족 B5)의 불필요한 확산이 크게 줄어든다.

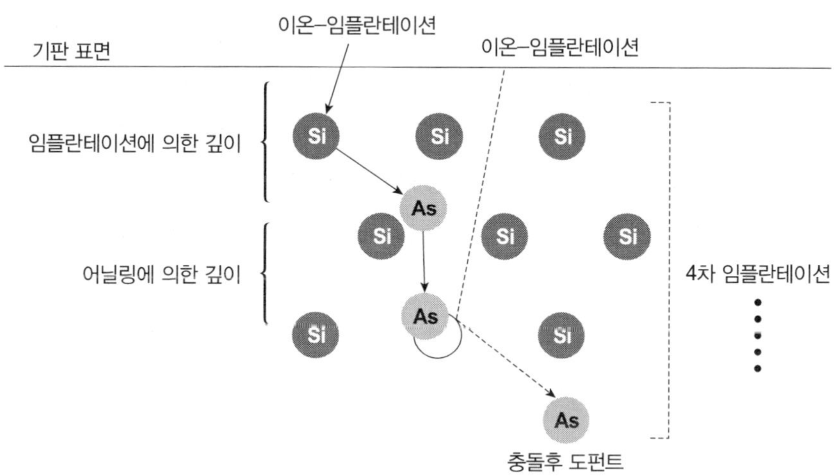

그림 6.20 어닐링의 두 번째 역할: 도펀트의 확산 깊이 조절

6.5.2 어닐링 방법

어닐링은 기본적으로 열처리 공정이다. 고온으로 웨이퍼를 400°C 이상 가열하여 실

리콘 격자의 재정렬을 유도하며, 온도 가열로 도핑된 이온이 잘 확산되어 활성화될 수 있도록 한다. 어닐링 시 온도 변화에 따른 캐리어(정공 및 전자, 도펀트)의 특성을 표 6.10에 나타내었다. 일반적으로는 전기로에서 시료를 가열시켜 어닐링을 한다. 질소 또는 아르곤 등의 비활성 가스 환경에서 가열하는 경우가 많으며, 실리콘 프로세스에서는 900~1,000°C에서 30분 정도 열처리를 한다. 1977년 이후에는 이온 주입층을 레이저에 의하여 가열시켜 어닐링하는 레이저 어닐링도 연구되고 있다. 이것은 매우 짧은 시간(1 ms 이하 ~ 수 ms) 레이저를 조사시킴으로써 가열하여 어닐링하는 것으로, 기존에 전기로에서 어닐링하는 것에서는 얻을 수 없는 특성(예를 들면, 이온이 주입된 불순물의 분포 상태를 보유한 채 활성화될 수 있다)이 얻어진다든가 시료 전체를 가열하지 않고 국부적인 가열을 할 수 있다는 이점이 있다. 레이저 대신에 전자 빔을 사용하여 어닐링을 하는 전자 빔 어닐링도 비슷한 이점이 있기 때문에 활발히 연구되고 있다.

표 6.10 어닐링 시 온도별 캐리어 특성

온도	특성
450°C	부분적 활성화 및 손상 복구
600°C	비정질층의 완전 활성화
900°C	고농도로 주입된 붕소(B)의 완전 활성화
1,000°C	소수 캐리어 수명 회복

Full-batch 타입의 가열로로 행하는 일반적인 열처리 방법은, 히터를 이용해 열에너지 공급하는 것이다(그림 6.21(a)). 고온 열처리는 노(furnace, 퍼니스)에서 진행되는데, 상온(실내 온도 25°C)에서부터 온도를 서서히 상승시켜 가열한 후, 고온을 어느 일정 시간 동안 유지하고 나서 다시 일정 시간에 걸쳐서 온도를 고온에서 상온까지 냉각시킨다. 그러나 높은 온도인 만큼 도펀트들이 기판(substrate) 내부로 깊숙이 확산할 수 있기 때문에 시간 조절이 중요하다. 약 5시간에 걸쳐 노에 200~300장의 여러 웨이퍼를 넣어 약 1,000°C까지 온도를 올렸다가 서서히 냉각시킨다. 수백 장의 웨이퍼를 한번에 노(furnace)에 넣고 진행한다. 웨이퍼 전체에 온도를 균일하게 유지시킬 수 있으나 고온으로 인한 부작용이 발생할 수 있다.

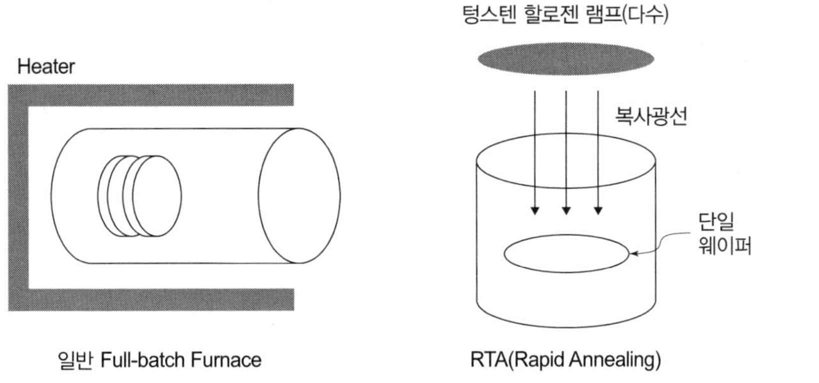

그림 6.21 어닐링 방법. (a) Full–batch Furnace 장비를 활용한 가열 처리 방법, (b) 텅스텐 할로젠 장비를 이용한 RTA 방법

다른 방법으로는 급속 열 어닐링(rapid thermal annealing, RTA)이 있다(그림 6.21(b)). 열원으로 텅스텐 할로젠 램프 적외선 복사광선을 사용하며, 레이저 빔을 집광 렌즈에 모아 웨이퍼에 순간적으로 주사하여 열에너지를 공급한다. 온도를 빠르게 올리며 한 번에 웨이퍼 1장씩 진행한다. 1장씩 열처리를 하더라도 매우 빠르기 때문에 전체적인 시간당 처리량은 일반 열처리 공정에 비해 좋은 편이다. 도펀트의 확산이 최소화되므로 이온 주입 이후의 방식으로 최근 매우 선호되고 있다.[11] RTA 장치의 구조를 그림 6.22에 나타내었다.

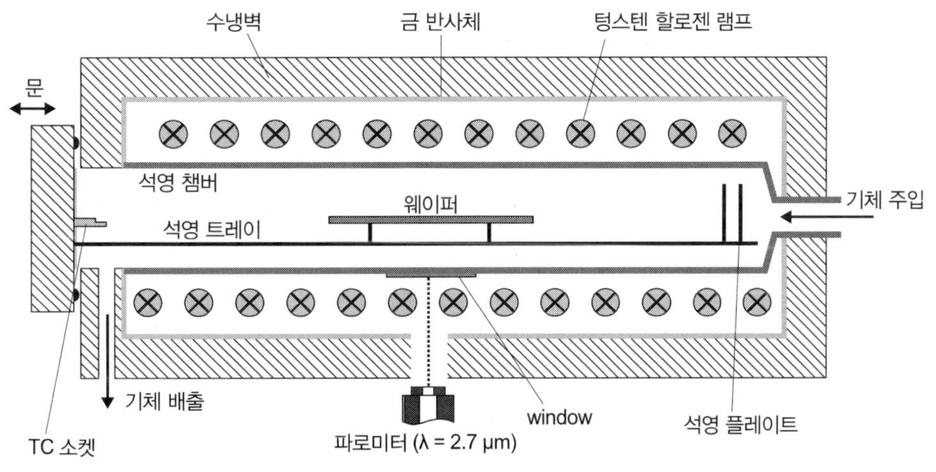

그림 6.22 RTA 장치의 개략도. 웨이퍼는 노(furnace)의 왼쪽에서 오른쪽으로 이동한다.

---

11) 반도체 특강, 진종문교수, https://news.skhynix.co.kr/wafer-quenching/

다만 고온 가열 문제는 피할 수 있으나 웨이퍼에 국부적으로 온도 차이가 생겨 웨이퍼가 뒤틀리거나 단층이 생기는 문제에 노출된다. 균일한 온도를 위해 복사 광선의 타입을 변경하거나, Full-batch와 RTA의 방식을 혼합하거나, 멀티 렌즈를 사용한 극소 어닐링 등이 이런 문제를 해결하기 위해 연구되고 있다. 표 6.11은 고온 가열로와 RTA의 특성을 비교한 것이다.

표 6.11 고온 가열로와 RTA의 특성비교

구분	고온 가열로	RTA
부하조건	Batch	Cold
벽면	고온	저온
공정시간	작은 온도율 dT/dt	큰 온도율 dT/dt
가열 주기	높은 주기 시간	낮은 주기 시간
온도측정	튜브 표면	웨이퍼
Issues	Large thermal budget	Uniformity, stress
	Particles	Repeatability
	Atmosphere control	Throughput

최근에는 기존의 일반적인 RTA보다 더 급속하게 가열하고 냉각하는, 스파이크 RTA 공정도 개발되고 있다. 소자가 미세화됨에 따라 일반적인 RTA를 진행하더라도 원치 않는 깊이까지 도펀트가 확산되는 문제가 발생했기 때문이다. 스파이크 RTA는 고온 노출 시간을 최소화하여 도펀트의 활성화 효율을 유지하면서도 확산은 억제한다. 일반 RTA와 스파이크 RTA를 비교한 내용을 표 6.12에 나타내었다.

표 6.12 일반 RTP, 스파이크 RTP

	Normal RTP	Spike RTP
Ramp up rate	40°C/sec	150°C/sec
Ramp down rate	30°C/sec	80°C/sec
Soak time	≥10s	없음
Rotation	없음	있음

이온 주입 후 공정 이외에도 불순물을 활성화할 때, 박막(CVD)을 형성할 때, Ohmic 접촉 합금 공정을 진행할 때 혹은 Glass(BPSG) Reflow를 진행할 때 어닐링과 같은 유사한 열처리를 진행한다.

MOS 소자의 경계면 특성 개선을 위한 어닐링은 질소 또는 질소와 수소의 혼합 가스 분위기에서 열처리를 한다. 이를 수소 처리라고 한다. 이 밖에 증착 등에 의한 박막 형성 후, 내부 변형을 완화시키기 위한 어닐링도 행해진다.[12)]

6.6 실리사이드 공정

6.6.1 실리사이드와 살리사이드

실리사이드(silicide)는 용어는 마이크로전자 산업에서 반도체 소자와 지지 상호연결 구조 사이에 전기적 접촉을 형성하는 데 사용되는 기술을 지칭한다. 실리사이드 공정은 소자의 활성 영역에서 금속 박막과 실리콘의 반응을 수반하며, 일련의 어닐링 및/또는 식각 공정을 통해 금속 실리사이드 접촉을 형성한다.

단일 금속만으로는 실리콘과의 화학적 반응에 의하여 원하지 않는 불량이 발생할 수 있고, 반도체 소자와 접합 시에 접촉 저항이 높아져 전체적인 전기 저항이 상승되는 문제가 발생한다. 따라서, 실리사이드 물질을 사용하여 화학적으로 안정적이고 접촉 저항을 감소시키는 것이 이 공정의 목적이다(실리사이드의 비저항을 표 6.13에 나타내었다). 또한, Si와 공정 호환성이 우수하며, 전자 이주 현상이 없거나 매우 적다. 건식 식각에 용이하며, 다른 물질과의 접촉성이 좋다. 표 6.14는 고급 실리사이드 기술을 설명하고 있다.

표 6.13 실리사이드의 비저항

silicide	비저항(uohm-cm)	silicide	비저항(uohm-cm)
$CoSi_2$	18~25	PtSi	30~50
$HfSi_2$	15~50	$TaSi_2$	35~45
$MoSi_2$	100	$TiSi_2$	13~16
$NiSi_2$	50~60	WSi_2	70
Pd_2Si	30~50	$ZrSi_2$	35~40

12) http://ko.hyfive.wikidok.net/wp-d/600a8dee39805f5516146b56/View

표 6.14 고급 실리사이드 기술(자료: Prof. Krishna Saraswat, Dept of Electrical Engineering, Stanford University)

실리사이드 종류	박막 비저항(μΩcm)	소결 온도(°C)	Si 상에서의 안정 온도 한계(°C)	Al과의 반응 온도(°C)	금속 1 nm 당 소모되는 Si 두께(nm)	금속 1 nm 당 생성되는 실리사이드 두께(nm)	n형 Si에 대한 장벽 높이(eV)
PtSi	28~35	250~400	~750	250	1.12	1.97	0.84
$TiSi_2$(C54)	13~16	700~900	~900	450	2.27	2.51	0.58
$TiSi_2$(C49)	60~70	500~700			2.27	2.51	
Co_2Si	~70	300~500			0.91	1.47	
CoSi	100~150	400~600			1.82	2.02	
$CoSi_2$	14~20	600~800	~950	400	3.64	3.52	0.65
NiSi	14~20	400~600	~650		1.83	2.34	
$NiSi_2$	40~50	600~800			3.65	3.63	0.66
WSi_2	30~70	1000	~1000	500	2.53	2.58	0.67
$MoSi_2$	40~100	800~1000	~1000	500	2.56	2.59	0.64
$TaSi_2$	35~55	800~1000	~1000	500	2.21	2.41	0.59

* $TiSi_2$는 저저항 상(phase)을 형성하기 위해 800°C 이상의 온도가 필요하므로 높은 열 예산을 요구한다.
* $TiSi_2$와 $CoSi_2$는 형성 시 실리콘 소모량이 많아 접합의 깊이를 얕게 만드는 스케일링 공정에서 문제가 될 수 있다.
* NiSi는 실리콘 소모량이 적다.
* WSi_2는 화학 기상 증착으로 증착할 수 있어 제조 공정이 용이하다

살리사이드(saliside)는 금속 배선 공정 중 가장 먼저 실시하는 공정으로, 자체 정렬(self-alignment)와 실리사이드(silicide)의 합성어이다. 금속 입자가 실리콘 격자 속으로 확산해 실리사이드층을 자동으로 형성하는 공정을 뜻한다. '자체 정렬'이라는 표현은 폴리사이드와 같은 비정렬 기술과 달리 접촉 형성에 포토리소그래피 패턴닝 공정이 필요하지 않음을 시사한다. 살리사이드라는 용어는 '타이타늄 살리사이드'와 같이 접촉 형성

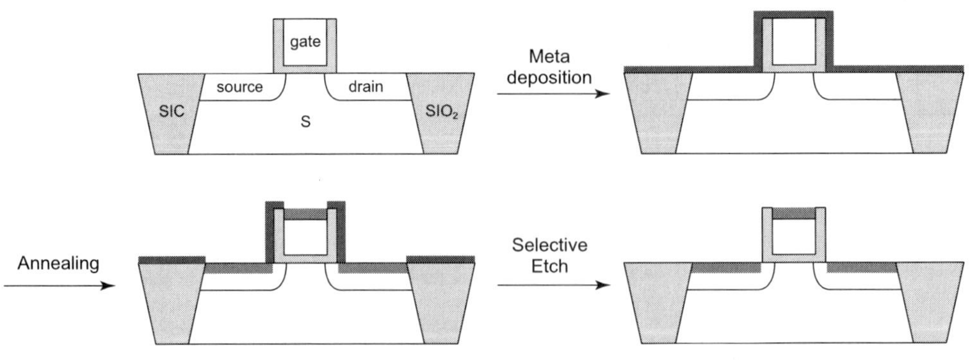

그림 6.23 살리사이드(SALICIDE) 공정 순서[13]

공정으로 형성되는 금속 실리사이드를 지칭하는 데에도 사용되지만, 이러한 용법은 화학에서 일반적으로 통용되는 명명 규칙과 일치하지는 않는다. 살리사이드 공정의 순서를 그림 6.23에서 볼 수 있다.

실리사이드 공정은 완전히 형성되고 패턴화된 반도체 소자(예: 트랜지스터) 위에 얇은 전이 금속층을 증착하는 것으로 시작된다. 웨이퍼를 가열하면 전이 금속이 반도체 소자의 활성 영역(예: 소스, 드레인, 게이트)에서 노출된 실리콘과 반응하여 저저항 전이 금속 실리사이드를 형성한다. 이 전이 금속은 웨이퍼에 존재하는 이산화규소나 질화규소 절연체와는 반응하지 않는다. 반응 후, 남아 있는 전이 금속은 화학적 식각을 통해 제거되어 소자의 활성 영역에만 실리사이드 접점을 남긴다. 완전히 통합 가능한 제조공정은 추가적인 어닐링, 표면 처리 또는 식각 공정을 포함하므로 더 복잡할 수 있다.[14)]

표 6.15에서 표 6.17은 각각 타이타늄, 코발트, 니켈 실리사이드의 상전이 특성을 나타낸 것이다. 표 6.18은 제조과정에서의 살리사이드 공정에 대한 설명이다.

표 6.15 Ti 실리사이드 상전이 특성

M to Si ratio	Phase	Resistivity (μΩ-cm)	Cryatal Structure	Density (gr/cm^3)	Silicide thickness (tsil/tM)	Silicon consumed (tsi/tM)	Main diffusion species
	Ti	39(bulk)	Hex(P6$_3$/mmc)	4.504	-	-	
3	Ti_3Si						Si
1.67	Ti_5Si_3		Hex(P63/mcm)	4.36	1.37	0.67	Si
1.25	Ti_5Si_4		Tet(P4$_1$2$_1$2)	4.25			Si
1	TiSi		Orth(pnma)	4.24	1.62	1.11	Si
0.5	C49-$TiSi_2$	~75	Orth(Cmcm)	3.85	2.44	2.22	Si
0.5	C54-$TiSi_2$	13-20	Orth(Fddd)	4.07	2.33	2.22	-

13) By Lukas Jablonka (UU) - Own work, CC BY-SA 4.0, https://commons.wikimedia.org/w/index.php?curid=57502323

14) https://www.semanticscholar.org/paper/Rapid-Thermal-Processing-of-Crystalline-Silicon-and-Peters/df9bb968e254d854caf0a6fc68fd33bceaea6663

표 6.16 Co 실리사이드 상전이 특성

M to Si ratio	Phase	Resistivity (μΩ-cm)	Cryatal Structure	Density (gr/cm^3)	Silicide thickness (tsil/tM)	Silicon consumed (tsi/tM)	Main diffusion species
-	Co	5.6(bulk)	Hex(P63/mmc)	8.87	-	-	
2	Co2Si	~110	Orth(pPnma)	7.42	1.5	0.9	Co
1	CoSi	~150	Hex(P213)	6.65	2	1.8	Si
0.5	CoSi2	14-20	Cub(Fm3m)	4.95	3.5	3.6	Co

표 6.17 Ni 실리사이드 상전이 특성

M to Si ratio	Phase	Resistivity (μΩ-cm)	Cryatal Structure	Density (gr/cm3)	Silicide thickness (tsil/tM)	Silicon consumed (tsi/tM)	Main diffusion species
	Ni	7.1(bulk)	Cub(Fm3m)	8.91	-	-	
3	Ni_3Si			7.87	1.31	0.61	
2.5	Ni_5Si_2		Hex(P321)	7.58			
2	Ni_2Si	~25	Orth.		1.49	0.91	Ni
1.5	Ni_3Si_2		Orth(Cmc21)	6.75	1.74	1.21	
1	NiSi	14-20	Orth(Pnma)		2.01	1.83	Ni
0.5	$NiSi_2$	~35	Orth(Fm3m)	4.86	3.59	3.66	Ni

표 6.18 제조에서의 살리사이드 공정

Silicide	TiSi2	Cosi2	NiSi
Gate length	>0.25um	0.18um~90nm	<90nm
Silicon consumption @100Åmetal DEP_3	220Å	361Å	183Å
Metal thickness	Ti 390Å	Co 120Å	Ni 150Å
Final silicide thickness	550Å	360~400Å	260~300Å
Phase transition Temp	700°C→850°C	470°C→760°C	400°C
Un-reacted metal removal	SC-1(40°C)14min	SC-1(50°C)14min + SC-2(50°C)5min	H2SO4:H2O2=4:1 (80°C)20min
Capping layer	TiN	TiN	TiN
Final Rs	1~3Ω/□	4.9~5.2Ω/□	4.5~5.5Ω/□
Junction Depth	~0.2um	~0.2um	~0.1um

6.7 단위 공정 응용

6.7.1 열산화 응용

열산화막 응용은 우수한 유전 및 절연 특성으로 인해 반도체 제조, 특히 집적회로(IC), 마이크로프로세서, MEMS(미세 전기 기계 시스템)에 사용된다. 주요 용도로는 트랜지스터의 게이트 유전체, 소자 분리, 선택적 도핑을 위한 마스킹층, 그리고 성능 향상을 위한 표면 패시베이션 등이 있다. 표 6.19는 열산화의 응용범위를 나타낸 것이다.

표 6.19 열산화 응용

Application	Thickness(nm)
Gate oxide dielectric for MOS devices	1.5~10.0
Tunnel oxides in EEPROMs and flash memories	6.0~10.0
Screen oxides for ion implant	10.0~20.0
Side-wall liners for shallow trench isolation	15.0~40.0
Field oxide for LOCOS isolation	200~400
Re-oxidation of the etched gate stack side-wall damage	5.0~7.5
Inter-polysilicon dielectric	4.0~20.0
Masking film against ion implantation and diffusion	100~200
Sacrificial oxide for gate applications	6.0~15.0
Capacitor dielectric in DRAM circuits	5.0~10.0

6.7.2 MOSCAP

MOS 커패시터는 금속(metal), 산화막(oxide), 반도체(semiconductor)층으로 이루어진 적층 구조이다. 이 구조에서 금속은 전극, 산화막(SiO_2)은 절연체(유전체), 그리고 반도체는 기판 역할을 한다. 게이트에 전압이 가해지면 산화막 양단에 전하가 축적되어 커패시터 역할을 하며, 이는 MOSFET의 기본 구조이기도 하다. MOSFET에서 소스와 드레인 사이의 전류 흐름은 게이트 전위(바디/소스 기준)를 제어함으로써 조절하며, 따라서 MOSFET은 온/오프 스위치 역할을 할 수 있다. 이러한 동작을 가능하게 하는 주요 메커니즘이 바로 MOSFET의 게이트 스택인 MOS 커패시터 구조에 의해 결정되며, 따라서 MOSFET의 작동 원리를 이해하기 위해서는 반드시 MOS 커패시터의 기본 원리를 이해해야 한다(그림 6.24).

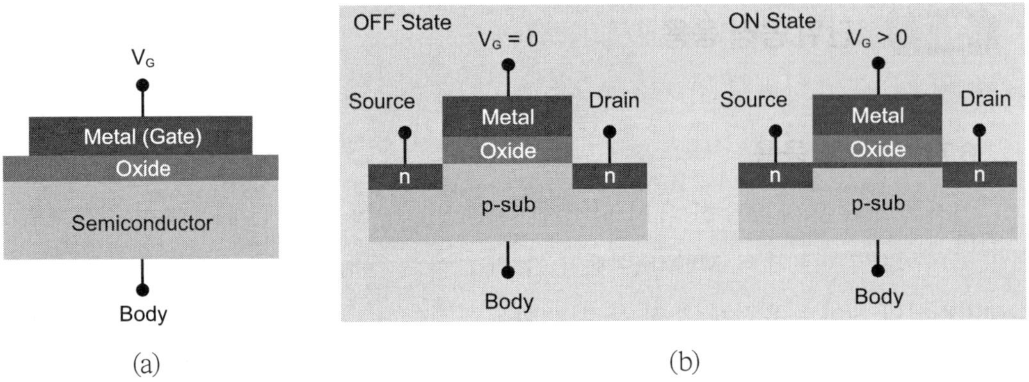

그림 6.24 (a) MOS 커패시터의 구조, (b) MOSFET의 온/오프 메커니즘

MOS 커패시터 구조의 주요 구성 요소를 하나씩 살펴보자. 금속(metal)으로는 일반적으로 폴리실리콘과 같은 반도체 전극을 사용한다. 초기에는 알루미늄 같은 금속을 사용했지만, 폴리실리콘으로 대체되어 일함수 차이를 줄이고 안정성을 높였다. 산화막(oxide)은 이산화규소(SiO_2)로 이루어진 얇은 절연체층이다. 금속과 반도체 사이에서 전하가 직접적으로 흐르는 것을 막아주며 커패시터의 유전체 역할을 한다. 반도체(semiconductor)로는 실리콘 기판을 사용하며, 전기가 통하도록 붕소((B)나 인(P) 등의 불순물이 도핑된 p-타입 또는 n-타입 형태이다. 외부 전압에 따라 표면 전하 농도가 변하여 커패시터의 동작이 결정된다. 동작 원리는 다음과 같다.

① 전극 역할: 게이트(금속)와 반도체에 전압을 인가하면, 반대 극성의 전하가 금속 전극과 반도체 표면에 각각 형성된다.

② 전하 축적: 산화막은 이 두 전하 사이에서 절연체 역할을 하며, 전하를 축적하여 커패시터의 기본 원리를 구현한다.

③ 밴드 벤딩: 외부 전압에 따라 반도체(실리콘)의 에너지 밴드가 휘어지는데(band bending), 이를 통해 반도체 표면의 전하 농도를 조절하고 커패시터의 특성을 변화시킬 수 있다.

그림 6.25는 MOS 커패시터에서 에너지 밴드의 개념을 도식화한 것으로, 세 요소가 접합되기 전, 진공 레벨(E_0)을 기준으로 각 요소의 에너지 상태를 보여준다. 이상적인 MOS 커패시터의 4가지 조건은 첫째, 금속과 반도체의 일함수가 동일하여 전입 미인가 시 밴드가 평평해야 한다(qΦM = qΦSi). 둘째, 산화막 내부나 계면에 포획된 전하가 없어야 한다. 셋째, 산화막과 실리콘 접합면에 에너지 준위 결함이 존재하지 않아야 한다. 넷

째, 산화막의 비저항이 무한대이며, 작동 중 산화막을 토한 전류 흐름이 전혀 없어야 한다.

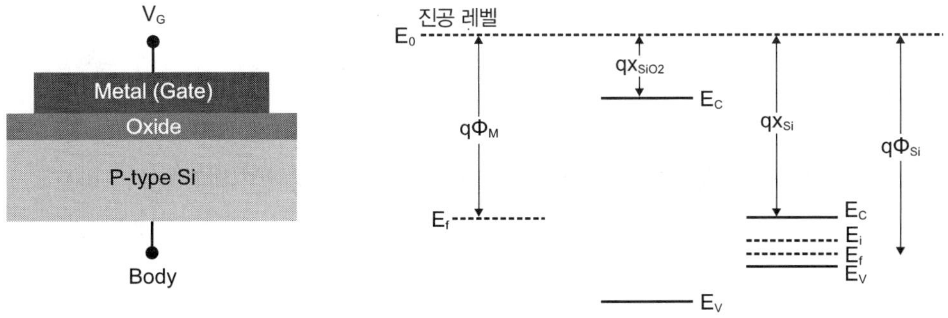

그림 6.25 에너지밴드의 개념 도식화

연습 문제

1 확산 공정의 기본 원리에 대해 설명하시오.

2 픽의 제1법칙과 제2법칙을 설명하고, 각 항의 물리적 의미를 서술하시오.

3 확산 공정과 이온 주입 공정의 차이점을 비교하여 설명하시오.

4 반도체 도핑에 사용되는 대표적인 불순물(도펀트)에는 어떤 것들이 있으며, 각각 어떤 타입의 반도체를 형성하는가?

5 확산 공정 시 온도, 시간, 불순물 농도가 확산 깊이에 미치는 영향에 대해 설명하시오.

6 확산 공정 중 발생하는 결정 결함의 종류와 그 영향에 대해 서술하시오.

7 확산 공정에서 고온 열처리 시 발생할 수 있는 문제점(예: 결정 결함 발생, 도펀트 재분포 등)에는 어떤 것들이 있으며, 이를 해결하기 위한 방법은 무엇인지 서술하시오.

8 마스킹 산화막이 확산 공정에서 어떻게 활용되는지 설명하시오.

9 어떤 실리콘 웨이퍼의 한쪽 표면에는 붕소 농도가 1×10^{19} atoms/cm^3로 유지되고, 다른 쪽 표면(x = 100 μm)에서의 농도는 1×10^{17} atoms/cm^3이다. 1,200℃에서 붕소의 확산 계수가 D = 1×10^{-11} cm^2/s일 때, 정상 상태에서의 붕소 확산 유량(atoms/cm^2sec)을 계산하시오.

10 실내 온도에서, 진성 저마늄에 대한 전도도(σ)의 온도 의존성은 다음과 같이 표시할 때, 140℃에서 저마늄의 진성 전자전도도를 계산하시오. 298 K에서 전자전도도는 2.2 $\Omega^{-1}m^{-1}$이다. 단, Eg = 0.67 eV, k = 8.62×10^{-5} eV/K이고, 전도도 계산 식은 다음과 같다.

$$\sigma = CT^{-3/2}\exp\left(-\frac{E_g}{2kT}\right)$$

Chapter

7

박막 공정

7.1 박막 증착 공정

박막 증착(thin film deposition process)은 반도체 제조 과정에 필요한 금속 막 및 절연막을 제조하는 공정으로, 주로 트랜지스터 제조 후 진행되는 층간 절연막 공정 및 배선 공정에서 사용되는 각종 공정을 의미한다. 박막 증착은 물리적 기상 증착(physical vaper deposition, PVD) 또는 화학 기상 증착(chemical vapor deposition, CVD)의 두 가지 주요 방법을 통해 달성할 수 있다. PVD는 증발 및 스퍼터링과 같은 물리적 공정을 사용하여 진공 상태에서 물질을 이동시키는 반면, CVD는 고온에서 반응을 이용하여 막을 증착한다. 원하는 재료의 특성과 응용 분야에 따라 적합한 방식을 선택한다.

PVD에서는 소스에서 소스로 직접 전달되는 원자에 의해 박막이 형성된다. 크게 증발과 스퍼터링의 두 가지 방식을 이용하며, 증발에는 열 증발 및 전자빔 증발, 스퍼터링에는 DC 스퍼터링, DC 마그네트론 스퍼터링, RF 스퍼터링 등이 있다. 증기의 생성 과정은 물리적이지만, 박막 형성 과정에서 반응성 기체와의 화학 반응이 사용되기도 하는데, 이는 반응성 PVD라고 한다.

CVD는 기질 표면에서 화학 반응으로 피막이 형성되는 증착 방식이다. 반응 조건이나 환경에 따라 저압 CVD(LPCVD), 플라스마 강화 CVD(PECVD), 대기압 CVD(APCVD), 금속-유기 CVD(MOCVD) 등으로 나눌 수 있다.

박막 증착에서 일반적으로 달성해야 하는 특성은 박막의 균일성이다. 전체 웨이퍼에 균일하게 박막이 형성되어야 하며(wafer-wafer uniformity), 전체 공정에서 모든 웨이퍼에 균일하게 박막이 형성되어야 한다(run to run uniformity). 증착할 수 있는 재료로는 금속(metal), 유전체(절연체), 고분자 등이 있다. 박막의 품질은 응력, 접착력, 화학량론, 박막 밀도 및 핀홀 밀도, 입도(grain size), 경계특성, 방향성, 항복 전압(breakdon voltage), 불순물 수준 등에 의해 측정된다.

박막 증착은 증착 입자의 방향성에 따라서도 구분되는데, 지향성 증착은 입자가 직진성을 가지는 경우이며 대부분의 PVD가 여기에 속한다. 이륙(lift-off), 트렌치 채우기(trench filling)에 적합하지만 구석까지 코팅되기 어려워 스텝 커버리지가 떨어진다. 무지향성 증착은 기체가 기판 표면을 타고 흐르며 사방에서 화학 반응을 일으켜 증착되므로 웨이퍼 전체에 균일한 두께로 박막이 형성되어 스텝 커버리지가 좋다. 대부분의 CVD가 여기에 속한다. 표 7.1은 PVD와 CVD의 장단점을 요약한 것이다.

표 7.1 PVD와 CVD의 장단점

	물리적 기상 증착(PVD)	화학 기상 증착(CVD)
정의	진공 상태에서 재료를 공급원에서 기질로 물리적 증착	화학 반응을 이용하여 재료를 증착
종류	증발, 스퍼터링	PECVD, Thermal CVD, LPCVD, SACVD, APCVD
장점	저온 공정 높은 순도 및 정밀도 우수한 내마모성 및 내구성 친환경 공정 다양한 재료 적용. 유지보수 간편	좋은 스텝 커버리지(step coverage)
단점	나쁜 스텝 커버리시	높은 공정 비용 위험한 화학 물질 사용 복잡한 공정 제어 부산물 관리 느린 공정 속도 다성분 재료의 어려움
적용 공정	Ti, TiN, Al, Co, W	WSix, W, Ti (MOCVD), Ti, TiN, SiO2, SiN

7.1.1 PVD

PVD는 PVT(physical vapor transport)라고도 하며, 금속, 세라믹, 유리 및 폴리머를 비롯한 기판에 박막 및 코팅을 생성하는 데 사용할 수 있는 다양한 진공 증착 방법을 말한다. PVD 공정의 특징은 물질이 응축 상에서 증기 상으로 전이된 다음 다시 박막 응축 상으로 전환되는 것이다. 가장 일반적인 PVD 프로세스는 스퍼터링 및 증발이다. PVD는 광학적, 기계적, 전기적, 음향적 또는 화학적 기능을 위해 박막이 필요한 품목의 제조에 사용된다. 그 예로는 박막 태양 전지와 같은 반도체 장치, 박막 벌크 음향 공진기와 같은 미세 전자 기계 장치, 식품 포장 및 풍선용 알루미늄 처리된 PET 박막, 금속 가공용 질화 티타늄 코팅 절삭 공구 등이 있다. 제조용 PVD 도구 외에도 주로 과학적인 목적으로 사용되는 특수 소형 도구도 개발되어 있다. 소스 재료는 부품을 고정하는 데 사용되는 고정 장치를 포함하여 진공 챔버 내부 대부분의 다른 표면에도 불가피하게 증착되는데, 이를 overshoot이라고 한다. 표 7.2는 PVD의 대표적인 유형인 증발과 스퍼터링을 비교한 것이다.

표 7.2 증발과 스퍼터링의 비교

증발	스퍼터링
Low energy atoms (~ 0.1 eV)	High energy atoms / ions (1 – 10 eV) • denser film • smaller grain size • better adhesion
High Vacuum • directional, good for lift-off • lower impurity	Low Vacuum • poor directionality, better step coverage • gas atom implanted in the film
Point Source • poor uniformity	Parallel Plate Source • better uniformity
Component Evaporate at Different Rate • poor stoichiometry	All Component Sputtered with Similar Rate • maintain stoichiometry

PVD는 유기 반도체에 사용되는 저분자량의 이방성 유리 박막을 만드는 데 응용된다. 이러한 특수 유리를 형성하는 핵심 요인은 분자의 표면 이동성(surface mobility)과 그로 인한 유리의 자유 표면에서의 이방성 배향이다. 증착되는 분자는 기판에 도달하여 다음 분자에 덮이기 전까지 표면을 이동하며 에너지적으로 더 안정한 상태를 찾아 재배열된다. 이때 폴리머가 더 낮은 에너지 상태에 위치해야 하는 경우라면 폴리머의 구성이 중요해진다. 이 과정을 통해 박막은 높은 밀도와 운동학적 안정성(kinetic stability)을 갖춘 평형 상태에 가까운 구조로 성장한다.

특히 PVD를 통한 분자의 패킹은 전면 배향을 유도할 수 있으며, 이는 분자가 세로로 서 있는 형태(edge-on)가 아니라는 것을 의미한다. 이러한 배향으로 인해 분자 간 파이 오비탈은 추가로 중첩될 수 있고, 따라서 결합이 안정해진다. 이때 추가된 분자의 방향은 주로 증착 혹은 추출 시의 기판 온도에 의해 결정된다. 결과적으로, 이렇게 형성된 유리의 이방성은 전하 이동도를 크게 향상시킨다는 점에서 중요하다. 이 공정은 유리 소재가 갖는 균질성과 유연성이라는 장점을 유지하면서도, 결정(crystal)에 버금가는 우수한 분자 정렬을 구현한다는 점에서 활용도가 높다.

물리적 증착은 금속 박막을 증착하는 가장 오래된 방법의 하나이다. 알루미늄, 금 및 기타 금속은 기화점까지 가열된 다음 증발하여 금속 기질의 표면을 덮는 박막을 형성한다. 모든 박막 증착은 진공 또는 매우 신중하게 제어되는 상태에서 이루어진다. 표 7.3은 스퍼터링에 의해 형성되는 금속 박막의 특성을 요약한 것이다.

표 7.3 스퍼터링에 의한 금속 박막

금속 재료	형태	특성	응용
Al	Cold/Hot	Al-0.5%Cu ~3.0μΩcm	interconnection line
Ti/TiN	Standard Collimated IMP	• good bottom coverage • excellent bottom coverage	• Glue layer for Al/W • Metal stack: Ti/TiN/Al/Ti/TiN • Ti: Ti-silicide
Co		Co-silicide formation stable than $TiSi_2$	Co-silicide formation to reduce contact resitsance

7.1.1.1 진공 열 증발(Vacuum Thermal Evaporation)

전자빔 가열 기술은 고에너지 전자빔에 의해 생성된 열을 기반으로 한다. 전자빔은 전자총에 의해 생성되며, 백열 필라멘트에서 생성된 전자의 열전자 방출을 사용한다. 방출된 전자는 고전압 전위(킬로볼트)에 의해 가속되어 증착한 물질에 대해 폭격한다. 자기장은 전자 궤적을 구부려 전자총이 증발성 아래에 위치하도록 한다. 전자가 집속될 수 있으므로 증발할 물질을 국부적으로 가열하여 밀도 높은 증발력을 얻을 수 있다. 이를 통해 낮은 수준에서 매우 높은 값까지 증발 속도를 제어할 수 있다. 그리고 무엇보다도 높은 녹는점(W, Ta, C, 등)의 물질에 대해서도 적용 가능하다. 그림 7.1은 열 증발 공정의 개략도를 나타낸 것이다.

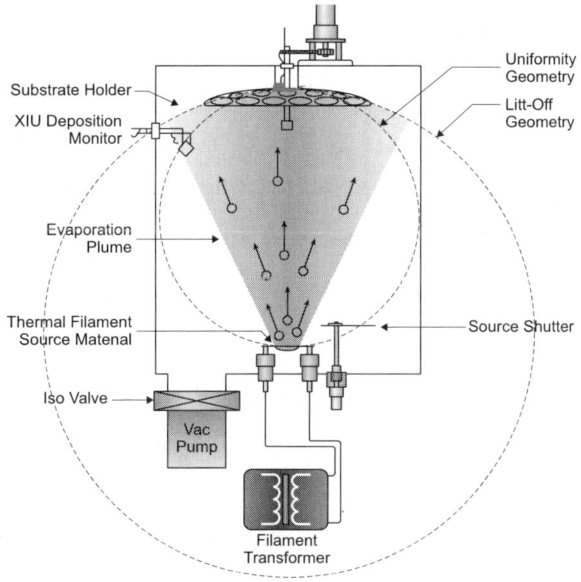

그림 7.1 열 증발 개략도

진공 열 증발의 장점은 다음과 같다.

- 고순도 소스 물질로부터 고순도 박막을 증착
- 기화될 재료의 소스는 모든 형태와 순도의 고체
- 가시선 궤적 및 마스크를 사용하여 '제한된 영역 소스'를 사용, 소스와 기판 사이의 기판과 셔터에 증착의 원하지 않는 경우 증착
- 증착 속도 모니터링 및 제어가 상대적으로 용이
- PVD 공정 중에서 비용이 가장 저렴

진공 열 증발의 단점은 다음과 같다.

- 많은 화합물과 합금 구성은 어렵게 증착
- 가시선 및 제한된 영역 소스로 인해 복잡한 표면에서 적용 범위 한정
- 박막 특성 제어에 사용할 수 있는 처리 변수가 거의 없음
- 소스 재료 사용량이 적음
- 상당한 거리를 유지하려면 일반적으로 대용량 진공 챔버가 필요

진공 증발은 높은 굴절률과 낮은 굴절률을 사용하여 광학 간섭 코팅을 형성하는 데 사용된나. 굴절 재료, 미러 코팅, 장식 코팅, 유연한 침투 차단 박막 포장재, 전기 전도성 박막이나 부식 방지 코팅 등에 응용되고 있다.

7.1.1.2 스퍼터링 증착

스퍼터링 증착(sputtering deposition)은 스퍼터링에 의해 박막을 증착하는 방법이다. 충돌에 의해 소스인 '타겟'에서 방출된 입자(스퍼터링된 입자)가 실리콘 웨이퍼와 같은 '기판'으로 이동한다. 스퍼터링된 원자는 일반적으로 최대 수십 eV의 넓은 에너지 분포를 갖는다. 스퍼터링된 이온(일반적으로 방출된 입자의 1% 정도만 이온화됨)은 탄도에 따라 비행할 수 있다. 직선으로 대상을 지정하고 기판에 강하게 충격을 준다. 스퍼터링 기체로는 아르곤 같은 불활성 기체를 사용하는 경우가 많다. 운동량을 효율적으로 전달하기 위해, 스퍼터링 기체의 원자량은 타겟 원자량과 비슷한 것을 선택한다. 예를 들어 가벼운 원소를 스퍼터링하는 경우에는 네온이 바람직하며, 무거운 원소의 경우 크립톤 또는 제논이 사용된다. 화합물은 공정 매개변수에 따라 대상 표면, 기내 또는 기판에 형성될 수 있다. 그림 7.2는 스퍼터링 공정의 개략도를 나타내고 있다.

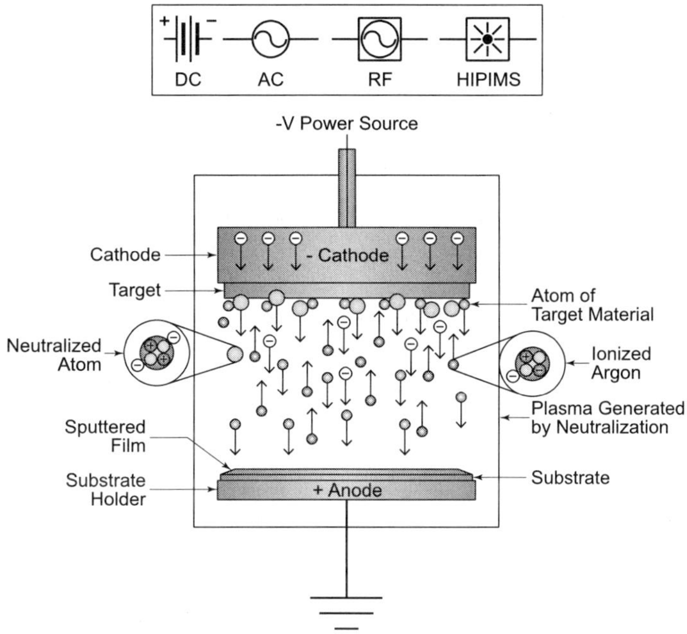

그림 7.2 스퍼터링 공정의 개략도

스퍼터링 증착 중 가장 일반적인 방법은 마그네트론 스퍼터링(magnetron sputtering)이다. 이 방식의 핵심은 타겟 후면에 강력한 자석(마그네트론)을 배치하여 타겟 표면 근처에 전자를 가두는 것이다. 이에 따라 전자는 전기장과 자기장의 상호작용으로 인해 타겟 표면에서 나선형 경로를 그리며 맴돈다. 전자가 타겟 표면에서 맴돌기 때문에, 타겟 근처의 중성 기체(아르곤 등)와 충돌할 확률도 높아진다. 즉, 자석이 없을 때보다 더 많은 이온화가 발생한다. 결과적으로 생성된 추가적인 아르곤 이온은 타겟을 강하게 때릴 수 있어 증착 속도가 빨라지며, 더 낮은 압력에서도 플라스마를 안정적으로 유지한다. 한편, 타겟에서 튀어 나온 스퍼터링 원자는 중성 상태이므로, 자기장의 영향을 받지 않고 그대로 기판으로 날아가 증착된다.

스퍼터링 증착의 장점은 다음과 같다.

- 원소, 합금, 화합물에 두루 사용할 수 있다.
- 스퍼터링 타겟은 안정적이고 수명이 긴 증발 소스를 제공한다.
- 일부 구성에서 스퍼터링 소스는 선 또는 로드 또는 실린더의 표면이 될 수 있다.
- 경우에 따라 반응성 기체를 사용하여 반응성 증착을 쉽게 수행하기도 한다.
- 증착 공정에서 복사열이 거의 없다.
- 소스와 기판을 서로 가깝게 배치할 수 있다.

- 스퍼터링 증착 챔버는 부피가 작다.

스퍼터링 증착의 단점은 다음과 같다.

- 열 증착에서 얻을 수 있는 속도보다 느리다.
- 많은 구성에서 증착 선속(flux)의 분포가 균일하지 않아 이동이 필요하다.
- 스퍼터링 타겟은 비싸며, 재료 활용도가 떨어진다.
- 대상에 입사되는 대부분의 에너지는 열로 제거된다.
- 기체 오염 물질이 플라스마에서 활성화되어 박막 오염이 발생하기도 한다.
- 반응성 스퍼터링 증착에서는 가스 조성을 신중하게 제어해야 한다.

스퍼터링 증착은 반도체 재료에 박막 금속화를 증착하는 데 널리 사용되며, 건축용 유리 코팅, 폴리머 반사 코팅, 저장 매체용 자성 박막, 유리 및 유연한 웹의 투명 전기 전도성 박막, 건조 박막 윤활제, 내마모성 도구 및 장식 코팅에 이용된다.

7.1.1.3 전자빔 증착

전자빔 증착(E-beam evaporation)은 물리적 기상 증착(PVD)의 한 형태로, 코팅으로 사용할 대상 물질에 대전 된 텅스텐 필라멘트에서 전자빔을 발사하여 증발시키고 기체 상태로 변환시켜 코팅할 물질에 증착하는 방식이다. 고진공 챔버에서 진행되는 이 증착은 증기 상태의 원자 또는 분자가 침전되어 기판에 박막 코팅을 형성한다. 그림 7.3은 전자빔 증착 공정을 나타낸 것이다.

전자빔 증착과 스퍼터링은 가장 일반적인 PVD의 두 가지 유형이다. 스퍼터링도 매우 유용할 수 있지만, 전자빔 증착은 몇 가지 고유한 장점을 가지고 있다. 전자빔을 통해 증발시킬 대상 물질에 에너지를 직접 전달할 수 있으므로 녹는점이 높은 금속에 이상적이다. 전자빔 증착은 분당 0.1 nm에서 최대 100 nm까지의 높은 증착 속도를 제공하여 기판과의 접착력이 뛰어난 고밀도 박막 코팅을 생성한다. 또한 다른 PVD 공정에 비해 재료 활용 효율이 매우 높아 비용 절감의 가능성이 있다. 또한 전자빔 시스템은 도가니 전체가 아닌 대상 재료만 가열하므로 도가니의 오염도가 낮다. 전체 진공 챔버가 아닌 대상 재료에 에너지를 집중시킴으로써 기판과 챔버의 열 손상 가능성을 줄이는 데 도움이 된다. 이를 통해 전자빔 증발기 내의 다중 포켓 도가니를 사용하여 진공을 깨지 않고 다양한 대상 재료의 여러 겹 코팅을 적용할 수 있다. 따라서 다양한 리프트 오프 마스킹 기술에 쉽게 적용할 수 있다.

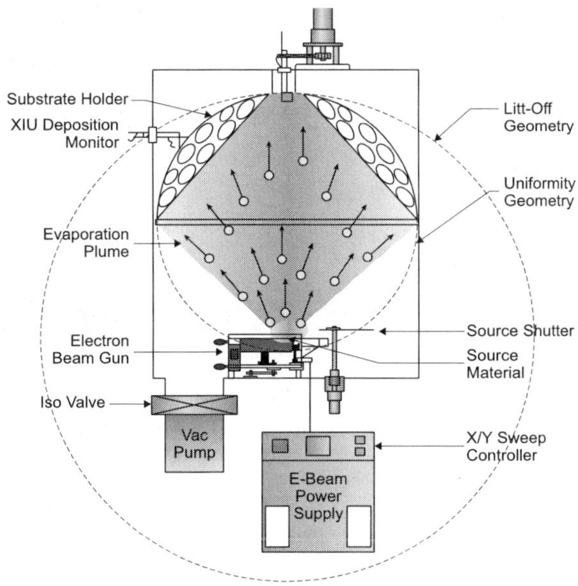

그림 7.3 전자빔 증착 공정의 개략도

높은 증착 속도와 재료 활용 효율 덕분에 전자빔 증발은 고온 및 내마모성이 핵심인 고성능 항공우주 및 자동차 산업, 절삭 공구용 내구성 있는 경질 코팅, 해양 피팅과 같은 부식성 환경에서 표면을 보호하는 화학 차단재 및 코팅 등 다양한 분야에 사용된다. 전자빔 증착은 레이저 광학, 태양광 패널, 안경, 건축용 유리를 포함한 광학 박막에도 사용되어 원하는 전도성, 반사성 또는 투과성을 부여한다.

대상 물질을 가열하는 전자빔 구성에는 전자기 집속, 전자기 정렬, 펜던트 드롭 구성의 세 가지 주요 유형이 있다.

전자기 집속 및 전자기 정렬 구성을 통해 전자빔은 자기적으로 휘어지고, 대상 물질은 자기장에 의해 전자빔이 집중되고 확산하는 도가니에서 가열될 수 있다. 펜던트 드롭 구성은 대상 물질을 막대로 사용한다. 잉곳은 구리 도가니에서 가열되고 막대는 소켓에 장착된다.

기본적인 전자빔 증착 공정은 증발할 대상 물질을 도가니 또는 소켓의 진공 챔버에 놓는 것에서 시작된다. 이후 텅스텐 필라멘트를 양극으로 사용하여 자석에 의해 증발될 대상 물질에 집중된 높은 전압의 전자를 인가한다. 코팅할 기판은 진공 챔버에서 양전하를 띤 다이오드처럼 기판 위에 놓인다.

전자빔 도가니는 단일 포켓, 회전 포켓, 선형 포켓의 세 가지 구성으로 배치할 수 있다. 단일 포켓 전자빔 증발 시스템은 타겟 물질 또는 물질이 녹는 구리 도가니를 고정하는 데 사용되는 하나의 역원 뿔형(포켓)을 가지고 있다. 회전 포켓 시스템은 회전 포켓에 소스 물질을 고정하고, 이 포켓은 기판에 도포할 다양한 타겟 물질에 맞게 위치를 조정할 수 있다. 선형 포켓 시스템은 여러 개의 포켓을 선형 구성으로 배치한다. 표 7.4는 증발과 전자빔 시스템을 비교한 것이다.

표 7.4 증발과 전자빔 증착 공정 비교

증착	물질	대표적인 증발물	순도	증착률	온도 범위	비용
열 증발	금속 또는 녹는 점이 낮은 물질	Au, Ag, Al, Cr, Sn, Sb, Ge, In, Mg, Ga CdS, PbS,CdSe,NaCl, KCl, AgCl, MgF_2, CaF_2, $PbCl_2$	높다	1~20 A/s	~1800 ºC	낮다
전자빔	금속과 절연체	열 증발에서 제시한 것 모두에 더하여, Ni, Pt, Ir, Rh, Ti, V, Zr, W, Ta, Mo, Al_2O_3, SiO, SiO_2, SnO_2, TiO_2, ZrO_2	낮다	10~100 A/s	~3000 ºC	높다

각 포켓 또는 도가니를 둘러싸고 두 개의 자기 코일이 배치되는데, 하나의 자기 코일은 고에너지 전자빔을 포켓 중앙에 집중시킨다. XY 스위핑(XY Sweeping)이라고 하는 다른 자기장은 에너지를 확산시켜 타겟 물질을 더 고르게 가열한다. 녹는점이 낮은 타겟 물질은 더 빨리 녹고 도가니를 채우기 때문에 XY 스위핑이 필요하지 않다. 코팅 재료의 녹는점이 높다면, E-Beam이 타겟에 구멍을 뚫어 증착되는 박막에 코팅 재료가 고르지 않게 분사될 수 있다. 이를 방지하기 위해 XY 스위핑이 필요하다. E-Beam의 에너지는 가열될 타겟 재료 전체에 걸쳐 스위핑된 후 기체 상태로 증발한다. 타겟 재료가 도가니에서 가열된 잉곳이든 소켓에 있는 막대이든, 에너지가 높기 때문에 물 순환을 통한 냉각이 필요하다. 이 냉각은 도가니의 불순물을 줄이는 데 매우 중요하며, E-Beam 증발 공정의 각 단계에서 세심하게 열을 관리해야 한다. 일반적으로 E-Beam 증발은 가시선 방식이며, 평균 작동 거리는 300 mm에서 1 m이다. 코팅될 기판은 특정 위치에 놓인다.

7.1.2 CVD[1]

화학 기상 증착(CVD)은 고품질, 고성능의 고체 물질을 생산하는 데 사용되는 진공

1) http://www.kvs.or.kr/file/story/2014_09_03.pdf

증착 방법이다. 이 공정은 반도체 산업에서 박막을 생산하는 데 자주 사용된다. 일반적인 CVD 공정에서 웨이퍼(기판)은 하나 이상의 휘발성 전구체에 노출되는데, 이 전구체는 기판 표면에서 반응 및/또는 분해되어 원하는 증착물을 생성한다. 휘발성 부산물도 생성되는 경우가 많으며, 이는 반응 챔버를 통과하는 가스 흐름에 의해 제거된다. 미세 가공 공정에서는 CVD를 사용하여 단결정, 다결정, 비정질, 에피택셜 등 다양한 형태의 재료를 증착한다. 이러한 재료에는 실리콘(이산화규소, 탄화물, 질화물, 산 질화물), 탄소(섬유, 나노섬유, 나노튜브, 다이아몬드, 그래핀), 플루오로카본, 필라멘트, 텅스텐, 질화 타이타늄 등이 포함된다. 제작 과정에서 화학 반응을 이용하므로 화학 기상 성장법이라고 불린다. 반응성 가스를 진공 반응기 내에 주입하여 적당한 활성 및 열에너지를 가하여 화학 반응을 유도함으로써 기판 표면에 원하는 박막을 증착시키는 기술이다.

CVD 공정을 위한 장비는 매우 다양한 형태로 존재하며, 그 동작 원리나 환경의 차이에도 불구하고 공통적인 구성요소를 갖는다. 실제로 화학 반응이 일어나 박막 증착이 이루어지는 반응 챔버를 중심으로 원료 기체를 공급하는 주입부(gas inlet), 반응이 일어난 기체 및 부산물을 외부로 배출하는 배기부(exhaust), 기판을 고정하고 기판의 위치를 제어하는 거치부(substrate holder), 반응에 필요한 에너지를 공급하는 전원부(power source) 등이 연결되어 있다. 주입부는 다시 기체를 저장 용기에서 챔버로 밀어내는 압력을 조절하는 레귤레이터(regulator), 챔버로 주입되는 각각의 기체의 유량을 조절하는 mass flow controller 및 길목마다 흐름을 제어하는 각종 밸브 등으로 구성된다. 배기부는 배기되는 양을 조절하는 exhaust(throttle) 밸브 및 진공펌프 등으로 구성된다. 기판 거치부는 진공 흡입, 클램프, 전자기력 등의 방법으로 기판을 고정하며, 히터가 장착되어 기판의 온도를 조절하기도 하고, 플라스마를 이용하는 경우 전극 역할을 하기도 한다.

CVD 장치 내에서 박막이 형성되는 과정을 간략히 소개한다. 우선 원료로 사용하고자 하는 기체는 최소한 밀폐된 용기 내에서 일정 기간 보관할 수 있을 정도로 안정해야 한다. 바꿔 말하면, 제한된 조건(온도, 압력, 분위기 등)에서만 반응해야지, 그렇지 않으면 설비 구석구석에 마치 때가 끼듯이 박막이나 분말로 덮여 버릴 것이다. 반대로 이러한 기체 분자들은 코팅하고자 하는 기판 표면에 적절한 조건이 조성되지 않으면 원하는 화학 반응을 일으키지 않을 것이고 결국 제대로 된 박막이 형성될 수 없다. 외부로부터 장비 안으로 주입된 원료 기체(source gas 또는 reactant gas)는 저장 용기에서 밀어내는 압력과 진공 펌프의 배기 압력의 조합에 의해 기판 위 공간을 흘러가게 된다. 이때, 열, 빛, 전기장 등의 형태로 에너지를 공급하여 기체 분자를 이온화하거나, 높은 에너지 상태로 들뜨게(excite)해서 자발적으로 화학 반응을 일으킬 수 있는 상태로 활성화(activate)한다. 이렇게 된 상태를 반응기(radical)라 한다. 즉, 원래 안정한 중성 분자들이 에너지를 받아 결합의 일부가 끊어지면서 불안정해지니, 다른 것들과 빨리 반응해서 안정한 상태로 돌아가려는 경향을 보이게 되는 것이라고 이해할 수 있다. 개별적 CVD 기술의 원리 및 공정 조건에 따라 이 영역에서 라디칼끼리 기상 반응이 일어나기도 하고, 대류나 확산으로 기판 표면으로 라디칼이 운반되어 표면 반응이 일어나기도 한다. 기판 표면으로 운송된 라디칼은 물리적으로 흡착되거나 기판 표면의 원자들과 화학 결합을 형성하며, 경우에 따라 표면을 따라 이동하여(surface migration) 최적의 위치를 찾아 안정된 연속적인 그물구조(network)를 형성한다. 이 과정에서 불완전하게 결합한 원자 또는 화학 반응의 부산물(by-product)들은 다시 탈착되어 앞서 언급한 기체의 흐름으로 들어가고 있는 진공펌프에 의해 외부로 배기된다. 표 7.5는 CVD의 종류를 요약한 것이다. 그림 7.4는 CVD의 기본 원리를 설명하고 있다.

표 7.5 CVD의 종류

압력에 따른 분류	에너지에 따른 분류	반응 원료에 따른 분류
• APCVD(대기압 CVD): 대기압 상태에서 진행 • LPCVD(저압 CVD): 압력을 낮춘 환경에서 고온으로 진행하며, 고품질의 균일한 막 • SACVD: 대기압 이하의 CVD	• Thermal CVD: thermal reaction • RTCVD: rapid thermal CVD • PECVD(플라스마 강화 CVD): 플라스마 에너지를 이용해 비교적 낮은 온도에서 증착이 가능 • HDPCVD(고밀도 플라스마 CVD): 고밀도 플라스마를 사용하여 증착과 스퍼터링(식각)을 동시에 수행, 빈공간 없는(void-free) 우수한 품질의 박막 형성	• MOCVD: Metal-organic CVD

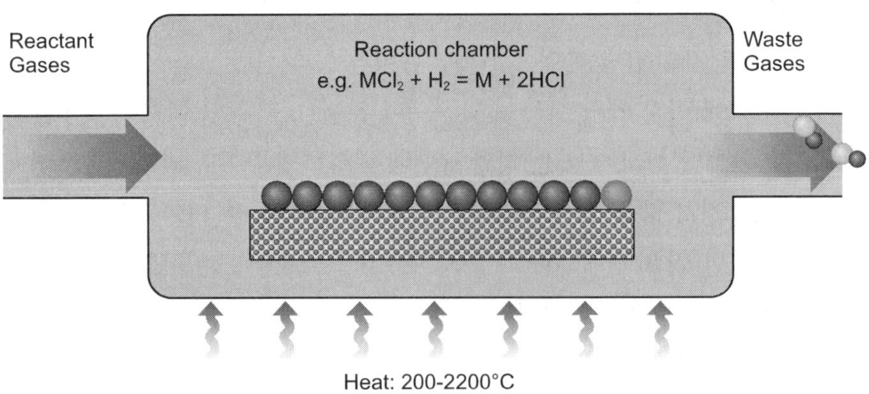

그림 7.4 CVD의 기본 원리

7.1.2.1 LPCVD

저압 화학 기상 증착(LPCVD)은 열을 사용하여 고체 기판에서 전구체 가스의 반응을 시작하는 화학 기상 증착 기술이다. 표면에서의 이 반응은 고상 물질을 형성하는 것이다. 저압(LP)을 사용하여 원치 않는 기상 반응을 줄이고 기판 전체의 균일성을 높인다. LPCVD 공정 냉벽 또는 고온벽 석영 튜브 반응기에서 수행할 수 있다. 열 벽 용광로는 일괄 처리가 가능하므로 높은 처리량이 가능하다. 또한 우수한 열적 균일성을 제공하여 균일한 박막을 생성한다. 고온 벽 시스템의 단점은 용광로 벽에서도 증착이 발생하여 증착된 재료의 벗겨짐 및 후속 입자 오염을 방지하기 위해 세척 또는 튜브의 최종 교체를 위해 더 많은 유지 관리가 필요하다는 것이다. 냉각벽 반응기는 반응기 벽에 박막 증착이 없으므로 유지보수가 적다.

LPCVD에서 튜브는 10 mtorr~1 torr 범위의 낮은 압력으로 채워진다(거의 진공). 일단 튜브가 진공 상태가 되면 튜브는 전구체 가스가 분해되는 온도(증착 온도)까지 가열된다. 온도는 사용되는 공정 및 반응 가스에 따라 425~900°C 범위일 수 있다. 가스는 튜브에 주입되어 확산하고 기판 표면과 반응하여 고상 물질을 생성한다. 여분의 가스는 튜브 밖으로 펌핑되어 저감 시스템을 통과한다. LPCVD 박막은 일반적으로 더 균일하고 결함이 적으며 PECVD 및 PVD 기술로 생산된 박막보다 더 나은 스텝 커버리지를 나타낸다. LPCVD의 단점은 시료에 존재할 수 있는 기판 및 기타 재료의 유형에 제한을 두는 더 높은 온도가 필요하다는 것이다.

폴리실리콘, 질화규소, 산 질화규소 및 이산화규소는 LPCVD를 사용하여 증착할 수 있다. 대부분의 LPCVD 박막은 어느 정도 컨포멀하며 전기 절연이 필요한 구조물에 옆벽 보호 기능을 제공할 수 있다. 옆벽 커버리지 양은 수행되는 LPCVD 증착의 온도 및 유형과 트렌치 피처의 경우 피처의 종횡비에 따라 달라진다. 일반적으로 공정 온도가 높을수록 순응성이 더 좋다. 박막이 상당히 컨포멀하지만 상단과 옆벽 증착 속도 사이에는 여전히 차이가 있으므로 트렌치를 채울 때 키홀 형성이 여전히 문제가 될 수 있다.

폴리실리콘은 도핑되지 않은 상태와 P 또는 N 도핑된 상태로 모두 증착될 수 있으며 증착 후 P+ 및 N- 도핑되어 애플리케이션에 맞게 저항을 미세 조정할 수 있다. 폴리실리콘의 일반적인 용도는 신경(뇌) 탐침을 포함하여 IC 및 MEM 장치의 와이어 트레이스이다. 압력 센서 및 기타 MEM 장치의 희생층, 일반적으로 표면 마이크로 기계 장치의 구조적 층으로도 사용된다. 방사선 검출기에도 사용할 수 있다. 증착 후 폴리실리콘을 어닐링 하여 응력을 미세 조정할 수 있다.

질화규소는 필요한 재료 특성에 따라 화학량론적 형태(Si_3N_4)와 (실리콘이 풍부한)

저응력 형태 모두로 증착될 수 있다. 저응력 질화물은 HF 식각에 내성이 있는 멤브레인을 만드는 데 좋다. 화학량론적 질화규소는 MEMS 장치, 신경 프로브 및 IC에서 절연체(유전체), 화학적 및/또는 방수 장벽으로 사용된다.

실리콘 산화물은 세 가지 다른 방법으로 증착될 수 있으며 각 방법은 서로 다른 특성이 있다. 먼저 HTO(고온 산화물)는 약 900°C에서 증착되고 다소 컨포멀하므로 종횡비가 너무 심하지 않은 한 옆벽 코팅 및 일부 트렌치 리필 응용 분야에 적합하다. HTO는 최고 품질의 LPCVD 산화물이므로 고품질 유전체가 필요한 응용 분야에 적합하다. 최고 품질의 산화물은 LPCVD가 아닌 열 성장 박막이다. 두 번째로, 산화물은 TEOS(tetraethyl orthosilicate)의 이산화규소로의 가수분해로 침전될 수 있다. 이 반응은 가장 순응적인 LPCVD 공정이며, 형성된 이산화규소는 트렌치를 채우거나, 더 높은 종횡비로 피처를 코팅하거나, 전기 절연이 필요한 웨이퍼 비아를 위한 목적에 사용될 수 있다. TEOS의 재료 특성은 LTO와 유사하지만 열 산화물의 특성과 유사하도록 증기에서 어닐링한 후 조정할 수 있다. 세 번째로, 400°C 스케일의 저온에서 생성되는, 낮은 품질의 LPCVD 산화물인 LTO(low temperature oxide)가 있다. 순응도가 낮고 갭 채우기 기능도 적다. LPCVD의 응용 분야를 정리하면 다음과 같다.

- 박막 트랜지스터
- 박막 광전지 태양 전지
- 저항기
- 커패시터 유전체
- MEMS
- 패시베이션
- 반사 방지 레이어
- 트렌치 리필

공정 온도에 따라 조정 가능한 LPCVD 박막의 특성도 있다. 열 산화 또는 HTO에 사용되는 더 높은 온도는 일반적으로 더 높은 품질의 박막, 즉 더 조밀하고 더 균일하며 더 높은 항복 전압을 갖는 박막으로 이어진다. 높은 공정 온도는 또한 일반적으로 더 낮은 습식 식각 속도, 더 예측할 수 있는 화학량론, 따라서 더 많은 표준 굴절률 및 더 낮은 핀홀 밀도를 갖는 박막을 생성한다. 저온 공정의 경우 식각 속도가 일반적으로 증가하고 화학량론 및 굴절률이 더 가변적이며 핀홀 밀도가 증가할 수 있다.

1,000°C 이상의 높은 온도에서 견딜 수 있는 실리콘 웨이퍼를 기판으로 사용하는 반

도체 산업에서는 열에너지에 의해 원료 기체를 분해하는 LPCVD 기술이 널리 사용된다. 트랜지스터의 게이트 전극으로 사용되는 다결정 실리콘(poly silicon), 절연체인 이산화규소, 질화규소를 비롯하여, 내화 금속에 해당하는 텅스텐, 몰리브데넘, 탄탈럼 등의 박막을 증착할 수 있다. 이러한 물질들은 원자들 간의 결합을 형성하는 데 있어서 단순히 원자들끼리 충돌하는 것 이상의 큰 에너지가 있어야 하는데, 통상적으로 이러한 수준의 에너지를 공급하기 위해서는 상당히 높은 온도의 열을 가해 주어야 한다(표 7.6).

일반적인 hot-wall LPCVD 장비는 3-zone furnace tube로 구성되어 있다. 튜브의 한쪽 끝에서 주입된 원료 기체는 펌프에 의해 수십 ~수백 mtorr의 압력을 유지하며 반대편으로 빠져나간다. 튜브 전체가 600°C 이상으로 가열되어 열에너지에 의한 원료 기체의 분해(thermal decomposition)가 일어나고 화학 반응을 거쳐 기판 위에 박막이 증착된다. 비교적 높은 온도를 이용하므로 치밀한 박막을 얻을 수 있어 전기적 특성이 우수하며, 위치에 따른 균일도가 양호하고, 박막이 복잡한 표면 구조물 위를 고르게 덮을 수 있어 뛰어난 스텝 커버리지를 나타낸다. 또한 여러 장의 기판을 한꺼번에 투입할 수 있기 때문에 생산성이 매우 높다. 한편, 기판에만 열이 가해지는 cold-wall system과 달리 hot-wall system에서는 튜브(또는 챔버) 내부 어디에서나 온도가 같고 기체의 분포도 같아서 박막이 기판 위에만 증착되는 것이 아니라 튜브 전체에 코팅이 된다. 이러한 코팅층이 누적되면 결국엔 작은 입자로 부스러져서 떨어져 나와 공정 중 박막을 오염시킬 수 있으므로, 튜브를 주기적으로 세척하거나 교체해 주는 작업이 필요하다.

LPCVD 방법으로 매우 높은 품질의 SiN 박막을 성장시킬 수 있다. LPCVD 시스템은 hot wall과 cold wall 시스템으로 나뉜다. 핫 월 시스템의 장점은 온도가 고온에서 일정하기 때문에, 한 웨이퍼 전체에서나 전체 웨이퍼에서 증착 균일성이 높다는 것이다. 단점은 앞서 설명했듯이 벽에도 증착될 수 있어 증착 전구체의 소모가 바르고, 벽에서 벗겨

표 7.6 내화 금속과 세라믹의 녹는점과 평형 증기압 도달 온도

내화 금속		
물질	녹는점(°C)	10 mtorr(평형 증기압) 도달 온도(°C)
텅스텐(W)	3,380	3,230
탄탈럼(Ta)	3,000	3,060
몰리브데넘(Mo)	2,620	2,530
세라믹		
흑연(C)	3,799	2,600
알루미나(Al_2O_3)	2,030	1,900
질화붕소(BN)	2,500	1,600

지는 입자가 발생한다는 것이다. 따라서 핫 월 시스템은 벽 증착으로 인한 메모리 효과로 인해 SiN과 같은 단일 재료의 성장에만 전념해야 한다. 콜드 월 시스템은 벽에 증착이 적지만 핫 월 시스템과 동일한 균일성에 도달하지 못한다.

LPVCD 시스템은 분당 수 나노미터 범위에서 합리적으로 낮은 SiN 성장 속도를 나타낸다. 성장 속도는 로딩 효과의 영향을 받기 때문에 LPCVD 시스템은 일반적으로 동일한 수의 웨이퍼로 실행되어 동일한 증착을 실행한다. LPCVD 성장 프로세스 동안 온도, 압력 및 가스 흐름과 같은 매개변수를 제어할 수 있다. 압력 수준은 일반적으로 수백 밀리토르 범위이다. LPCVD 시스템은 일반적으로 온도 범위가 넓지만 SiN 성장에서 온도는 일반적으로 700~850°C이다. 가스 흐름은 반응기 크기에 따라 수십 sccm(standard cubic centimeter per minute)에서 수백 sccm까지 다양하다.

최신 LPCVD 시스템에서, SiN 성장을 위한 기본 전구체로는 다이클로로실레인($SiCl_2H_2$)이 사용된다. 다음 반응식을 따라 증착된다.

$$3SiCl_2H2 + 4NH_3 \rightarrow Si_3N_4 + 6HCl + 6H_2$$

암모니아 분자의 분해에는 $SiCl_2H_2$의 분해보다 더 높은 에너지가 필요하다. 따라서 암모니아 흐름은 일반적으로 $SiCl_2H_2$ 흐름에 비해 몇 배 더 높다. 화학량론적 Si_3N_4 박막의 성장을 위한 일반적인 매개변수 값은 온도 약 770°C, 압력 250 mTorr, $SiCl_2H_2$:NH_3 유량비 1:6이다. 이 매개변수는 LPCVD 시스템에 따라 약간 다를 수 있다.[2)]

LPCVD 공정은 실리콘 저마늄 박막 증착에 널리 사용된다. Ge의 경우 GeH_4가, Si의 경우 SiH_4 또는 Si_2H_6가 소스 가스로 사용된다. SiH_4를 사용하는 LPCVD 폴리실리콘의 결정화 온도는 600°C이며, 이 온도 이하에서는 증착된 막이 비정질이 되고 증착 속도도 산업에 적용하기에는 너무 낮다(3 nm/min 미만). 원료 가스에 GeH_4를 첨가하면 Ge의 촉매 작용에 의해 결정화 온도가 낮아지고 증착 속도가 빨라진다. 순수한 poly-Ge 박막은 340°C에서도 얻을 수 있다. 따라서 공정 온도를 크게 낮출 수 있다. 그러나 저마늄 함량이 높은 순수 저마늄 및 실리콘 저마늄 막은 화학적 안정성이 낮다는 문제가 있다. 이 막은 SC-1(NH_3 및 과산화수소 용액) 및 과산화수소에 의해 식각된다. SC-1과 과산화수소의 식각률은 저마늄 함량에 따라 크게 달라진다. 따라서 저마늄의 조성은 60~70%가

---

2) Simo Eränen, ... Akihisa Inoue, in Handbook of Silicon Based MEMS Materials and Technologies (Second Edition), 2015
https://www.sciencedirect.com/topics/chemical-engineering/low-pressure-chemical-vapor-deposition

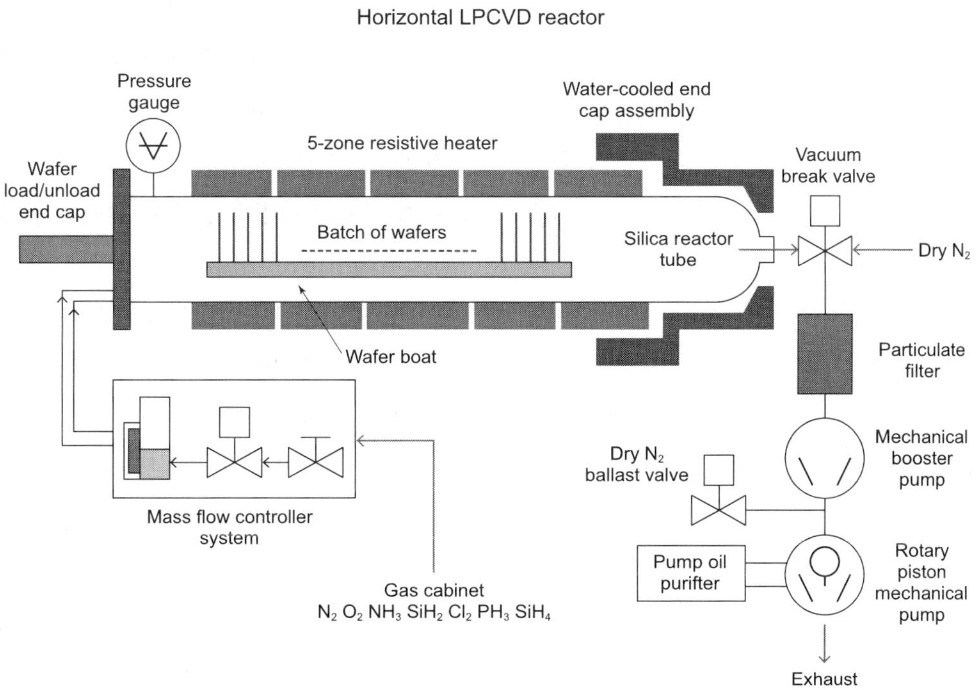

그림 7.5 수평 LPCVD[3)]

최적이다. 최적화된 박막의 증착 온도는 약 520°C로 알루미늄 금속화 CMOS 장치와 호환된다(Sedkey et al. 2001). 그림 7.5는 수평 LPCVD 공정의 모식도를 나타낸 것이다.

도핑은 이온 주입에 의해 in situ 도핑 또는 ex situ 도핑으로 수행될 수 있다. 현장 도핑은 LPCVD가 진행되는 동안 PH_4와 B_2H_6를 혼합하여 수행할 수 있다. B_2H_6에 의한 p-타입 poly-SiGe는 도펀트 활성화 비율과 캐리어 이동도 때문에 PH_4에 의한 n-타입 박막보다 더 쉽게 얻을 수 있다(Bang et al. 1995).[4)]

7.1.2.2 PECVD[5)]

플라스마 강화 화학 기상 증착(plasma-enhanced chemical vapor deposition, PECVD)은 저온 진공 박막 증착 공정으로, 기존의 CVD 공정에서는 견딜 수 없는 온도의 표면에도 코팅을 적용할 수 있어 반도체 산업에서 매우 중요한 위치를 차지하고 있다. 기존

---

3) https://lnf-wiki.eecs.umich.edu/wiki/File:L.jpg

4) Toshiyuki Tsuchiya, in Comprehensive Microsystems, 2008
https://www.sciencedirect.com/topics/chemical-engineering/low-pressure-chemical-vapor-deposition

5) https://www.semicore.com/news/118-what-is-plasma-enhanced-chemical-vapor-deposition-pecvd

CVD는 코팅할 기판이나 기판 주변 영역에 열을 가하여 화학 반응을 유도한다. 전구체 반응성 가스가 증착 챔버에 주입되면 코팅할 표면과 즉시 반응하거나 증착 챔버 내에서 결합하여 기판 표면에 박막을 성장시키는 새로운 화합물을 형성한다. 이 전구체 가스에 의해 구동되는 화학 반응, 즉 기체에서 기판 표면에 박막으로 고체 상태로 증착되는 것이 CVD 공정의 핵심이다. 이는 스퍼터링이나 물리적 입자의 증발을 통해 구동되는 물리 기상 증착(PVD) 공정과 비교된다.

플라스마는 원자 또는 분자의 상당 부분이 이온화되는 가스로, 일반적으로 무선 주파수(RF) 전류를 사용하여 생성되지만, 두 개의 평행 전극 사이에 고에너지 전자가 활성화된 교류(AC) 또는 직류(DC) 방전을 통해서도 생성될 수 있다.

진공 기반 공정인 PECVD는 일반적으로 0.1 torr 미만의 압력에서 수행되므로 기판 온도가 실온부터 350°C까지 비교적 낮다. PECVD는 기판을 고온으로 가열하여 반응을 유도하는 대신 플라스마를 사용하여 증착 반응에 필요한 에너지를 일부 제공함으로써, 박막 계면에 가해지는 응력을 줄여 기판을 더 낮은 온도에서 코팅할 수 있어 더 강한 접합을 가능하게 한다. PECVD는 플라스마 보조 화학 기상 증착(PACVD)이라고도 한다.

PECVD가 기존 CVD에 비해 갖는 주요 장점은 낮은 증착 온도, 불균일한 표면에서의 우수한 정합도 및 높낮이 차 피복도, 박막 증착 공정의 정밀한 제어, 그리고 높은 증착 속도이다. 일반 CVD 온도는 일반적으로 600°C에서 800°C 사이에서 진행되는 반면, PECVD 온도는 상온에서 350°C까지 다양하여, 높은 CVD 온도로 인해 코팅되는 소자나 기판이 손상될 수 있는 상황에서도 성공적으로 적용된다. 박막층-기판은 열팽창/수축 계수가 다르기 때문에 온도의 변화가 클수록 상호 응력이 강해진다. PECVD는 낮은 온도에서 작동하기 때문에 응력이 적게 발생하여 이러한 문제도 방지할 수 있다. 이를 통해 고효율 전기 성능을 달성할 수 있으며 매우 높은 수준의 접합이 가능하다.

CVD는 확산 가스 구동 공정이기 때문에 트렌치나 벽과 같이 비교적 정합도 높은 불균일한 표면에서도 더 나은 피복도를 제공한다. 반면, PVD 코팅은 가시선 증착이기 때문에 불규칙한 표면으로 인해 코팅이 제대로 되지 않으면 박막 깊이의 편차가 커질 수 있다. PECVD는 플라스마 흐름이 기판을 둘러싸기 때문에 박막의 높은 정합성을 위한 시선 방향 문제를 크게 줄여 준다.

플라스마의 매개변수를 조절함으로써 밀도, 경도, 순도, 거칠기, 광학 박막의 굴절률 등 재료 특성을 탁월하게 제어할 수 있다. PECVD는 높은 박막 품질을 유지하면서도 가장 빠른 증착 속도를 제공한다. 이를 통해 PECVD는 일반적인 CVD 기술만으로는 생성할 수 없는 독특한 화합물과 박막을 생산할 수 있으며, 화학적 및 열적 안정성을 유지하면서도 매우 높은 용매 저항성 및 내식성을 보이는 박막을 생산할 수 있다.

일반적인 반도체 응용 분야에서 기판은 두 개의 평행 전극(접지 전극과 일반적으로 RF 전원 전극) 사이에 있는 증착 챔버에 놓인다. 기판은 250~350°C의 온도로 가열된다. 실레인(SiH_4)과 암모니아(NH_3)와 같은 전구체 가스는 일반적으로 공정 제어를 위해 아르곤(Ar)이나 질소(N_2)와 같은 불활성 가스와 혼합된다. 이러한 가스는 기판 위에 설치된 샤워 헤드 고정 장치를 통해 챔버로 주입된다. 가스가 기판에 더 고르게 퍼지도록 전극 사이의 전기 방전(100~300 eV)으로 플라스마가 점화되어 기판 주변에 빛나는 덮개가 형성되고, 이는 화학 반응을 촉진하는 열에너지에 기여한다. 이러한 반응은 전구체 가스 분자가 고에너지 전자와 충돌하여 플라스마 내에서 먼저 발생하며, 이 전자들은 가스 흐름을 통해 기판으로 이동하여 반응하고 기판 표면에 흡수되어 박막을 성장시킨다. 그런 다음 화학적 부산물이 탈착되고 펌핑되어 증착 공정이 완료된다. 가스 유량이 높을수록 증착 속도가 빨라지며, 작동 온도와 함께 가스 유량을 조절함으로써 두께, 경도 또는 굴절률과 같은 특성을 제어한다.

PECVD 기술은 넓은 면적에 비교적 저렴한 비용으로, 또한 낮은 온도에서 반도체 및 유전체 박막을 증착할 수 있어 다양한 디스플레이 장치 및 태양 전지 등에 널리 사용되고 있다. PECVD에서는 전계(electric field)에 의해 기체가 이온화되어 활성을 띠게 된다. 플라스마는 Plasma는 고체, 액체, 기체에 이은 물질의 4번째 상태로서, 기체가 에너지를 받아 약하게 이온화되어 있는 상태이며, 기체 상태와는 전혀 다른 물성을 나타낸다. 통상적으로 전체 기체 중 이온화되는 정도는 1%도 채 안 되므로 투입된 원료 기체 중 극히 일부만이 박막의 형태로 증착된다.

실리콘 질화물 박막(SiNx) 증착을 위해 사용되는 평행판(capacitively coupled) 유형의 PECVD 개략도를 그림 7.6에 나타내었다. 챔버 내에는 평행한 한 쌍의 알루미늄 전극이 수십 mm 간격을 두고 위치하여 그 사이에서 플라스마를 형성한다. 기판이 위치하는 쪽의 전극은 접지되어 있고 히터가 장착되어 기판의 온도를 일정하게 유지하므로 이를 서셉터(susceptor)라 부르기도 한다. 반대편 전극에는 일정한 간격으로 구멍이 뚫려 있어, 기체가 고르게 분사되도록 한다(샤워 헤드). 표 7.7은 PVD, CVD 증착 공정의 특성을 요약한 것이며, 표 7.8은 LPCVD와 PECVD를 비교한 것이다.

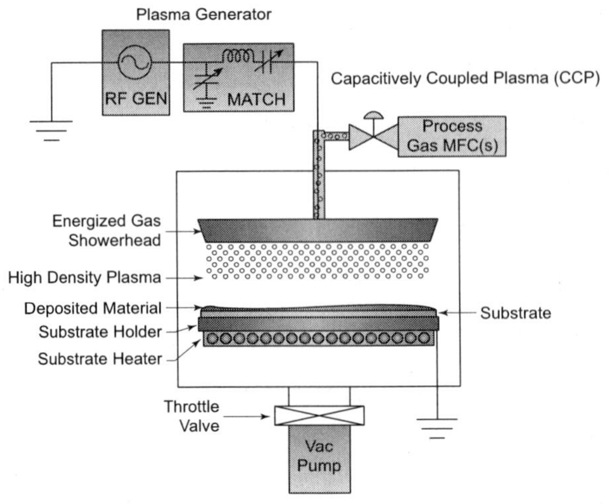

그림 7.6 PECVD(Plasma-Enhanced Chemical Vapor Deposition)

표 7.7 PVD, CVD 증착 공정의 특성

공정	물질	균일도	순도	입도	박막 밀도	증착률	기판 온도	지향성	비용
열 증발	금속 또는 녹는점이 낮은 물질	좋지 않음	높음	10 ~ 100 nm	작음	1~20 A/s	50~ 100 ºC	있음	매우 저렴
전자빔 증발	금속과 절연체	좋지 않음	낮음	10~ 100 nm	작음	10~100 A/s	50~ 100 ºC	있음	비쌈
스퍼터링	금속과 절연체	매우 좋음	낮음	~10 nm	좋음	금속: ~100 A/s 유전체: ~1 ~10A/s	~200 ºC	어느 정도	비쌈
PECVD	절연체에 주로 사용	좋음	매우 낮음	10~ 100 nm	좋음	10~100 A/s	200~300ºC	어느 정도	비쌈
LPCVD	절연체에 주로 사용	매우 좋음	매우 낮음	1~10 nm	훌륭함	10~100 A/s	500~1200ºC	이방성	매우 비쌈

표 7.8 LPCVD와 PECVD 비교

물질	LPCVD	PECVD
α SiH	SiH_4	SiH_4 SiH_2Cl_2
SiO_2	$Si(OC_2H_5)_4$ (TEOS) $SiH_2Cl_2 + N_2O$	$SiH_4 + N_2O$ $SiH_4 + O_2$
Si_3N_4	$SiH_4 + NH_3$ $SH_2Cl_2 + NH_3$	$SiH_4 + NH_3$ $SiH_4 + N_2$

디스플레이 제조 공정에서 PECVD에 의해 제작되는 박막에는 비정질 실리콘(amorphous silicon, a-Si), 질화규소(SiN_x), 산화규소(SiO_x) 등이 있다. PECVD의 가장 큰 특징 중 하나는 원료 기체를 해리하는 데 필요한 에너지를 열에너지가 아닌 전계로부터 얻는다는 것이다. 따라서 기판 온도를 400°C 이하로 비교적 낮게 유지할 수 있다. 그런데, 이 정도 온도 범위에서는 기판 위에 도달한 라디칼들이 규칙적으로 재배열하는 데 필요한 표면 이동도(surface mobility)를 가지지 못하기 때문에 대개 원자 배열이 불규칙한 비정질 형태로 성장한다. 화합물의 경우에는 정확한 화학량론적 조성(stoichiometric composition)을 갖지 못하므로 조성비를 나타내는 아래 첨자를 숫자 대신 x로 표기한다.

실리콘을 기반으로 하여 디스플레이 구동용 박막 트랜지스터를 제조하는 데는 반도체층 및 절연체 층에 공통으로 실레인(SiH_4)이 원료 기체로 사용된다. SiH_4에 다른 도펀트 원소를 포함하는 기체를 혼합하면(PH_3, B_2H_6 등), n-type 또는 p-type으로 도핑된 실리콘 박막을 얻을 수 있고, H_2를 다량 혼합하면 부분적으로 결정성을 띠는 미세결정 실리콘(μc-Si) 박막을 얻을 수 있다. 실리콘 박막 증착 시 550°C 이상으로 온도를 올려주지 않는 한, 통상적으로 비정질 상이 형성되는데, 이렇게 형성된 박막에는 수소가 거의 포함되어 있지 않다. 그런데 이렇게 형성된 비정질 실리콘은 내부에 매달린 결합(dangling bond)을 매우 많이 포함하고 있고, 이들이 전자를 임의로 포획, 또는 방출하므로 반도체 전자소자로 사용하기에는 부적당하다. 따라서 수소를 첨가하여 이러한 매달린 결합을 처리함으로써 전기적인 작용을 방지해야 하며, 이러한 박막을 수소화된 비정질 실리콘(hydrogenated amorphous silicon, a-Si:H)이라 한다. 증착 온도가 400°C 이상이 되면 수소 원자들은 자기들끼리 반응하여 H_2의 형태로 빠져나가 버리니, 박막이 수소를 지니고 있으려면 충분히 낮은 공정 온도가 필요하고 동시에 열 대신 SiH_4 분자를 분해할 수 있는 다른 에너지가 필요한데 이 역할을 하는 것이 곧 플라스마이다.

PECVD의 공정을 보면 가운데 이송 로봇을 중심으로 하여 각각의 목적에 따라 공정 챔버들이 방사형으로 배치되어 있다. 기판의 한 변이 2 m를 훨씬 넘으므로 전체 시스템의 크기는 웬만한 2층 건물과 맞먹는다. PECVD의 구조는 비교적 간단하지만, 양호한 박막을 얻기 위해서는 여러 가지의 공정 인자들을 잘 제어해 주어야 한다. 챔버 내의 압력은 기체 분자들이 서로 충돌하기까지의 평균 자유 경로(mean free path)를 결정하므로, 반응이 기판 표면에서 일어나는지 아니면 기체 중에서 일어나는지에 영향을 미친다. 라디칼들이 기판에 도달하기 전 기체 중에서 반응하게 되면 분말이 형성되므로 오염의 원인이 된다. 기체의 유속(flow rate)은 기체가 챔버 안에서 머무는 시간(residence time)을 결정한다. RF power는 원료 기체가 얼마만큼 해리되는지를 결정하므로 성장률

(growth rate)에 영향을 준다. 기판의 온도는 박막의 성장 표면에서의 화학적 반응에 영향을 준다.

a-Si:H의 결함 중 전기적으로 가장 중요한 것은 역시 매달린 결합으로, 그 밀도도 기판 온도 및 RF power에 따라 변화하며, 무려 세 자릿수 이상의 매우 큰 변화폭을 보인다. 전자소자로 사용할 수 있으려면 매달린 결합 밀도가 1,015 cm^{-3} 이하로 되는 것이 바람직하며, 이를 위해서는 기판 온도를 300°C로 유지하고 RF power는 가능한 한 낮추어야 한다. 순수한 SiH_4 기체만을 원료로 사용했을 때, 성장률은 1~10 Å/sec 정도로서, RF power가 증가할수록 성장률은 커진다. 원료 기체의 희석비가 크거나 RF power가 지나치게 높으면 SiH_4가 반응에 모두 소진되어 버리는 부족 현상이 나타나며, 이때의 박막은 특성이 매우 나빠진다. 이와 마찬가지로 PECVD로 증착한 유전체 박막, 특히 질화물 박막은 10~35% 정도의 수소를 함유하고 있다.

전자소자에 사용되기 위한 질화물 박막의 수소 함유량은 약 20~25% 정도이다. 수소는 실리콘 및 질소 원자에 각각 Si-H 또는 N-H 형태로 결합하여 있으며, PECVD 질화물은 산소도 소량(약 6%) 포함하고 있다. 3차원 비정질 랜덤 그물구조에서 최적의 배위수(coordination number)는 $\sqrt{6} = 2.45$로 알려져 있다. 즉, 각 원자와 직접 결합하는 원자의 개수가 평균 2.45일 때 기계적, 화학적으로 가장 안정해질 수 있다. 그런데 Si 원자는 최외곽 궤도에 결합을 위한 전자를 4개 갖고 있고 N 원자는 3개 갖고 있으므로, 평균 2.45개보다 많은 개수의 원자와 결합하고자 하는 경향을 보인다. 따라서 Si와 N으로만 3차원 그물구조가 구성되면 원자들끼리 너무 부대끼게 되어 불안해지므로 결합의 상당 부분을 수소와의 결합으로 대체함으로써 무리(strain)를 최소화한다.

Si-H 또는 N-H의 상대적인 농도는 증착 조건에 따라 크게 변화하며, Si/N 비율도 화학량론적인 조성인 0.75가 아니라, 대개는 Si가 상대적으로 더 많아서 약 1.7까지도 증가한다. Si/N 비율이 상대적으로 높을 때는 Si-H 결합이 N-H보다 많고 Si/N 비율이 감소함에 따라 수소는 Si보다 N과의 결합을 더 선호하게 된다. 반면에 이산화규소의 그물구조에서는 O 원자가 결합을 위한 전자를 2개만 갖고 있으므로 over constraint 없이 3차원 랜덤 그물구조를 구성할 수 있다. 따라서 박막 내 수소의 함유량이 상대적으로 적으며 낮은 온도에서는 OH 형태로 있다가 온도가 올라감에 따라 H_2O의 형태가 되어 박막 밖으로 빠져나가며, 남은 O는 다시 Si와 결합하게 된다. 수소는 실리콘에는 Si-H의 형태로, 산소에 Si-OH 및 H_2O의 형태로 결합하여 있다. 어떤 형태의 결합이 더 지배적인지는 증착 조건에 따라 크게 달라지지만, PECVD 산화물 박막에서의 전체 수소 함유량은 약 2~9% 범위에 있게 된다. 결과적으로 이런 조성 및 결합 형태의 변화는 박막의 물성

에 큰 영향을 미친다.[6)]

CVD에 의한 금속 박막의 형성 반응을 표 7.9에 정리해두었다.

표 7.9 CVD에 의한 금속 박막

금속 재료	형태	반응	응용
W	열 CVD	$WF_6 + SiH_4 \rightarrow W + SiF_4$ $WF_6 + H_2 \rightarrow W + HF$	심층 접점 플러그 상호연결
TiN	MOCVD	TDMAT → Ti(O, C, N) Ti(O, C, N) → TiN	배리어 금속
WSix	열 CVD	$WF_6 + SiCl_2H_2 \rightarrow WSi_x + SiF_4$	게이트 상호연결 비트 라인
TiN	열 CVD	$TiCl_4 + NH_3 \rightarrow TiN + HCl$	배리어 금속 접점 플러그
Ti	PECVD	$TiCl_4 + H_2 \rightarrow Ti + HCl$	배리어 금속

7.1.2.3 절연 공정

CVD에 의한 절연막(dielectric film) 공정은 기판 위에 얇은 절연층을 입히는 기술로, 주로 반도체 회로의 절연, 보호, 소자 틀 형성 등에 사용된다(표 7.10). 이 공정은 반응성 기체를 챔버에 주입하고 표면에서 화학 반응을 일으켜 고체 박막을 형성하는 방식이며, 열, 저압, 플라스마 강화 등 다양한 방식으로 이루어진다.

표 7.10 CVD에 의한 절역막 증착 공정

금속 재료	형태	반응	응용
SiO2	PECVD	$SiH_4 + N_2O$ $TEOS + O_2$	선형/금속간 절연/패시베이션
PSG	PECVD 또는 APCVD	$SiH_4 + PH_3 + N_2O$ (PE) TEOS + TMP (PE/AP)	층간 절연
BPSG	PECVD 또는 APCVD	$SiH_4 + PH_3 + B_2H_6 + N_2O$ (PE) TEOS + TMP (PE/AP)	층간 절연
SiOF	PE or HDP CVD	$TEOS/SiH_4 + SiF_4 + N_2O$ (PE) $SiH_4 + SiF_4 + O_2$ (HDP)	금속간 절연
SiOC	PECVD	$3MS(Si(CH_3)_3H) + N_2O$ $(SiO(CH_3)_2)n + He$	금속간 절연
SiON	PECVD	$SiH_4 + N_2O$ $SiH_4 + N_2O + NH_3$	ARC 보호 절연
SiN	PECVD	$SiH_4 + NH_3$	페이베이션

6) Hong, W.-S. (2014, September 30). Thin Film Vacuum Process Technology via Chemical Vapor Deposition Methods. Vacuum Magazine. The Korean Vacuum Society.

7.2 CMP

화학 기계적 연마(chemical mechanical polishing, CMP)는 20년 이상 집적회로(IC) 제조에 사용되어 온 반도체 공정 기술이다. IBM은 1980년대 반도체 기술 미세화의 주요 걸림돌을 해결하기 위해 이 기술을 개발했다. 소자가 단일 배선층에서 두 층으로 발전함에 따라, 토포그래피(topography)는 당시 사용 가능한 리소그래피(lithography) 시스템의 초점 심도를 넘어설 정도로 증가했다. 동시에, 소자의 면적 미세화와 관련하여 IC 로드맵에 대한 다른 걸림돌들이 발생하기 시작했다. 트랜지스터를 전기적으로 절연하는 데 사용되었던 실리콘 국소 산화(local oxidation of silicon, LOCOS) 기술은 너무 많은 면적을 차지했을 뿐만 아니라 실리콘 산화 시 발생하는 부피 변화로 인해 소자 토포그래피에 부담을 주었다. IBM은 층간 유전체(interlayer dielectric, ILD)의 토포그래피를 평탄화하고 절연 산화물을 연마하며 LOCOS 공정을 대체하는 얕은 트렌치 절연(shallow trench isolation, STI) 공정에서 실리콘 질화물 마스킹 층(silicon nitride masking layer)에서 마무리하는 데 사용되는 산화물 CMP를 발명하여 이러한 두 가지 문제를 모두 해결했다.

CMP가 발명되었을 당시, 이는 두 가지 주요 문제를 해결하고 미래 세대의 기술을 가능하게 할 혁신적인 기술이었다. CMP는 청정 클린룸에 대한 관심이 높았던 시대에, 공정 단계에서조차 깨끗한 웨이퍼 표면에 입자를 배치하는 아이디어 자체가 직관에 어긋났기 때문에 혁신적이었다. CMP는 IC 기술 분야에서 비교적 최근에 발명된 기술이지만, 연마는 실제로 수십 년, 아니 수백 년 동안 다른 분야에서 사용됐다. 예를 들어, 망원경 거울은 연마를 통해 매끄럽고 형상이 다듬어지고, 금속 조직 시료는 연마를 통해 준비된다. 실제로 CMP는 IC 제조에 도입되기 훨씬 전부터 반도체 웨이퍼 생산에 사용됐으며, 이 분야의 엔지니어들은 CMP가 표면을 깨끗하고 입자 없이 만들어준다는 사실을 잘 알고 있었다. 실제로 IC 제조용 CMP 기술을 개발한 것은 IBM의 웨이퍼 엔지니어들이었다.

CMP는 화학적 산화와 기계적 연마를 이용하여 재료를 제거하고 매우 높은 수준의 평탄도를 달성하는 강력한 제조 기술이다. 수십 년 동안 CMP는 집적회로 제조에서 가장 널리 사용되는 평탄화 방법이다. 최종 연마 결과는 캐리어 구조, 연마 패드, 슬러리 및 공정 변수와 관련된 여러 요인의 영향을 받는다. 화학적 작용과 기계적 작용 모두 CMP의 효과에 영향을 미치고, 이러한 작용 자체도 여러 요인의 영향을 받기 때문에 CMP 메커니즘은 복잡하며 수년간 뜨거운 연구 분야이다. 화학 기계적 평탄화는 반도체 제조에서 토포그래피 평탄화 및 소자 구조 형성을 위해 재료를 선택적으로 제거하는 데 널리 적용됐다. 이러한 선택적 재료 제거는 특수 화학 조성과 다량의 연마 입자를 포함하는 슬러리를 이용한 화학 반응 및 기계적 연마를 통해 이루어진다. 연마 과정에서 화학 반응 생성물과 기계적 마모 잔여물이 생성된다. 슬러리 입자와 연마 부산물은 웨이퍼 표면에 압착된다. 웨이퍼가 연마기에서 세정기로 이송되는 동안 오염 물질이 웨이퍼 표면에 부착된다. CMP 후 세정은 다양한 기하학적 형상의 표면, 화학적 및 기계적 특성이 다른 웨이퍼에서 스크래치, 워터마크, 표면 거칠기, 부식 및 유전율 변화를 발생시키지 않고 입자, 유기 잔류물 및 금속 오염 물질을 제거하는 데 필수적이다. 그림 7.7은 CMP를, 그림 7.8은 CMP를 위한 장비들을 나타내고 있다.

CMP는 실리콘 웨이퍼 표면의 불규칙성을 제거하는 데 가장 널리 사용되는 기술이다. 일반적인 CMP 슬러리는 산성 또는 알칼리성 용액에 분산된 나노 크기의 연마재로 구성된다. 기계적 연마 공정 중 화학 반응으로 재료가 연화된다. 연마 입자는 크기 분포를 가지며, 이는 제거율 및 웨이퍼 결함을 포함한 주요 매개변수에 직접적인 영향을 미친다. 따라서 입자 크기 분석은 CMP 슬러리 성능의 핵심 지표이다.

CMP 연마 입자의 일반적인 크기 범위는 50~250 nm이며, 여러 입자 크기 측정 기술을 통해 이 범위를 다양한 정확도와 정밀도로 측정할 수 있다. 일반적으로 CMP 슬러리

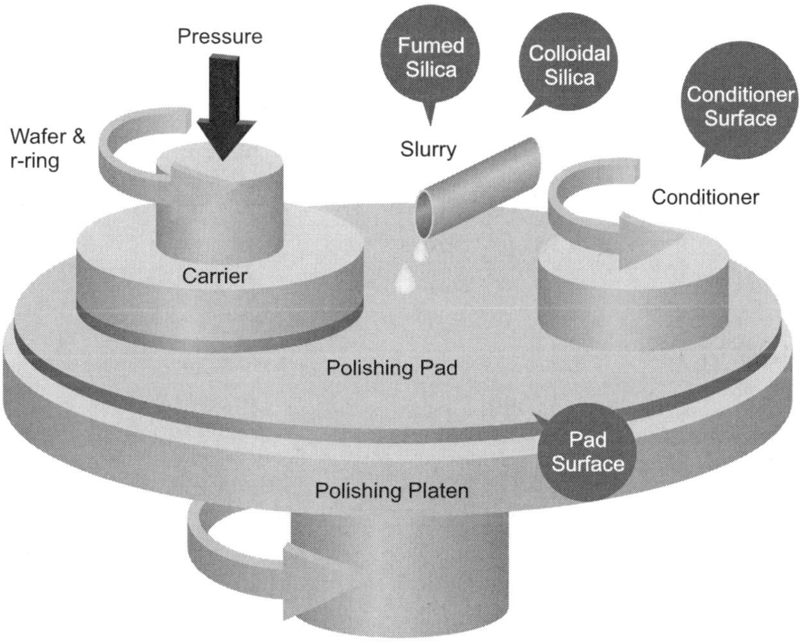

그림 7.7 CMP 공정 개략도

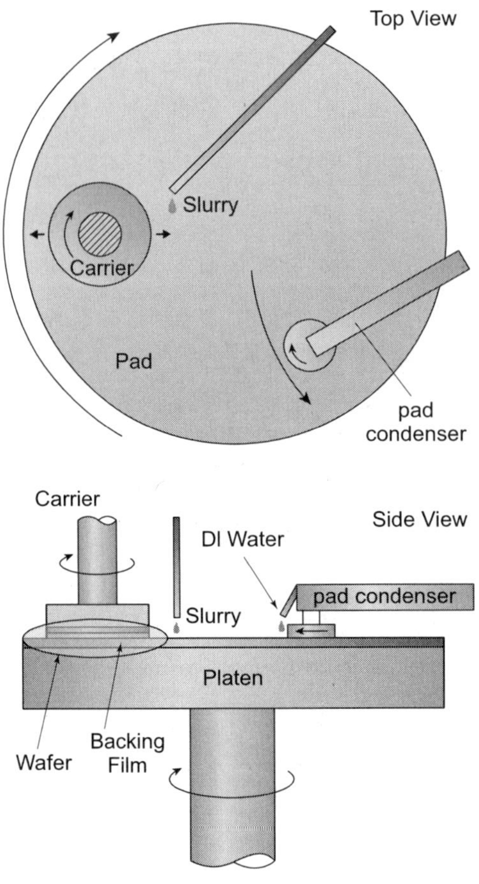

그림 7.8 CMP 장비

에는 1~10마이크론 크기의 큰 응집체가 ppm(parts per million) 농도로 나타난다. 입자 특성 분석의 과제는 나노 크기 입자의 크기를 정확하게 측정하는 동시에 상대적으로 작은 미크론 크기의 응집체를 식별하는 것이다.

7.2.1 CMP의 원리[7]

산업계에서 가장 대표적이고 널리 사용되는 상용 CMP 장비에는 네 가지 유형이 있다(그림 7.9 참조). (a) 플래튼 지름을 따라 왕복 운동을 하는 웨이퍼 캐리어를 갖춘 회전형 연마기, (b) 진동 운동을 하는 캐리어를 갖춘 회전형 연마기, (c) 플래튼이 궤도 회전하는 오비탈 형 연마기, (d) 연마 패드로 선형 운동 벨트를 갖춘 선형 연마기. 일반적인

7) https://www.horiba.com/int/semiconductor/process/chemical-mechanical-planarization-cmp/

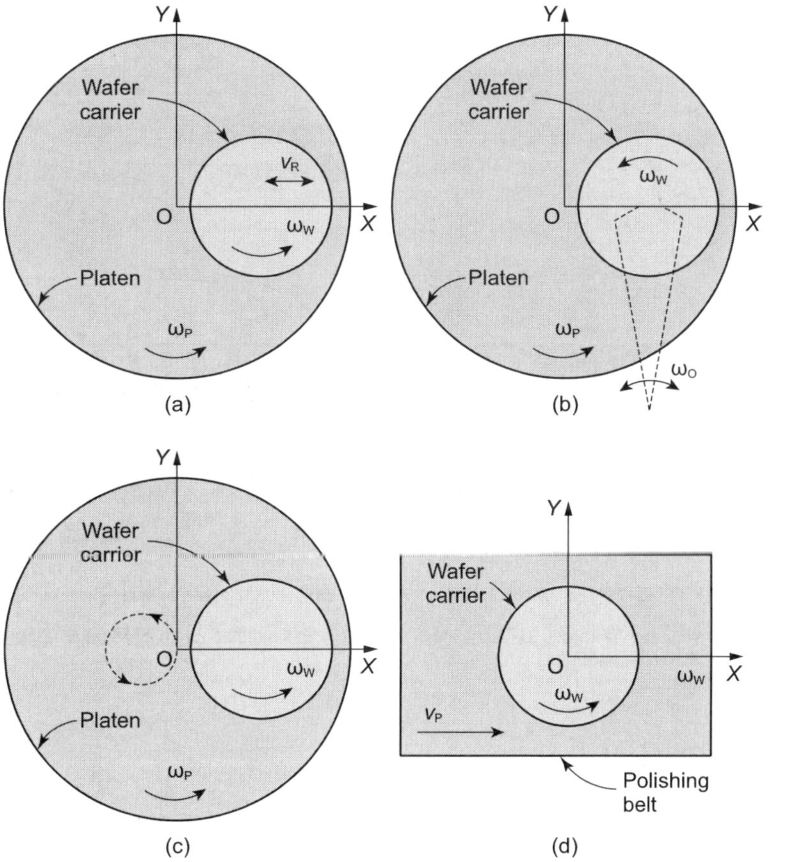

그림 7.9 다양한 유형의 CMP 장비 개략도: (a) 회전형, 왕복 모드, (b) 회전형, 진동 모드, (c) 오비탈 형, (d) 선형형

회전형 CMP 장비의 경우, 플래튼과 웨이퍼 캐리어는 같은 방향으로 회전하는 반면, 웨이퍼 캐리어는 플래튼의 반경 방향을 따라 동기적으로 왕복 운동을 한다.

웨이퍼는 그림 7.10(a)과 같이 회전하는 캐리어에 고정된다. 캐리어에는 웨이퍼 뒷면에 하향력을 가하는 멤브레인과 웨이퍼 외부를 둘러싼 고정 링이 있어 웨이퍼를 캐리어에 고정할 수 있다. 연마 패드는 회전하는 플래튼 위에 장착된다. 연마되는 웨이퍼 표면은 연마 패드에 밀착된다. 캐리어와 플래튼의 운동은 연마를 위한 상대 운동을 생성하고, 입자와 화학 용액을 포함하는 슬러리는 연마재로 패드 위에 분사된다. 그림 7.10(b), 7.10(c)는 각각 웨이퍼-패드 상호 작용, 입자-박막 상호 작용을 자세히 나타낸 것이다. 화학 반응은 증착된 박막 표면을 부드럽게 만들어 더 쉽게 제거될 수 있도록 화학 물질의 화학적 작용과 입자의 기계적 작용이 결합하여 미세 물질 제거가 이루어지며, 표면 마무리가 실현된다.

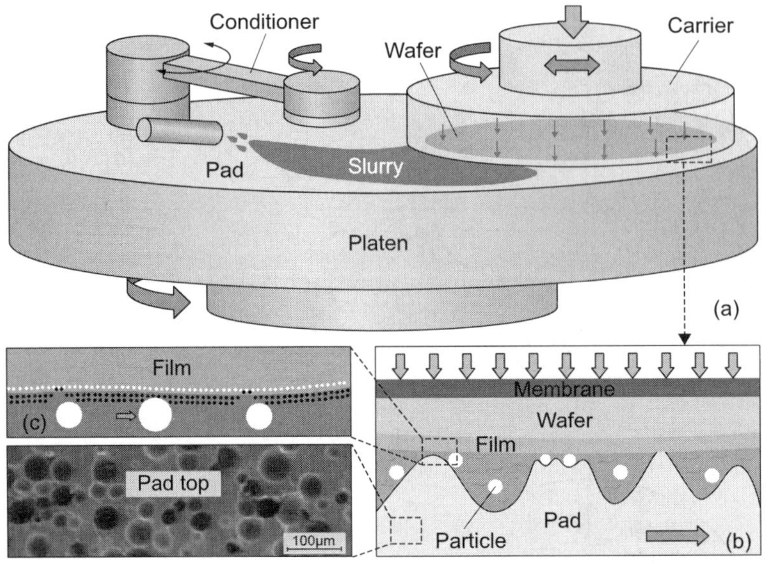

그림 7.10 CMP 장비 또는 웨이퍼-패드 상호 작용의 개략도:
(a) CMP 장비, (b) 웨이퍼-패드 상호 작용, (c) 입자-박막 상호 작용 세부 정보

7.2.2 CMP의 중요한 인자[8)]

MRR, 불균일성, 그리고 표면 품실은 기계의 효율과 표면 품질을 나타내는 주요 결과이다. 웨이퍼-패드 상호 작용과 관련된 요인들은 연마 결과에 영향을 미칠 수 있다. 주요 요인에는 기계 구조(예: 캐리어 구조), 공정 변수(예: 누르는 힘 및 운동학적 변수), 그리고 소모품(예: 슬러리 및 패드)이 포함된다. 이러한 입력 변수들은 압력/응력 분포, 슬러리 박막 분포, 슬라이딩 거리 분포, 그리고 온도 분포를 포함한 웨이퍼 패드 상호 작용에 영향을 미친다. 최종 연마 결과는 위의 공정 변수들의 시너지 효과에 의해 결정된다.

7.2.2.1 캐리어 구조

이전 웨이퍼 캐리어는 그림 7.11(a)와 같이 고정된 견고한 패킹 플레이트와 고정된 리테이닝 링을 사용하여 웨이퍼를 고정하고 연마 압력을 가했다. 리테이닝 링은 웨이퍼 접촉 압력을 수용하기 위해 별도의 압력을 가할 수 없으므로 웨이퍼 가장자리는 가장자리 효과로 인해 큰 가장자리 배제를 갖는다. 웨이퍼 접촉 응력의 균일성을 향상하게 시키기 위해 유연한 멤브레인을 사용하여 웨이퍼에 하중을 가하고 웨이퍼 뒷면에 부드러

8) https://www.horiba.com/int/semiconductor/process/chemical-mechanical-planarization-cmp/

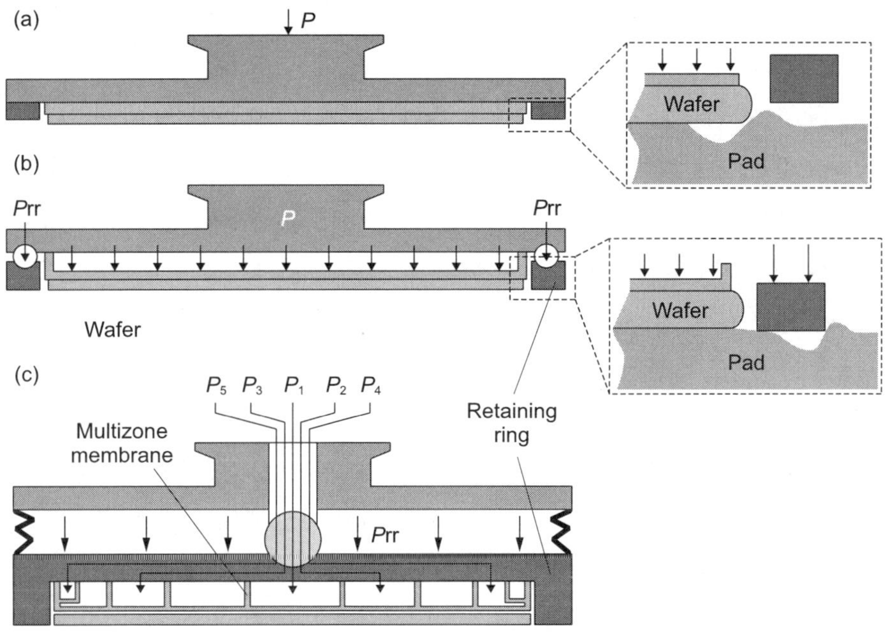

그림 7.11 웨이퍼 캐리어의 개략적 단면도: (a) 링 압력이 없는 경질 플레이트 캐리어, (b) 링 압력이 있는 유연한 멤브레인 캐리어, (c) 다중 구역 캐리어

운 하중을 가한다. 또한, 그림 7.11(b)와 같이 별도로 하중을 가할 수 있는 플로팅 링을 리테이닝 링으로 사용한다. 리테이닝 링은 웨이퍼 가장자리 근처의 응력 집중을 리테이닝 링 표면으로, 효과적으로 이동시킬 수 있다. 일반적으로 웨이퍼의 접촉 응력이 균일하도록 리테이닝 링에 비교적 큰 압력을 가한다. 결과적으로 웨이퍼의 균일성이 우수하고 가장자리 배제가 줄어든다.

그러나 웨이퍼 지름이 300 mm 이상으로 커지면 균일한 부하 압력으로는 균일한 접촉 압력을 생성할 수 없다. 또한, 웨이퍼는 입사 표면 지형을 가질 수 있다. 따라서 대형 웨이퍼의 CMP 균일성을 향상시키기 위해 새로운 다중 구역 캐리어가 개발되었으며, 이는 그림 7.11(c)에 개략적으로 나타낸 바와 같이 오늘날 산업화한 CMP 장비에서 널리 사용되고 있다. 다중 구역 캐리어는 서로 다른 편심 구역에 개별적인 압력을 가하기 위한 다중 구역 멤브레인과 리테이닝 링을 가지고 있다. 이 기술과 해당 공정 제어 방법을 사용하면 CMP 후 웨이퍼의 전반적인 균일성을 현저히 향상시킬 수 있다.

7.2.2.2 연마 패드

연마 패드(polishing pad)는 일반적으로 다공성 폴리우레탄으로 만들어지며, 패드 경도를 조절하기 위해 필러 재료가 첨가된다. 패드의 경도는 패드의 가장 중요한 특성 중 하나이며, MRR과 균일성 모두에 영향을 미칠 수 있다. 경질 패드와 연질 패드는 모두 다양한 박막 소재와 공정 단계에 필요하다. Suba 및 Politex와 같은 연질 패드와 IC1000 및 IC1010과 같은 경질 패드는 IC 제조에 가장 널리 사용된다. 패드의 상단 표면은 미세 기공으로 가득 차 있으며, 이는 슬러리와 슬러리 내 연마 입자를 저장하는 데 유용하고, 공격적인 슬러리 화학 반응에도 견딜 수 있다.

패드 표면의 기계적 하중과 화학 반응으로 인해 탄성 계수, 압축성, 경도 및 표면 거칠기와 같은 CMP 패드의 물리적 특성은 CMP 동안 변할 것으로 예상된다. 이러한 변화는 전체 CMP 공정에 큰 영향을 미칠 수 있다. 따라서 패드 컨디셔너를 사용하여 패드 성능을 유지하기 위해 패드 표면에 새로운 거칠기를 생성할 수 있는 패드 컨디셔닝 공정을 도입한다(그림 7.10(a) 참조). 패드의 기계적 특성을 제외하고, 패드의 홈은 패드에 대한 또 다른 중요한 요소이며, 슬러리 전달 및 연마 잔여물 제거에 사용된다. 적절한 홈 설계는 우수한 연마 결과를 가져올 수 있다.

7.2.2.3 슬러리

슬러리(slurry)는 CMP에서 가장 복잡한 소모품이다. 슬러리는 DI 웨이퍼에 분산된 연마재와 산화제, 억제제, 계면활성제, 염기 등의 다른 화학 물질이 산 또는 알칼리 pH를 제공하는 안정적인 혼합물이다. SiO, CeO, $Al2O_3$와 같은 입자는 평균 입자 크기가 10~100 nm이며 연마재로 사용할 수 있다. 용액의 화학 성분, 입자 크기 및 농도, 그리고 pH 값은 MRR, 균일성 및 표면 품질에 영향을 미칠 수 있다. 특히, 산화제, 억제제, 착화제의 상호 작용과 균형은 연마 결과에 상당한 영향을 미친다.

7.2.2.4 공정 변수

제거율 프로파일은 웨이퍼-패드 계면 변수인 압력 분포, 슬라이딩 거리 분포, 온도 분포, 슬러리 분포로 결정된다. 다운포스(존 압력 및 링 압력 포함), 운동학적 변수(캐리어/플레이튼 속도 및 왕복 운동 변수 포함), 슬러리(유량, pH 값, 입자 변수 포함), 패드(경도, 홈 형태, 컨디셔닝 변수 포함)와 같은 여러 공정 변수는 웨이퍼-패드 계면에서 계면 변수를 수정하여 최종 연마 결과에 영향을 미치게 된다.

7.2.3 CMP의 주요 기술[9)]

7.2.3.1 압력 제어

전기화학 도금(ECP) 공정으로 생산된 웨이퍼의 원래 표면 프로파일은 매우 평탄하지 않기 때문에 기존의 단일 존 CMP는 다양한 웨이퍼의 프로파일(특히 웨이퍼 가장자리)을 제어할 수 없다. 따라서 새로운 유형의 다중 존 CMP가 개발되었으며, 이는 균일성을 향상하게 시키고 더 넓은 처리 윈도우를 제공할 것으로 예상된다. 기존의 단일 존 구성과 달리 웨이퍼 캐리어는 방사형 위치에서 여러 존으로 나뉘며 각 존에 개별적으로 다른 압력을 적용할 수 있다(그림 7.11(c) 참조). 이 기술을 사용하면 웨이퍼 내 불균일성(WI-WNU)을 크게 개선할 수 있다. 또한, 다중 존 캐리어를 사용하여 AMAT 장비에서 차세대 연마 헤드를 사용하는 in Situ Profile Control(ISPC™) 기반 폐쇄 루프 존 압력 제어 기술이 개발된다. ISPC 시스템은 실시간 프로파일 조정 기술을 사용하여 연마 후 웨이퍼 내 및 웨이퍼 간 불균일성을 크게 개선할 수 있다. 존 간 범위는 ILD0 CMP의 경우 ISPC 제어를 통해 개방 루프 방식 1300 Å에서 70 Å로, STI CMP의 경우 ISPC 제어를 통해 개방 루프 방식 870 Å에서 200 Å로 개선된다.

7.2.3.2 종료점 감지

CMP의 인라인 모니터링 및 자동 종료점 감지(endpoint detection)는 박막 두께, 표면 프로파일 및 박막이 완전히 제거되는 시간에 대한 정보를 제공할 수 있다. 이는 제조 공정에 공정 수율 향상, 제품 변동성 감소, 목표 요구 사항 준수 강화 및 처리량 증가와 같은 많은 이점을 제공한다. 광학 방식, 와전류 방식 및 모터 전류 감지는 종료점에 대한 인라인 모니터링 방법으로 가장 널리 사용되며, 그림 7.12는 이러한 종료점 감지 방법의 개략적인 구성을 보여준다.

9) https://www.horiba.com/int/semiconductor/process/chemical-mechanical-planarization-cmp/

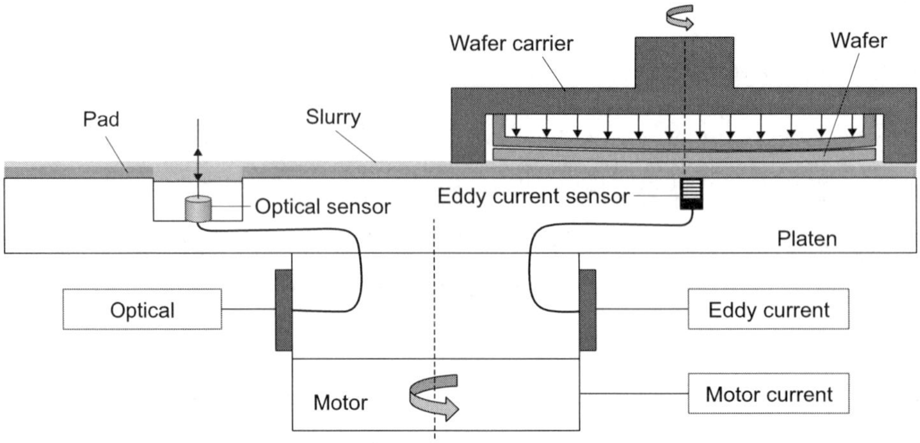

그림 7.12 종료점 감지의 개략도

7.3 상호연결 기술

7.3.1 개요

로직 스케일링에는 트랜지스터(transistor) 크기를 줄이는 것 이상으로, 트랜지스터 접점과 칩 상호 연결 모듈의 혁신도 필요하다. 스마트폰 프로세서에는 160억 개가 넘는 트랜지스터와 320억 개가 넘는 비아(via) 및 접촉 연결이 있다. 10개가 넘는 다양한 치수의 금속 레이어가 있으며, 트랜지스터에 가장 가까운 레이어의 폭이 가장 좁다.

스위치 역할을 하는 트랜지스터는 구리 선 또는 구리 상호 연결로 상호 연결된 금속 접점을 통해 전기적으로 연결된다. 이러한 상호연결(interconnect, 인터커넥트)는 전력을 분배하고 로직 신호를 라우팅한다. 트랜지스터 크기가 줄어들면서 상호연결 저항이 급격히 증가하여 장치 전력 및 성능에 영향을 미치므로 재료 및 공정 기술의 지속적인 발전이 필요하다. 2 nm 노드를 뛰어넘는 것은 신뢰할 수 있는 공정한 공정 기술과 인터커넥트 및 커뮤니티에서 주요 혁신이 필요하다.

다음은 인터커넥트 금속의 필요조건을 나열한 것이다.

- 전기저항이 낮은 물질
- 반도체 기판(웨이퍼)과의 부착성
- 열적·화학적 안정성
- 패턴 형성의 용이성

- 높은 신뢰성
- 제조 가격
- 기계적·열적 안정성
- 세척 화학 물질(HCl, NH_4OH, H_2O_2, HF)에 대한 저항성
- 장치에 오염 없음
- 산화에 대한 저항성(산화되지 않음, 안정된 산화물)
- 높은 전류 밀도와 높은 응력에 대한 저항성

이 조건을 충족시키면서 반도체 제조공정에 쓰이는 대표적인 금속에는 알루미늄(Al), 구리(Cu), 텅스텐(W) 등이 있다. 그 물성을 표 7.11에 나타내었다.

표 7.11 반도체 제조공정에서 쓰이는 상호연결 금속의 물성값

	Al	Al-alloy	Cu	W
저항(μΩ · cm)	2.66	3.5	1.67	5.65
전기 이동 저항	나쁨	나쁨	나쁨	매우 좋음
부식 저항	좋음	좋음	나쁨	좋음
SiO2에 대한 접착력	좋음	좋음	나쁨	나쁨
Si 깊은 수준 (deep levels)	NO	NO	Yes	Yes
RIE 식각	가능	가능	어려움	가능

반도체 공정에서 대표적인 금속 배선 재료인 알루미늄(Al)은 실리콘 산화막(silicon dioxide)과 부착성도 좋고 가공성도 뛰어나다는 장점이 있다. 그러나 알루미늄(Al)과 실리콘(Si)이 만나면 계면에서 섞이려는 성질이 있기 때문에 실리콘으로 만들어진 반도체 웨이퍼의 경우, 알루미늄 배선 공정에서 접합 면이 파괴되는 현상이 생길 수 있다. 이러한 현상을 방지하기 위해 두 접합면 사이 장벽(barrier)에 해당하는 증착된 금속, 즉, 배리어 금속(barrier metal)을 사용하여, 이중 박막을 형성해 접합 면이 파괴되는 것을 방지한다.

이후 알루미늄 배선은 증착을 통해 이루어지는데, 알루미늄괴를 진공 챔버에 넣어 감압하에서 끓이면 알루미늄이 입자 상태로 진공 챔버 안이 가득 채워진다. 이때, 웨이퍼를 진공 챔버에 넣어 통과시키면 알루미늄의 입자가 박막을 형성해 부착된다. 고진공 상태에서 알루미늄을 증기화하여 부착시키기 때문에 이 공정을 진공 증착(thermal evaporation)이라고 한다. 최근에는 플라스마를 이용한 물리적 기상 증착 방법(스퍼터링)을

사용하고 있다.

기본 소자와 금속 배선의 연결 부분을 접점(contact)이라고 한다. 접점의 크기가 작아서 좁은 hole 형상하게 되면 좁은 공간을 금속으로 채우기가 어려워진다. 이럴 경우, 알루미늄보다는 텅스텐을 많이 사용한다. 균일하게 박막을 형성해 부착시키기 위해 진공증착보다는 CVD를 통해 금속 배선 공정이 이루어진다. 최근에는 이전의 도전 재료(Al, W)보다 가격은 저렴하고 전기 및 열 성능이 우수한 구리(Cu)가 첨단 메모리, CPU 및 Logic 제품에 상용화되고 있다.

7.3.2 상호연결 기술

7.3.2.1 와이어 접합[10)]

와이어 접합(wire bonding)은 얇은 금속 와이어를 사용하여 집적회로(IC)나 다른 전자 부품을 기판 또는 다른 장치에 연결하는 반도체 패키징 기술이다. 와이어 접합은 가장 오래되고 널리 사용되는 전통적인 1차 레벨 패키징 접합 방식으로 다양한 전자 부품의 적용되고 있다. 자동차의 전력 반도체 연결, 조명의 LED 소자 연결 등이 있으며, 최근 메모리 반도체 소자를 쌓아 올려 연결하는 방식에도 사용되고 있다. 와이어 접합의 재료로 사용되는 금속은 금(Au), 구리(Cu), 알루미늄 (Al), 은(Ag)이 있으며, 그중 금(Au) 와이어가 널리 사용되고 있다. 와이어 접합 방식은 크게 볼 접합과 웨지 접합으로 나누어지며, 열 또는 초음파를 사용하여 압착하는 방식으로 접합된다.

7.3.2.2 플립칩 접합[11)]

플립칩 접합(Flip-chip bonding)이란 말 그대로 소자가 형성된 활성 화면에 솔더 범프를 형성하여 아래로 향하게 하여 기판의 패드와 상호 연결하는 방식이며, 기존의 와이어 접합 기술에서 발전한 접합방식이다. 와이어 접합의 경우 칩 외각을 이용하여 접합하는 반면, 플립칩 접합은 전면의 범프를 사용하여 입출력 단자 수를 많이 증가시킬 수 있다는 장점이 있다. 또한, 솔더를 통해 칩에서 발생하는 열을 쉽게 방출할 수 있어 열 관리 측면에서도 이점을 가지는 방식이다. 이는 첨단 패키지 제작을 위한 기초적인 접합방

10) https://apic.re.kr/research/research-area/%eb%b0%98%eb%8f%84%ec%b2%b4%ed%8c%a8%ed%82%a4%ec%a7%80-%ec%9d%b8%ed%84%b0%ec%bb%a4%eb%84%a5%ec%85%98%ea%b8%b0%ec%88%a0/,유세훈 수석연구원, yoos@kitech.re.kr

11) Ibid.,유세훈 수석연구원, yoos@kitech.re.kr

식으로 분류될 수 있으며, Mass reflow(MR) 공법을 사용하는 C4(controlled collapse chip connection) 공정과 열과 압력을 이용하는 열 압착(thermal compression bonding, TCB) 공정으로 구분된다.

7.3.2.3 언더필 공정[12)]

언더필은 에폭시 소재로, 칩과 캐리어 또는 패키지와 PCB 기판 사이에 도포하여 전자 제품을 보호하는 역할을 한다. 언더필 충격과 낙하와 같은 일상에서 오는 화학적, 물리적 충격으로부터 반도체 패키지를 보호한다. 전자 패키지 실장 기술이 발전하고 패키지가 고성능화되면서 반도체 칩과 PCB 기판의 접합부도 미세화되어 접합부의 신뢰성이 중요해지고 있다. 언더필은 칩과 캐리어 또는 반도체 패키지와 PCB 기판 사이에 도포되며 열팽창계수 차이로 인해 솔더 접합부에 집중되는 응력을 고르게 분산 및 완화함으로써 반도체 패키지의 신뢰성을 향상시키는 역할을 한다.

7.3.2.4 레이저 어시스트 접합(LAB)[13)]

레이저 어시스트 접합(laser assist bonding, LAB)은 레이저 빔을 균질 시켜 사각형의 형태로 만들어 넓은 면적에 레이저를 조사하는 방식을 이용하여, 수 밀리초 이내에 국부적으로 칩 또는 부품을 접합하는 공정이다. 일반적으로 반도체 패키지 접합방식으로 사용되는 Mass Reflow 공정은 공정 시간이 길어서 소자의 열 손상(기판 휨 현상) 및 열전달의 불균일성과 같은 한계점을 가지고 있다. 이를 극복하기 위해 균질화된 레이저 빔을 활용한 LAB 공정이 도입되었다. LAB 공정은 높은 선택적 열전달 및 빠른 공정 속도를 제공하여 Mass Reflow 공정을 대체하는 접합 방식으로 주목받고 있다. 첨단 전자 산업에서 사용되는 반도체 전자 부품은 점점 경박단소되며, 이에 따라 얇아지는 칩과 기판의 휨 현상을 효과적으로 대처할 수 있는 공법 중 하나이다.

7.3.2.5 하이브리드 접합[14)]

하이브리드 접합이란 반도체 제품을 조립할 때 칩의 패드와 외부 단자를 도선으로 연결해 서로 다른 기능을 하는 칩셋을 혼합하는 기술이다. 하이브리드 접합은 기존의 전

12) Ibid., 고용호 수석연구원, yonghoko@kitech.re.kr
13) Ibid., 유세훈 수석연구원, yoos@kitech.re.kr
14) Ibid., 박지용 수석연구원, j.park@kitech.re.kr

통적인 범프 사용을 제거하고 작은 구리-구리 연결을 통해 패키지 내의 다이들을 연결하는 신뢰할 수 있는 대안으로 부상하고 있다. 이 혁신적인 접근 방식은 10 μm 이하의 작은 간격(pitch)을 달성할 수 있다. 하이브리드 본딩을 활용함으로써 상호연결 밀도가 크게 향상되어 고급 메모리 큐브와 3D 형태의 패키지를 구현할 수 있다. 이 접합 과정은 절연체 접합(SiOx)과 내장된 금속(Cu)을 결합하여 영구적인 연결을 형성한다. 현장에서는 이를 직접 접합 인터커넥트(direct bond interconnect, DBI)라고도 부르며, 하이브리드 접합은 퓨전 접합에 내장된 금속 패드를 사용하여 접합 인터페이스에 직접적인 면대면 연결을 가능하게 한다.

연습 문제

1 박막을 증착하는 주요 공정 방법 두 가지(PVD, CVD)를 들고, 각각의 기본 원리를 설명하시오.

2 증발 공정에서 Shadowing Effect가 발생하는 이유와 이로 인한 문제점은 무엇인가?

3 ALD(atomic layer deposition) 공정은 CVD와 비교하여 어떤 차별점을 가지며, 주로 어떤 응용 분야에 사용되는가?

4 PVD 방식 중 스퍼터링 공정에서 고진공이 요구되는 주된 이유는 무엇인가?

5 PECVD에서 압력, 온도, 가스 유량, 플라스마 전력과 같은 공정 변수들이 박막 특성에 미치는 영향을 설명하시오.

6 박막 증착 후 평가하는 핵심 요소들(예: 스텝 커버리지, 균일성 등)에 대해 설명하시오.

7 스텝 커버리지를 향상시키는 대표적인 방법에는 무엇이 있는지 설명하시오.

8 박막의 균일성이 반도체 소자의 성능에 미치는 중대한 영향은 무엇인가?

9 반도체 박막 공정 중 발생할 수 있는 일반적인 문제 상황(예: 박막 불균일, 오염 등)을 제시하고, 해결 방안을 제시하시오.

10 전기적 용도에 따라 박막을 분류한다면 어떻게 나눌 수 있으며, 각각의 예시를 드시오.

11 웨이퍼 표면의 계단 상단에 증착된 산화막의 두께가 100 nm이고, 계단의 수직 측면 벽에 증착된 두께가 70 nm일 때, 이 공정의 스텝 커버리지는 얼마인가?

12 온도 300 K, 압력 1×10^{-5} Pa 조건에서 산소 분자의 평균 자유 경로를 계산하시오.

Chapter

8

세정 기술

8.1 세정 기술의 정의

반도체 제조공정에서의 세정 기술(cleaning)은 단순히 표면 오염물을 제거하는 전처리 단계를 넘어, 웨이퍼 표면을 특정 공정 요구 수준으로 초기화하는 시스템 기술로 인식되어야 한다. 회로 선폭이 3 nm 이하로 축소된 현대의 초미세 패턴 공정에서는, 웨이퍼 표면의 오염 정도가 소자 성능, 신뢰성, 그리고 수율을 근본적으로 규정한다. IEEE International Roadmap for Devices and Systems(IRDS)는 첨단 노드에서 세정 공정이 수율 향상의 핵심임을 강조하며, 세정 단계의 정밀 제어가 공정 변동성을 최소화하는 데 필수적이라고 지적한다.[1]

시스템 관점에서 볼 때, 세정 공정은 오염 물질과 같은 외부 교란 요인이 존재하는 환경에서도 웨이퍼라는 제품이 원하는 표면 특성을 갖도록 보장하는 정교한 제어 과정으로 설명될 수 있다. 즉, 세정 시스템은 외부로부터의 잡음 인자(noise factor), 장비와 공정 조건을 구성하는 제어 인자(control factor)가 상호작용하는 포괄적인 구조를 지닌다. 이러한 요인들은 서로 밀접하게 영향을 미치며, 그 결과는 웨이퍼 표면의 청정도(cleanliness)라는 특성치 및 반응치로 나타난다.

먼저 세정 공정을 방해하는 잡음 인자로는 공정 챔버 내에서 생성되는 미세 입자(particle), 장비 구성 요소에서 유래된 금속 이온(metal ion), 공기 중 또는 용액 내 유기물(organic), 그리고 온도 및 압력과 같은 환경 변화 등이 포함된다. 이는 제조사가 완전히 통제하기 어려운 외부 교란 요소이며, 세정 성능의 불안정성을 만드는 주요 원인이다. 특히 공정이 더욱 정교해짐에 따라 단일 입자 하나가 소자 결함을 유발하고 단락 또는 개방 회로를 유발할 수 있기 때문에, 이러한 잡음인자를 이해하고 억제하는 것은 세정 기술의 본질적 목표에 해당한다.

한편, 신호 인자는 세척 공정이 궁극적으로 달성해야 할 표면 상태를 나타낸다. 여기에는 제거해야 할 오염 물질의 종류와 수준, 후속 공정에 대한 요구사항, 표면이 친수성(hydrophilic)인지 소수성(hydrophobic)인지 여부, 게이트 산화와 같은 민감한 단계에 필요한 초정밀 표면 조건 등이 포함된다. 세정은 이 요구사항을 충족시키기 위해 단계별로 최적의 화학적 및 물리적 절차를 구성한다.

세정 시스템이 실제로 작동하게 하는 것은 제어 인자들이다. 화학 용액의 조성(SC-1, SC-2, SPM, dHF 등), 용액의 온도와 시간, 농도, 유속, 메가소닉(megasonic) 에너지, 스

1) IEEE International Roadmap for Devices and Systems (IRDS™). (2024). Yield Enhancement. IEEE.

핀 속도, 건식 플라스마의 특성 등은 모두 설계자가 조절할 수 있는 요소들이다. 제어 인자는 잡음 인자의 영향하에서도 신호 인자를 만족시키는 방향으로 공정을 안정화시키며, 그 결과 웨이퍼 표면을 원하는 상태로 이끈다.

이 같은 세정 시스템의 출력은 웨이퍼의 청정도로 나타난다. 입자 수가 규정값 이하로 낮아졌는가, 금속 오염이 ppt 수준으로 제어되었는가, 유기물이 완전히 분해 및 제거되었는가, 표면 산화막의 두께가 균일한가, 표면 거칠기가 허용 범위 내인가 등을 확인한다. 이러한 특성치들은 이후 이루어지는 리소그래피(lithography), 식각(etching), 증착(deposition) 등의 공정 성능과 수율을 결정짓는 중요한 기준이 된다.

결과적으로 반도체 세정 기술은 단순히 오염물질을 제거하는 예비 공정이 아니라, 전체 제조 시스템의 품질과 안정성을 책임지는 핵심 기술이라 할 수 있다. 세정은 다양한 오염 물질의 재부착을 방지하고 웨이퍼 표면을 초청정 상태로 재설정하는 역할을 한다. 이 원리는 복잡한 회로가 정상 작동을 위해 정밀한 초기화가 필요한 것과 유사하다. 즉, 세정 기술은 반도체 제조공정에서 가장 기본적이면서도 가장 정밀한 공정이며, 기술 발전이 지속됨에 따라 그 중요성은 더욱 커지고 있다.

8.1.1 초청정 기술(UCT, Ultra Clean Technology)

세정 공정의 목적은 웨이퍼 표면을 화학적, 물리적으로 초기화하는 것에 그치지 않는다. 세정 직후 형성된 초청정(ultra-clean) 상태를 가능한 한 오랜 시간 유지하는 것이 실제 공정 안정성과 수율 확보의 핵심이다. 국제 반도체 장비·재료 표준화 기구인 Semiconductor Equipment and Materials International(SEMI)는 고순도 공정 환경 유지를 위한 가이드라인을 엄격하게 제시하고 있다. 이에 따라 오염 데이터의 관리와 표준화된 전송 체계, 그리고 오염 물질의 재부착을 방지하는 제어 기술은 SEMI 가이드라인을 충족하기 위한 필수 요소로 정의된다.[2)]

UCT는 세정 이후 웨이퍼의 재오염을 막기 위해 장비, 환경, 전송, 건조, 화학 등의 전 영역을 통합적으로 설계하는 시스템 기술이며, 구성요소는 다음과 같다.

8.1.1.1 초청정 환경

장비 내부 가스 및 공기 흐름을 청정하게 유지하여 금속 오염원 확산 및 부식 방지, 플

2) SEMI. (2023). SEMI E49: Guide for High Purity and Ultra High Purity Piping Performance. Semiconductor Equipment and Materials International.

라스마 부산물, 유기 분자 등의 흡착을 억제하는 기술을 초청정 환경(ultra-clean atmosphere) 기술이라고 한다. ISO Class 1~2 수준의 제어가 요구되며, 이는 입자와 금속 오염이 웨이퍼에 재부착되는 것을 방지하는 기본 조건이다.

8.1.1.2 초청정 전송

초청정 전송(ultra-clean transfer)은 로봇 핸들러의 마찰 및 진동으로 발생하는 미립자를 억제하고, 게이트 밸브(gate valve) 개폐 시 발생하는 압력 펄스와 분진을 제어하며, 진공 모듈 간 압력차로 생기는 충격파 입자 발생 현상을 제어하는 기술이다. 특히 2025년 IBM과 스크린(SCREEN)의 공동 연구는 EUV 노광 공정의 수율 확보를 위해 웨이퍼 이송 중 발생하는 후면 오염(backside contamination) 제어가 필수적임을 입증했다.

8.1.1.3 초청정 장비

챔버 재질에서 유래하는 금속 이온 용출을 억제하고, 배관 및 부품의 내부 표면 거칠기(Ra)를 최소화하며, 플라스마 및 화학 부산물의 체류를 최소화하기 위해서는 초청정 장비(ultra-clean tool) 기술이 사용된다. 장비 자체가 오염원을 생성하지 않도록 하는 구조 설계가 핵심이며, 이는 세정 성능의 절반을 결정하는 요소로 알려져 있다.

8.1.1.4 초청정 화학 및 건조

초청정 화학 및 건조(ultra-clean chemical & dry) 기술은 고순도 초순수(UPW) 관리, 산화환원 전위(ORP) 기반 화학적 안정성 제어, 수분 잔류를 억제하는 아이소프로필알코올(IPA) 및 마란고니(Marangoni) 건조, 표면 워터마크(Watermark) 발생 억제 등을 포함한다. 건조 단계의 미세 오염 하나가 즉각적으로 결함으로 이어지는 3 nm 시대에서는 필수적인 기술이다.

결론적으로 UCT는 세정 공정의 확장 개념이 아니라, 세정 결과를 손상시키지 않고 다음 공정까지 표면의 초청정 상태를 유지하는 시스템 기술이다. 초미세 노드로 갈수록 수 nm 수준의 거칠기 변화, 수분 및 유기물 재흡착, 자연 산화막의 수분 기반 재성장, 10~20 nm 크기 단일 입자의 재부착 등이 곧바로 소자 결함으로 연결되기 때문에, 최신 공정에서는 UCT가 거의 공정 성능의 50% 이상을 차지하는 핵심 기술로 간주된다.

8.2 정제 과정

8.2.1 실리콘 웨이퍼 제조의 정제 기반 구조

반도체 웨이퍼 제조는 자연 상태의 광물을 원자 배열의 질서가 완전한 단결정 구조로 변환하는 초정밀 공정이며, 이 과정에서 순도(purity)는 모든 단계의 기본 전제 조건이 된다. 규암(quartzite)에서 출발한 실리콘이 초고순도 11N(99.999999999%) 이상의 전자급 실리콘(EGS)으로 정제되고, 이후 단결정 성장 및 표면 평탄화를 거쳐 웨이퍼가 완성되기까지의 여정은 다음의 세 가지 축을 중심으로 전개된다.

① 정제(purification): 화학적, 물리적 방법을 통해 금속, 유기, 입자 오염을 제거하고 불순물 농도를 극한까지 낮추는 단계

② 결정 성장(crystal growth): 정제된 실리콘을 단결정 구조로 성장시키는 핵심 공정

③ 표면 연마(polishing): 단결정 웨이퍼의 표면을 옹스트롬(Å) 수준의 평탄도로 다듬는 최종 공정

이 단계들은 단순한 전처리 과정이 아니라, 리소그래피, 식각, 증착 등 후속 공정의 성공 여부를 결정하는 기초 인프라로 작동한다. 전체 공정 흐름을 정리하면 다음과 같다.

원재료(Raw Material) → 금속급 실리콘(MGS) → 전자급 실리콘(EGS) → 결정 성장(Crystal Growth) → 절단(Slicing) → 래핑 및 식각(Lapping/Etching) → 화학적 기계적 연마(CMP) → 웨이퍼(Wafer)

8.2.1.1 원재료

반도체 공정의 출발점은 지각에 풍부하게 분포된 규암(SiO_2)이다. 규암은 실리콘의 원천 소재이지만, 자연 상태의 규암에는 철(Fe), 알루미늄(Al), 칼슘(Ca), 마그네슘(Mg) 등의 금속 불순물, 미량 도펀트(붕소, 인), 유기 오염 등이 혼재되어 있다. 이 단계의 목표는 고순도 실리콘 제조에 적합한 원천 소재 확보이며, 불순물 분포와 광물학적 특성 분석이 필수적으로 수행된다.

8.2.1.2 금속급 실리콘(MGS)

탄소 열환원(Carbo-Thermal Reduction)을 통해 규암에서 산소를 제거하여 실리콘

을 추출한다. 아크로(arc furnace)에서 2,000°C 이상의 고온에서 다음 반응이 일어난다.

$$SiO_2(s) + 2C(s) \rightarrow Si(l) + 2CO(g)$$

이 과정에서 얻어지는 금속급 실리콘(metallurgical grade silicon, MGS)은 순도 약 98~99%로, 태양광 및 금속 산업에서는 사용할 수 있지만 반도체 제조에는 적합하지 않다. 따라서 MGS는 이후의 고도 정제 단계(EGS 제조)를 위한 전구체 역할을 한다.

8.2.1.3 전자급 실리콘(EGS)

전자급 실리콘(electronic grade silicon, EGS) 제조의 핵심 기술은 트라이클로로실레인(TCS, $SiHCl_3$)을 이용한 가스상 정제(gas-phase purification)이며, 이는 오늘날에도 산업 표준으로 유지되고 있다.

① 염소화 반응 및 분별 증류(Chlorination & Fractional Distillation)

MGS를 염화수소(HCl)와 반응시키면 실리콘은 TCS 형태로 전환되고, 금속 불순물은 염화물 상태로 분리된다.

$$Si(s) + 3HCl(g) \rightarrow SiHCl_3(g) + H2(g)$$

TCS는 끓는점(31.8°C)이 매우 낮아, 금속 염화물의 끓는점과 큰 차이를 보이므로 분별 증류로 금속 불순물을 효과적으로 제거할 수 있다.

② 지멘스 공정(Siemens Process)

정제된 TCS를 환원 반응기에 주입하고, 1,100~1,200°C로 가열된 고순도 실리콘 필라멘트에 노출시키면 다음의 열분해 반응이 일어난다.

$$2SiHCl_3(g) + 2H_2(g) \rightarrow 2Si(s) + 6HCl(g)$$

이 과정을 통해 필라멘트 표면에 높은 순도의 실리콘이 증착되며, 불순물 농도는 ppt(parts per trillion) 수준으로 떨어져 11N 이상의 초고순도 EGS가 완성된다.

8.2.1.4 결정 성장

EGS는 다결정 형태로 생산되므로, 이를 반도체 회로 형성에 적합한 단결정 구조로 성장시켜야 한다.

① 초크랄스키(CZ, Czochralski) 공정

도가니에 EGS를 용융시킨 후, 종자 결정을 접촉 후 회전하며 서서히 끌어올리는 방식이다. 대구경 300 mm 웨이퍼 생산이 가능하며, 2025년 기준 450 mm 연구는 중단되었으나 300 mm 품질은 극한으로 향상되었다.

② 플로팅 존(FZ, Floating Zone) 공정

도가니가 없기 때문에 금속 오염 위험이 극단적으로 낮다. 고저항, RF 및 전력 반도체에 필수적이며, 직경은 CZ 대비 작으나 순도와 전기적 특성은 더 우수하다.

8.2.1.5 웨이퍼 가공

① 절단(Slicing)

다이아몬드 와이어(diamond wire saw)를 이용해 잉곳을 얇은 웨이퍼 형태로 절단한다. 최신 공정은 구경 50~60 μm의 초미세 와이어로 절단 손상(depth of damage)을 최소화한다.

② 래핑 및 식각(Lapping & Chemical Etching)

절단 과정에서 발생한 결함층 및 기계적 손상을 제거하고 표면 평탄도를 회복한다.

③ 화학적 기계적 연마(CMP)

CMP는 화학 반응과 기계적 연마를 결합한 공정이며, 웨이퍼 표면을 수 옹스트롬(Å) 수준의 RMS 거칠기로 낮춰 미세 패턴이 정확하게 형성될 수 있도록 한다. CMP 단계의 표면 상태는 이후 반사율, 노광 균일성, EUV 감광층 접착성에 직접적 영향을 미친다.

8.2.1.6 정제의 공학적 의의

정제, 결정 성장, 표면 연마에 이르는 일련의 과정은 단순한 재료 준비가 아니라, 결정 구조의 완전성(structural integrity)과 오염 제어(chemical purity)를 확보하는 공정이다. 이 과정에서 금속 오염 제거, 유기물 제거, 도펀트 불순물 최소화, 결정 결함 억제, 옹스트롬 수준의 평탄도 확보는 고성능 반도체 제조에서 절대적으로 타협할 수 없는 조건이며, IRDS(2024) 또한 이를 첨단 노드 제조의 비가역적 품질 기준으로 명시하고 있다.

8.2.2 정제 절차

반도체 제조에 사용되는 실리콘 웨이퍼는 단순한 기계적 지지체(mechanical sub-strate)가 아니라, 전기적 특성을 구현하는 능동 재료(active material)이다. 따라서 웨이퍼의 정제 과정은 실리콘 내부의 불순물을 제거하는 보조 단계가 아니라, 소자의 물리적, 전기적 특성을 결정짓는 출발점으로 이해해야 한다.[3] 실리콘 결정 내에 존재하는 금속, 중금속, 알칼리 금속, 그리고 도펀트 성격의 원자들은 농도가 극히 낮더라도 전하 이동도, 누설 전류, 캐리어 농도 등 핵심 전기적 인자를 교란한다.

실리콘의 고유 캐리어 농도(내재 캐리어 농도, intrinsic carrier concentration)는 대략 1×10^{10} cm^{-3} 수준이며, 현대 트랜지스터의 도핑 농도는 공정 및 소자 구조에 따라 1×10^{13}~1×10^{20} cm^{-3} 범위에서 정밀하게 설계된다. 이때 실리콘 벌크 내부에 존재하는 불순물 농도가 도핑 농도 수준에 근접하거나 이를 초과하게 되면, 실리콘은 의도하지 않은 전도 경로를 형성하고 전하 분포를 왜곡하여, 회로가 설계된 대로 동작하지 못하게 된다. 특히 금속 이온은 실리콘 격자 내에서 깊은 준위(deep level)를 형성해 재결합 중심(recombination center)으로 작용하고, 산화막을 관통하거나 산화막 및 계면에 집적되어 게이트 산화막 열화(gate oxide degradation)와 경시적 절연 파괴(time-dependent dielectric breakdown, TDDB)를 유발하는 등, 미세 공정에서 치명적인 역할을 한다. 5 nm 이하, 나아가 3 nm 및 2 nm급 미세 공정에서는 게이트 절연막과 채널의 두께가 원자층 단위로 얇아지기 때문에, 금속 오염 몇 개, 불순물 원자 수십에서 수백 개 정도의 수준에서도 소자 전체의 전류-전압(I-V) 특성이 변형될 수 있다. 또한 이러한 불순물은 화학적 기계적 연마(CMP), 에피택셜 성장, 리소그래피, 식각 등 거의 모든 전, 후공정 단계에서 산화막 성장 속도, 결정 결함 밀도(dislocation, stacking fault), 도핑 프로파일의 균일성에 직접적인 영향을 준다. 결과적으로 누설 전류 증가, 게이트 산화막 열화, 비정상 I-V 특성, 수명 저하 및 수율 저하로 직결된다. 이와 같은 공정 및 소자 레벨의 요구사항 때문에, 전자등급 실리콘(EGS)은 지멘스 공정과 같은 고순도 제조 기술을 적용하여 11N(99.999999999%), 즉 불순물 농도 대략 1×10^{10} cm^{-3} 수준(ppt, 10^{-12})까지 낮추어야 한

3) Yoshio Nishi, Robert Doering (Eds.). (2017). Handbook of Semiconductor Manufacturing Technology (3rd ed.). CRC Press.

다. 이는 과도한 스펙이 아니라, 다음과 같은 이유에서 물리적으로 당연한 요구 조건이다.

- 내재 캐리어 농도 $n^i \approx 1 \times 10^{10}$ cm^{-3}보다 충분히 낮은 불순물 농도 → 본질적인 실리콘 특성을 유지
- 설계된 도핑 농도($10^{13} \sim 10^{20}$ cm^{-3})에 비해 극히 낮은 배경 불순물 → 도핑 프로파일의 재현성 확보
- 금속 및 깊은 준위 불순물의 농도 최소화 → 수명, 확산 길이, 누설 전류 안정화

요약하면, 실리콘 격자 내 1×10^{10} atoms/cm^{-3} 이하의 금속 불순물 농도 제어는 반도체 소자가 설계된 전기적 특성과 신뢰성을 유지하기 위해 요구되는 물리적, 공정적 최소 조건이다. 정제 수준이 이 기준에 미치지 못하면, 이후의 모든 세정 및 공정 최적화 노력은 근본적으로 제한을 받을 수밖에 없다.

8.2.3 세정 방법

웨이퍼 정제가 실리콘 내부의 불순물을 제거하는 과정이라면, 세정(cleaning)은 제조 공정 전반에서 반복적으로 발생하는 표면 오염을 지속적으로 제거하여 소자의 기능과 신뢰성을 유지하는 절차이다. 반도체 제조는 수십에서 수백 단계의 공정으로 이루어지므로, 각 단계에서 발생하는 유기물, 입자, 금속 이온, 자연 산화막 등이 누적될 경우 미세한 기하학적 구조를 쉽게 손상시키고 전기적 특성을 왜곡시킨다. 이러한 이유로 세정 기술은 소자 미세화 시대의 핵심 기반 기술로 자리 잡았으며, 현재 산업에서는 크게 습식 세정(wet cleaning)과 건식 세정(dry cleaning) 두 가지 방식이 활용된다.

8.2.3.1 습식 세정

습식 세정은 액체 화학약품을 사용하여 웨이퍼 표면의 오염을 산화, 환원, 식각, 용해 방식으로 제거하는 가장 보편적 기술이다. 대표적인 방법은 RCA 세정으로, SC-1과 SC-2 두 단계로 구성된다.[4] SC-1(APM)은 수산화암모늄(NH_4OH)과 과산화수소(H_2O_2)의 혼합 용액을 이용해 유기물 분해와 입자 제거에 효과적이며, SC-2(HPM)는 염산(HCl)과 과산화수소(H_2O_2)를 이용해 금속 이온 제거를 수행한다. 또한 불산(HF, dHF)을 사용하면 자연 산화막을 선택적으로 제거하여 표면을 소수성(Hydrophobic) 상태로

---

4) Wolf, S., & Tauber, R. N. (2000)."Silicon Processing for the VLSI Era, Vol. 1: Process

만들 수 있다.

습식 세정은 강력한 화학 반응성을 기반으로 대부분의 오염원을 광범위하게 제거할 수 있다는 장점을 가진다. 그러나 액체는 점성과 표면장력에 의해 고종횡비 구조(종횡비 > 7) 또는 깊고 좁은 패턴 내부로 침투하는 데 한계가 있으며, 공정이 미세화될수록 이러한 제약이 두드러진다(그림 8.1). 또한 습식 세정은 황산(H_2SO_4), 불산(HF), 수산화암모늄(NH_4OH), 과산화수소(H_2O_2), 그리고 대량의 초순수(UPW, Ultra Pure Water)를 소모하기 때문에 환경 부담과 비용 증가가 불가피하다는 점도 문제로 지적된다.

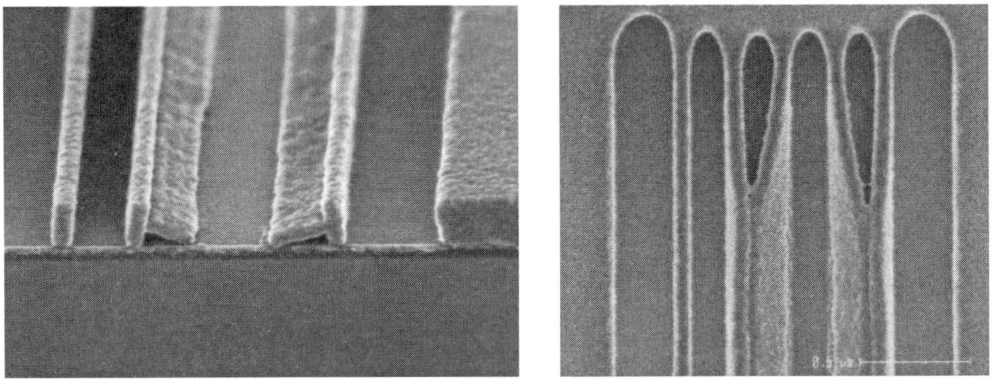

그림 8.1 고종횡비(HAR) 구조에서의 물리적 공정 한계 극도로 좁은 트렌치 구조에서 발생하는 액체 침투 실패와 건조 중 표면장력에 의한 패턴 붕괴(pattern collapsc) 현상을 보여주는 SEM 이미지. (Courtesy of Joe Ebihara of Cannon)[5)]

8.2.3.2 건식 세정

건식 세정은 플라스마, 자외선/오존(UV/O_3), 가스 열 반응 등 기체 기반의 화학 반응을 이용하여 오염을 휘발성 부산물로 전환해 제거하는 방식이다. 플라스마 기반 산화는 포토레지스트 잔사를 효과적으로 분해하며, UV/O_3는 유기물을 산화시키고 표면을 활성화한다. 또한 일산화질소(NO), 염산(HCl) 등의 가스를 이용한 열 반응은 금속 오염을 휘발성 화합물로 전환해 제거할 수 있다. 아르곤(Ar) 스퍼터링은 표면 입자를 물리적으로 탈착시키는 데 활용된다.

기체 기반 반응은 액체의 침투 제약을 받지 않기 때문에, 3D NAND와 DRAM 커패시터같이 깊고 좁은 구조에서도 균일한 세정 효과를 제공한다. 또한 건식 세정은 세정-건조-린스가 하나로 통합된 형태로 공정이 단축되고, 식각 및 증착 장비 내에서 직접 수행

5) Chris A. Mack, "Patter Collapse", The Lithography Expert, (Nov. 2006)

되는 in situ 세정이 가능해 장비 클러스터의 효율성을 높인다. 이러한 특성은 선단 공정(5 nm, 3 nm, 2 nm)에서 건식 세정 비중이 빠르게 증가하는 핵심 요인이다.

그러나 건식 세정은 완전한 대체 기술이 될 수 없다. 소듐(Na), 포타슘(K), 칼슘(Ca)과 같은 알칼리 금속은 기상 화학 반응만으로 제거하기 어렵고, 고분자 포토레지스트(PR) 잔사와 하드마스크 잔여물 역시 습식 방식 대비 제거 효율이 떨어진다. 또한 기체 반응은 선택성이 낮아 실리콘 표면 자체를 손상시킬 가능성이 있으며, 장비 비용과 공정 제어 난도 역시 높은 편이다. 이러한 이유로 실제 생산 환경에서는 습식과 건식을 결합한 하이브리드 세정 통합 전략이 일반적으로 사용된다. 각 세정 공정을 표 8.1에 비교해 놓았다.

표 8.1 세정 공정 비교표

구분	습식 세정	건식 세정	하이브리드 세정
잔류 금속 제거 성능	매우 높음(SC-2 등으로 ppt 수준 금속 제거 가능)	다소 낮음(일부 금속 잔류 가능, 보완 필요)	매우 높음(건식 후 습식 적용으로 금속 제거 보완)
입자 제거 효율	높음(50~100 nm 이상 입자 제거 우수, 메가소닉 사용)	높음(초미세 오염 및 분자막 제거에 효과적)	매우 높음 (건식+습식 연계로 광범위한 입자 제거 가능)
약품/초순수(UPW) 사용량	매우 많음(약품/초순수 다량 사용, 폐액 처리 필요)	매우 적음(용매/폐수 없음, 에너지 위주 공정)	중간(건식 단계로 약품 사용량 대폭 감소, 환경 부담 적음)

8.2.3.3 세계적 추세

최근 10년간 반도체 산업은 세정 기술의 패러다임을 습식 중심에서 건식 중심으로 재편하고 있다. 이러한 변화는 기술적, 환경적, 경제적 요구가 복합적으로 작용한 결과이다.

첫째, 미세 패턴 형상 변화로 인해 액체 침투가 어려운 구조가 증가하면서, 건식 기술만이 고종횡비 구조(A/R > 7)에서 안정적인 세정을 보장할 수 있게 되었다.

둘째, 습식 세정이 사용하는 대량의 화학약품과 초순수는 환경 규제 강화와 운영 비용 증가를 불러왔으며, 건식은 이러한 부담을 크게 줄일 수 있다.

셋째, 첨단 공정 장비는 식각 및 증착과 세정이 하나의 클러스터 내에서 연속적으로 수행되는 구조를 요구하고 있는데, 건식 세정은 이러한 공정 통합 및 자동화의 요구를 충족한다.

이와 같은 배경 속에서 건식 세정은 선단 공정에서 핵심 기술로 부상했으며, 웨이퍼 패턴이 더욱 3차원화되는 미래 공정에서도 그 중요성이 증가할 것으로 전망된다.

8.2.4 습식 세정의 기본 원리와 초청정 표면 형성 메커니즘

반도체 제조공정에서 웨이퍼 세정은 단순한 오염 제거가 아니라, 표면 화학, 계면 반응, 정전기 제어, 재오염 억제 메커니즘을 통합적으로 다루는 정밀 반응공학 공정이다.

이 절에서는 습식 세정의 과학적 원리를 세 가지 핵심 반응 모델을 중심으로 재정리하고, 초청정(ultraclean) 표면이 형성되는 과정까지 체계적으로 기술한다.

8.2.4.1 습식 세정의 과학적 원리

습식 세정은 액상 화학 용액을 사용해 유기물, 금속, 입자, 자연 산화막(native pxide)을 제거하는 방식이며, 다음 세 가지 반응 메커니즘이 기반이 된다.

① 산화(Oxidation): 유기물 및 포토레지스트의 전면 분해 과산화수소(H_2O_2), 오존(O_3), 황산(H_2SO_4) 등 강산화제는 웨이퍼 표면의 유기물을 산화하며, SPM(Piranha) 용액에서는 유기물이 탄화된 후 이산화탄소(CO_2)와 물(H_2O)로 완전 분해된다. 이 반응은 웨이퍼 표면을 완전 초기화(clean slate) 단계로 복원하는 역할을 수행한나.

② 용해(Dissolution): 금속 이온 제거의 핵심 금속 오염은 가장 제거하기 어려운 오염원이다. SC-2(HCl/H_2O_2) 용액은 금속을 염화물 착화물(complex) 형태로 안정화하여 용액으로 끌어내린다. 염화 이온(Cl^-)이 금속 이온과 결합하여 안정한 용액상 복합체를 형성함으로써 금속이 표면에서 완전히 분리된다. 첨단 공정에서는 ppt(10^{-12}) 수준의 금속 오염 관리가 필수이며, 이는 데이터 기반 오염 제어의 핵심 항목이다.

③ 언더컷 및 탈착(Undercut/Detachment): (NH_4OH/H_2O_2)은 표면에 얇은 이산화규소(SiO_2)층을 생성하고 식각하는 주기적 반응을 유도한다. 산화막 재생 과정에서 입자 주변에 용액이 침투하여 입자와 표면 간 접착력이 약해지고, 수십 nm 입자까지 분리(detachment)된다. 이 메커니즘은 5 nm 이하 미세공정에서 특히 중요하다.

표 8.2 습식 세정의 핵심 반응 메커니즘

반응 메커니즘	주요 역할	대표 용액	과학적 원리
① 산화	유기물, 폴리머, PR 분해	SPM,O_3,H_2O_2	유기물을 CO_2, H_2O로 완전 산화하여 표면 초기화 수행
② 용해	금속 이온 제거	SC-2 (HCl/H_2O_2)	염화물(Cl^-)에 의한 금속 착화 및 용액 내 안정화
③ 언더컷/탈착	입자 제거	SC-1 (NH_4OH/H_2O_2)	산화막 생성 및 식각의 반복으로 입자 접착력 붕괴

8.2.5 초청정 표면의 의미와 요구조건

초청정 표면은 단순한 '깨끗함'이 아니라, 후속 공정이 설계된 전기적, 화학적 기능을 정확히 발현할 수 있도록 정렬된 원자 단위의 상태를 의미한다. 즉, 세정은 공정 통합(process integration)의 핵심 관문이다.[6] 초청정 표면의 7대 요건은 다음과 같다.

- 입자 완전 제거(zero particle condition)
- 금속 이온 제거(ppt 이하 수준)
- 유기물 및 탄화물의 완전 제거
- 표면 수분(H_2O) 흡착 없음(재오염 차단)
- 자연 산화막 완전 제거(불산 기반 산화막 제거)
- 수소 종단(H-termination)에 의한 안정적 소수성 표면 형성
- 표면 전하 축적 없음(정전기 기반 재부착 방지)

8.2.5.1 수소 종단 표면의 의미

불산(HF) 처리 후 형성되는 수소 종단 실리콘 표면은 공기 중 재산화가 느리고, 소수성을 띠어 물과 유기물의 재부착을 최소화한다. 다만, 전하 중립 상태(zeta potential zero)에 기까워 정전기적 반발력이 사라지므로 입자 재부착에 취약할 수 있어 철저한 오염 제어가 요구된다. 최신 표면 처리 연구들은 건식 공정(예: 수소 플라스마) 후 형성된 수소 종단(H-termination)의 안정성이 대기 중 노출 시 산화와 재산화를 억제하는 데 중요한 역할을 한다고 강조한다. 이 때문에 극자외선(EUV), 게이트-올-어라운드(GAA), CFET 공정에서는 수소 종단 유지 시간(Time-to-Reoxidation) 자체가 중요한 공정 제어 변수로 사용된다.

---

6) Hattori, T. (Ed.). (2013).** *Ultraclean Surface Processing of Silicon Wafers: Secrets of VLSI Manufacturing*. Springer.

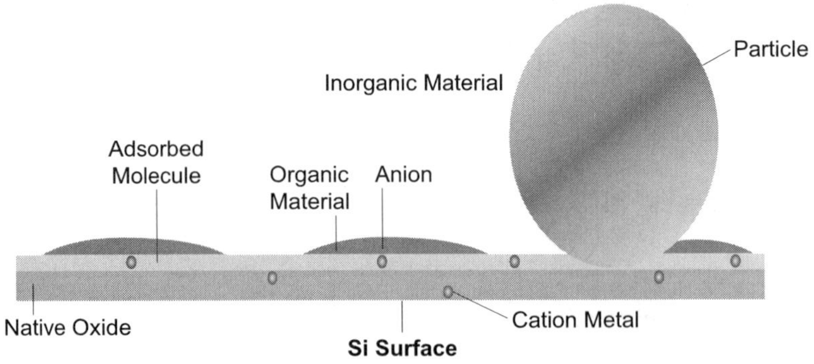

그림 8.2 실리콘 웨이퍼 표면의 오염 구조 및 분포. 자연 산화막(Native Oxide) 위에 흡착된 금속 이온, 입자, 유기물 등 다양한 형태의 오염원 분포 개략도.

8.2.5.2 세정 품질이 반도체 공정 전체에 미치는 영향

세정은 다음 단계인 산화, 원자층 증착 및 화학 기상 증착, 식각, 화학적 기계적 연마(CMP) 등 모든 공정의 출발점이다. 따라서 세정 품질은 곧 소자의 성능, 신뢰성, 수율을 결정하는 인자이다. 세정 공정 설계 시 고려해야 할 6가지 공정 제어 인자는 다음과 같다.

- pH 및 산화환원전위(ORP) 제어
- 용액 조성, 농도, 노화(aging) 제어
- 친수성 및 소수성 균형 설계
- 온도 프로파일(가열/냉각 속도) 제어
- 표면 전하(zeta potential) 관리를 통한 입자 재부착 방지
- 초순수(UPW)의 금속 오염도 ppt/ppq 수준 유지

이 모든 항목은 단순한 세척 변수가 아니라, 정밀 반응공정의 제어 인자이다.

8.3 입자 오염 및 제거

입자 오염(particle contamination)은 나노미터 단위로 공정이 미세화된 현대 반도체 제조에서 가장 직접적이고 치명적인 오염 형태로 간주된다. 수십 나노미터 이하의 회로 선폭에서는, 바이러스보다 작은 크기의 미세 입자 하나만으로도 단락(short), 누설(leakage), 절연 파괴(dielectric breakdown)와 같은 치명적 결함이 발생할 수 있다. 따라

서 입자의 발생원, 성질, 부착 메커니즘, 제거 메커니즘을 체계적으로 이해하고 통제하는 일은 세정 기술의 중심 과제이자, 전체 공정 수율을 좌우하는 핵심 요소이다.[7)]

8.3.1 입자 오염의 주요 발생원

반도체 제조에서 입자 오염은 단일 원인이 아니라, 환경, 장비, 재료, 작업자, 공정, 웨이퍼 자체에 이르는 전체 생태계에서 복합적으로 발생한다. 이 절에서는 입자 발생원을 여섯 가지 범주로 구분하여 정리한다.

8.3.1.1 공정 환경 및 클린룸 환경

반도체 제조는 미세한 공기 흐름에도 민감하기 때문에, 클린룸(cleanroom)은 공기 중 입자 농도를 엄격히 제어하도록 설계된다. 그럼에도 불구하고, 공조 시스템 변화에 따른 난류(turbulence), 장비 외부 및 내부의 온도 변화 및 열 대류, 공정 챔버 내부 압력 변화 및 진공-대기 전환 등의 환경 요인으로 인해 지속적인 입자 생성이 발생한다.

특히 진공 상태에서 대기압으로 전환될 때의 급격한 압력 변화는 챔버 내벽이나 구성 요소 표면에 남아 있던 미세 잔사 및 부산물을 떨어뜨리는 중요한 원인이다. 도쿄일렉트론(TEL)의 실험 연구에서는, 게이트 밸브(gate valve) 개방 순간 발생하는 충격파(shock wave)가 장비 내벽에 축적된 막을 박리(flaking)시키고, 이로 인해 대량의 입자가 단시간에 발생할 수 있음을 보고하고 있다. 이러한 환경 기인 입자는 공정 초기에 발생하더라도, 후속 공정이 반복될수록 결함 발생 확률을 기하급수적으로 증가시키는 특징이 있다.

8.3.1.2 공정 장비 내부에서의 발생

장비 자체는 반도체 제조에서 가장 강력한 입자 발생원 중 하나이다. 플라스마 식각, 물리 기상 증착(PVD), 화학 기상 증착(CVD)과 같이 고온, 고전력, 고반응성 환경이 형성되는 공정에서는 터보 펌프(turbo pump) 고속 회전에 따른 금속 미세 파편, 챔버 내벽에 축적된 증착막(산화막, 질화막, 폴리머)의 박리, 샤워 헤드(shower head), 전극(electrode), 라이너(liner) 등의 마모, 플라스마 반응 부산물의 응집(agglomeration) 및 국부 박리 등의 형태로 입자가 생성된다.

특히 플라스마 식각 공정에서는, 반응 부산물이 챔버 벽에 얇은 필름 형태로 지속적

---

7) Zant, P. V. (2013)."Microchip Fabrication: A Practical Guide to Semiconductor Processing" (6th ed.). McGraw-Hill Education.

으로 축적되다가 특정 시점에 한꺼번에 떨어져 나가면서 대량의 입자를 생성하는 현상이 자주 관찰된다. 이러한 장비 기인 입자는 발생 위치와 시점을 예측하기 어렵고, 한 번 발생하면 다수의 웨이퍼에 동시 영향을 미쳐 수율에 연쇄적인 손상을 초래한다.

8.3.1.3 재료 및 화학 물질로부터의 발생

반도체 공정에서 사용되는 각종 재료와 화학 물질은, 고순도 정제를 거쳤더라도 공정 조건과 상호 작용하며 새로운 입자를 생성할 수 있다. 포토레지스트 패턴 및 잔사에서 떨어져 나온 미세 조각, CMP 슬러리(SiO_2, CeO_2 등) 입자의 응집체, 불산(HF), 과산화수소(H_2O_2) 등 고순도 약액에서 시간 경과에 따라 형성되는 미세 침전물, 가스 라인 및 밸브 내부에서 박리되는 파티클(particle shedding), 초순수(DI/UPW) 시스템에서 발생하는 박테리아 파편 및 콜로이드성 입자 등이 대표적이다.

이들은 용액의 온도, pH, 산화환원 상태, 유동 조건에 따라 쉽게 생성, 응집, 침전되며, 관리가 미흡할 경우 공정 내에서 누적되어 수율 불량으로 이어진다.

8.3.1.4 작업자에 의한 오염

클린룸에서 사람은 가장 통제하기 어려운 입자 발생원 중 하나이다. 작업자의 움직임, 호흡, 의복 마찰 등의 단순한 동작만으로도 장갑, 헤어캡, 작업복에서 떨어지는 미세 섬유, 피부 각질, 머리카락, 유기 오염물 등의 지속적인 입자 방출이 발생한다. 또한 불필요한 웨이퍼 및 장비 접촉으로 인한 파티클 전이, 버튼 및 패널 조작 시 발생하는 마찰성 입자 등도 주요 원인이다. 클린룸 의복과 장비 인터락 설계는 이를 최소화하기 위한 장치이지만, 작업자 활동을 완전히 배제할 수 없는 이상 인간 기인 오염은 항상 일정 수준 존재한다. 따라서 공정 동선 설계, 작업 표준화(SOP), 자동화 정도가 입자 관리에 직접적인 영향을 미친다.

8.3.1.5 공정 자체에서 생성되는 입자

반도체 공정 자체도 강력한 입자 생성원이다. 화학, 물리적 에너지가 반복적으로 인가되는 과정에서 처음에는 존재하지 않던 새로운 입자가 공정 단계에서 직접 생성되기도 한다. 대표적인 고위험 공정은 다음과 같다.

- 플라스마 식각: 반응 부산물 폴리머(polymer)의 축적 및 국부 박리
- CVD 증착: 챔버 벽면에 형성된 박막이 열 및 응력에 의해 박리
- PVD 스퍼터링: 타겟 표면 침식(erosion)으로 인한 금속 파편

- CMP: 연마 패드의 마모 조각과 슬러리 입자 응집체
- 고온 열처리: 산화 부산물, 미세결정 파편 등

공정 자체 기인 입자는 단순히 표면에 흡착된 오염과 달리, 회로 형상과 막 구조에 직접적인 손상을 유발하기 때문에, 별도의 관리 범주로 두고 모니터링해야 한다.

8.3.1.6 웨이퍼 자체에서의 발생

웨이퍼 자체도 이상적인 완전무결 재료는 아니다. 웨이퍼의 제조, 이송, 공정 과정에서 웨이퍼 표면 및 가장자리(edge)에서 절단 및 연마 과정에서의 엣지 칩핑(edge chipping), 자연 산화막 또는 박막의 국부 박리, 연마 후 잔류 연마제(abrasive) 및 슬러리 파편, 실리콘 표면의 미세 스크래치에서 떨어져 나오는 파편 등의 입자가 발생할 수 있다. 이러한 웨이퍼 기인 입자는 초기에는 검출되기 어렵지만, 후속 막 증착 및 포토 패턴 형성을 거치며 전기적 결함으로 증폭된다.

8.3.1.7 통합 입자 관리 시스템의 필요성

이처럼 입자 오염은 환경-장비-재료-사람-공정-웨이퍼라는 다층 시스템에서 동시에 발생하는 문제이다. 따라서 세정 기술은 단순한 표면 오염 제거를 넘어, 발생원 자체를 최소화(prevention)하고, 생성된 입자를 효과적으로 제거(removal)하며, 재부착을 억제(suppression)하는 통합 오염 관리 시스템(ontegrated contamination control)으로 진화해 왔다. 이와 같은 입자 관리 체계 없이는 오늘날의 고집적, 초미세 반도체 제조는 사실상 불가능하다. 입자 오염에 대해 핵심 위험과 제거 전략을 표 8.3에 요약하였다.

표 8.3 반도체 입자 오염: 핵심 위험 및 제거 전략

오염원	주요 위험	핵심 제거 전략
금속 입자(metal)	전도 경로 형성 (매우 높음)	SC-2(HCl/H_2O_2), 킬레이트 기반 용해
금속 산화물(metal oxide)	Trap Level 형성 (높음)	킬레이트(EDTA), SC-2
실리카/산화물(SiO_2)	절연층 불균일 (중간)	SC-1(NH_4OH/H_2O_2), 메가소닉
고분자/유기 입자(polymer)	전기 비활성 결함	SPM(Piranha), O_3 산화 분해
웨이퍼 자체 기원(chips)	EUV 패턴 결함 (매우 높음)	결함 검사 후 스크랩 처리

8.3.2 입자의 종류

반도체 제조공정에서 발생하는 오염원 중, 소자 성능과 수율에 가장 직접적인 영향을 미치는 것이 바로 입자(particle)이다. 입자는 발생 경로, 크기 범위(수십 μm부터 수 nm까지), 조성(무기, 유기, 금속, 산화물 등)이 매우 다양하며, 공정 미세화가 진행될수록 입자 하나의 영향력이 기하급수적으로 커진다. 입자 관리는 단순 양을 줄이는 문제가 아니라, 어떤 종류의 입자가, 어떤 메커니즘으로 부착했고, 어떠한 세정 전략으로 대응해야 하는가를 아우르는 문제이다.

8.3.2.1 무기 입자

무기 입자(inorganic particle)는 실리콘(Si), 실리카(SiO_2), 금속 산화물, 세라믹 등 비탄소 기반 고체 물질로 구성된 입자이다. 식각 및 증착 장비 내벽 박리, CMP 패드 및 슬러리에서 분리된 무기 입자, 세라믹 부품(샤워 헤드, 절연 링 등)의 마모 등이 주요 발생원이다. 이들 입자는 기계적 강도가 높고 화학적으로도 비교적 안정적이어서 세정액에 쉽게 용해되지 않으며, 웨이퍼 표면에 강하게 부착되면 제거가 어렵다. 결과적으로 패턴 붕괴, 금속 배선 단락, 콘택트 불량 등으로 이어져 수율에 직접 영향을 미친다.

8.3.2.2 유기 입자

유기 입자(prganic particle)는 탄소(C)를 기반으로 한 물질로 구성되며, 포토레지스트(PR) 패턴 및 잔사, 진공 그리스, 기계 오일 등의 오염, 작업자의 피부 각질, 머리카락 미세 조각, 각종 폴리머계 재료 조각 등의 기원을 가진다. 유기 오염은 표면에 얇은 유기막(organic film)을 형성하여 세정액의 젖음성(wettability)을 저하시킨다. 따라서 이후 세정 효율을 떨어뜨리고, 산화 및 식각 반응을 방해하며, 산화막 성장, ALD/CVD 증착의 균일성을 악화시킨다. 이 때문에 SC-1(APM)이나 황산계(SPM)처럼 산화력을 갖는 세정액을 통해 유기물을 분해 및 용해하여 제거하는 전략이 일반적으로 사용된다.

8.3.2.3 금속 입자

금속 입자(metallic particle)는 소자의 전기적 특성을 가장 강하게 교란하는 입자 유형으로, 극미량만 존재해도 심각한 영향을 미치는 고위험 오염군이다. 장비 내 금속 부품의 마모, PVD 타깃 침식 파편, 습식 화학 물질 내 미량 금속의 침전 등이 주요 발생원이며, 구리(Cu), 니켈(Ni), 철(Fe), 크로뮴(Cr) 등 전이 금속이 대표적이다. 금속 입자는 높은 전기전도성과 실리콘 및 산화막 내 높은 확산성을 바탕으로 소자의 활성 영역까지 침투하여 누설 전류 증가, 게이트 산화막 파괴, 장기 신뢰성 저하를 유발한다. 따라서 SC-2(HPM), 불산(HF) 기반 용액을 통해 금속의 이온화 및 착화합물 형성을 유도하여 제거하는 동시에, 장비와 화학 공급계에서의 사전 제어가 필수적이다.

8.3.2.4 산화물 및 화학적 산화막 입자

웨이퍼가 공기나 과산화물 기반 세정액에 노출되면 자연적으로 얇은 산화막이 형성되며, 이 산화막이 국부적으로 박리되면서 산화물 입자(oxide particle)로 남을 수 있다. 또한 CVD에서 증착된 산화막 및 질화막, 열산화막 일부가 미세 파편 형태로 떨어져 웨이퍼 표면에 잔류하기도 한다. 산화물 입자는 전기적으로 절연성이 높아 금속 증착, 콘택트 및 비아 형성 시 저항 증가와 열화된 접촉의 원인이 되며, 화학적으로는 불산(HF, dHF) 등의 플루오린계 용액을 통해 산화막을 용해함으로써 함께 제거하는 전략이 주로 사용된다.

8.3.2.5 장비 유발 입자

장비 유발 입자(equipment-induced particle)는 8.3.1에서 언급한 장비 기인 입자의 하위 분류로, 발생 시점과 공정 조건이 밀접히 연관되어 있다는 점이 특징이다. 게이트 밸브 개폐 시 급격한 압력 변화, 가스 온·오프 순간 유동 조건 급변, 챔버 온도 사이클에 따른 열응력 집중 등이 원인이다. 도쿄일렉트론(TEL)의 연구에 따르면, 공정 챔버와 이송 챔버 사이 게이트 밸브가 열릴 때 형성되는 충격파가 장비 내부에 축적된 막을 박리시키고, 이로 인해 일시적으로 매우 높은 입자 플럭스(particle flux)가 웨이퍼 상부를 통과하는 것으로 보고된다. 이러한 장비 유발 입자는 발생 타이밍이 특정 공정 이벤트와 연동되므로, 챔버 구조 설계 개선, 압력 램프(ramp) 제어, 정기적 클리닝 등으로 사전 대응하는 것이 중요하다.

8.3.2.6 환경 및 인체 기인 입자

환경 및 인체 기인 입자(environmental & human particle)는 상대적으로 크기가 작은 경우가 많지만, 포토 공정에서의 패턴 결함으로 직결되기 때문에 결코 무시할 수 없다. 사람의 머리카락 및 각질 파편, 장갑과 작업복에서 탈락하는 미세 섬유, 공조 시스템 및 장비 외부로부터 유입되는 미세 분진 등이 대표적이며, 주로 수백 nm 이하의 크기로 존재한다. 작업자의 동작이 많을수록 발생 가능성이 증가하므로 작업 동선 관리, 국소 배기 및 밀폐 구조 설계, 자동화 장비 도입이 환경 및 인체 기인 입자 감소에 핵심적이다.

8.3.2.7 입자 종류에 따른 세정 전략

입자는 그 기원과 조성 및 전기적 특성에 따라 무기 입자, 유기 입자, 금속 입자, 산화물 입자, 장비 유발 입자, 환경 및 인체 기인 입자로 분류할 수 있다. 각 유형은 웨이퍼 표면에 다른 메커니즘으로 부착하고 세정에 상이한 화학적, 물리적 전략을 요구한다. 따라서 세정 공정에서는 화학적 산화 및 환원, 선택적 식각, 정전기적 제어(zeta potential), 물리적 언더컷 및 메가소닉 에너지 등을 입자 특성에 맞게 조합한 하이브리드 전략이 필요하다. 나노미터 공정 시대의 세정 기술은 단순히 입자 수를 줄이는 기술이 아니라, 입자 발생 메커니즘을 이해하고 선제적으로 제어하는 시스템 엔지니어링 기술이라 할 수 있다.

8.3.3 공정상의 한계

반도체 제조공정을 하나의 문장으로 압축한다면, "반도체 공정은 입자와의 전쟁이다."라고 표현할 수 있다. 이 전쟁은 특정 장비나 일부 공정 구간에서만 벌어지는 국지전이 아니다. 웨이퍼가 처음 표면을 드러내는 순간부터 최종 패키징에 이르기까지, 모든 단계에서 끊임없이 지속되는 총력전이다. 입자는 바이러스보다 작은 크기를 갖고, 눈에 보이지 않으며, 예측 불가능한 경로로 생성 및 이동한다. 그러나 그중 단 하나라도 미세 패턴 위에 자리 잡으면, 공정 전체의 수율과 신뢰성을 무너뜨릴 수 있다. 이 때문에 제조 엔지니어들은 새로운 장비, 새로운 세정 화학, 새로운 공정 조건을 끊임없이 도입해 왔다. 그럼에도 불구하고, 세정 공정은 물리적, 화학적, 경제적 측면에서 본질적 한계를 지니며, 이는 입자 전쟁이 완전히 끝날 수 없는 이유를 설명해 준다.

8.3.3.1 화학적 세정의 양면성

반도체 세정 공정은 강력한 화학 반응을 기반으로 한다. SC-1, SC-2, SPM, 불산(HF)과 같은 용액들은 유기물, 금속, 산화막, 입자 등 다양한 오염원을 제거하는 데 매우 효과적이다. 하지만 이 강력함이 동시에 새로운 변수를 만들어 내는 양날의 검이 된다. 산화, 환원, 용해 과정에서 웨이퍼 표면의 반응성(reactivity)이 변화하며, 농도, 온도, 산화환원 전위(ORP)의 미세한 변동만으로도 금속 이온이 다시 표면에 재도금(re-deposition)되거나 유기물이 재흡착(re-adsorption)되는 재오염이 발생할 수 있다. 또한 산화와 식각이 동시에 진행될 경우 표면 미세 거칠기 증가, 과식각(over-etch), 박막 두께 변동 등 구조적 손상이 누적된다. 이러한 양면성 때문에, 세정은 공정을 정화하는 동시에 새로운 오염 가능성과 손상 가능성을 내포한 공정이 된다. 즉, 매우 강력한 무기를 사용하지만, 그 반동을 항상 관리해야 하는 전술적 딜레마가 존재한다.

8.3.3.2 미세 구조가 심화시키는 세정 및 건조의 물리적 한계

소자 구조의 고집적화 및 3차원화(3D integration)와 함께, 패턴의 종횡비(AR)는 꾸준히 증가하고 있다. 좁고 깊은 구조는 액체 기반 세정 입장에서는 '접근하기 매우 어려운 전투 지형'에 해당한다. 액체는 점성과 표면장력으로 인해 고종횡비 구조 내부 깊숙이 침투하기 어려우며, 구조 내부에 잔류한 액적이 건조 과정에서 수축하여 워터마크 및 미세 입자를 발생시킨다. 또한 고종횡비 패턴에서는 건조 단계에서 모세관력에 의해 패턴 변형이나 패턴 붕괴가 발생할 수 있다. 이러한 물리적 제한은 선폭 축소와 함께 더욱 두드러지며, 모든 패턴 내부를 균일하게 세정한다는 목표 자체가 물리적으로 어려운 과제가 된다. 결국, 세정 공정은 공정 미세화가 진전될수록 전투 지형이 더 나빠지는 방향으로 가고 있다고 볼 수 있다.

8.3.3.3 금속 오염 제거의 어려움

금속 오염은 반도체 공정에서 가장 위험한 오염원 중 하나이다. 금속 이온은 높은 반응성과 확산성을 가지고 있으며, 실리콘 표면에 강한 결합으로 부착한다. 또한 공정 환경의 pH, 전위차, 산화 환원 반응에 민감하게 반응하여 제거가 쉽지 않다. 특히 불산(HF) 기반 세정에서는 구리(Cu)와 은(Ag) 등의 금속이 전기화학적 반응을 통해 실리콘 표면에 재도금되는 현상이 흔히 발생한다. 이러한 특성 때문에 금속 오염은 세정 공정에서 가장 복잡하고 지속적으로 관리해야 하는 고난이도 전선이다.

8.3.3.4 건식 세정의 기술적 한계

건식 세정은 세정액 소비 감소, 공정 통합성 향상, 고종횡비 구조 대응 등의 이유로 선단 공정에서 비중이 커지고 있지만, 모든 오염을 해결하는 만능 전술은 아니다. 소듐, 포타슘 같은 알칼리 금속은 플라스마 기반 반응만으로 제거하기 어렵고, 포토레지스트(PR) 및 하드마스크 잔여물 등 고분자 유기 잔사는 완전 분해가 쉽지 않다. 또한 플라스마 표면 손상(surface damage)은 산화막 및 게이트 구조에 전기적 열화를 유발할 수 있으며, 다수의 금속은 저온에서 충분한 휘발성을 가지지 않아 기상 반응만으로는 제거에 한계가 있다. 결국 건식 세정은 반드시 필요하지만 역할이 제한적인 전술이며, 현실적인 제조 환경에서는 습식과 건식의 하이브리드 전략이 불가피하다.

8.3.3.5 초순수(DI Water)와 화학 물질의 과다 소비

세정 공정은 반도체 제조에서 가장 많은 양의 초순수와 화학약품을 소비한다. SC-1, SC-2, HF 기반의 반복적인 공정은 막대한 양의 고순도 용액과 초순수가 필요하며, 이는 곧 높은 비용과 폐수 처리 부담으로 이어진다. 특히 ESG와 환경 규제가 강조되는 시대에는 이러한 자원 소비가 제조 기업의 부담으로 작용하며, 효율적인 자원 관리 기술 개발을 필수적으로 요구한다. 이 측면에서 세정 공정은 기술적 전쟁일 뿐 아니라 비용과 환경 문제를 동반한 지속적 과제이기도 하다.

8.3.3.6 공정 통합의 충돌

세정 공정은 독립적으로 존재하지 않는다. 각 세정 단계는 앞선 공정의 오염을 제거함과 동시에, 다음 공정이 요구하는 표면 조건을 충족해야 한다. 그러나 강한 화학적 반응은 때로는 이후 공정과 부정적인 상호작용을 일으킨다. 예를 들어 SC-1에서 생성된 산화막은 다음 단계의 식각 균일성을 떨어뜨릴 수 있으며, HF 세정 후 생성되는 소수성 표면은 이후 액상 공정과의 접촉성을 저하시킨다. 메가소닉 세정은 패턴 손상의 위험을 내포하고 있어 공정 통합을 더욱 복잡하게 만든다. 결국 세정 공정은 항상 전략적 균형점을 찾아야 하는 민감한 공정이다.

8.3.3.7 입자 발생의 불가피성

입자 발생은 반도체 제조에서 완전히 제거할 수 없는 현상이다. 가스 주입, 밸브 개폐, 챔버 압력 변화, 열적 변동, 장비 진동 등 다양한 요인에서 입자는 자연스럽게 발생한다. 장비와 공정을 아무리 개선하더라도, 입자를 0으로 만드는 것은 물리적으로 불가능하다. 세정 공정이 목표로 하는 것은 완전한 제거가 아니라, 재오염을 최대한 억제하고, 입자 발생의 주기를 지연시키며, 미세 패턴에 손상을 주지 않는 범위 내에서 위험을 최소화하는 일이다. 이러한 불가피성은 세정 기술이 가진 근본적 한계이며, 동시에 이 전쟁이 결코 끝나지 않는 이유이기도 하다.

8.3.4 세정 품질과 수율의 상관관계

반도체 제조에서 세정은 단순히 표면의 오염물질을 제거하는 보조 공정이 아니라, "세정 품질 = 수율(yield)"을 결정하는 가장 근본적인 공정 변수이다. 특히 디바이스 선폭이 수십 나노미터 이하로 축소된 현대 공정에서는, 단 하나의 입자, ppt 수준의 금속 불순물, 얇은 유기막, 수 nm 규모의 미세 산화막, 미세 표면 거칠기조차도 회로 전체의 기능을 근본적으로 무너뜨릴 수 있다.

8.3.4.1 초기화 공정으로서의 세정의 중요성

세정과 수율의 관계는 다양한 오염 인자의 누적 효과로부터 출발한다. 입자 오염, 금속 오염, 유기 오염, 수분 및 잔류 산화막, 표면 미세 거칠기 등은 각각 독립적으로 결함을 만들기도 하고, 서로 결합하여 복합 결함을 생성하기도 한다. 이 결함들이 후속 공정을 거치면서 패턴 불량, 박막 결함, 계면 열화로 증폭되며, 최종적으로는 디바이스 레벨 수율에 반영된다. 세정은 이러한 결함 누적의 흐름 속에서 거의 유일하게 초기화를 수행할 수 있는 공정이다. 초기 세정 품질의 차이는 공정 후반부에서 수율의 큰 차이로 되돌아온다.

8.3.4.2 포아송 수율 모델과 입자 오염

입자 오염은 수율과의 관계를 가장 직관적으로 보여주는 오염 인자다. 입자의 크기가 회로 선폭과 비슷하거나 더 큰 경우, 단락 또는 개방 결함을 직접 유발한다. 대표적인 포아송(Poisson) 수율 모델은 다음과 같이 표현된다.

$$Y = e^{-AD}$$

(Y: 수율, A: 칩 면적, D: 결함 밀도)

이 모델이 의미하는 바는 명확하다. 결함 밀도(D)가 아주 조금만 증가해도, 수율(Y)은 지수적으로 감소한다. 따라서 초기 세정 단계에서 미세 입자를 최대한 제거하는 것은 단순한 품질 개선이 아니라, 제조 안정성 전체를 지키는 핵심 행위이다.

8.3.4.3 금속 오염과 장기 신뢰성

금속 오염은 수율뿐 아니라 장기 신뢰성(lifetime reliability)에도 직접적인 영향을 미친다. 금속 원자는 열 공정에서 활성 영역 및 게이트 산화막 쪽으로 확산되어 누설 전류 증가, 임계 전압(V_{th}) 변동, 경시적 절연 파괴(TDDB)를 유발한다. 초기 표면에는 미량 국부로 존재하기 때문에 검출이 어렵지만, 한 번 확산되기 시작하면 이후 공정에서는 제거가 불가능하다. 이 때문에 금속 오염은 초기 세정 단계에서 완전히 제거하지 못하면, 이후 전 공정에 걸쳐 전기적 불량, 신뢰성 이슈, 필드 리턴(field return) 문제로 계속 확대된다.

SC-2(HPM), FPM(HF+H_2O_2) 등이 금속 제거에 중요하게 사용되는 이유가 여기에 있다.

8.3.4.4 유기물, 수분, 산화막, 거칠기의 숨은 영향

유기물과 레지스트 잔사는 식각 공정에서 패턴 형성을 방해하고, 증착 공정에서 필름 성장의 균일성을 떨어뜨리며, 고종횡비 CVD 공정에서는 필름 성장의 핵을 왜곡하여 빈틈(void)과 기공(defect)을 만든다. 수분, 잔류 자연 산화막, 표면 미세 거칠기는 금속 박막 증착 시 접착력 저하 및 계면 산화물 형성, 인터페이스 상태 악화로 이어져 전기적 특성 변동을 초래한다. 특히 선단 공정에서는 계면만으로 수율이 결정되는 경우도 흔하다.

8.3.4.5 세정 품질 = 수율의 공학적 의미

결국 세정과 수율의 상관관계는 다음과 같이 요약할 수 있다. 세정 품질이 높아질수록 결함 밀도(D)는 감소하고 수율(Y)은 지수적으로 증가한다. 세정은 제조 플로우에서 유일하게 결함을 초기화할 수 있는 공정이다. 따라서 세정은 더 이상 부수적인 전처리 공정이 아니라, 수율 확보를 위한 핵심 제조 플랫폼(core manufacturing platform)이다. 고집적 반도체 시대에 세정 기술의 수준은 곧 제품의 수준이자 공장의 경제성이라고 해도 과언이 아니다.

8.3.5 입자 제거의 원리

반도체 제조공정에서 입자는 가장 먼저 관리해야 하고, 가장 제거하기 어려운 오염원이다. 선폭이 수십 나노미터 수준까지 축소된 현대 공정에서는, 웨이퍼 표면의 단일 미세 입자 하나가 단일 소자의 기능 상실, 칩 전체의 불량, 수율 및 신뢰성 저하로 이어질 수 있다. 따라서 세정 기술은 입자 발생 억제뿐 아니라, 이미 부착된 입자를 어떻게 떼어낼 것인가라는 물리, 화학적 원리를 이해하는 데서 출발한다. 입자 제거의 핵심은 입자와 웨이퍼 사이에 작용하는 접착력(adhesion force)을 약화시키고, 이를 단계적으로 끊어내는 데 있다. 입자는 반데르발스 힘, 정전기적 인력, 화학 결합, 표면 형상에 의한 기계적 결합 등에 의해 부착되므로, 제거는 단일 원리로 설명될 수 없고, 화학 반응, 전하 제어, 물리적 에너지, 건조 제어가 결합된 다단계 프로세스다.

8.3.5.1 화학적 산화와 미세 식각

첫 단계는 입자와 표면 사이의 결합을 화학적으로 약화시키는 것이다. 대표적인 예가

SC-1(APM) 용액이다. 과산화수소(H_2O_2)는 표면 유기물 및 일부 오염을 산화 및 분해하고, 암모니아(NH_4OH)는 pH를 상승시켜 표면 산화막을 완만하게 식각한다. 이 과정에서 웨이퍼 표면은 얇은 산화막이 형성되고 다시 식각되는 형성-해제 사이클을 반복한다. 그 결과 입자 하부에 미세 틈(undercut)이 형성되고 실제 접촉 면적이 감소하여 접착력이 감소한다. 즉, 화학적 산화 및 식각은 입자를 당장 떼어내는 단계가 아니라, 후속 물리적 제거를 위한 전처리 단계다.

8.3.5.2 표면 전하 조절

두 번째 축은 표면 전하 환경을 제어하여, 입자와 웨이퍼 사이에 정전기적 반발력(repulsion)이 작용하도록 만드는 것이다. 실리콘 표면과 많은 산화물 입자는 용액의 pH에 따라 전하 극성이 달라진다. SC-1처럼 pH가 높은 조건에서는 실리콘 표면과 대부분의 산화물 입자 모두 음전하(-)를 띠게 된다. 같은 극성의 전하 사이에는 정전기적 척력이 발생하여 입자가 표면에서 떨어져 나가려는 힘이 증가한다. 화학적 식각으로 접착력을 이미 약화시킨 상태에서, 이 정전기적 반발력은 입자를 탈착 방향으로 밀어주는 역할을 한다. 따라서 세정 레시피에서 pH, 이온 조성, 산화환원전위 등을 정교하게 설계하는 것은 입자 제거 효율을 좌우하는 중요 전략이다.

8.3.5.3 물리적 탈착

세 번째 단계는 물리적 에너지를 이용하여, 약해진 결합을 실제로 끊어내는 과정이다. 메가소닉 세정은 약 1 MHz 수준의 고주파 음향 에너지를 사용하여 표면 근처 액층에 압력 변동과 전단력(shear force)을 발생시킨다. 입자 주변 유동이 교란되며, 언더컷이 형성된 입자가 표면으로부터 미끄러져 나가는 방향으로 힘을 받는다. 단일 웨이퍼 세정 장비에서는 회전(spin), 스프레이, 국소 용액 주입 등 유체역학적 조건을 이용해 떨어져 나간 입자가 재부착되지 않도록 빠르게 외부로 운반되도록 설계한다. 메가소닉 및 유체 에너지는 너무 약하면 제거 효과가 없고, 너무 강하면 패턴 손상 및 라인 붕괴를 일으키므로, 소자 구조 및 공정 세대에 맞춘 최적화가 필수다.[8)]

---

8) Zltano, M., et al. (1993).** "Particle Removal from Silicon Wafer Surface in Wet Cleaning Process." *IEEE Transactions on Semiconductor Manufacturing*. Bakhtari, K., et al. (2006). "A study of megasonic cleaning of patterned wafers." Journal of The Electrochemical Society.

8.3.5.4 건조 과정에서의 재부착 방지

입자가 액상 세정 단계에서 제거되었더라도, 건조 단계에서의 재부착(redeposition)이 발생하면 세정 효과는 크게 상실된다. 표면에 남은 얇은 물막이 수축하면서 모세관력(capillary force)과 표면장력이 증가하여 입자를 다시 표면 쪽으로 끌어당긴다. 이를 방지하기 위해 IPA 증기 건조(IPA drying), 마란고니(marangoni) 건조, 스핀 건조 등 표면장력 저감 및 균일 건조 기술이 사용된다. 건조는 세정 공정의 마지막 단계이지만, 실제로는 세정 전체 품질을 결정하는 최종 필터에 가깝다.

8.3.5.5 입자 제거 메커니즘의 종합

지금까지의 내용을 종합하면, 입자 제거는 화학적 산화 및 미세 식각(접착력 약화, 언더컷 형성), 표면 전하 제어(정전기적 반발력 유도), 메가소닉 및 유체역학적 힘(물리적 탈착 및 외부 운반), 건조 공정 최적화(재부착 억제 및 안정한 표면 상태 확보)의 네 단계 상호작용으로 구성된다. 이 네 단계는 서로를 보완하며, 특히 선폭 감소 및 고종횡비 구조가 일반화된 현대 공정에서는 각 단계의 정밀한 제어가 필수이다. 결국 입자 제거 기술은 단순 세정 기술을 넘어, 반도체 제조의 성공 여부를 좌우하는 핵심 기반 기술로 자리 잡았다고 할 수 있다.

8.4 금속 오염 및 제거

8.4.1 금속의 고유 특성

반도체 제조공정에서 금속 오염(metallic contamination)은 가장 까다롭고 치명적인 오염 형태로 간주된다. 이는 단순히 금속이 웨이퍼 표면에 부착하기 쉬워서가 아니라, 금속이라는 재료가 본질적으로 갖는 특성들이 반도체 소자 형성에 결정적인 손상을 초래하기 때문이다. 금속 원자는 실리콘 기반 소자 구조와 화학적으로나 물리적으로 매우 다른 거동을 나타내며, 이러한 근본적 차이가 금속 오염을 더욱 위험하고 제거하기 어렵게 만든다. 본 절에서는 금속 오염을 이해하기 위해 먼저 금속의 고유 특성을 다각도로 살펴본다.

8.4.1.1 높은 전기전도도

금속은 자유 전자의 이동이 쉬운 금속 결합 구조를 갖기 때문에 매우 높은 전기전도도(electrical conductivity)를 나타낸다. 이는 반도체 소자 내에서 불필요한 전도 경로를 형성하게 하며, 그 결과 누설 전류 증가, 게이트 절연막 파괴, 소스-드레인 단락, 임계 전압 편차 증가와 같은 치명적 결함을 유발한다. 특히 미세 패턴에서는 금속 원자 수십 개만 존재해도 전기적 이상이 발생한다는 점에서, 금속 제어는 기본적이면서도 가장 중요한 세정 과제 중 하나다.

8.4.1.2 열역학적 불안정성과 높은 반응성

금속 오염은 공정 조건(온도, 습도, 산화환원전위, 용액 조성)에 따라 다양한 형태로 변환되기 쉽다. 금속은 세정액에서는 이온 상태로 존재하다가 헹굼 과정에서 다시 금속 상태로 환원되어 표면에 재침착(re-deposition) 될 수 있다. 또한 산화물, 수산화물, 콜로이드 입자 등 상태 변화가 빠르고 다양해 일반적인 단일 화학 조성으로는 완전 제거가 어렵다.

8.4.1.3 높은 확산성

금속 원자의 확산 속도는 매우 빠르며, 특히 소듐, 포타슘, 리튬과 같은 이동성 금속은 열 공정이 없어도 실리콘 산화막 내부로 확산된다. 전이 금속(구리, 니켈, 철 등) 또한 200°C 이하에서도 활성층까지 침투할 수 있다. 이들이 확산하면 깊은 준위 트랩(deep-level trap) 형성, 재결합 속도 증가, 소자 수명 단축, 장기적 신뢰성 저하가 발생하며, 후공정에서는 제거가 사실상 불가능하다.[9] 따라서 금속 확산은 '발생 즉시 제거'가 원칙이다.

8.4.1.4 용해성과 재흡착 가능성

금속은 용액 내에서 이온 형태로 잘 용해되지만, 이는 오히려 제거를 어렵게 만든다. 세정액 내에서 금속 이온이 농도 구배에 의해 웨이퍼 표면으로 재흡착될 수 있으며, 착화합물(chelates)을 형성하지 않는 금속은 헹굼 과정에서 다시 금속 형태로 환원되며 표면을 오염시킨다. 이 때문에 SC-2(염산/과산화수소), FPM(불산/과산화수소)과 같은 화

---

9) Schroder, D. K. (2006). "Semiconductor Material and Device Characterization", (3rd ed.). Wiley-IEEE Press.

학 조성은 금속 이온을 안정적 착물로 가두어 재흡착을 억제하는 데 최적화되어 있다.

8.4.1.5 다양한 화합물 및 입자 형성

금속은 산소, 수산화 이온, 염소 이온, 유기물 등 다양한 화학종과 반응하여 산화물, 수산화물, 염화물, 유기금속 등 복잡한 형태로 전환된다. 또한 금속 이온이 콜로이드 입자로 변하면 입자 오염 형태로 공정을 다시 오염시킨다. 이 때문에 금속 제거는 화학적 제거와 입자 제거 메커니즘을 동시에 다루는 다중 단계 접근이 필요하다.

8.4.1.6 낮은 열 안정성과 온도 민감성

금속의 확산 속도는 온도에 따라 지수적으로 증가하기 때문에, 수 초의 온도 상승만으로도 금속 오염은 깊은 영역까지 침투한다. 따라서 열 공정 전후 세정, 열 예산(thermal budget) 최소화, 장비 온도 균일성 확보가 매우 중요하다.

8.4.1.7 높은 광반사성

금속의 높은 반사율(reflectivity)은 리소그래피 노광 균일성을 저해하고, 정재파 효과(standing wave effect)를 증가시켜 미세 패턴 형성에 악영향을 준다. 이 때문에 금속 오염은 광학적 공정까지 교란하는 광학적 위험원(optical contaminant)으로 간주된다.

8.4.1.8 종합적 위험성

금속 오염은 전기적, 화학적, 확산적, 광학적 특성이 모두 얽혀 위험성이 배가되며, 소자 미세화가 진행될수록 오염 허용치(ppq 수준)가 급격히 낮아지고 있다. 최근 IBM과 스크린(SCREEN, 2025)은 “EUV 공정에서 금속 오염 제어는 패턴 한계 극복의 핵심”이라고 밝히며 차세대 세정 기술 개발을 발표하기도 했다. 이러한 요소들은 금속 오염 제어가 단순한 표면 세정을 넘어 공정 전반의 수율 및 신뢰성 확보를 위한 핵심 전략임을 보여준다.[10)]

8.4.2 세정 관점에서의 금속 분류

금속 오염은 금속 종류에 따라 확산성, 전기적 활성, 산화물 형성, 세정 반응성 등이

10) IBM & SCREEN Semiconductor Solutions. (2025). “Next-Generation EUV Cleaning Collaboration Announcement”.

크게 달라지므로, 세정 관점에서의 정교한 분류가 필수적이다. 아래 분류 체계는 실제 세정 공정 설계 및 산화환원 전위(ORP) 조건 설정, 착화합물 형성 전략, 재흡착 방지 전략 등을 통합적으로 고려한 구조이다.

8.4.2.1 이동성 금속

소듐(Na), 포타슘(K), 리튬(Li) 등의 알칼리 금속이 이동성 금속(mobile metal)에 속한다. 이들은 낮은 활성화 에너지를 가져 상온에서도 확산되며, 산화막 및 실리콘 내부까지 빠르게 이동한다. 그 결과 게이트 산화막 전하 트랩, 임계 전압 변동(Vth Shift) 발생, 장기 신뢰성 저하 및 디바이스 간 편차 증가를 초래한다. 알칼리 금속은 극소량(ppb 이하)만 존재해도 소자에 심각한 영향을 주기 때문에 SC-2, IMEC 세정 등 고 ORP 기반 세정에서 가장 엄격히 관리된다.

8.4.2.2 중금속

금(Au), 백금(Pt), 은(Ag), 구리(Cu), 납(Pb), 니켈(Ni), 철(Fe), 텅스텐(W) 등은 중금속(heavy metal)이다. 중금속은 전기음성도와 원자량이 커 실리콘 내부에서 깊은 준위 트랩과 재결합 중심을 형성한다. 특히 구리, 니켈, 철은 미량만 존재해도 소자 수명과 전하 이동 특성에 돌이킬 수 없는 손상을 일으킨다. 실리사이드 형성, 누설 전류 증가, 재결합 속도 상승, 활성층 깊숙이 침투하는 문제가 발생한다. 중금속 제거는 FPM, SC-2 기반 착화합물 형성 메커니즘이 핵심이다.

8.4.2.3 경금속

알루미늄(Al), 타이타늄(Ti) 등은 경금속(light metla)이다. 경금속은 산화물 형성이 쉬워 표면 박막 또는 입자 형태로 남기 쉽다. 표면 산화물 입자 재오염, 리소그래피 반사 문제, CMP 후 콜로이드 재형성 등의 문제를 초래한다. 경금속은 희석 불산(dHF) 또는 FPM 조건에서 산화막 제거 후 재침착 억제 조건을 설정해 관리한다.

8.4.2.4 주요 관리 금속

반도체 세정 공정에서 주된 관심이 되는 금속들은 알루미늄(Al), 비소(As), 바륨(Ba), 칼슘(Ca), 코발트(Co), 구리(Cu), 크로뮴(Cr), 철(Fe), 포타슘(K), 리튬(Li), 마그네슘(Mg), 망가니즈(Mn), 소듐(Na), 니켈(Ni), 납(Pb), 주석(Sn), 타이타늄(Ti), 아연(Zn) 등이다. 이 금속들은 전(全) 공정에서 ppb 이하 수준으로 관리되며, 대부분은 전기적 활성 결함 생성 원소이다. 반도체 제조 장비, 용수, 제조 재료 등 모든 영역에서 모니터링이 필요하며 SC-2, FPM, IMEC 세정으로 주로 제어된다.

8.4.2.5 금속 분류의 필요성과 공정적 의미

금속 분류는 단순한 목록이 아니라 다음과 같은 공정 설계 기준이다. 금속 종류별 세정액 선택, 착화합물 형성 여부 판단(예: 구리는 FPM), ORP 조절 전략 수립, 재침착 억제 조건 설정, 장비 재질 및 부품 선택 기준, 공정 민감 단계(게이트 산화, 활성층, CMP 등)에서의 관리 강화 등이 포함된다. 즉, 금속 분류는 금속 제거의 전제 조건이자, 세정 공정 엔지니어가 전체 공정을 설계할 때 반드시 기반으로 삼아야 하는 핵심 지식체계이다.

8.4.3 에너지 밴드 내 트랩 레벨 형성

반도체 결정 내부의 에너지 구조는 본래 전도띠(conduction band)와 원자가띠(valence band)로 깔끔하게 나뉘어 있으며, 이 두 밴드 사이에는 전자가 존재할 수 없는 밴드 갭(band gap)이 존재한다. 그러나 실제 반도체 공정 환경은 이론적인 완전한 결정과는 거리가 멀다. 웨이퍼는 성장 과정, 열처리, 이온 주입, 플라스마 식각, 세정에 이르는 복잡한 제조 단계를 거치면서 다양한 구조적 결함과 오염 요인을 축적하게 되고, 이러한 결함들은 밴드 갭 내부에 국소적인 에너지 준위, 즉 트랩 레벨(trap level)을 형성한다. 트랩 레벨은 반도체 소자의 전기적 성능을 결정짓는 매우 중요한 요소이며, 금속 오염을 비롯한 다양한 외부 불순물은 이러한 트랩 준위 생성의 핵심 요인으로 작용한다. 이와 같은 이유로 세정 공정은 단순히 표면의 이물질을 제거하는 데 그치지 않고, 소자 특성을 안정적으로 유지하기 위한 결함 제어 기술의 주축으로 자리 잡고 있다.

8.4.3.1 결정 결함과 트랩 준위 생성

결함 유형은 실리콘 원자가 빠져나간 자리인 공공(vacancy), 다른 원자가 비정상 위치에 침투한 격자간 원자(interstitial), 결합이 끊어진 미결합 상태인 매달린 결합(dangling bond) 등의 대표적 구조적 요소로 나뉜다. 이들 결함은 고온 공정, 플라스마 공정, 이온 주입 후 증가하며, 밴드 갭 내부에 새로운 전자 상태를 형성해 전하 이동 경로를 불안정하게 만든다. 이로 인해 전하 포획 및 방출 증가, 이동도 저하, 누설 전류 증가, 문턱 전압 변동 등의 소자 영향이 발생한다.

8.4.3.2 금속 오염에 의한 깊은 준위 트랩 형성

금속은 대부분 전기적으로 활성화 가능한 준위(electrically active level)를 형성하며, 그중 일부는 깊은 준위 트랩(deep-level trap)으로 작용한다. 소듐, 포타슘과 같은 알칼리 금속은 얕은 트랩(shallow trap)을 형성하여 게이트 산화막 전하 불안정성을 유발한다. 반면 구리, 철, 니켈 등 전이 금속은 깊은 트랩을 형성하여 소수 캐리어 수명(minority carrier lifetime)을 급감시킨다. 깊은 준위 트랩은 SRH(Shockley-Read-Hall) 재결합 중심으로 작용해 캐리어 수명 감소, 암전류 증가, 소자 열화 및 수명 단축을 유발한다. 특히 구리는 실리콘 내부 확산 속도가 매우 빨라, 미량만으로도 장기 신뢰성 저하를 일으키는 대표적 오염물이다. 학술적으로도 금속 오염이 결함 중심을 활성화하여 재결합 속도를 크게 증가시키는 주요 원인임이 보고되었다.

8.4.3.3 계면 결함과 트랩 형성

실리콘-이산화규소($Si-SiO_2$) 계면은 반도체 소자에서 가장 민감한 영역 중 하나다. 계면 트랩(interface trap, D_{it})은 산화 중 생성된 매달린 결합, 불완전 산화, 금속 불순물의 계면 축적, 플라스마 손상 등의 요인으로 증가한다. 계면 트랩은 문턱 전압 변동, 문턱 전압 이하 스윙(subthreshold swing) 악화, 이동도 감소, 바이어스 온도 불안정성(BTI) 증가 등에 영향을 준다. 특히 3 nm 이하 노드에서 계면 트랩은 게이트-올-어라운드(GAA) 소자 안정성 제한 요소로 명확히 지적되고 있다.

8.4.3.4 트랩이 소자 특성에 미치는 영향

트랩은 동작 중 전자를 포획(trapping)하거나 방출(detrapping)하며 다양한 문제를 유발한다.

- 포획: 전자 또는 정공이 트랩에 억류되어 스위칭 지연 및 전류 감소를 유발한다.
- 방출: 붙잡힌 전자가 방출되어 노이즈 증가 및 불규칙 동작을 유발한다.
- 문턱 전압 변동: 장기적 전하 불안정성으로 인해 신뢰성이 저하된다.
- 재결합: 깊은 트랩이 중심 역할을 하여 누설 전류 증가 및 수명 단축을 초래한다.[11)]

8.4.3.5 세정 공정과 트랩 형성의 직접적 연관성

트랩 레벨의 생성은 결함 자체뿐 아니라 오염물질의 잔류 여부와 직접적으로 연결되

11) Sze, S. M., & Ng, K. K. (2006)."Physics of Semiconductor Devices" (3rd ed.). Wiley-Interscience.

어 있다. 따라서 세정 공정의 핵심 목적은 단순한 오염 제거가 아니라, 결국 트랩 레벨의 발생 억제에 있다. 금속 오염은 금속 유발 트랩 증가, 유기물 잔사는 불완전 산화 및 계면 결함 증가, 입자는 격자 손상과 국소 결함 증가, 불산 세정 불균일은 매달린 결합 잔류 증가로 이어진다. 즉, SC-1, SC-2, 불산 처리, IMEC 세정 등은 각각 오염군을 제거함으로써 트랩 밀도를 근본적으로 낮추는 역할을 수행한다. 이 때문에 세정 공정은 후속 소자의 성능과 신뢰성을 좌우하는 결함 제어의 첫 단계라 할 수 있다.

8.4.4 제거 원리

금속 오염은 실리콘 표면에서 빠르게 확산하고 산화막 및 미세 패턴 내부로 침투해 소자 전기 특성을 저해하는 대표적 불순물이다. 이를 제거하는 세정 공정은 크게 산화, 착화, 용해, 식각, 표면 전하 조절을 통한 탈착 등 5가지 원리에 기반한 화학, 물리, 전기적 제거 메커니즘으로 구성된다.

8.4.4.1 화학적 산화에 의한 유기 오염 분해

SPM(Sulfuric Peroxide Mixture)은 카로산(Caro's Acid, H_2SO_5)을 생성해 유기물의 탄소 사슬을 공격 및 산화하여 이산화탄소, 물 등 휘발성 물질로 분해한다. 또한 이 과정에서 수 nm 수준의 화학적 산화막을 형성해 금속 이온 흡착 방지 및 재오염 억제 효과를 제공한다. SC-1(APM) 또한 과산화수소에 의해 표면 유기물을 산화 및 분해하며, 산화 후 헹굼(rinse) 단계에서 자연 탈착된다.

표 8.4 RCA 세정 각 단계(SC-1 / SC-2 / dHF)의 기능 및 적용 목적

단계	화학 조성	주요 목적	제거 대상
SC-1 (APM)	$NH_4OH + H_2O_2$	산화 + 미세 식각	입자, 유기물 일부
SC-2 (HPM)	$HCl + H_2O_2$	금속 이온 용해 및 착화	금속 오염
dHF	HF(H_2O 희석)	산화막 제거, 표면 소수화	자연 산화막, 화학 산화막

8.4.4.2 언더컷에 의한 입자 제거

입자 제거는 SC-1 알칼리 조건에서 산화막이 느리게 용해되며 발생하는 국소적 언더컷이 핵심이다. 입자 접촉면 감소 및 접착력 약화를 유도하며, 메가소닉 진동에 의해 분리가 촉진된다. 3D 낸드 및 고종횡비 구조에서 특히 중요하며, 최근 산업 보고서는 메가

소닉 패턴 균일성 향상 기술이 차세대 생산라인의 주요 투자 영역이라고 분석하고 있다.

8.4.4.3 금속 오염 제거: 착화 및 용해

SC-2(HPM)는 금속 제거를 위해 가장 널리 사용되는 조합이며, 산화(금속을 금속 이온으로 전환), 착화(금속 이온과 염소 이온 결합으로 착물 형성), 용해(착물을 용액으로 분리하여 이동)의 과정을 수행한다. 구리, 니켈, 철 등은 세정 전후 소자 신뢰성에 직접 영향을 주기 때문에 SC-2 단계는 필수적이다. 또한 FPM(불산 + 과산화수소)은 산화막 제거와 금속 착화가 동시에 진행되는 하이브리드 메커니즘으로, 미세 패턴 구조에서 널리 쓰인다.

8.4.4.4 식각에 의한 산화막 및 잔류막 제거

불산(HF, dHF)은 이산화규소 결합(Si-O-Si)을 선택적으로 절단하여 산화막을 제거하고, 수소 종단(H-termination) 형성을 통해 소수성 표면을 만든다(그림 8.3). 수소 종단 표면은 재오염을 억제하는 중요한 초기화 단계이다.

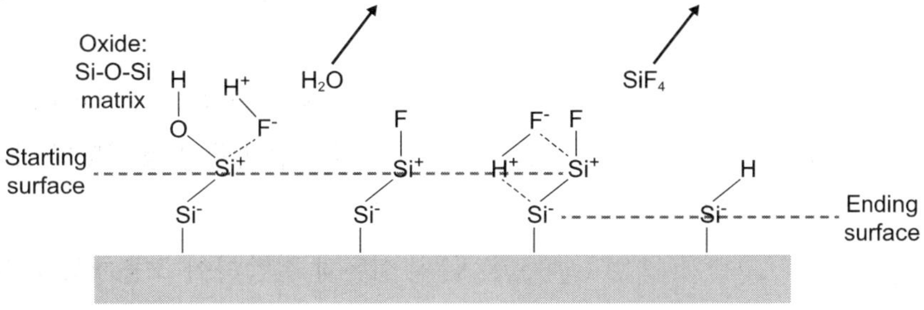

그림 8.3 불산(HF)에 의한 이산화규소(SiO_2) 식각 메커니즘 및 수소 종단(Si–H) 형성 과정. 산화막(Si–O–Si matrix)이 수소 이온(H^+)과 플루오린 이온(F^-)의 공격을 받아 물(H_2O) 및 사불화규소(SiF_4) 형태로 제거되고, 최종적으로 표면이 수소(H)로 덮여 안정화되는 과정을 보여준다.

8.4.4.5 표면 전하 및 계면 특성 조절

오염 제거는 화학 반응만으로 완성되지 않는다. pH와 표면 전하는 금속 및 입자 부착의 핵심 변수다. 표면과 용액이 같은 부호일 때 정전기적 반발이 증가하여 오염 탈착이 촉진되며, 등전점(IEP) 근처에서는 재부착 위험이 증가한다. SC-1(알칼리)과 SC-2(산성)의 pH 차별 설계는 이러한 원리에 기반한다.

8.4.4.6 금속 오염 제거 메커니즘의 통합적 관점

이상의 메커니즘은 모두 오염물-표면 결합 에너지 감소를 중심 원리로 한다. 산화는 결합 약화, 착화는 금속 안정화 및 용해, 식각은 표면 초기화, 전하 조절은 탈착력 증가로 이어진다. 즉, 세정 공정은 단순한 표면 청소가 아니라 오염 결합을 붕괴시키고, 트랩 레벨 증가를 억제하는 결함 제어 기술의 첫 단계이다.

8.4.5 습식 화학 약품 및 산화환원 전위

초미세 반도체 제조공정에서 금속 오염 제거는 세정 단계 중에서도 가장 정밀한 화학 설계를 요구하는 영역이다. 금속 오염은 열적으로 불안정하고 확산 속도가 빠르며, 실리콘 내부로 침투하면 소자의 임계 전압, 누설 전류, 수명 등 전기적 특성에 치명적인 영향을 미친다.

8.4.5.1 금속 제거용 습식 화학 약품의 기능적 역할

반도체 습식 세정에서 사용되는 화학 조성물은 단순한 세척제가 아니라, 금속, 유기, 입자 오염을 분자 수준에서 분해, 산화, 용해, 착화하는 반응 설계 기반의 기능성 화학 시스템이다.

- 강산화성: SPM(황산/과산화수소), HPM(염산/과산화수소)은 높은 ORP를 유지하여 금속을 이온화된 산화 상태로 변환시킨다. 산화된 금속종은 용해도가 급격히 증가하여 표면에서 쉽게 이동한다.
- 착화 능력: SC-2(HPM)의 염소 이온은 금속 이온과 결합하여 고용해성 금속-클로라이드 착물을 형성한다. 착화는 금속의 재흡착(redeposition)을 억제하는 결정적 단계이다.
- 산화막 생성 및 제거 기능: SC-1(APM)은 유기물 및 입자 제거를 돕는 얇은 화학 산화막을 생성한다. 불산(DHF)은 이 산화막을 제거하여 표면을 수소 종단(H-terminated) 상태로 전환한다. 이는 금속 재부착을 크게 줄이는 핵심 메커니즘이다.

이렇게 산화 → 금속 용해 → 착화 → 산화막 제거 → 표면 리셋으로 이어지는 일관된 화학 시퀀스가 금속 제거 효율을 결정한다.

8.4.5.2 산화환원 전위(ORP)의 의미와 반응 조절 기능

ORP는 용액의 산화 또는 환원 경향을 전기적 전위(mV)로 표현한 값으로, 금속 오염 제거 효율과 직접적으로 연결된다.

고 ORP 영역(산화 중심 환경)에서는 금속을 산화 이온으로 전환하고, 유기물을 완전 산화하며, 표면 산화막 생성 및 활성화를 유도한다. 대표 용액으로는 SPM, HPM이 있다. 고 ORP 환경은 금속을 용해 가능한 안정 종으로 전환시키는 금속 제거의 시작점이다.

저 ORP 영역(환원/비산화 환경)에서는 산화막 제거(DHF 중심), 금속 산화물의 환원 및 용해, 수소 종결 표면 형성을 통해 재오염을 억제한다. 대표 용액으로는 DHF, BOE가 있다. 저 ORP 환경은 금속 재흡착 방지와 최종 표면 안정화를 담당한다.

8.4.5.3 금속의 존재 위치에 따른 ORP 기반 제거 전략

금속은 표면, 산화막 내부, 계면 등 세 지점에 존재할 수 있으며, 위치에 따라 최적 ORP 및 용액 조성이 달라진다(표 8.5). 특히 FPM(불산/과산화수소)은 산화, 환원, 식각이 동시에 일어나는 독특한 용액으로, 이산화규소 내부까지 침투한 금속 오염을 제거할 수 있는 거의 유일한 화학 조성으로 알려져 있다.

표 8.5 금속 위치별 ORP 및 세정 용액 전략

금속 존재 위치	요구 ORP	적용 용액	목적
① 표면	고 ORP	SPM, HPM	금속 산화 및 용해
② SiO_2 내부	고 ORP + 산화막 식각	FPM HF + H_2O_2	산화막 틈 사이 금속 제거
③ Si/SiO_2 계면	고 ORP + 국부 식각	FPM	계면 포획 금속 해방 및 이동

8.4.5.4 습식 화학 약품과 ORP 기반 금속 제거의 통합 원리

금속 제거는 아래와 같은 논리적 반응 시퀀스로 구성된다.

- 강산화(SPM/HPM): 금속을 이온 상태로 전환
- 입자 및 잔여물 언더컷(APM): 산화/식각 반복을 통한 구조 완화
- 금속 착화(SC-2): 금속-염소 착물 형성 및 용해
- 산화막 제거(DHF): 수소 종단 표면 형성
- 복합 제거(FPM): 산화막 내부 및 계면 금속까지 완전 제거

이 시퀀스는 단순한 세척 과정이 아니라, 전기화학, 표면화학, 용해, 착화, 식각이 결합

된 반응 네트워크이다. 결과적으로 습식 화학 약품과 ORP는 초미세 노드 반도체 제조에서 요구되는 청정성을 좌우하는 핵심 설계 변수이다.

8.4.6 제거 화학

세정은 단순한 오염 제거가 아니라, 웨이퍼 표면의 화학적, 전기적 상태를 목표 함수 대비 최적화된 상태로 재구성하는 공정이다. 오염물은 각각 다른 결합력, 표면 에너지, 전하 상태, 화학적 안정성을 가지므로, 이를 제거하기 위해서는 오염물의 특성에 맞춘 정밀 반응 설계, 즉 제거 화학(removal chemistry)이 필요하다. 제거 화학은 크게 산화, 미세 식각, 착화, 산화막 식각의 네 가지 핵심 메커니즘으로 구성되며, 이들이 순차적, 상호작용적으로 작동한다.

8.4.6.1 유기물 제거: 산화 화학

웨이퍼 표면의 유기 잔사(포토레지스트, 폴리머, 유분 등)는 강한 탄소 기반 결합을 갖고 있어 용액의 침투를 방해하는 막을 형성한다. 대표 산화 세정은 SPM(황산/과산화수소)이며, 생성되는 카로산(Caro's Acid, H_2SO_5)은 가장 강력한 습식 산화제 중 하나로 알려져 있다. 산화 반응 흐름은 유기물의 탄화, 산화, 일산화탄소 및 이산화탄소로의 전환, 고분자 사슬 절단을 통한 표면 결착력 약화로 이어진다.

8.4.6.2 입자 제거: 미세 식각 기반 언더컷(Micro-Etching Undercut)

표면 입자는 정전기, 반데르발스 결합으로 부착되어 물리적 세척만으론 제거가 어렵다. SC-1(APM: 수산화암모늄/과산화수소/물)은 과산화수소에 의한 표면 미세 산화막 생성과 수산화암모늄에 의한 미세 산화막 식각 사이클을 반복하여 입자 접착면을 약화시킨다. 이 반복 과정을 통해 입자가 언더컷되고 탈착되며, 일부 약한 금속 및 유기 복합체도 분해되므로 전처리 용액으로 필수적이다.

8.4.6.3 금속 오염 제거: 착화 화학

금속 오염물은 이동성이 높고, 실리콘 및 산화막 내부로 침투하기 쉽고, 화학적 무기성을 가지고 있어 제거가 까다롭다. 금속은 표면에 단순 잔류하는 것이 아니라, 이온화와 재흡착을 반복하는 특성이 있기 때문이다. 금속 제거를 위해 가장 널리 사용되는 용액이 SC-2(HPM: $HCl + H_2O_2 + H_2O$)이다. 이 용액은 산화(과산화수소가 금속을 산화하여 MO 형태로 전환), 용해(염소 이온이 금속 이온과 결합해 착화합물 생성), 용액 분리(생성된 착화합물이 용액 내에서 안정하게 존재하여 표면에서 떨어짐)의 세 단계 반응으로 금속을 제거한다. 이 과정은 전기화학적으로도 높은 ORP 환경에서 안정적으로 진행되며, 금속이 재흡착되는 것을 방지하기 위해 용액의 조성, 온도, pH가 엄격히 관리된다. 이는 초미세 공정 수율의 필수 요건 중 하나와 직결된다.

8.4.6.4 산화막 및 화학 잔여물 제거: 식각 화학

최종 단계에서는 세정 중 생성된 화학 산화막(chemical oxide)과 자연 산화막(native oxide)을 제거해야 한다. 대표 용액 DHF(불산/물)는 이산화규소를 선택적으로 식각하여 헥사플루오로규산과 물로 용해시킨다. 이후 표면은 수소 종결 소수성 표면이 되며, 금속 및 입자의 재부착 가능성이 크게 낮아진다.

이 네 가지는 공정 조건, 웨이퍼 구조, 잔류 오염 농도에 따라 맞춤형으로 조합되며, 최종적으로 웨이퍼를 원자 수준의 청정 상태로 복원하는 역할을 한다. 제거 화학의 주요 단계와 역할을 표 8.6에 정리하였다.

표 8.6 제거 화학의 주요 단계 및 기능

단계	핵심 기능	주요 용액
산화(Oxidation)	유기물 분해	SPM, O_3/DIW
미세식각(Micro-Etching)	입자 언더컷	SC-1
착화(Complexation)	금속 이온 제거	SC-2
산화막 식각(Oxide Etch)	화학/자연 산화막 제거	DHF

8.4.7 디바이스 특성

반도체 소자의 미세화가 3 nm 이하 영역으로 진입하면서, 웨이퍼 표면은 더 이상 단순한 실리콘 기판이 아니라 전기적, 화학적, 기계적 특성이 결합된 하나의 복합 시스템으로 인식되고 있다. 세정 공정은 이 복잡한 표면을 손상시키지 않으면서 오염을 완벽하게 제거해야 하므로, 디바이스 특성에 대한 깊은 이해가 필수적이다. 이는 세정액 조성, pH 및 산화환원전위 제어, 건식 및 습식 공정 조합, 메가소닉 조건 설정 등의 모든 세정 매개변수에 직접적인 영향을 준다.

8.4.7.1 표면 전기적 특성

실리콘 표면의 가장 기본적 특성은 pH에 따라 변하는 표면 전하(surface charge)이다. 일반적으로 실리콘은 pH 2.5 근방을 기점으로 표면 전하가 역전되며, pH가 높아질수록 음전하를 띠게 된다. 음전하 표면은 음전하 입자와 금속 산화 콜로이드를 반발시켜 입자 재부착을 억제하는 반면, 양전하 금속 이온에는 더 잘 결합할 수 있다. 이러한 전기적 상호작용은 데르야긴-란다우-버웨이-오버비크(DLVO) 이론에 따른 정전기력과 반데르발스 힘의 균형을 통해 오염의 부착 및 탈착 거동을 결정하며, 이는 APM(SC-1)이나 SC-2 같은 습식 세정액 선택의 핵심 기준이 된다.

8.4.7.2 표면 화학 구조

불산 처리(HF Dip)를 거친 실리콘 표면은 수소 종단(H-termination)으로 인해 소수성이 되며, 이 상태에서는 세정액이 균일하게 퍼지지 않는다. 반면 얇은 산화막이 존재하면 친수성을 나타내어 세정액의 젖음성이 증가하고 반응 균일성이 높아진다.

8.4.7.3 박막 적층 구조와 선택적 세정

현대 반도체 디바이스는 고유전율(High-k) 게이트, 저유전율(Low-k) 층간절연막, 구리(Cu)와 코발트(Co) 배선, 하드마스크 등 다양한 박막이 적층된 구조를 가진다. 각 박막이 지닌 화학적 안정성과 식각 감도가 서로 다르기 때문에, 세정액 선택과 조건 설정에 큰 제약을 준다.

예를 들어, 산화막은 불산에 매우 취약하고, 질화막은 상대적으로 안정적이며, 저유전율 막은 플라스마에 극도로 민감하고, 구리는 산성 및 산화제에 손상받기 쉽다.

8.4.7.4 금속 오염의 이동성과 화학 특성

금속 오염은 높은 확산성, 강한 전기음성도 차이, 산화 및 환원 반응에 민감하고 표면 결함과 결합하여 트랩을 형성하는 등의 이유로 디바이스 신뢰성을 가장 크게 약화시키는 요인 중 하나이다. SC-2는 금속 이온을 안정된 착물 형태로 킬레이트하여 용해시키는 방식으로 작동하며, 불산 기반 용액은 산화막 제거를 통해 금속 오염을 표면에서 떼어내는 데 효과적이다. 여기서 ORP 제어는 특정 금속을 용해시키면서 디바이스 표면은 손상시키지 않는 선택적 세정(selective cleaning)의 핵심 기법으로 자리 잡고 있다.

8.4.7.5 표면 결함과 트랩 레벨

세정은 단순히 오염 제거가 아니라 표면 구조 재형성을 동반한다. 불산은 수소 종단 표면을 생성하고, SC-1은 얇은 화학 산화막을 생성한다. 이 변환 과정에서 매달린 결합(dangling bond), 산화물하 결함(sub-oxide defect)와 같은 표면 결함(surface defect)이 새롭게 생성되거나 패시베이션되며, 이는 후속 공정(산화, 식각, 증착)과 소자 동작(누설 전류, 수명)에 직접적인 영향을 준다.

8.4.7.6 고종횡비 3D 구조에서의 세정

GAA(Gate-All-Around), 3D 낸드(3D-NAND), 트렌치 및 비아 구조의 종횡비가 40:1, 60:1 이상으로 높아지면서, 세정액이 패턴 내부까지 균일하게 침투하는 것이 어려워졌다. 건조 단계에서의 워터마크 위험도 증가한다. 이를 해결하기 위해 플라스마 건식 세정, 메가소닉 보조 습식 세정, 표면장력 제어, 레이저 기반 비접촉 세정 등이 도입되고 있다.

디바이스 특성은 표면 전하 상태, 화학반응성, 적층 구조, 금속 이동성, 표면 결함, 3D 패턴 기하학의 6가지 요소가 결합된 종합적 표면 시스템이며, 세정 공정은 이 시스템을 손상시키지 않으면서 오염을 제거해야 한다.

8.4.8 확산 길이와 암전류

반도체 소자에서 캐리어(carrier)는 생성, 이동, 재결합의 과정을 거치며 전기적 신호로 전환된다. 이때 전하가 얼마큼 멀리 이동하는가를 나타내는 확산 길이(diffusion length)와 빛이 없는 상태에서도 발생하는 전류인 암전류(dark current)는 소자 품질과 신뢰성을 평가하는 핵심 지표가 된다.

8.4.8.1 확산 길이

확산 길이 L은 다음과 같이 정의된다.

$$L = \sqrt{D\tau}$$

여기서 D는 확산계수(재료 고유 특성 및 온도 의존), τ는 캐리어 수명(결함량 및 오염 수준에 의해 결정)이다. 확산 길이가 길다는 것은 재결합 중심(결함)이 적고, 금속 오염 및 결함 밀도가 낮으며, 결정 품질이 우수하고, 전하가 유효 전극까지 잘 도달함을 의미한다. 특히 적외선(IR) 센서, 이미지 센서, 포토다이오드, 태양전지 등 광전소자에서는 긴 확산 길이가 신호 대 잡음비(SNR) 향상 및 고감도 성능의 필수조건이다.

8.4.8.2 암전류

암전류는 완전한 암조건에서도 발생하는 전류로, 주원인은 SRH(Shockley-Read-Hall) 메커니즘(결함에서의 열적 생성), 표면 및 계면 결함, 금속 오염, 확산 재결합 증가, 온도 상승 등이다. 암전류는 온도와 결함에 비례해 증가하며, 이미지 센서에서는 핫 픽셀(hot pixel), 밴딩 노이즈(banding noise)의 주원인이 된다. 따라서 온도 제어, 표면 패시베이션, 금속 오염 제어가 필수적이다.

8.4.8.3 확산 길이와 암전류의 상관성

두 특성은 독립적이지만 물리적으로 다음 관계를 가진다. 확산 길이가 짧으면 결함이 많아지고 SRH 생성률이 증가하여 암전류가 증가한다. 반대로 확산 길이가 길면 결함이 적어 암전류가 감소한다. 즉, 결함과 오염이 확산과 암전류에 동시에 영향을 주기 때문에, 공정 최적화는 결함 저감 → 확산 길이 증가 → 암전류 감소 순으로 연계된다.

8.4.8.4 공정적 의의

소자 제조에서 확산 길이와 암전류는 결정 품질 확보(결함 저감), 금속 오염 및 입자 오염 최소화, 표면 패시베이션 강화(산화막/질화막 등), 온도 안정성 확보, 최종 암전류 특성 평가로 소자 성능 검증의 순서로 관리된다.

8.5 유기 오염 및 제거

유기 오염(organic contamination)은 반도체 공정에서 입자나 금속 오염보다 검출 및 제거 모두가 더 어려운 오염군에 속한다. 이는 유기물이 탄소 기반 비전도성 분자, 포토레지스트 잔류물, 플라스마 식각 후 폴리머, 공정 부산물, 대기 중 유기 분자 등 다양한 형태로 존재하기 때문이다. 이러한 유기막은 나노미터(nm) 이하 두께로 형성되며 투명막 형태이기 때문에 광학 검사나 전기적 검사로는 검출되지 않는 경우가 많다.

특히 극자외선(EUV) 공정으로의 전환 이후, 유기 기반 레지스트 잔류물과 저농도 유기막의 존재는 계면 반응성, 식각 균일성, 금속 재부착, 산화막 성장 균일성을 크게 저하시킨다. 따라서 유기 오염의 정밀 검출 및 제거는 현대 초미세 반도체 제조에서 가장 먼저 해결해야 하는 세정 단계이며, 이후 공정의 성공 여부를 사실상 결정짓는 핵심 요소로 평가된다.

8.5.1 유기 오염의 검출 방법

유기 오염 검출은 표면 화학 조성 분석, 광학 및 분광 기반 분석, 표면 물성 변화 측정, 미세구조 이미지 분석, 열적 분석까지 다양한 기법을 조합하여 수행된다.

8.5.1.1 표면의 화학 조성 분석

① 엑스선 광전자 분광법(XPS, X-ray Photoelectron Spectroscopy)

XPS는 유기막을 구성하는 탄소 1s(C 1s) 피크(탄소-탄소, 탄소-산소, 탄소-산소 이중결합)를 분리 측정하여 초박막 유기 오염층을 분석할 수 있다. 나노미터 두께의 레지스트 잔사도 민감하게 감지되며, 유기 결합 구조 추적이 가능하다.

② 비행 시간형 이차 이온 질량 분석법(TOF-SIMS, Time-of-Flight Secondary Ion Mass Spectrometry)

TOF-SIMS는 이온 빔 충돌로 방출된 분자 단편(fragment)을 분석한다. 포토레지스트 파편, 플라스마 식각 후 생성된 폴리머 잔사 등을 원인별로 구분해내는 데 가장 정교한 기법이다. 공정 불량 분석(failure analysis)에서 핵심 장비로 사용된다.

8.5.1.2 광학적 및 분광 분석

① 푸리에 변환 적외선 분광법(FT-IR, Fourier Transform Infrared Spectroscopy)

유기 분자의 고유 적외선(IR) 흡수 스펙트럼을 활용하여 유기막 존재 여부와 종류를 신속하게 판별한다. 비파괴 측정이 가능하지만 나노미터 이하 초박막의 경우 민감도가 떨어질 수 있다.

② 자외선 유도 형광(UV-Induced Fluorescence)

유기물의 고유 형광 특성을 이용하여 포토레지스트 잔사, 헥사메틸다이실라잔(HMDS) 오염 등을 감지한다. 육안으로 보이지 않는 미세막 감지에 유용하다.

8.5.1.3 표면 물성 기반 분석

① 접촉각

유기막 존재 시 소수성이 증가하여 접촉각(contact angle)이 증가한다. 접촉각이 60도 이상이면 유기막 또는 탄화막 가능성이 높으며, 20도 이하면 깨끗한 친수성 표면으로 판단한다. 접촉각은 세정 균일성 및 오염 재부착 여부를 간접적으로 평가하는 지표가 된다.

② 제타 전위

표면 전하 변화는 유기막 형성 시 발생하므로, 습식 수조(wet bath) 내에서 동적 모니터링이 가능하다.

8.5.1.4 미세 이미지 기반 분석

원자간력 현미경(AFM)은 표면 거칠기(Rq, Ra) 증가 여부로 초박막 유기막 존재를 파악하며, 주사 전자 현미경(SEM)은 식각 후 폴리머 잔사 등 구조적 잔류를 관찰한다.

8.5.1.5 열적 분석

승온 탈착 분광법(thermal desorption spectroscopy, TDS)은 유기막의 분해 및 기화 온도를 분석해 잔사 종류를 동정한다. 포토레지스트 스트립 후 잔류 탄소 및 폴리머 검출에 효과적이다.

8.5.1.6 유기 오염 검출의 공정적 의미

유기 오염은 금속 재부착 증가, 산화막 두께 균일성 악화, 표면 반응성 저하, 계면 결함 증가 등을 유발한다. 특히 3 nm 이하 노드에서는 표면 유기막이 하나의 결함(단일 분자 수준)만 있어도 패턴 불연속성을 유발할 수 있다.

8.5.2 유기 오염 제거 화학

유기막 제거는 전체 세정 시퀀스에서 가장 먼저 수행되는 핵심 단계이다. 유기막은 금속 제거 화학, 산화 및 식각 단계의 접근 자체를 방해하므로, 이를 먼저 제거해야 후속 공정이 정상 작동한다. 유기 제거는 화학적 산화, 라디칼 공격, 계면 붕괴, 미세 식각, 분해 부산물 용해 등 복합 메커니즘을 갖는다.

8.5.2.1 습식 세정: RCA 기반 화학

① SPM(Sulfuric Peroxide Mixture)

SPM은 황산(H_2SO_4)과 과산화수소(H_2O_2)의 혼합물로 카로산(H_2SO_5)을 생성하고, 수산화 라디칼을 생성하여 유기막 산화 및 분해를 수행한다. 그러나 고온, 고 산화환원전위(ORP), 장비 부식 위험 등의 문제점으로 인해 최근 친환경 및 저손상 공정으로 점진적 대체되고 있다.

② APM(Ammonium Peroxide Mixture, SC-1)

알칼리 조건(수산화암모늄)과 산화력(과산화수소)이 결합하여 유기물 산화, 입자 언더컷, 얇은 이산화규소 재형성 후 제거 반복을 수행한다. SPM 대비 공정 호환성이 높고 손상이 낮다.

8.5.2.2 IMEC 기반 친환경 산화 화학

① SOM(Sulfuric Ozone Mixture)

고농도 오존(O_3) 기반 산화로 저온에서도 고효율 산화가 가능하며, IMEC 세정(IMEC Clean)의 핵심 화학이다.

② 오존수(O_3 + UPW)

화학물질 최소화 및 환경 규제 대응이 가능하며, 초순수 기반으로 환경 친화적이고 저손상인 것이 특징이다.

③ 오존 및 희석 불산(Ozone → dHF)

오존 단계에서 유기막과 함께 산화막을 생성하고, 희석 불산 단계에서 산화막 제거 및 금속, 입자를 동시 탈착한다. IMEC 정류 구조에서 널리 채택된다.

8.5.2.3 건식 세정

플라스마, 자외선/오존, 열 반응 기반이며 기상 라디칼이 유기막 분해를 수행한다.

① 자외선/오존(UV/O_3)

자외선이 오존을 분해하여 산소 라디칼을 생성하고, 유기막을 산화하여 이산화탄소 및 물로 전환한다.

② 플라스마 기반 세정

산소 플라스마는 강한 산화력을 가지며, 수소 플라스마는 폴리머 사슬 환원 파괴를 수행한다. 원격 플라스마(remote plasma)는 손상을 최소화하여 원자층 증착(ALD) 및 EUV 공정에서 필요하다.

특히 레이저 및 플라스마 조합 기반의 신형 건식 세정 기술은 매우 빠르게 성장 중이다. 레이저 기반 세정 기술은 유기물 제거 분야에서 큰 주목을 받고 있다. 레이저 유도 플라스마(laser-induced plasma), 열응력(thermal stress), 충격파(shock wave) 메커니즘을 복합적으로 활용하여 나노미터 수준의 유기막을 기판 손상 없이 효과적으로 제거하는 기술이 상용화 단계에 접어들고 있다. 더불어, 극자외선(EUV) 리소그래피가 적용되는 초미세 패턴 환경에서는 유기 잔사 제거가 공정 수율을 좌우하는 핵심 병목으로 지적되고 있다. 이에 따라 주요 산업계에서는 EUV 공정에서 발생하는 극미세 잔류물을 처리하기 위해 차세대 첨단 세정 기술을 적극적으로 도입하는 추세이다.

유기 오염 검출 및 제거는 단순한 세정 절차가 아니라 전체 공정의 성공을 결정짓는 시스템 인자이다. 후속 세정 화학의 접근성, 식각 및 증착 균일성, 금속 재부착 가능성, 산화막 계면 품질, EUV 레지스트 반응성 모두 유기 오염의 존재 여부에 의해 좌우된다고 할 수 있다.

8.5.3 유기물 제거 효과

반도체 제조에서 유기물 오염은 공정 신뢰성을 결정하는 핵심 리스크 요소 중 하나이다. 포토레지스트(PR) 잔류물, 인체 유래 유기분자, 챔버 내 진공 그리스, 탄화 잔류물 등은 웨이퍼 표면에서 극히 얇은 비전도성 유기막을 형성하며, 이들은 식각 균일성, 금속막 피복성, 계면 안정성을 저해한다. 미세 패턴으로 갈수록 유기 오염층이 전하 트랩으로 작용하여 전기 특성 변동을 일으키는 것도 다수 보고되고 있다.

유기 오염 제거는 산화, 식각 및 용해, 라디칼 기반 분해 등 복합적인 메커니즘으로 이루어진다. 특히 SPM(황산/과산화수소)에서 생성되는 카로산(H_2SO_5)은 고활성 산소 라디칼을 발생시키며 유기물의 탄소 골격을 빠르게 절단해 이산화탄소 및 물 형태로 완전 분해한다. APM은 산화와 미세식각이 결합된 형태로 작용하여, 표면의 오염 잔류물과 금속 유기 입자를 동시에 분해 및 분리시킨다.

산화 기반 유기물 제거의 주요 효과는 다음과 같다.

① 유기막의 완전 산화: 복잡한 폴리머 구조를 라디칼이 공격하여 저분자 부산물로

전환시키고 최종적으로 이산화탄소 및 물 형태로 제거한다.

② 표면 반응성 회복: 오염층이 막고 있던 반응 사이트가 회복되어 식각 및 증착 반응의 균일성이 향상된다.

③ 탄소 기반 잔류 억제: 오존수(O_3 DIW) 또는 오존-SPM은 탄소 오염을 ppt 수준까지 감소시키는 것으로 알려져 있다.

④ 입자 제거 촉진: APM의 산화 및 환원 주기가 표면 입자의 언더컷 및 탈착을 유도하여, 유기 및 입자 복합 오염 제거 효율이 상승한다.

8.5.4 포토레지스트 벗김

포토레지스트(PR)는 리소그래피 공정 후 반드시 완전히 제거되어야 하며, 잔류 PR은 패턴 왜곡, 금속 접촉 저항 증가, 전하 트랩 형성, 저유전율(Low-k) 손상 등 치명적 문제를 유발한다. 특히 플라스마 식각 후 생성되는 탄화 하드 레지스트(Hard-Baked/Carbonized PR)는 일반 용제만으로는 제거가 어렵기 때문에 고성능 화학 시스템이 필요하다. 이처럼 PR을 제거하는 공정을 포토레지스트 벗김(strip)이라고 한다.

8.5.4.1 포토레지스트 벗김의 기본 원리

포토레지스트 벗김은 네 가지 기본 원리에 의해 수행된다. 용해 및 팽윤(swelling and penetration), 화학적 분해(depolymerization), 금속-Pr 복합체 제거(chelation and complex breakage), 표면 보호막 형성(protection layering)이다.

① 용해 및 팽윤: NMP(N-메틸-2-피롤리돈), DMSO, NEP 계열 용제는 PR 내부로 침투해 고분자 사슬 간격을 확장시키며 용해 및 팽윤을 유도한다.

② 화학적 분해: 하이드록실아민(hydroxylamine)과 유기 아민계 분해제는 PR 사슬을 절단하고 분자량을 감소시켜 제거 속도를 증가시킨다.

③ 금속-PR 복합체 제거: EDTA, DTPA 등의 착화제는 구리, 철, 니켈 등 금속 이온과 킬레이트를 형성하여 유기-금속 복합체를 해리시키고 용액 안정 상태로 유지한다.

④ 표면 보호막 형성: PR 제거 중 기판 금속막 및 저유전율 막이 손상되지 않도록 억제제가 표면을 보호한다.

8.5.4.2 카테콜(Catechol) 기반 억제제의 역할

카테콜(1,2-다이하이드록시벤젠)은 두 개의 인접한 하이드록시기가 금속 이온과 강력한 착물을 형성할 수 있어(chelation) 금속 오염 제어형 PR 벗김에 핵심 첨가제로 사용된다.

카테콜의 기능은 다음과 같다.

① 금속 이온 억제 및 킬레이트 형성: 금속-PR 결합을 분리시키고 금속 재부착을 억제한다.

② 라디칼 반응 제어: 활성 라디칼을 선택적으로 소거하여 저유전율 유전체와 구리 배선의 손상을 방지한다(scavenging effect).

③ 탄화 PR 침투 촉진: 카테콜이 탄화층에 미세 균열을 유도하여 용제가 깊이 침투할 수 있는 경로를 제공한다(micro-crack assisted penetration).

8.6 기타 오염 및 제거

8.6.1 자연 산화막 성장

웨이퍼가 공기 중 산소 및 수분과 접촉하면 수 초 내에 1~2 nm 수준의 자연 산화막이 형성된다. 이 산화막은 불순물 흡착 능력이 높고, 두께가 균일하지 않아 계면 전기적 특성을 저하시킨다. 특히 5 nm 이하 노드에서는 자연 산화막이 접촉 저항(contact resistance) 및 게이트 누설 전류 증가의 주요 원인으로 지적된다. 따라서 불산(HF)을 이용하여 산화막을 제거한 직후 수소 종단(Si-H termination) 상태를 유지한 채 즉시 다음 공정으로 전달하는 것이 중요하다. 이를 위해 제조 라인에서는 클러스터 통합(cluster integration), 인시투 불산(in-situ HF), 대기 노출 없는 이송(ambient-free transfer) 기술이 도입되고 있다.

8.6.2 수분 흡착

수분은 웨이퍼 표면에 가장 빠르게 흡착(adsorption)되는 오염원 중 하나로, 금속 오염 확산, 유기물 및 입자 부착 증가, 비정상적 산화막 형성, 패턴 붕괴 등 다양한 공정 문제를 초래한다. 세정 후 수분 제어를 위해 초순수 건조 후 즉시 불활성 가스 퍼지(N_2/Ar purge), IPA 증기 건조(IPA vapor dry), 메가소닉 및 저압 건조(megasonic and low-pressure drying), 미세 패턴용 초저응력 건조(low-stress drying) 등의 기술이 사용된다.

8.6.3 표면 미세 거칠기

웨이퍼 표면의 나노미터 단위 요철인 표면 미세 거칠기(surface micro-roughness)는 게이트 산화막 두께 불균일, 금속 배선 접촉 문제, 박막 핵생성 실패 등을 초래하여 소자 성능을 저하시킨다. 이는 주로 SC-1의 반복적인 산화 및 식각이나 불산 공정의 비균일 식각에 의해 형성된다. 이를 억제하기 위해 희석 SC-1 사용, 저농도 불산 제어, 오존수를 통한 균일한 화학 산화막 형성, 저출력 메가소닉 기술 등이 활용된다.

8.6.4 수소 종단

세정 공정의 최종 단계에서 불산 처리를 통해 실리콘 표면의 미결합 전자(dangling bond)를 수소 원자로 채우는 것을 수소 종단이라 한다. 형성된 실리콘-수소(Si-H) 결합은 표면을 소수성으로 만들어 수분, 금속, 유기물의 재흡착을 강력하게 차단한다. 또한 표면 전하 상태를 안정화하고 표면 재결합을 감소시켜 전기적 신뢰성을 확보하는 데 기여한다. 수소 종단 표면은 초청정 웨이퍼의 중요한 구성 요소이다.

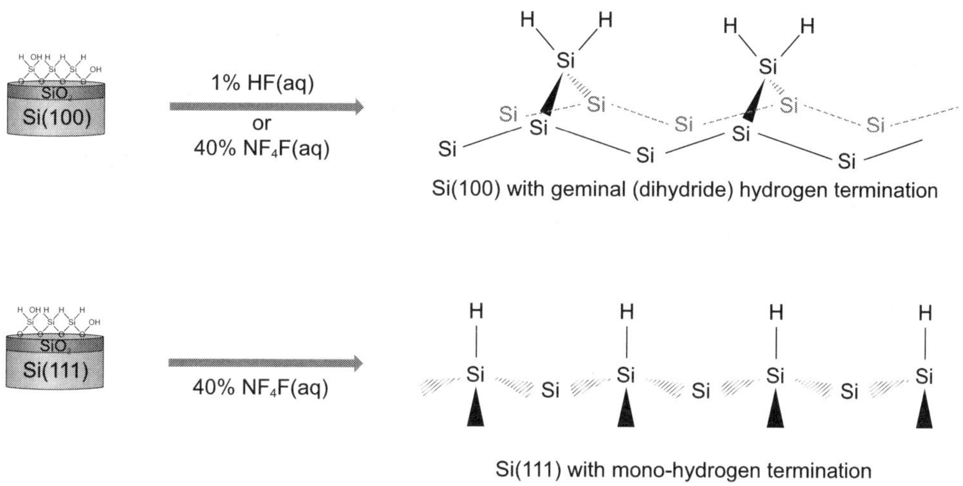

그림 8.4 불산(HF) 기반 식각에 의한 수소 종단(H-termination) 구조 비교. Si(100)면에서는 이수소(dihydride), Si(111)면에서는 단수소(monohydride) 종단이 형성된다.

8.7 세정 기술 동향

반도체 공정의 초미세화(3 nm 이하)와 고종횡비(HAR) 구조 확대로 인해, 세정 기술은 기존 공정 보조 단계가 아니라 수율을 결정하는 핵심 공정으로 전환되고 있다.

전 세계 주요 반도체 연구 기관(IMEC 등), 선도 제조사, 및 핵심 장비업체들은 이러한 첨단 기술적 요구에 대응하기 위해 비접촉(non-contact), 건식(dry), 저자원(low-resource), 고정밀 특성을 중심으로 한 세정 기술 개발을 가속화하고 있다. 2023년~2025년 기준 글로벌 세정 기술의 핵심 동향은 다음과 같다.

8.7.1 습식 세정에서 건식 세정으로의 전환

환경 규제 강화와 미세 패턴의 침투성 문제로 인해, 건식 세정 기술의 적용 범위가 빠르게 증가하고 있다. 플라스마 세정, 자외선/오존(UV/O_3), 열 건식 세정 등은 화학약품 사용량을 크게 줄이면서도 초미세 피처에 대한 손상을 최소화할 수 있다. 표 8.7에 습식 세정과 건식 세정을 기술적으로 비교하였다.

표 8.7 습식 세정 대 건식 세정의 기술적 비교

구분	습식 세정	건식 세정	글로벌 동향
주요 작용 매체	액체 화학약품, 초순수 (UPW)	플라스마, 활성 가스, UV/O_3	습식 → 건식/하이브리드
환경 영향	높음 (화학 약품, 폐수 발생)	낮음 (화학 약품 및 UPW 소비 적음)	친환경성 요구 증가
고종횡비 구조 (A/R > 7)	침투 제한으로 인한 세정 불균일	기상 반응으로 균일한 침투 가능	건식의 비중 증가
금속 오염 제거 효율	매우 높음 (착화 반응 이용)	낮음 (일부 금속 휘발성 부족)	습식의 고유 영역
공정 통합	어려움 (세정조 외부 배치)	용이함 (In-situ Cleaning 가능)	건식의 주요 장점
표면 손상 위험	낮음 (화학적 선택성이 높음)	높음 (플라스마 손상 가능성)	저손상 플라스마 기술 연구

8.7.2 단일 웨이퍼 세정의 표준화

종래의 배치(batch) 방식은 처리량(throughput)은 높지만 공정 제어 정밀도가 낮고 자원 소모량이 많다. 이에 따라 2024년 이후 주요 제조사는 단일 웨이퍼 방식을 기본 공정으로 전환하고 있다(그림 8.5). 단일 웨이퍼 세정은 화학약품 사용을 50~80% 절감하며, 세정-린스-건조를 완전 통합(All-in-one)할 수 있고, 오염도를 실시간 모니터링(in-line metrology)과 연계할 수 있다. 이외에도 구조별 미세공정 대응력이 우수한 장점 등으로 인해 사실상 차세대 표준이 되고 있다.

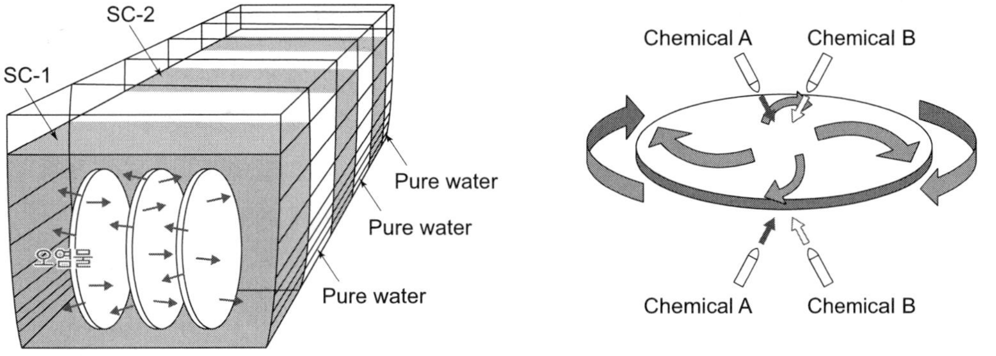

그림 8.5 웨이퍼 세정 방식의 물리적 구조 비교. 왼쪽은 배치형 침지법(dip method), 오른쪽은 매엽식 스프레이법(spray method)이다. 배치형은 높은 처리량을 가지나 화학약품 소모량이 많고, 매엽식은 약품을 절약하며 높은 공정 정밀도를 제공한다.

8.7.3 초순수 및 화학 자원 절감과 친환경 기술

세계적인 환경 규제(탄소세, 화학 물질 사용 제한)의 강화로 인해, 세정 공정의 핵심 키워드는 물 절감, 화학약품 절감, 폐수 처리 간소화이다. 대표적인 예로 오존수(O_3 Water) 기반 유기 및 금속 제거 기술, IMEC의 희석 SC-1/SC-2 세정 프로토콜, 이산화탄소 기반 초임계 세정(supercritical CO_2 clean, 그림 8.6), 인공지능(AI) 기반 화학물질 투입 최적화, 폐수 중 금속 이온 회수 시스템 도입 등이 있다.

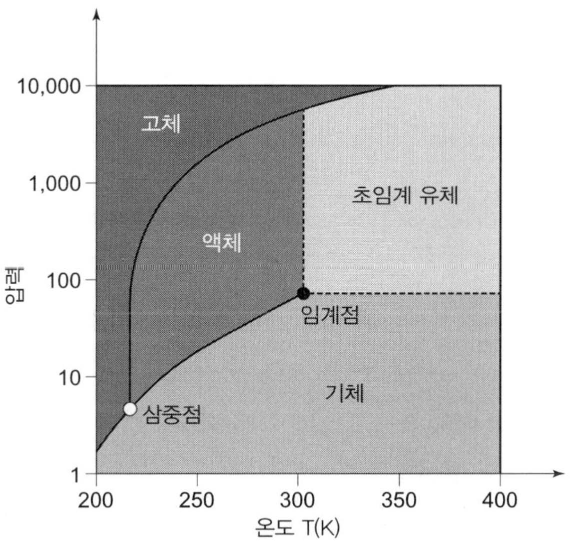

그림 8.6 물질의 일반적인 상평형 그림. 온도와 압력이 임계점을 초과할 때 액체와 기체의 성질을 모두 갖는 초임계 유체 상태가 형성된다.

8.7.4 초정밀 오염 제거 및 고종횡비 구조 대응 기술

세정 기술은 단순 표면 세척 단계를 넘어, 고종횡비 구조 내부의 나노미터 수준 잔류물 제거가 핵심 과제로 떠오르고 있다. 대표 기술로는 고농도 불산 및 과산화수소(FPM) 기반 금속 잔류 제거, 불산 증기 세정(HF vapor clean), 나노버블(nanobubble) 세정, 레이저 및 플라스마 기반 비접촉 세정, 원자층 증착(ALD) 전처리 세정 등이 있다.

결과적으로 세정 공정은 반도체 전체 공정 중 약 30%를 차지하며, IRDS(2024)는 이를 첨단 노드 수율을 결정하는 핵심 공정으로 정의한다. 특히 EUV 시대에 접어들며 오염 제어 난도는 더욱 증가하고 있다. 웨이퍼 표면의 오염은 입자(단락 및 결함 유발), 유기물(반응성 저하), 금속(표면 전하 및 트랩 레벨 형성), 산화막(계면 문제) 등으로 구분되며, 각각 다른 세정 메커니즘이 필요하다.

최근 기술 동향은 습식에서 건식으로의 전환, 단일 웨이퍼 세정의 표준화, 친환경 및 저자원 세정 확대, 고종횡비 구조 대응 기술 고도화로 요약된다.

이상적인 웨이퍼 표면 조건은 입자, 금속, 유기물이 전혀 없고, 자연 산화막이 제거되었으며, 수소 종단 표면을 유지하고, 표면 거칠기와 전하가 최소화된 상태이다. 세정 기술은 반도체 소자가 2 nm, A16, GAA, 3D 적층 구조로 진화함에 따라 더욱 정교해지고 있으며, 이를 해결하기 위한 연구는 재료, 화학, 플라스마 공성, AI 기반 제어 등 다학제적 접근이 필수적이다.

참고문헌

1. IEEE International Roadmap for Devices and Systems (IRDS™). (2024). Yield Enhancement. IEEE.
2. SEMI. (2023). SEMI E49: Guide for High Purity and Ultra High Purity Piping Performance. Semiconductor Equipment and Materials International.
3. Yoshio Nishi, Robert Doering (Eds.). (2017). Handbook of Semiconductor Manufacturing Technology (3rd ed.). CRC Press.
4. Wolf, S., & Tauber, R. N. (2000)."Silicon Processing for the VLSI Era", Vol. 1: Process
5. Hattori, T. (Ed.). (2013)."Ultraclean Surface Processing of Silicon Wafers: Secrets of VLSI Manufacturing". Springer.

6. Zant, P. V. (2013)."Microchip Fabrication: A Practical Guide to Semiconductor Processing" (6th ed.). McGraw-Hill Education.
7. Itano, M., et al. (1993). "Particle Removal from Silicon Wafer Surface in Wet Cleaning Process." IEEE Transactions on Semiconductor Manufacturing. Bakhtari, K., et al. (2006). "A study of megasonic cleaning of patterned wafers." Journal of The Electrochemical Society.
8. Schroder, D. K. (2006)."Semiconductor Material and Device Characterization" (3rd ed.). Wiley-IEEE Press.
9. IBM & SCREEN Semiconductor Solutions. (2025)."Next-Generation EUV Cleaning Collaboration Announcement".
10. Sze, S. M., & Ng, K. K. (2006)."Physics of Semiconductor Devices" (3rd ed.). Wiley-Interscience.

연습문제

1 반도체 제조공정에서 세정 공정이 전체 공정 시간의 상당 부분을 차지할 정도로 중요한 이유는 무엇인가?

2 반도체 공정 중 제거해야 하는 주요 오염원의 종류에는 어떤 것들이 있는가?

3 세정 후 웨이퍼 표면에 오염물이 남아 있을 경우, 반도체 소자의 성능(예: 전기적 특성)에 어떤 악영향을 미칠 수 있는지 설명하시오.

4 대표적인 습식 세정 기술인 RCA 세정법에 대해 설명하고, 일반적으로 사용되는 3단계(SC-1, SC-2, HF)의 목적과 사용되는 주요 화학 용액을 쓰시오.

5 습식 세정 공정의 한계점(예: 환경 문제, 비용, 고온 공정의 열 충격 등)을 해결하기 위해 제안/개발되고 있는 건식 세정 기술의 장점을 3가지 이상 설명하시오.

6 웨이퍼 표면의 유기물을 효과적으로 제거하기 위해 사용되는 피란하 세정(Piranha Cleaning)에 사용되는 화학 용액의 종류와 혼합 비율을 설명하시오.

7 반도체 패턴이 미세화되고 집적도가 높아짐에 따라 세정 공정은 어떤 새로운 기술적 과제에 직면하고 있는가? (예: 틈새 오염물 제거의 어려움 등)

8 희석된 불산(DHF) 용액을 사용하여 웨이퍼 표면의 산화막 10 nm를 제거하려고 한다. 이 용액의 산화막 식각 속도가 분당 3 nm라면, 필요한 세정 시간은 얼마인가?

저자 소개

김극태 한남대학교 공과대학 화학공학과 교수
미국 Rensselaer Polytechnic Institute 화학공학과 (공학박사)

김남일 한남대학교 공과대학 화학공학과 교수
미국 The University of Akron 고분자공학과 (공학박사)

김운중 한남대학교 생명·나노과학대학 화학과 교수
한남대학교 화학과 (이학박사)

박정규 한국지질자원연구원 지질자원융합지식본부 책임연구원
서울대학교 지구환경시스템공학부 (공학박사)

하성호 한남대학교 공과대학 화학공학과 교수
미국 University of California, Irvine 화학공학과 (공학박사)

최신 반도체공정개론

저 자 김극태·김남일·김운중·박정규·하성호
발 행 인 김지영
발 행 처 자유아카데미
주 소 경기도 파주시 회동길 37-42
파주출판도시
전 화 031-955-1321
팩 스 031-955-1322
홈페이지 www.freeaca.com
전자우편 main@freeaca.com (대표)
editor@freeaca.com (편집)
crm@freeaca.com (영업)
등 록 제406-2003-017호, 1980. 7. 12
제1판1쇄 2026년 3월 3일 발행

저자와의 협의하에 인지생략

ISBN 979-11-5808-787-6 93560

This work was supported by the Korea Institute for Advancement of Technology (KIAT) grant funded by the Korea Government (MOTIE) (RS-2024-00409639, HRD Program for Industrial Innovation) and the Regional System & Education (RISE) program through the Daejeon RISE Center, funded by the Ministry of Education (MOE) and the Daejeon Metropolitan City, Republic of Korea (2025-RISE-06013).

이 성과는 2025년도 정부(산업통상자원부)의 재원으로 한국산업기술진흥원의 지원을 받아 수행된 연구임(RS-2024-00409639, 2025년 산업혁신인재성장지원사업)

본 과제(결과물)는 2025년도 교육부 및 대전광역시의 재원으로 대전RISE센터의 지원을 받아 수행된 지역혁신중심 대학지원체계(RISE)의 결과입니다.(2025-RISE-06013)